KB046515

성과 젠더에 관한 가장 뜨거운 논란들에 대해 과학적이고 다정하고 균형 잡힌 관점을 제공하는 훌륭하고 흥미로운 책.

유발 노아 하라리, 《사피엔스》 저자

젠더 차이를 주제로 현재 벌어지는 논쟁을 과학을 통해 차분히 설명할 필요가 있는데, 프란스 드 발의 《차이에 관한 생각》이 바로 그런 설명을 제공한다.

데즈먼드 모리스, 《털 없는 원숭이》 저자

프란스 드 발의 책은 나올 때마다 흥분을 불러일으키는데, 이 책 역시 마찬가지다. 이 책은 남성과 여성의 차이를 두고 벌어지는 갑갑한 논쟁에 사이다 같은 역할을 한다. 흥미롭고 아주 시의적절한 책이다.

뤼트허르 브레흐만, 《휴먼카인드: 감춰진 인간 본성에서 찾은 희망의 연대기》 저자

굉장한 책이다! 프란스 드 발은 세계적으로 존경받는 영장류학자일 뿐만 아니라, 배짱 있는 페미니스트이기도 하다. 이 흥미로운 책은 학계와 문단의 대다수 작가들이 감히 들어가길 주저하는 영역으로 용감하게 뛰어 든다! 이 책에는 놀라운 이야기와 흥미로운 데이터, 생각을 자극하는 개념들이 넘친다. 더 공정하고 평등한 인간 사회를 만들기 위해 우리 모두(남성과 여성, 여왕과 평민, 트랜스젠더와 논바이너리)가 나누어야 할 필요가 있는 중요한 대화들이 이 책을 통해 생겨날 것이다.

사이 몽고메리, 《문어의 영혼》 저자

프란스 드 발은 책에서 예시로 든 동물과 사람들 사이를 유연하고 우아하게 돌아다니면서 우리가 '자연적'이라고 여기는 많은 사회적 편견들이 사실과는 무관하다는 것을 보여준다. 차이뿐만 아니라 같음에 대한 이 심오한 논의는 간결한 문체와 적절한 일화들, 생물학에 관한 해박한 지식들로 이루어져있다.

앤드루 솔로몬, 《부모와 다른 아이들》, 《한낮의 우울》 저자

오늘날 젠더 차이의 지뢰밭으로 걸어 들어가는 사람은 용감한 사람이다. 그렇지만, 프란스 드 발은 스토리텔링 재능과 문화에 대한 존중심, 오랫동안 함께 알고 지낸 보노보와 침팬지 동료들에 대한 해박한 지식에 의존해 이 어려운 지형을 능숙하게 해쳐나간다. 현명한 사람이다.

세라 블래퍼 허디, 《여성은 진화하지 않았다》, 《어머니의 탄생》, 《어머니와 타인들》 저자

여성 대 남성. 성차 대 젠더. 생물학 대 문화. 성차라는 주제만큼 바보들이 달려들도록 강하게 유혹하는 영역은 없다. 하지만 이번에는 바보 대신에 가장 현명한 영장류학자 프란스 드 발이 이 거부할 수 없는 주제에 관심을 가졌다. 프란스 드 발은 뛰어난 명료함과 통찰력과 위트로 사람의 성차라는 주제를 검토하는데, 우리도 결국 영장류의 한 종에 불과하다는 사실을 늘 명심하게 한다. 아주 훌륭하고 흥미진진한 책이다.

로버트 새폴스키, 《행동: 가장 좋은 때와 가장 나쁜 때의 인간 생물학》 저자

우리 시대의 가장 복잡한 문제 중 하나를 진화의 관점으로 바라본다. 프란스 드 발이 쓴 책의 묘미는 한번 읽으면 자신의 종족을 이전과 같은 방식으로 볼 수 없다는 것이다.

《워싱턴 포스트》

이 책은 여러분을 놀라게 할 것이다. 영장류의 복잡한 진화에 대해 알게 되면 놀라움과 겸손함이 동시에 찾아올 것이다. 복잡한 진화가 우리의 삶을 어떻게 형성하는지 우리는 아직도 많이 모른다.

《뉴욕타임스》

매혹적인 책이다. 프란스 드 발은 보노보나 침팬지의 성행위와 사회적 행동의 복잡성을 생생하게 살려낸다. 당신이 프란스 드 발의 주장에 동의하든 아니든, 《차이에 관한 생각》은 이 책에 담겨있는 일화만으로도 읽을 가치가 있다.

《가디언》

인간 행동의 근거에 문화와 생물학 두 가지가 모두 얽혀 있다는 '상호 작용주의' 이론에 대한 훌륭한 뼈대를 제공해준다.

《사이언스》

프란스 드 발은 불평등을 야기하는, 남녀에 대한 여러 이야기들을 이 책에서 다룬다. 이 책은 매력적이고, 계몽적이며, 깊이 있는 정보를 제공한다.

《커커스 리뷰》

매혹적인 책. 프란스 드 발은 동물에 대한 다정한 시선으로 더 빛을 발한다. 영장류의 본성에 대한 이 놀라운 견해는 사람이 되는 것이 무엇을 의미하는지에 대해 많은 것을 말해준다.

《퍼블리셔스 위클리》

차이에
관한 생각

차이에
관한 생각

영장류학자의
눈으로 본
젠더

프란스 드 발 지음
이충호 옮김

세종

모든 차이를 만들어내는

캐서린에게

추천의 글

페미니즘과 첫 단추를 잘못 꿴 생물학 분야는 바로 내가 평생 몸담은 사회생물학이었다. 1975년 하버드대 개미생물학자 에드워드 윌슨Edward O. Wilson의 저서 《사회생물학—새로운 종합 Sociobiology: A New Synthesis》이 출간되자 기다렸다는 듯 몇몇 동물심리학자들이 민망할 정도로 단순한 관찰 실험을 바탕으로 책과 논문을 써내며 "수컷의 바람기는 선택적 적응 과정을 거친 진화의 산물이니 여성들은 이 점을 이해해주기 바란다."라는 식의 어설픈 주장을 펼쳤다. 때마침 영향력을 확장해가던 페미니즘 진영이 가만있을 리 없었다. 곧바로 사회생물학, 더 넓게는 진화론이 성차별을 정당화하는 도구로 이용되고 있다며 강하게 비판했다.

이런 분위기에 편승이라도 하듯 같은 대학, 같은 학과의 동료 교수였던 굴드Stephen Jay Gould와 르원틴Richard C. Lewontin은 '사회생물학 공부 모임Sociobiology Study Group'을 결성하고 1975년 11월 뉴욕타임스에 윌슨 교수를 성차별과 더불어 인종차별을 부추기는 나치 이데올로기의 추종자라는 내용의 서평 칼럼을 실었다. 급기야 1978년 미국과학진흥회American Association for the Advancement of Science 연례학회에서 특강을 하러 강단에 오른 윌슨 교수에게 한 시위자가 다가와 머리에 얼음물을 끼얹으며 "Wilson, you are all wet!(윌슨, 당신 완전히 틀려 먹었어!)"라고 외치는 사건까지 벌어졌다.

이런 사회 분위기 때문에 동물과 인간의 사회 행동을 연구하는 생물학자들은 공개석상은 물론, 사석에서도 자신들을 사회생물학자로 소개하기 꺼려해 마침 그 무렵에 등장한 행동생태학이나 진화심리학의 품에 슬며시 안기기도 했다. 이 책의 저자 프란스 드 발은 서문에서 "동물과 사람의 행동에서 나타나는 성차는 사람의 젠더에 관한 거의 모든 논쟁에서 그 중심에 있는 질문들을 제기한다."며 "여성은 교육을 받을 권리에서부터 선거권, 합법적 낙태, 동일 임금에 이르기까지 모든 것에서 개선이 일어나게 하려면 싸워야만 했다. 이것들은 결코 사소한 개선이 아니다. 일부 권리는 최근에 와서야 겨우 얻었고, 여전히 거부당하는 권리도 있으며, 쟁취하긴 했지만 새로운 공격을 받는 권리도 있다. 나는 이 모든 것을 매우 부당하다고 여기며, 나 자신을 페미니스트라고 간주한다."고 분명한 입장 표명을 하고 구체적인 설명을 시작한다.

최근 대한민국 사회에서 스스로를 페미니스트라고 밝히기는 대단히 어렵지만, 나는 이미 외국의 내 학문 동료들 사이에서 대표적인 페미니

추천의 글

스트로 낙인(?) 찍혔다. 2004년 나는 호주제 폐지에 기여한 공로를 인정받아 한국여성단체연합이 수여하는 '올해의 여성운동상'을 남성으로는 처음으로 수상했다. 그 일로 인해 국내에서는 당연히 남성 대표 페미니스트로 낙인 찍히고 말았지만, 이 일이 해외로 번질 줄은 미처 몰랐다. 2005년 미국동물행동학회Animal Behavior Society에서 그 당시 내 연구실에 와서 박사후 연수과정을 밟던 미국인 연구자의 제보로 온 천하에 공개되고 말았다. 학술대회 중간쯤 어느 날 저녁에 열린 해피아우어Happy Hour 시간에 사회를 보던 여성 연구자가 갑자기 내 이름을 부르며 앞으로 나오라는 것이었다. 영문도 모르며 끌려 나간 자리에서 나는 끝 모를 박수 세례를 받았고 그날 밤 늦도록 행복한 질문 공세에 시달려야 했다. 그렇지 않아도 페미니즘 진영에게 '수구보수 학문'의 대표격으로 공격받던 시절인데, 대한민국에서는 남성 사회생물학자가 여성단체가 수여하는 여권신장 공로상을 받을 줄은 상상도 하지 못했을 것이다.

2003년 나는 《여성시대에는 남자도 화장을 한다》라는 책을 내며 진화생물학은 페미니즘이 쌍수를 들어 환영해도 모자랄 학문이며 어설픈 몇몇 학자들 때문에 불행하게도 첫 단추가 잘못 꿴 것뿐이라고 주장했다.

2012년에는 지금 미국 로스앤젤레스 소재 캘리포니아주립대UCLA 명예 교수로 일하는 여성 동물행동학자 패티 고와티Patricia Gowaty의 저서《Feminism and Evolutionary Biology(페미니즘과 진화생물학)》이 출간되었다. 하지만 내 책과 고와티 교수의 책은 일부 학자들 사이에서만 화제가 되었을 뿐 영향력은 그리 크지 않았다. 그래서 나는 프란스 드 발의 이 책이 참 고맙다. 그는 절대로 질러 대지 않는다. 그의 논리 전개 방식은 그야말로 외유내강의 전형이다. 이 책에서 그는 우리가 지금까지 젠더에 관해 잘못 알고 있던 부분들을 영장류 연구의 풍부한 결과들을 들며 조목조목 알려준다. 이 점은《이기적 유전자》의 저자 리처드 도킨스의 사뭇 공격적이고 다소 가르치려 덤비는 스타일과 상큼한 대조를 이룬다. 그는 남녀 관계에 대해 그동안 우리가 알고 있던 일반적인 가정들—폭력, 권위, 경쟁, 성차, 믿음, 협력, 유대 등에 끊임없이 도전한다. 읽는 우리는 가랑비에 옷 젖듯 서서히 하릴없이 그의 우산 속으로 기어들 수밖에 없다.

이 책에도 언급되어 있지만 대중과학서의 시초라고 할 수 있는 데즈먼드 모리스Desmond Morris의《털 없는 원숭이The Naked Ape》50주년 기념판에 추천사를 쓴 프란스 드 발은 "에드워드 윌슨과 리처드 도킨스로부터 스티븐 핑커와 스티븐 제이 굴드에 이르는 저자들이 진화와 인간의 행동에 관해 쓴 폭넓은 대중 서적을 쉽게 접할 수 있는데, 이런 전반적인 흐름이 《털 없는 원숭이》에서 비롯되었다는 사실을 이따금 잊어버린다."라고 적었다. 하지만 그 50주년 기념판의 우리말 번역서에 쓴 추천사에서 프란스 드 발이야말로 모리스 전통의 가장 훌륭한 계승자임을 분명히 했다. 나는 그를 현존하는 과학저술가 중에서 가장 논리적인 저술가라고 생각한다. 이 책을 다 읽고 나서도 생물학이 우리 사회의 전통적인 젠더 역할을 옹호한다고 생각하는 독자는 한 사람도 없을 것이라고 나는 단언할 수 있다. 이 책의 출간에 맞춰 나온 해외 전문가들의 찬사들이 그저 허투루 쏟아진 게 아니다. 굳이 해외로 눈을 돌릴 까닭도 없다. 프란스 드 발의 책은 이미 여러 권 우리말로 번역되어 나왔다. 그의 책을 손꼽아 기다리는 독자들이 이 땅에도 많다. 당연히 나를 포함해서.

세계보건기구WHO는 '젠더'를 "사회적으로 구성된 여성과 남성, 여자 아이, 남자 아이의 특성. 여기에는 여성이나 남성, 여자 아이, 남자 아이와 관련된 규범과 행동, 역할, 그리고 서로간의 관계까지 포함된다."라고 정의했다. 프란스 드 발은 현대 사회가 권력과 특권의 젠더 차이를 바로잡을 준비가 되어 있다고 생각한다. 그러나 젠더 역할이란 본래 서로 밀접하게 얽혀 있기 때문에 여성 혼자만으로는 해낼 수 없다. 그러나 그는 "성공을 향해 나아가는 길에는 남성의 동참이 필요하"지만 "세상에서 잘못된 일은 모두 남성 탓이라고 일반화하는 사례"는 결코 옳지 못하다고 지적한다. 지난 대선 과정에서 불거진 우리 사회의 지극히 정치적인 남녀 갈라치기는 용서받을 수 없는 악행이었다. 오래된 성 구분을 비난하기보다는 더 깊은 문제인 사회적 편견과 불공정을 해결하는 데 남성과 여성 모두가 함께 힘을 기울여야 한다. 프란스 드 발의 이런 균형 잡힌 혜안은 어디에서 나오는 것일까? 호르몬 연구도 아니고 뇌과학도 아닌 동물과 인간의 행동에 초점을 맞추기 때문이다. 그와 같은 분야에서 평생 함께 일해 온 나 자신이 뿌듯하다.

최재천
이화여대 석좌교수
생명다양성재단 이사장

추천의 글

· Contents ·

머리말

내 경력에서 가장 슬펐던 그날은 한 통의 전화로 시작되었다. 내가 좋아하던 수컷 침팬지가 두 경쟁자에게 잔인하게 살해되었다는 소식이었다. 서둘러 자전거를 타고 네덜란드 아른험에 있는 뷔르허르스동물원으로 달려간 나는 야간 우리 철창에 맥없이 머리를 기댄 채 피범벅 속에 앉아 있는 라위트Luit를 발견했다. 평소에는 냉담하기만 했던 라위트는 내가 머리를 쓰다듬자, 깊은 한숨을 내쉬었다. 하지만 이미 때가 늦었다. 라위트는 그날 수술대 위에서 죽었다.

수컷 침팬지 사이의 경쟁은 서로를 죽일 정도로 격화될 수 있는데, 비단 동물원에서만 그런 게 아니다. 야생에서 서열이 높은 수컷이 같은 종류의 권력 투쟁에 휘말렸다가 살해당한 사례에 관한 보고가 십여 건 있다. 수컷들은 정상에 오르기 위해 경쟁하면서 서로 동맹을 맺거나 깨기도 하고, 배신을 하거나 특정 상대에 대한 공격을 모의하기도 한다. 그렇다, 그것은 의도적인 공격 모의였다. 세 수컷을 나머지 무리와 따로 떼어놓은 야간 우리에서 공격이 일어난 것은 결코 우연이 아니었기 때문이다. 만약 같은 사건이 세상에서 가장 유명한 침팬지 무리가 모여 사는 숲이 우거진 큰 섬에서 일어났더라면 그 결과는 전혀 달랐을 것이다. 수컷 경쟁자들 사이에 충돌이 일어나면 암컷 침팬지들이 적극적으로 개입한다. 알파 암컷인 마마Mama는 수컷들 사이의 정치 공작은 막을 수 없어도 유혈 사태에는 분명히 선을 그었다. 만약 마마가 현장에 있었더라면, 틀림없이 자신의 동맹들을 모아 개입하고 나섰을 것이다.

라위트의 때 이른 죽음에 나는 큰 충격을 받았다. 매우 우호적인 성격이었던 라위트는 지도자로서 전체 무리에 평화와 조화를 가져다주었다. 하지만 그것 외에 내가 큰 실망을 느낀 이유가 따로 있었다. 그때까지 내가 목격한 싸움들은 늘 화해로 끝났다. 작은 충돌이 끝난 뒤에는 경쟁자들은 키스를 하고 포옹을 나누었으며, 서로간의 이견을 처리할 능력이 충분히 있었다. 적어도 나는 그렇게 생각했다. 대부분의 시간 동안 수컷 어른들은 서로 털고르기를 해주고 재미로 서로 거칠게 굴면서 친구처럼 행동했다. 그런데 이 유혈 참극은 내게 사태가 통제불능 상태로 치달을 수 있으며, 동일한 수컷들이 서로를 의도적으로 살해할 수 있다는 사실을 가르쳐주었다. 야생에서 활동하는 야외 연구자들도 숲에서 일어난 살해 사건들을 이와 비슷한 어조로 기술했다. 수컷 침팬지들은 '살해'라고 말할 수 있을 만큼 충분히 의도적으로 그런 일을 벌였다.

암컷 침팬지도 수컷 침팬지 못지않게 높은 수준의 공격성을 드러낼 때가 있다. 하지만 암컷의 분노를 유발하는 상황은 아주 다르다. 가장 큰 수컷조차 새끼를 건드리면 모든 어미가 격노한 허리케인으로 변한다는 사실을 잘 안다. 그러면 어미는 두려움 따위는 모르는 흉포한 존재로 돌변해 그 누구도 제지할 수 없다. 어미 유인원이 새끼를 보호하려고 표출하는 흉포함은 자신을 보호할 때보다 훨씬 강렬하다. 어미의 보호는 포유류의 보편적인 특성이어서 우리도 그것을 자주 농담의 소재로 삼는데, 미국 부통령 후보로 나왔던 세라 페일린Sarah Palin도 자신을 마마 그리즐리Mama Grizzly(어미 회색곰)라고 부른 적이 있다.* 서류 가방을 든 사업가가 큰 곰과 작은 곰이 뒤에 서 있는 엘리베이터에 타는 장면을 만화로 그린 게리 라슨Gary Larson은 필시 세라 페일린의 이 명성을 염두에 두었을 것이다. 캡션에는 "콘로이가 일에 정신이 팔린 채 엘리베이터에 발을 들여놓는-그것도 바로 암컷 회색곰과 그 새끼 사이로- 순간, 비극이 일어났다."라고 적혀 있었다.

태국 정글에서 판디(옛날에 목재 운반 일을 시키려고 야생 코끼리를 생포하던 사냥꾼)가 가장 두려워한 것은 힘센 수컷 코끼리를 올가미로 붙잡는 일이 아니었다. 올가미에 걸린 큰 수컷 코끼리보다 오히려 작은 새끼 코끼리가 더 위험했다. 그 울음소리를 듣고 근처에 있던 어미 코끼리가 달려올 수 있기 때문이었다. 격분한 암컷 코끼리에게 목숨을 잃은 판디가 아주 많다.[1]

우리 종의 경우, 어머니의 모성애는 충분히 예측할 수 있을 만큼 강하다. 《성경》에서 솔로몬 왕은 두 여자가 한 아기를 놓고 서로 자기 아기라고 주장하자, 칼로 두 아이를 잘라 절반씩 나눠주라고 명령했다. 그러자 한 여자는 그 판결을 받아들인 반면, 다른 여자는 제발 아기를 죽이지 말고 저 여자에게 주라고 청했다. 이렇게 해서 왕은 누가 진짜 어머니인지

---

* 회색곰은 불곰의 아종으로, 공격성과 새끼를 보호하는
본능이 강한 것으로 유명하다-옮긴이

알아냈다. 영국의 추리 소설 작가 애거사 크리스티 Agatha Christie는 "이 세상에서 어머니의 사랑만큼 강한 것은 없다. 어머니의 사랑은 법도 연민도 모르고, 무엇에도 굴하지 않으며, 앞을 가로막는 것은 무엇이건 사정없이 짓뭉갠다."[2]라고 표현했다.

우리는 자식 편을 드는 어머니를 존경하는 반면, 남성의 호전성은 그다지 좋게 보지 않는다. 남자 아이와 남성은 흔히 대결 상황을 유발하고, 거칠게 행동하고, 약점을 숨기고, 위험을 추구한다. 이 때문에 모든 사람이 남성을 좋아하진 않으며, 일부 전문가는 남성의 그런 행동을 부정적으로 본다. 그들이 '전통적인 남성성 이데올로기'가 남성의 행동을 부추긴다고 말할 때, 그것은 결코 칭찬으로 하는 말이 아니다. 미국심리학회는 2018년에 한 문서에서 이 이데올로기의 중심에 "반反여성성과 성취, 약한 모습 감추기, 모험, 위험, 폭력"이 자리잡고 있다고 정의했다. 미국심리학회가 남성을 이 이데올로기로부터 구하려는 시도는 '유독한 남성성toxic masculinity'에 관한 논쟁을 부활시켰지만, 전형적인 남성의 행동을 마구잡이로 비난한 것은 반발을 촉발했다.[3]

수컷과 암컷의 공격성 패턴이 왜 이토록 서로 다른 취급을 받는지 그 이유는 쉽게 알 수 있다. 수컷의 공격성만이 사회에 문제를 야기하기 때문이다. 라위트의 죽음에 큰 충격을 받은 나는 수컷 사이의 경쟁을 무해한 오락으로 표현하고 싶지 않다. 하지만 우리 종에서 수컷 사이의 경쟁은 이데올로기의 산물일까? 그렇게 주장하려면 우리가 자기 행동의 지배자이자 설계자라는 무리한 가정을 해야 한다. 만약 이게 사실이라면, 우리의 행동은 다른 종들의 행동과 분명히 달라야 할 것이다. 그러나 전혀 그렇지 않다. 대부분의 포유류 종에서 수컷은 지위나 세력권을 놓고 다투는 반면, 암컷은 새끼를 지키려고 열심히 노력한다. 그런 행동을 우리가 좋게 생각하든 나쁘게 생각하든, 그런 행동이 어떻게 진화하게 되었는지는 쉽게 알 수 있다. 양성 모두에게 그런 행동은 늘 유전적 유산을 남기는 최선의 방법이었다.

이데올로기는 그런 행동과 아무 관계가 없다.

동물과 사람의 행동에서 나타나는 성차性差는 사람의 젠더에 관한 거의 모든 논쟁에서 그 중심에 있는 질문들을 제기한다. 남성과 여성의 행동 차이는 선천적인 것일까? 인위적인 것일까? 그 행동들은 실제로는 얼마나 다를까? 젠더는 단 두 가지만 있을까, 아니면 더 많이 있을까?

하지만 이 주제를 본격적으로 다루기 전에 내가 왜 이 주제에 관심이 있으며, 나의 입장은 어떤 것인지 분명히 하고 넘어가기로 하자. 나는 여기서 우리가 지닌 영장류 유산을 설명함으로써 기존의 젠더 관계를 정당화하려는 것이 아니다. 그렇다고 모든 것이 현재의 상태가 만족스럽다고 생각하는 것도 아니다. 나는 젠더가 지금은 물론이고 우리가 기억하는 한 먼 옛날부터 평등했던 적이 없다는 사실을 인정한다. 여성은 우리 사회뿐만 아니라 나머지 모든 사회에서도 불리한 처지에 있다. 교육을 받을 권리에서부터 선거권, 합법적 낙태, 동일 임금에 이르기까지 모든 것에서 개선이 일어나게 하려면 여성은 싸워야만 했다. 이것들은 결코 사소한 개선이 아니다. 일부 권리는 최근에 와서야 겨우 얻었고, 여전히 거부당하는 권리도 있으며, 쟁취하긴 했지만 새로운 공격을 받는 권리도 있다. 나는 이 모든 것을 매우 부당하다고 여기며, 나 자신을 페미니스트라고 간주한다.

서양에서 여성의 선천적 능력을 비하하는 전통은 적어도 2000년 전으로 거슬러 올라간다. 이것은 젠더 불평등이 늘 정당화돼온 방식이다. 그래서 19세기의 독일 철학자 아르투어 쇼펜하우어Arthur Schopenhauer는 여성은 평생 동안 현재에서만 살아가는 아이 상태에 머물러 있는 반면, 남성은 미래를 내다보고 사유하는 능력이 있다고 생각했다. 또 다른 독일 철학자 게오르크 빌헬름 프리드리히 헤겔Georg Wilhelm Friedrich Hegel은 "남성과 여성의 차이는 동물과 식물의 차이와 비슷하다."[4]라고 생각했다. 헤겔이 무슨 뜻으로 이런 말을 했는지는 내게 묻지 말기 바란다. 하지만 영국의 도덕철학자 메리 미즐리Mary Midgley가 지적한 것처럼, 서양 사상의 거물들은 터무니없이 어리석은 성찰들을 낳았다. 평소에 그들 사이에 난무하던 첨예한 견해 차이는 어디로 갔는지 눈을 씻고 봐도 찾기 어렵다. "프로이트와 니체, 루소, 쇼펜하우어가 서로간에, 그리고 아리스토텔레스와 성 바오로와 성 토마스 아퀴나스와 화기애애하게 동의할 수 있는 문제는 많지 않지만, 여성에 관한 견해만큼은 놀랍도록 서로 가깝다."[5]

내가 경애하는 찰스 다윈Charles Darwin조차 이 경향에서 벗어나지 않았다. 미국의 여성 권리 지지자 캐롤라인 케너드Caroline Kennard에게 보낸 편지에서 다윈은 여성에 관한 견해를 다음과 같이 밝혔다. "유전의 법칙으로 볼 때, 여성은 남성과 지적으로 동등한 존재가 되는 데 큰 어려움이 있는 것처럼 보입니다."[6]

언급된 지적 차이를 교육의 불공평으로 쉽게 설명할 수 있었던 시대에 이러한 일들이 일어났다. 평생 동안 동물의 지능을 연구해온 내가 다윈이 언급한 '유전의 법칙'에 대해 말할 수 있는 것은 양성 사이의 차이를 전혀 발견하지 못했다는 일뿐이다. 양성 모두 총명한 개체도 있고 우둔한 개체도 있지만, 나를 비롯해 연구자들이 행한 수백 건의 연구에서는 양성 사이에 유의미한 인지 간극이 전혀 발견되지 않았다. 영장류 암컷과 수컷 사이에 행동의 차이는 많지만, 지적 능력은 나란히 진화한 것으로 보인다. 우리 종의 경우에도 수학적 능력처럼 전통적으로 한쪽 젠더가 더 뛰어나다고 간주돼온 인지 영역에서조차 충분히 많은 표본을 대상으로 검사할 경우 젠더 차이가 뚜렷이 드러나지 않는다.[7] 현대 과학은 한쪽 젠더가 다른 쪽보다 정신적으로 우월하다는 개념을 전혀 지지하지 않는다.

분명히 하고 넘어가야 할 두 번째 문제는 동료 영장류에 대한 고정관념인데, 이것은 가끔 인간 사회의 불평등을 옹호하는 데 사용된다. 사람들은 흔히 수컷 원숭이 우두머리가 암컷들을 '소유'하며, 암컷들은 새끼를 낳고 기르는 데 평생을 바치면서 수컷 우두머리의 명령을 따른다고 상상한다. 100여 년 전에 발표된 개코원숭이 연구 결과가 이런 견해를 부추긴 주요 원인이었는데, 나중에 설명하겠지만, 이 연구는 큰 결함이 있었고, 미심쩍은 비유를 낳았다.[8] 불행하게도 이 견해는 미늘이 달린 화살처럼 대중의 마음속에 깊이 박혔고, 그 후에 수집된 반대 증거에도 불구하고 쉽사리 빠지지 않았다. 지난 세기에 수컷의 지배가 자연의 질서라는 주장이 많은 저자들을 통해 계속 반복되었는데, 2002년에도 미국의 정신과 의사 아널드 루드위그Arnold Ludwig는 《산의 왕King of the Mountain》이란 책에서 다음과 같이 주장했다.

대다수 사람들은 사회적으로, 심리학적으로, 생물학적으로 한 수컷 우두머리가 그들의 공동생활을 지배할 필요가 있다고 프로그래밍돼 있다. 그리고 이 프로그래밍은 거의 모든 유인원 사회가 운영되는 방식과 매우 비슷하다.[9]

이 책의 목표 중 하나는 수컷 우두머리에 대한 독자들의 잘못된 개념을 바로잡는 것이다. 이 개념이 유래한 영장류 연구는 우리와 특별히 가깝지 않은 종을 대상으로 진행된 것이었다. 우리는 개코원숭이 같은 원숭이 가족이 아니라, 그 종수가 적은 유인원 가족(꼬리 없는 대형 영장류)에 속한다. 우리의 가까운 친척인 대형 유인원 연구에서는 그것과 미묘한 차이가 나는 그림이 나타나는데, 보통 사람들이 상상하는 것보다 수컷이 행사하는 지배력이 약하다.

수컷 영장류가 폭력적이고 지배적이라는 사실은 부정할 수 없지만, 공격성과 체격의 우위가 암컷을 지배하기 위해 진화한 것이 아니라는 사실을 알아둘 필요가 있다. 암컷을 지배하는 것은 수컷이 살아가는 목표가 아니다. 생태학적 요구를 감안할 때, 최적의 크기로 진화한 쪽은 암컷이다. 획득하는 먹이와 이동 거리, 기르는 자식의 수, 피해야 하는 포식 동물을 감안하면, 암컷의 신체가 최적의 크기이다. 진화는 수컷을 이 이상적인 크기에서 벗어나게 만들었는데, 그 목적은 자기들끼리 싸울 때 우위에 서기 위해서이다.[10] 수컷 사이의 경쟁이 치열할수록 수컷의 신체적 특징은 더 인상적으로 발달했다. 고릴라 같은 일부 종은 수컷의 몸이 암컷에 비해 두 배나 크다. 수컷끼리 싸우는 목적은 어디까지나 짝짓기 상대인 암컷에게 접근하는 데 있기 때문에, 암컷에게 해를 가하거나 암컷의 먹이를 빼앗는 것은 결코 수컷의 목적이 될 수 없다. 사실, 암컷 영장류는 대부분 상당한 자율성을 누리면서 하루 종일 자기들끼리 먹이를 구하러 다니거나 서로 어울려 지내는 반면, 수컷들은 주변부에 머문다. 전형적인 영장류 사회의 핵심은 나이 많은 가모장이 이끄는 암컷들의 네트워크이다.

〈라이온 킹〉이 새로 출시되었을 때, 우리는 동일한 성찰을 들었다. 영화에서 수사자는 우두머리로 묘사된다-대다수 사람들은 왕국을 다른 방식으로는 상상할 수 없기 때문에. 다음번 왕이 될 운명을 타고난 새끼 사자 심바의 어미는 거의 아무 역할도 하지 않는다. 그러나 수사자가 암사자보다 더 크고 힘이 센 것은 사실이지만, 사자 무리에서 중심적 위치를 차지하지는 않는다. 사자 무리는 본질적으로 자매애를 중심으로 유지되며, 사냥과 새끼 양육은 대부분 암컷들이 맡는다. 수사자는 2년 정도 우두머리로 지내다가 새로운 경쟁자에게 쫓겨난다. 세계적으로 손꼽는 사자 전문가인 크레이그 패커Craig Packer는 "암컷이 핵심으로, 무리의 심장이자 영혼이다. 수컷은 그저 왔다가 갈 뿐이다."라고 표현했다.[11]

대중 매체는 우리를 다른 종들과 비교하면서 피상적인 현실만 강조하지만 더 근원적인 현실은 판이할 수 있다. 그것은 실질적인 성차를 반영할 수도 있지만, 우리가 기대하는 것과 다를 수도 있다. 게다가 많은 영장류는 내가 '잠재력'이라고 부르는 것을 갖고 있는데, 이것은 드물게 표출되거나 눈에 잘 띄지 않는 능력을 말한다.

좋은 예로는 암컷의 지도력을 들 수 있는데, 그런 지도력은 내가 전작인 《마마의 마지막 포옹Mama's Last Hug》*에서 뷔르허르스동물원에서 오랫동안 알파 암컷으로 지낸 침팬지를 소개하면서 자세히 묘사한 바가 있다. 마마는 사회생활에서 절대적인 중심 위치를 차지했는데, 싸움 결과로만 따진다면 서열이 가장 높은 수컷들보다 아래였는데도 불구하고 그랬다. 나

  ＊ 국내에서는 《동물의 감정에 관한 생각》이란 제목으로 출간되었음-옮긴이

이가 가장 많은 수컷도 서열은 그들보다 아래였지만, 역시 중심적 역할을 했다. 나이 많은 이 두 유인원이 어떻게 함께 큰 침팬지 무리를 이끌어나 갔는지 이해하려면, 신체적 힘 외에 다른 것까지 보는 게 필요하며, 중요한 사회적 결정을 누가 내리는지 파악해야 한다. 우리는 정치적 권력을 지배성과 구분할 필요가 있다. 우리 사회에서는 권력을 강한 근육의 힘과 혼동하는 사람은 아무도 없는데, 그것은 다른 영장류 사회도 마찬가지다.[12]

또 다른 잠재력은 수컷 영장류가 새끼를 돌보는 능력이다. 이것은 가끔 어미가 죽은 뒤에 볼 수 있는데, 갑자기 고아가 된 새끼는 관심을 끌기 위해 끙끙거리며 운다. 야생에서 수컷 어른 침팬지가 어린 새끼를 입양해 사랑으로 돌본다는(때로는 몇 년 동안이나) 사실이 알려져 있다. 수컷은 새끼를 위해 이동 속도를 늦추고, 만약 새끼가 사라지면 찾아나서고, 여느 어미 못지않게 새끼를 보호하려고 한다. 과학자는 전형적인 행동을 강조하는 경향이 있기 때문에, 우리는 이런 잠재력을 깊이 생각하지 않을 때가 많다. 하지만 우리가 우리 종이 할 수 있는 일의 한계를 시험하는, 변화하는 사회에 살고 있다는 점을 감안할 때, 이런 행동은 사람의 젠더 역할과 관계가 있다. 따라서 우리가 다른 영장류와의 비교를 통해 우리 자신에 대해 무엇을 배울 수 있는지 살펴볼 이유가 충분히 있다.[13]

진화적 설명을 의심하고, 동일한 법칙이 우리에게 적용되지 않는다고 생각하는 사람들조차 자연 선택과 관련된 한 가지 진실만큼은 인정하지 않을 수 없을 것이다. 살아남아서 후손을 남긴 조상이 없었더라면, 현재 지구 위를 걸어다니는 사람들 중 어느 누구도 이곳에 존재하지 않을 것이다. 우리 조상은 모두 자식을 낳고 성공적으로 키우거나 다른 사람이 자식을 키우는 걸 도왔다. 이 법칙에는 예외가 없는데, 그 일에 실패한 사람은 어떤 후손의 조상도 될 수 없기 때문이다.

실패자의 유전자는 유전자 풀에서 사라진다.

현대 사회는 권력과 특권의 젠더 차이를 바로잡을 준비가 되어 있다. 하지만 여성 혼자만으로는 이 일을 해낼 수 없다. 젠더 역할은 서로 밀접하게 얽혀 있기 때문에, 남성과 여성 모두가 동시에 변할 필요가 있다. 그런 조정 중 일부는 이미 일어나고 있다. 나는 젊은 세대들이 우리 세대와는 상당히 다른 방식으로 살아가는 모습을 목격하는데, 남성이 양육 일을 더 많이 떠맡는다든가 남성이 지배하던 일자리에 여성이 진출하는 것 등이 그런 예이다. 성공을 향해 나아가는 길에는 남성의 동참이 필요하다. 내가 세상에서 잘못된 일은 모두 남성 탓이라는 일반화에 발끈하는 이유는 이 때문이다. 특정 방식으로 표출되는 남성성을 '유독'하다고 말하는 것은 내가 생각하는 페미니즘이 아니다. 한쪽 젠더 전체에 낙인을 찍는 것이 도대체 무슨 도움이 된단 말인가? 나는 그런 행동이 불필요하다고 본 미국 영화배우 메릴 스트립Meryl Streep의 견해에 동의한다. "우리는 어떤 것을 유독한 남성성이라고 부르면서 남자 아이들에게 상처를 준다. 여성도 매우 유독할 수 있다……. 그들은 유독한 사람들이다."[14]

우리가 일상생활에서 맞닥뜨리는 대다수 젠더 차이는 그 기원을 알기가 거의 불가능하다. 우리 문화는 남성과 여성 모두에게 끊임없이 압력을 가한다. 모든 사람은 관례를 따르면서 남성성과 여성성의 규칙을 따라야 한다는 압력을 받는다. 우리는 이런 식으로 젠더를 만들어낼까? 그리고 젠더는 생물학적 성을 대체한 것일까? 하지만 이것은 완전한 답이 될 수 없다. 다른 영장류들은 우리의 젠더 규범을 따르지 않지만, 우리처럼 행동할 때가 많으며, 우리는 그들을 좋아한다. 그들의 행동 역시 사회 규범을 따를 수도 있지만, 그 규범은 우리 문화가 아니라 '그들의' 문화에서 유래한 것이다. 그들의 행동과 우리의 행동에서 나타나는 유사성은 공통의 생물학을 시사한다.

다른 영장류들은 거울에 비친 우리의 모습을 보여주는데, 이를 통해 우리는 젠더를 다른 시각에서 바라볼 수 있다. 하지만 그들은 우리가 아니며, 따라서 우리가 본보기로 삼을 모델이 아니라 비교 대상일 뿐이다. 내가 이 단서를 추가하는 이유는 사실 진술이 실제로는 그렇지 않은데도 때로는 규범적인 것으로 받아들여지기 때문이다. 사람들은 다른 영장류에 관한 진술을 읽으면서 흔히 그들을 자신과 연관 지어 생각한다. 그래서 자신이 바람직하게 생각하는 방식으로 행동하면 영장류를 칭찬하고, 자신이 싫어하는 행동을 하면 불쾌하게 여긴다. 나는 양성 사이의 관계가 극단적으로 다른 두 종의 유인원(침팬지와 보노보)을 연구하기 때문에, 이 유인원들에 대해 강연을 할 때 청중의 이런 반응을 즉각 알아챈다. 사람들은 가끔 내가 하는 설명이 그 행동을 지지하는 것으로 해석하고 반응한다. 내가 침팬지에 대해 이야기할 때마다 그들은 내가 수컷의 권력과 잔인성을 옹호한다고 생각한다. 마치 내가 남성도 그와 똑같이 행동했으면 좋겠다고 생각한다는 듯이 말이다! 그리고 내가 보노보의 사회생활을 설명할 때면, 청중은 내가 에로티시즘과 암컷의 통제를 좋아한다고 확신한다. 실제로는 나는 보노보와 침팬지를 모두 좋아하며, 둘 다 똑같이 매력적으로 느낀다. 이들은 서로 다른 우리 자신의 양면을 드러낸다. 우리 속에는 이 두 유인원이 각각 조금씩 들어 있으며, 거기다가 수백만 년에 걸쳐 진화한 우리 자신의 독특한 특성도 있다.

사람들이 불쾌감을 느끼는 사례를 소개하자면, 내가 젊을 때 뷔르허르스동물원에서 강연을 하면서 겪었던 일화가 있다. 그때 나는 그곳에서 침팬지를 연구하고 있었다. 나는 제빵사 협회 사람들에서부터 경찰대학 학생들, 교사들과 어린이들에 이르기까지 다양한 청중을 대상으로 강연을 했다. 그들은 모두 내 이야기를 좋아했다. 여성 변호사들을 대상으로 강연을 하기 전까지는 그랬다. 그들은 내 메시지에 분명히 불쾌한 반응을 보였고, 심지어 나를 '성차별주의자sexist'라고까지 불렀는데, 그것은 그 당시 막 널리 사용되기 시작하던 비난의 표현이었다. 하지만 나는 사람의 행동에 대해서는 단 한마디도 하지 않았는데, 어떻게 그들은 그런 결론을 내렸을까?

나는 당시 수컷 침팬지와 암컷 침팬지가 어떻게 다른지 설명했다. 수컷은 상대를 위협하는 과시 행동을 극적으로 보여주는데, 그것은 권력 욕구의 표현이라고 했다. 수컷은 항상 다음 수를 계획하면서 전략적으로 행동한다. 반면에 암컷은 대부분의 시간을 털고르기와 사교 활동에 보낸다. 암컷의 관심은 관계와 가족에 초점이 맞추어져 있다. 나는 또한 얼마 전에 우리 침팬지 무리에서 일어난 베이비 붐 사진도 자랑스럽게 보여주었다. 하지만 청중의 분위기는 새끼 유인원에 사랑스러움을 느끼는 것과는 거리가 멀었다.

나중에 변호사들은 내게 수컷이 암컷을 지배한다고 어떻게 그토록 확신하느냐, 왜 그 반대일 수는 없느냐고 물었다. 그들은 내가 지배성 개념을 잘못 이해하고 있는 것 같다고 주장했다. 나는 수컷이 싸움에서 이기는 것을 보았다고 말했지만, 그들은 실제로 이긴 쪽은 암컷일 가능성이 있다고 주장했다. 수천 시간을 침팬지를 관찰하고 연구한 내가 침팬지와 고릴라를 제대로 구별조차 못 하는 사람들에게 틀렸다는 소리를 듣다니! 내 연구 분야에는 여성 연구자도 많지만, 나는 침팬지를 수컷 지배 사회가 아닌 다른 것으로 설명하는 주장을 들어본 적이 없다. 이것은 단지 신체적 우세에 관련된 설명이고 폭이 좁은 관점이긴 하지만, 그래도 의미는 있다. 수컷 침팬지는 암컷보다 몸무게가 더 나가고, 보디빌더처럼 팔과 어깨가 우람하고 목이 두껍다. 수컷에게는 암컷에게는 없는 긴 송곳니도 있는데, 표범의 송곳니와 거의 비슷하게 생겼다. 그러니 암컷은 신체적으로 상대가 되지 않는다. 유일한 예외는 암컷들이 서로 뭉칠 때 일어난다.

변호사들은 강연 뒤에 침팬지 섬을 방문해 내 주장을 확인시켜주는 몇몇 사건을 직접 두 눈으로 보고 나서야 약간 태도를 바꾸었다. 하지만 전반적인 분위기를 바꾸는 데에는 별 효과가 없었다.

훗날 내가 보노보를 연구하면서 보노보에 대해 강연을 할 때에는 정반대의 일이 벌어졌다. 침팬지와 보노보는 둘 다 유인원이고 유전적으로 우리와 아주 가깝지만, 그 행동은 놀랍도록 큰 차이가 있다. 침팬지 사회는 공격적이고 세력권을 중시하며 수컷이 지배한다. 보노보 사회는 평화적이고 섹스를 좋아하고 암컷이 지배한다. 이보다 더 큰 차이를 보여주는 두 유인원 종은 없다. 보노보는 우리가 동료 영장류에 대해 더 많이 알수록 젠더 고정관념이 더 강화될 것이라는 주장이 거짓임을 보여준다. 나는 보노보를 '전쟁 대신에 사랑을 하는' 영장류라고 표현한 과학자로서 이 종에 관해 쓴 첫 번째 대중적 글의 서두를 다음 문구로 시작했다. "여성이 남성과의 평등을 추구하는 역사상의 이 시점에 과학이 페미니즘 운동에 때늦은 선물을 가지고 도착했다." 그때가 1995년이었다.[15]

청중은 보노보에 환호한다. 그들은 보노보를 사랑하며, 생물학이 암울한 전망을 내놓는 시대에 보노보가 빛을 던져준다고 생각한다. 소설가인 앨리스 워커Alice Walker는 《내 아버지의 미소의 빛으로By the Light of My Father's Smile》를 우리와 보노보의 가까운 친족 관계에 헌정했고, 〈뉴욕 타임스〉의 칼럼니스트 모린 다우드Maureen Dowd는 정치 논평에 보노보의 평등주의 정신을 칭찬하는 이야기를 집어넣은 적이 있다. 보노보는 암수 사이의 지배성 역전과 놀랍도록 다양한 성생활 때문에 "정치적으로 올바른 영장류"라고 불렸다. 사실 보노보는 단지 암수 사이뿐만 아니라 온갖 종류의 파트너 조합으로 성생활을 즐긴다. 나는 우리의 히피 친척에 대해 이야기하길 늘 즐기지만, 희망 섞인 생각 때문에 진화적 비교가 편향되어서는 안 된다고 생각한다. 우리는 그저 동물계를 살펴보다가 구미에 맞는 종을 선택해 자신의 주장을 뒷받침하는 사례로 내세워서는 안 된다.

우리와 동일하게 가까운 두 유인원 종이 있다면, 양성 사이의 관계에 대한 논의는 둘 다 동일한 비중으로 참고해야 한다. 비록 과학계에서는 침팬지가 보노보보다 훨씬 더 오래전부터 알려졌고 더 많이 연구되긴 했지만, 이 책에서는 두 종을 모두 중요하게 다룰 것이다. 대신 원숭이처럼 인간과 거리가 좀더 먼 영장류에는 관심을 덜 쏟을 것이다.

젠더 차이라는 주제는 어느 쪽으로건 감정을 자극한다. 이 분야에서는 누구나 강한 의견을 피력하는데, 동물을 연구하는 우리에게는 아주 낯선 상황이다. 영장류학자는 판단을 하지 않으려고 노력한다. 항상 성공하는 것은 아니지만, 우리는 절대로 행동을 옳고 그른 것으로 분류하지 않는다. 연구에는 불가피하게 해석이 포함되지만, 우리는 수컷의 행동을 '역겹다'고 표현하거나 어떤 종의 암컷을 '상스럽다'라고 부르는 일이 절대로 없다. 우리는 행동을 있는 그대로 받아들인다. 이런 태도는 박물학자들 사이에 오랫동안 내려온 전통이다. 비록 수컷 사마귀는 교미를 하다가 문자 그대로 머리를 잃지만, 그렇다고 해서 암컷을 비난하는 사람은 아무도 없다. 그리고 같은 이유로 우리는 자신의 짝이 몇 주일 동안 밀폐된 둥지 안에서 지낼 수 있도록 진흙 덩어리를 물어오는 수컷 코뿔새의 행동을 판단하지 않는다. 우리는 그저 자연이 왜 그런 식으로 작용하는지 경이롭게 여길 뿐이다.

이것은 또한 영장류학자가 사회를 바라보는 방식이기도 하다. 우리는 행동의 바람직함에 대해 전혀 고민하지 않으며, 그저 최선을 다해 그것을 기술하려고 노력할 뿐이다. 그것은 영국의 동물학자이자 방송인인 데이비드 애튼버러David Attenborough가 우리 종의 짝짓기 의식을 설명하는 영상 패러디와 비슷하다. 캐나다의 한 술집에서 맥주를 벌컥벌컥 마시는 남학생 사교 클럽 회원들을 촬영한 장면에 대해 애튼버러는 나긋나긋한 목소리로 "공기에는 암컷들의 냄새가 가득 배어 있고, 각각의 수컷은 자신이 얼마나 강하고 능숙한지 보여주려고 노력합니다."라고 읊조린다. 이 비디오는 한 '승자'가 한 여성과 함께 침대에 눕는 걸로 끝나는데, 거기서는 여성이 상황을 주도한다.[16]

이것은 성차별주의인가? 전형적인 성적 행동을 언급하는 것은 모두 정치적 입장을 나타내는 것이라고 믿는 사람에게만 그렇다. 우리는 어떤 사람들이 성차를 어디나 존재한다는 듯 체계적으로 선전하는 반면, 다른 사람들은 그것을 아무 의미 없는 것이라고 표현하면서 지워 없애려고 노력하는 시대에 살고 있다. 첫 번째 집단은 공간 기억이나 도덕적 사고나 그 밖의 어떤 것에서라도 사소한 차이를 붙들고 늘어지면서 침소봉대한다. 이들이 내린 결론은 종종 언론을 통해 증폭되는데, 몇 퍼센트포인트의 차이에 불과한 것을 흑백의 차이로 바꾸는 일이 비일비재하다. 일부 작가는 심지어 남성과 여성은 서로 다른 행성에서 왔다고 말하기까지 한다. 두 번째 집단은 정반대의 태도를 보이는데, 남성과 여성의 차이에 관한 진술은 무조건 축소하려고 한다. 이들은 "그것은 모든 사람에게 적용되진 않는다."라거나 "그것은 환경의 산물이다."라고 주장한다. 이들의 키워드는 '사회화socialization'인데, "남성은 경쟁하도록 사회화되었다."라거나 "여성은 타인을 돌보도록 사회화되었다."라는 식으로 이 용어를 사용한다. 이들은 행동의 차이가 어디서 유래했는지 안다고 주장하는데, 생물학으로부터는 절대로 아니라고 주장한다.

초기에 후자의 견해를 지지한 한 사람은 미국 철학자 주디스 버틀러Judith Butler인데, 버틀러는 '남성'과 '여성'을 구성 개념construct에 불과한 것으로 간주한다. 1988년에 발표한 논문에서 버틀러는 "젠더는 사실이 아니기 때문에, 젠더의 다양한 행동이 젠더 개념을 만들어내며, 그런 행동들이 없다면 젠더 자체가 존재하지 않을 것이다."라고 주장했다.[17] 이것은 하나의 극단적인 견해인데, 나는 이에 동의하지 않는다. 그럼에도 불구하고, 나는 '젠더'를 유용한 개념으로 간주한다. 문화마다 양성에 대해 각각 다른 규범과 관습, 역할이 있다. 젠더는 생물학적 암컷을 여성으로, 생물학적 수컷을 남성으로 바꾸는, 학습된 오버레이overlay*를 가리킨다. 우리가 완전히 문화적 존재인 것은 사실이다. 나는 한 발 더 나아가 젠더 개념을

＊ 하나의 층 위에 다른 층을 겹쳐 중첩시킨 것-옮긴이

다른 영장류에게도 적용할 수 있다고 주장하고 싶다. 유인원은 열여섯 살 무렵에 어른이 되는데, 그동안 다른 유인원들로부터 많은 것을 배울 시간이 충분히 있다. 만약 이 학습이 그들의 전형적인 성적 행동을 변화시킨다면, 우리는 이들에게도 젠더 개념을 적용해야 할 것이다.

젠더는 또한 트랜스젠더 남성과 여성처럼 생물학적 성과 일치하지 않는 정체성도 다룬다. 어떤 사람의 해부학적 성이나 염색체 성을 분류하기 어렵거나 한쪽 젠더나 반대쪽 젠더 중 어느 쪽으로도 분류되지 않는 경우처럼 예외들도 있다. 그럼에도 불구하고, 대다수 사람들은 성과 젠더가 일치한다. 서로 다른 의미를 가지는데도 불구하고, 이 두 용어는 거의 한 몸처럼 붙어 다닌다. 그래서 젠더 차이의 논의는 자동적으로 성차까지 다루게 되며, 그 반대도 마찬가지다.

과학은 오랫동안 성차를 무시해왔지만, 이제 그 관행이 변하기 시작했다. 한 가지 이유는 그러한 방임적 태도가 건강관리에 큰 피해를 초래했기 때문이다.[18] 한때 여성은 남성처럼(즉, 몸집이 작은 남성으로 여겨지며) 진단받고 치료받았다. 아리스토텔레스가 "여성은 이를테면 거세된 남성이다."라고 말한 이래 의학은 남성의 몸을 표준으로 간주해왔다. 여성의 신체를 위해 유일하게 정정할 것이 있다면, 남성을 위해 개발된 약의 정량과 차이를 두는 것뿐이라고 생각했다.[19]

하지만 남성과 여성의 몸은 전혀 같지 않다. 일부 차이는 단순히 구조적인 것이다. 예를 들면, 여성은 자동차 사고에서 중상을 입을 위험이 더 큰데, 이는 남녀의 골밀도 차이 때문일 수도 있고, 자동차 산업이 여성의 몸과 체중 분포와는 다른 남성의 몸을 바탕으로 만든 충돌 테스트용 인형을 여전히 사용하기 때문일 수도 있다.[20] 그 차이는 성 특이적 조건(자궁이나 유방, 전립선과 관련된 조건)과 다른 건강상의 취약점까지 확대된다. 2016년, 미국 국립보건원은 미국의 의학 부문 과학자들에게 연구를 할 때 항상 양성을 포함시키라고 요청했다. '생물학적 변수로서의 성에 관한 국립보건원 정책'은 생쥐와 쥐, 원숭이, 사람을 포함해 모든 척추동물을 망라해 다룬다. 많은 질병에서는 성적 편향이 나타난다. 예를 들면, 여성은 남성보다 알츠하이머병, 루푸스, 다발경화증에 걸릴 위험이 더 높다. 반대로 남성은 파킨슨병, 자폐 스펙트럼 장애에 걸릴 위험이 더 높다. 전반적으로 여성이 남성보다 더 튼튼하고 더 오래 사는데, 이 차이는 대다수 포유류에서 발견된다. 이러한 차이는 버틀러의 '젠더 개념'과 아무 관계가 없으며, 철저하게 태어날 때의 성과 관계가 있다.[21]

영장류학자는 성을 경시해야 할 이유가 없다. 나는 영장류학회 회의에서 약 1000번의 강연을 들었지만, "있잖아요, 저는 숲에서 암컷과 수컷 오랑우탄을 추적하다가 그들의 행동이 서로 놀랍도록 비슷하다는 사실을 발견했습니다."라는 말을 들은 적이 아직까지 한 번도 없다. 대다수 영장류에서 암수의 행동 차이가 얼마나 극명한지를 감안하면, 그런 말을 한 강연자는 웃음거리가 되고 말 것이다. 게다가 영장류학자들은 이러한 차이를 사랑한다. 우리에게 그것은 일용할 양식이다. 그것은 영장류의 사회 생활을 아주 흥미롭게 만든다. 수컷이 중시하는 의제가 따로 있고, 암컷이 중시하는 의제가 따로 있다. 우리의 과제는 양자 사이의 상호 작용을 추론해 알아내는 것이다. 수컷과 암컷은 가끔 이해가 상충하지만, 상대방이 없으면 진화의 경쟁에서 어느 쪽도 승리할 수 없기 때문에, 양쪽의 의제는 어느 지점에서 교차한다.

그렇다고 해서 나의 이러한 비교가 쉬운 답을 낳는 것은 아니다. 주장된 일부 성차가 확인하기 불가능한 것으로 드러나기도 하고, 존재하는 성차가 생각보다 단순하지 않은 경우도 많다. 영장류라는 배경을 바탕으로 우리 종을 바라볼 때, 나는 사람의 행동에 관한 풍부한 문헌을 참고한다. 나는 그런 문헌을 선별적으로 참고하며, 상대적인 아웃사이더로서 그렇게 한다. 나의 주요 편향 한 가지는 사람들의 자기 보고를 믿지 않는 것이다. 사람들에게 자신에 관한 질문을 던지는 조사 방법은 사회과학에서 크게 유행했지만, 나는 아이들이 운동장에서 노는 방식이나 승리하거나 패했을 때 운동선수들이 보이는 반응처럼 실제 행동을 조사하고 관찰하던 시절로 돌아가는 쪽을 선호한다. 사람의 행동은 자신에 대해 하는 말보다 훨씬 많은 정보를 제공하며 정직하다! 또, 영장류의 행동과 비교하기도 훨씬 쉽다.[22]

내가 다루는 사람의 젠더 관계 논의에는 어떤 중요한 문제가 빠져 있다. 영장류학자의 관찰이 출발점이기 때문에, 나는 관련된 사람의 행동만을 고려할 것이고, 따라서 경제적 불평등이나 가사 노동, 교육 기회, 복장에 관한 문화적 규칙처럼 동물에게서 유사한 것을 찾을 수 없는 분야는 제외할 것이다. 나의 전문 지식은 이런 문제들을 밝히는 데 도움을 줄 수 없다.

젠더 평등을 위한 노력의 성공 여부는 성차(실재하는 것이건 상상한 것이건)에 관한 끝없는 논쟁의 결과에 달려 있지 않다. 반드시 비슷해야 평등이 실현되는 것은 아니다. 사람들은 서로 다르지만 동일한 권리와 기회를 누릴 수 있다. 따라서 사람과 그 밖의 영장류에서 두 성이 어떻게 다른지 탐구하는 것은 절대로 현재 상태를 인정하는 것이 아니다. 나는 더 큰 평등을 이루는 최선의 방법은 숨기거나 피하는 대신에 우리의 생물학에 대해 더 많은 것을 배우는 데 있다고 진정으로 믿는다. 사실, 우리가 지금 이러한 대화를 할 수 있는 것은 사회에 급진적 변화를 가져온 작은 생물학적 발명 덕분이다.

배란(난소에서 난자가 배출되는 것)을 막는 에스트로겐/프로게스틴 약은 너무나도 큰 영향력을 미쳐 간단히 '알약the Pill'이라고 불릴 정도다. 이런 특권을 누리는 약은 이것 말고는 아무것도 없다. 1960년대에 이 피임약이 나온 것은 섹스를 생식과 분리시킨 분수령적 사건이었다. 이제 사람들은 섹스를 포기하지 않고도 소가족을 꾸리고 살아가거나 아예 가족을 꾸리지 않을 수 있게 되었다. 효과적인 산아 제한은 우드스톡 페스티벌*에서부터 게이 권리 운동에 이르기까지 성 혁명을 초래했다. 그것은 일거에 혼전 섹스와 혼외 섹스뿐만 아니라 그 밖의 많은 성적 표현에 관한 전통적인 도덕에 의문을 제기했다. 페미니스트들은 여성의 성적 즐거움 추구를 더 큰 독립을 쟁취하는 과정의 일부로 간주하기 시작했다. 젠더 역할의 변화가 일어나기 시작한 시점 역시 경구 피임약이 도입된 때로 거슬러 올라간다. 여성이 육아 노동 대부분을 책임지는 사회에서 아이를 전혀 낳지 않거나 한두 명만 낳게 되자, 여성이 집에 머물러야 할 필요성에 변화가 일어났다. 1970년대에 경구 피임약의 도덕적 제한(결혼하지 않은 사람에게 판매를 금지하는 것과 같은)이 철폐되자, 노동 시장에 여성이 대규모로 진입하기 시작했다.

---

* 1969년 8월 15일부터 3일간 미국 뉴욕주 베델 평원에서 개최된 히피족의 축제-옮긴이

만약 내가 수태될 무렵에 경구 피임약이 있었더라면, 나는 지금 이 자리에 없을 수도 있다. 내 부모는 대가족을 원치 않았지만, 네덜란드에서 가톨릭교회가 압도적인 영향력을 떨치던 남부 지역에서 살았다. 교회는 어떤 종류의 가족계획에도 반대했다. 우리 가족 사이에서 유명한 한 이야기는 어머니가 여섯째 아이를 낳고 나서 얼마 지나지 않아 집을 방문한 신부에게 크게 화를 낸 사건에 관한 것이다. 커피와 담배를 즐기며 편안하게 앉아 있던 신부는 무심하게 '다음 아기' 이야기를 꺼냈다. 그러자마자 신부는 커피를 다 마시지도 못한 채 허겁지겁 집을 떠났다고 한다. 그 후로는 동생이 더 생기지 않았다. 경구 피임약이 나오기 전에도 이미 태도가 변하고 있었지만, 일단 피임약이 나오자 모든 것이 훨씬 수월해졌다. 그 후 수십 년 동안 우리가 사는 지역에서 가족 구성원의 수는 크게 줄어들었다.

사람의 생물학을 약간 손댐으로써 운동장에 변화를 가져올 수 있었는데, 이것은 생물학이 반드시 적이 아님을 보여준다. 나는 개인적으로 생물학을 우리의 친구라고 생각한다. 우리에게는 경구 피임약이 필요했는데, 임신 방지를 위해 가장 논리적인 대안으로 보이는 방법이 제대로 작동하지 않기 때문이다. 우리는 단순히 섹스를 멈추든가 적어도 간헐적으로 일정 기간 금욕을 하는 방법을 선택할 수 있다. 하지만 우리처럼 호색적인 유인원에게는 이 방법은 너무 지나친 요구이다. 남성에게 성 행위 전에 콘돔을 착용하게 하는 방법도 신뢰할 수 없는 것으로 드러났다. 실패의 원인 중 일부는 순간의 열정에도 있지만, 결과에 대해 별로 염려할 게 없는 젠더에게 모든 것을 맡기는 데에도 있다. 그런데 경구 피임약은 이 모든 것을 바꾸어놓았다. 사람의 생물학에는 생물학적 해결책이 필요

머리말

했다. 그것은 지금도 여전히 그렇다. 비록 경구 피임약이 기분과 정신 건강에 미치는 부작용의 우려가 있긴 하지만.

우리는 동물이며, 이 범주 내에서 영장목에 속한다. 우리가 적어도 96%(정확한 비율은 논쟁 중이다)의 DNA를 침팬지와 보노보와 공유하는 것처럼, 사회정서적 특성도 그들과 공유하는 것이 많다. 얼마나 많은 부분을 공유하는지는 확실치 않지만, 그 차이는 우리가 믿고 싶은 것보다 훨씬 작은 게 분명하다. 많은 학문 분야는 사람의 독특성을 강조하면서 우리를 높은 지위에 올려놓길 좋아하지만, 이러한 관점은 갈수록 현대 과학과 동떨어지고 있다. 만약 인류가 물 위에 떠 있는 빙산이라면, 이런 사람들은 우리에게 물 위에 드러난 끝 부분만 보라고, 즉 다른 종과의 차이만 보라고 강요하면서 수면 아래에 숨어 있는 광대한 공통성에는 눈을 감는다. 반면에 생물학과 의학, 신경과학은 빙산 전체를 고려하는 쪽을 선호한다. 이 분야의 전문가들은 설령 사람의 뇌가 상대적으로 크다 하더라도, 그 구조와 신경화학 면에서는 원숭이 뇌와 별반 다를 바가 없다는 사실을 안다. 원숭이 뇌에도 사람 뇌와 동일한 부위들이 있고 똑같은 방식으로 작동한다.

한번은 노르웨이의 국영 텔레비전과 인터뷰를 하던 도중에 재미있는 일이 벌어졌다. 공감의 진화에 대해 이야기하고 있었는데, 인터뷰어가 내게 지나가는 말처럼 "캐서린은 잘 지내죠?"라고 물은 것이다. 그 말에 나는 어안이 벙벙했다. 사람들이 내 책에 등장하는 유인원에 대해 묻는 것은 아무 문제가 없었다. 나는 항상 그들에 관해 이야기할 거리가 있었다. 하지만 캐서린은 내 아내가 아닌가! 그래서 나는 "네, 잘 지냅니다."라고 대답하고 다음 주제로 넘어가길 기대했다. 그런데 그 인터뷰어가 또다시

"캐서린은 이제 몇 살이죠?"라고 묻는 게 아닌가! 나는 "저랑 비슷하죠. 왜요?"라고 대답했다. 그러자 인터뷰어는 놀라면서 "오, 그들도 그렇게 나이를 많이 먹는군요!"라고 말했다. 그제야 나는 인터뷰어가 캐서린을 내 연구 대상 중 하나로 착각했구나 하는 생각이 들었다.

그리고 갑자기 왜 이런 오해가 생겼는지 그 이유도 생각났다. 저번 책의 헌정사에서 나는 "내가 가장 좋아하는 영장류, 캐서린에게"라고 썼던 게 기억났다.

장난감

남자 아이와 여자 아이,
그리고 다른 영장류의
놀이 방식

**TOYS
ARE US**

침팬지와
장난감

어느 날 아침, 나는 암버르Amber가 기묘하게 구부정한 자세를 한 채 한 팔
과 두 다리로 절뚝거리면서 섬 쪽으로 걸어가는 모습을 쌍안경으로 관찰
했다. 부드러운 빗자루 머리를 품에 꼭 안고 한 손으로 그것을 받치고 있
었다. 마치 어미 유인원이 너무 작고 약해서 혼자 힘만으로 어미 품에 들
러붙을 수 없는 어린 새끼를 안듯이. 암버르('호박색琥珀色'이란 뜻으로, 눈
색깔에서 딴 이름이다)는 뷔르허르스동물원의 침팬지 무리에서 청소년기
의 암컷이다. 한 사육사가 우연히 그 빗자루를 남겨두었던 것 같은데, 암
버르는 거기서 자루 부분을 뽑아냈다. 암버르는 가끔 그 빗자루를 가지고
털고르기를 했고, 마치 어미가 새끼를 업고 다니듯이 등 아래쪽에 빗자루
를 업고 돌아다녔다. 밤에는 자신의 밀짚 둥지에 그것을 갖고 가 보듬고
함께 잤다. 암버르는 그렇게 몇 주일 동안 빗자루를 가까이에 두었다. 이

제 암버르는 다른 암컷의 새끼 대신에 자신의 새끼를 돌보았다. 다만, 실제 새끼가 아니긴 했지만.

유인원에게 갖고 놀라고 인형을 주면, 두 가지 중 한 가지가 일어난다. 만약 어린 수컷의 손에 들어가면, 수컷은 그것을 갈기갈기 찢어버린다. 대개는 안에 무엇이 들어 있는지 보려고 호기심 때문에 그러지만, 때로는 경쟁 때문에 그러기도 한다. 두 어린 수컷이 인형을 잡고 서로 끌어당기다가 인형이 둘로 쪼개지기도 한다. 수컷의 손에서 장난감이 오래 버티는 경우는 드물다. 반면에 암컷에게 인형을 주면, 암컷은 곧 인형을 새끼인 양 입양해 다정하게 대한다. 암컷은 인형을 극진히 돌본다.

한번은 헤오르히아Georgia라는 어린 암컷 침팬지가 테디베어를 갖고 실내 구역으로 들어왔는데, 며칠 동안 계속 갖고 다니던 것이었다. 나는 헤오르히아와 잘 아는 사이여서 헤오르히아가 내게 테디베어를 안도록 허락하려는지 알고 싶었다. 나는 간청하듯이 손을 펴서 죽 내밀었는데, 그것은 침팬지들 사이에서 통용되는 제스처였다. 우리 사이에는 철창이 있었고, 헤오르히아는 갈등했다. 헤오르히아는 테디베어를 내게 주려 하지 않았다. 그래서 나는 주지 않으면 가지 않겠다는 의사 표시로 바닥에 주저앉았다. 그러자 헤오르히아는 테디베어를 내 쪽으로 내밀었지만, 한 다리는 꼭 붙잡고 있었다. 헤오르히아는 내가 테디베어를 살펴보고 말을 하도록 허용했는데, 그러면서 곁에서 나를 유심히 지켜보았다. 내가 테디베어를 돌려줄 무렵에는 우리는 이 신뢰 행동을 통해 유대가 맺어졌고, 헤오르히아는 내 곁에 머물면서 테디베어를 꼭 끌어안았다.

영장류에 관한 문헌에는 사육 상태의 유인원(거의 다 암컷)이 인형을 보살피는 이야기가 차고 넘친다. 그들은 인형을 이리저리 끌고 다니고,

등에 업고 다니고, 마치 젖을 먹이듯이 인형의 입을 젖꼭지에 갖다댄다. 혹은 수화를 할 줄 아는 고릴라인 코코Koko처럼 각각의 인형에게 차례로 잘 자라고 키스를 하는데, 그러고 나서 자기들끼리 모두 돌아가면서 한바탕 키스를 주고받는다.[1]

언어 훈련을 받은 침팬지 워쇼washoe는 자신의 인형을 실험용 기니피그로 사용한 적이 있다. 자신의 트레일러에 새로운 도어 매트가 깔린 걸 알아챈 워쇼는 겁에 질려 펄쩍 뛰며 뒤로 물러났다. 그러고는 인형을 붙잡더니 안전한 거리에서 그것을 매트 위로 던졌다. 그리고 인형에 무슨 일이 일어나는지 몇 분 동안 상황을 유심히 살폈다. 그러고 나서 매트에서 인형을 홱 낚아챈 뒤 그것을 자세히 조사했다. 아무 해를 입지 않았다는 결론을 내린 워쇼는 그제야 안심하고서 매트 위로 지나갔다.[2]

사람들은 남자 아이와 여자 아이가 장난감 선택을 통해 사회화한다고 흔히 이야기한다. 장난감을 통해 우리의 편견을 아이들에게 강요함으로써 그들의 젠더 역할을 형성한다는 것이다. 이 주장의 바탕에는 아이는 빈 서판이고, 환경이 그것을 채워나간다는 개념이 깔려 있다. 젠더의 많은 측면이 문화적으로 정의되는 것은 사실이지만, 모두가 그런 것은 아니다. 장난감이 이 논쟁에서 중심이기 때문에, 장난감은 우리의 논의를 위해 좋은 출발점이 된다. 장난감 산업은 우리의 아들과 딸에게 어떤 것이 필요한지 말해주지만, 설령 우리가 장난감 가게를 통째로 사준다 하더라도, 어떤 장난감을 선택할지는 순전히 우리 아이들에게 달려 있다. 놀이의 아름다움은 바로 여기에 있다. 선택은 놀이를 하는 당사자에게 달려 있다. 아이들이 자신의 재연과 상상력으로 스스로 즐기는 모습을 지켜보면서, 우리가 아이들을 빚어내는 게 아니라 그 반대일 가능성에 마음을

원숭이에게 아이 장난감을 주면, 바퀴 달린 차량은 대부분 어린 수컷들의 손에, 인형은 대부분 어린 암컷들의 손에 들어간다. 그 차이는 주로 수컷이 인형에 관심을 보이지 않는 데에서 비롯된다.

열어두는 게 최선이다.

　독립적 기질이 강한 미국 심리학자 주디스 해리스Judith Harris는 부모의 영향력을 기분 좋은 착각에 불과하다고 보았다. 1998년에 출간된 책《양육 가설: 왜 아이들은 자기 방식대로 행동하는가The Nurture Assumption: Why Children Turn Out the Way They Do》에서 해리스는 "그렇다, 부모는 아들에게 트럭을, 딸에게 인형을 사주지만, 거기에는 그럴 만한 이유가 있을지 모른다. 어쩌

면 그것이 바로 아이들이 원하는 것일지 모른다."라고 추측했다.[3]

　빗자루 새끼와 함께 있는 암버르를 관찰하면서 나는 암버르가 인형을 원한다는 사실을 분명히 알 수 있었다. 이것은 암컷 영장류의 전형적인 행동일까? 과학자들이 원숭이를 장난감으로 시험한 결과, 원숭이의 선택은 전혀 성 중립적이지 않은 것으로 드러났다. 20년 전에 로스앤젤레스의 캘리포니아대학교에서 실시한 첫 번째 실험에서 제리앤 알렉산더Gerianne Alexander와 멜리사 하인스Melissa Hines는 버빗원숭이에게 경찰차와 공, 봉제 인형을 비롯해 여러 가지 장난감을 주었다. 물론 이것은 이 물건들이 원숭이에게 무엇을 의미하는지 우리가 상정한 것을 바탕으로 한 인위적인 설정이었다. 나는 인간의 문제를 동물에게 던져주는 우리의 인간 중심적 경향 대신에 동물의 실제 행동에 영감을 얻은 실험을 선호한다. 하지만 어쨌든 그들이 이 실험에서 무엇을 발견했는지 살펴보기로 하자.

　원숭이들에게서도 성에 따른 사람 아이의 선호가 그대로 나타났다. 자동차 같은 운송 수단 장난감은 주로 수컷이 땅 위에서 움직이면서 가지고 놀았다. 수컷은 공도 좋아했다. 반면에 인형은 암컷이 더 많이 가지고 다녔는데, 인형을 꼭 껴안거나 생식기 부분을 자세히 살펴보았다. 후자의 행동은 새로 태어난 새끼의 생식기에 관심을 보이는 원숭이의 호기심과 일치한다. 새로 새끼를 낳은 어미 주위에 암컷들이 모여들어 꿀꿀거리는 소리와 입맛 다시는 소리를 요란하게 내면서 꼬물거리는 새끼의 다리를 벌리고, 찌르고, 당기고, 다리 사이에 코를 대고 냄새를 킁킁 맡는 행동은 흔하게 볼 수 있다. 우리가 '태아 성별 공개' 파티를 발명하기 오래 전부터 영장류는 이런 행동을 해왔다.[4]

　UCLA의 연구에서는 모든 장난감을 동시에 주지는 않았기 때문에, 원숭이들은 진정한 선택을 할 수 없었다. 우리가 아는 것이라곤 원숭이들이 각 종류의 장난감을 가지고 얼마나 오래 놀았느냐 하는 것뿐이다. 애틀랜타 부근에 있는 여키스국립영장류연구센터의 야외연구기지에서 붉은털원숭이(히말라야원숭이 또는 레서스원숭이라고도 함)를 대상으로 실시한 두 번째 연구는 이 단점을 보완했다. 나는 그곳에서 일하기 때문에, 매일 이 원숭이들 옆을 지나가며 관찰한다. 붉은털원숭이는 일 년 내내 울타리로 둘러싸인 넓은 야외 우리에서 생활하는데, 이곳에서 서로 시끄럽게 다투거나 털고르기 모임을 갖거나 거친 놀이를 하며 지낸다. 원숭이들은 할 일이 많지만, 새로운 장난감에 큰 관심을 보인다. 에머리대학교에서 내 동료로 일하는 킴 월런Kim Wallen과 그의 대학원생 재니스 하셋Janice Hassett 은 원숭이 135마리에게 두 종류의 장난감을 주고서 각자 어떤 것을 선택하는지 지켜보았다. 그들은 이 장난감들을 동시에 주었는데, 인형처럼 부드러운 봉제 장난감과 자동차처럼 바퀴가 달린 장난감이었다.[5]

수컷 원숭이들은 바퀴가 달린 장난감을 선택했다. 수컷은 모든 장난감을 좋아한 암컷에 비해 외골수 성향을 보였다. 수컷이 봉제 장난감에 관심을 보이지 않은 탓에 이 장난감들은 대부분 암컷의 차지가 되었다. 어린이들도 이와 비슷한 패턴을 보이는데, 남자 아이에게서 특정 장난감 선호가 더 뚜렷하게 나타난다. 보편적인 설명은 남자 아이는 여성처럼 보일까 봐 두려워하는 반면, 여자 아이는 남성처럼 보일까 봐 두려워하지 않는다는 것이다. 하지만 원숭이가 젠더 지각에 신경을 쓴다는 증거가 없다면, 이들이 남자 아이가 느낀다고 추정되는 것과 동일한 불안을 느낄 가능성은 없다. 진실은 더 단순할지도 모른다. 즉, 대다수 남자 아이와 수컷 영장류는 인형에 매력을 느끼지 않을지도 모른다.

이 실험들의 설정은 이상한데, 원숭이에게 익숙하지 않은 인위적인 물건들을 주었기 때문이다. 이 단점은 특히 트럭에서 두드러지게 드러났다. 플라스틱이나 금속으로 만든 화려한 색상의 차량은 이들의 자연 서식지에서 맞닥뜨리는 물체들과 아주 다르다. 수컷 원숭이는 공과 차처럼 움직이면서 대응 행동을 자극하는 물체에 매력을 느꼈을까? 에너지가 넘치는 수컷은 신체 활동을 수반하는 놀이를 좋아한다. 암컷이 껴안을 수 있는 봉제 장난감을 가지고 논 것은 설명하기가 더 쉽다. 인형은 몸과 머리와 팔다리가 있어 아기나 동물처럼 보인다. 암컷 원숭이는 나머지 생애를 새끼를 돌보면서 보낼 테지만, 수컷은 그렇지 않다.[6]

어릴 적 어머니가 나와 형제들을 위해 늘 몇몇 인형을 우리 주변에 놓아두었는데도 불구하고, 나는 인형을 갖고 논 적이 없다. 나는 큰 불도그 인형을 좋아했지만 함께 잔 적은 한 번도 없으며, 때로는 권투 기술을 연습하느라 공중으로 날려보내기도 했다. 내가 주로 갖고 논 것은 크레용과 종이(그림 그리기를 좋아했기 때문에)와 조립 완구와 전기로 달리는 장난감 열차였다. 하지만 가장 큰 관심을 기울인 것은 동물이었다. 어떻게 혹은 언제 이런 관심이 시작되었는지는 모르지만, 아주 어린 시절부터 시작된 것만큼은 분명하다. 나는 개구리와 메뚜기, 물고기를 채집했다. 어린 갈까마귀와 둥지에서 떨어진 까치도 길렀다. 토요일이 되면 직접 만든 그물을 챙겨 자전거를 타고 도랑으로 가 도롱뇽, 큰가시고기, 실뱀장어, 올챙이, 유럽납줄개 등을 잡았다. 내 목적은 그 동물들을 모두 산 채로 키우는 것이었다. 결국 나는 집 뒤편 헛간에 수조까지 갖추어진 작은 동물원을 만들었는데, 거기서 생쥐와 새, 입양한 새끼 고양이를 번식시켰다. 개는 없었지만, 이웃집의 큰 개가 친구가 되어 내 곁에 자주 있었다. 나는 동물과 함께 있는 것뿐만 아니라 동물 냄새도 좋았다. 그것은 지금도 마찬가지다.

이러한 관심은 놀이를 통한 사회화 등급 체계에서 어디쯤에 위치할까? 동물은 자동차처럼 움직이지만, 인형처럼 보살핌도 필요하다. 가족은 나를 그런 방향으로 나아가라고 압력을 가하지도 않았고, 나의 집착을 대개는 용인했기 때문에, 나는 사실상 자기사회화(비록 모순적인 용어처럼 들리긴 하지만) 과정을 밟았다. 나는 내 동물들을 꿈꾸었고, 또 첫 번째 수족관을 어떻게 만들지 혹은 어린 갈까마귀를 어디다 풀어줄지 등을 꿈꾸었다. 나는 동물을 사랑하는 사람이 되는 길을 향해 거침없이 나아갔고, 그런 태도가 기반이 되어 나는 현재의 직업에 종사하게 되었다. 동물에 대한 사랑은 어느 모로 보나 젠더 문제가 아닌데, 남자 아이와 여자 아이, 그리고 남성과 여성 모두 동물을 사랑하기 때문이다. 하지만 나는 내 관심이 충분히 남성적인 것인지 고민한 적이 전혀 없다.

공식적으로 젠더 평등을 권장하는 나라인 스웨덴은 한 장난감 회사에 남자 아이들에게 바비 드림 하우스를, 여자 아이들에게 총과 영웅 인형을 권하는 방향으로 크리스마스 카탈로그를 바꾸라고 압력을 가한 적이 있었다.[7] 하지만 스웨덴 심리학자 안데르스 넬손Anders Nelson이 세 살과 다섯 살 어린이들에게 각자 고른 장난감들을 보여달라고 했을 때, 큰 반전이 일어났다. 거의 모든 어린이는 자기 방에 평균적으로 무려 532개의 장난감이 있었다. 152개의 방을 일일이 살펴보면서 수만 개의 장난감을 분류한 끝에 넬손은 스웨덴 아이들의 인형 선호 취향에는 다른 나라 어린이들과 정확하게 똑같은 고정 관념이 반영돼 있다는 결론을 얻었다. 아이들의 선호는 스웨덴 사회의 평등 정신에 전혀 영향을 받지 않는 것으로 드러났다. 다른 나라들에서 한 연구들에서도 부모의 태도가 아이들의 장난

감 선호에 거의 또는 전혀 영향을 미치지 않는다는 사실이 확인되었다.[8]

남자 아이들은 아무것도 없는 상태에서 장난감 권총을 만들고, 인형을 적을 박살내는 무기로 바꾸고, 인형의 집을 주차장으로 변화시키고, 냄비와 후라이팬 주방 세트를 붕붕 소리를 내면서 자동차처럼 카펫 위로 달리게 한다. 남자 아이들은 이렇게 시끄럽게 노는 아이들이다! 남자 아이들은 시끄러운 차량 소리와 총 소리를 내는 걸 좋아하는데, 여자 아이들이 노는 곳에서는 거의 들을 수 없는 소리들이다. 나는 태어나서 처음으로 내뱉은 단어가 '엄마'나 '아빠'가 아니라 '트럭'이었던 한 남자 아이도 개인적으로 알고 있다. 이 아이는 나중에 자신의 조부모를 그들이 모는 자동차 브랜드로 부르기 시작했다.

놀이는 어떤 식으로 하라고 강제할 수 없다. 여자 아이에게 장난감 열차를 주면, 그 아이는 그것을 흔들면서 잠을 재우려 하거나 유모차에 넣고 담요를 덮은 뒤 이리저리 끌고 다니려고 한다. 우리의 애완동물들도 마찬가지다. 근사한 새 장난감을 갖다주어도 이들은 낡은 신발(우리가 운이 좋다면)을 씹거나 우리가 우연히 주방 바닥에 떨어뜨린 코르크를 쫓아다닌다.

미국 과학 작가 데버러 블럼Deborah Blum은 어린 자녀들이 자기 마음대로 놀려고 하는 완강한 경향에 절망했다.

> 내 아들 마커스는 장난감 무기를 매우 갈망한다. 총을 싫어하는 엄마가 조잡한 플라스틱 권총조차 갖고 놀지 못하게 하자, 마커스는 그것을 보상하기 위해 점토에서부터 주방 도구에 이르기까지 온갖 것을 가지고 무기를 만들었다. 마커스가 "칫솔로 저 녀석을 쏴!"라고 외치면서

고양이를 쫓아 온 집 안을 뛰어다니는 것을 지켜본 나는 정신적으로 두 손 두 발을 다 들 수밖에 없었다.[9]

인류학자와 생물학자

사람의 선호에 생물학적 기원이 있는지 여부를 알아내는 주요 방법은 세 가지가 있다. 첫 번째는 우리가 가진 문화적 편향이 없는 다른 모든 영장류와 사람을 비교하는 것이며, 두 번째는 많은 문화를 조사해 어떤 선호가 보편적인지 살펴보는 것이다. 세 번째는 아직 문화에 영향을 받지 않은 이른 시기의 아이들을 조사하는 것이다.

나는 내 배경 때문에 첫 번째 방법을 선호한다. 장난감 선호에 관한 위의 실험을 고려할 때, 인간 문화의 영향에서 벗어난 영장류에서도 동일한 경향이 나타나는지 궁금할 수 있다. 영장류학자 소냐 칼렌버그Sonya Kahlenberg와 리처드 랭엄Richard Wrangham은 빗자루를 품에 안고 다닌 암버르를 연상시키는 야생 침팬지의 행동을 보고한다. 두 사람은 우간다의 키발레 국립공원에서 14년 동안 야외 연구를 하면서 마치 새끼를 데리고 다니는 방식으로 암석이나 통나무를 붙들고 다니는 어린 침팬지들의 사례를 많이 촬영했다. 이 행동은 어린 수컷보다는 어린 암컷에게서 3~4배 더 많이 나타났다. 열매를 딸 때에는 애완 암석을 잠깐 놓아두었다가 다른 장소로 이동하기 전에 다시 집어들기도 했다. 때로는 둥지에서 통나무나 암석을 꼭 껴안고 잠을 자기도 했고, 심지어 바로 그런 목적으로 둥지를 만들기도 했다. 암컷들은 이런 물체들을 마치 새끼를 다루듯이 다정하게 가지고 논 반면, 어린 수컷들은 신경을 덜 썼고, 때로는 서로를 차는 것과 똑같이 거친 방식으로 암석을 차기도 했다. 이 행동은 어미를 모방한 것이 아니었는데, 어미는 통나무나 암석을 절대로 갖고 다니지 않기 때문이었다. 어린 암컷들은 첫 번째 새끼를 가지자마자 이런 행동을 그만두었다.[10]

기니에서는 크게 아픈 새끼의 누나인 여덟 살(사춘기 이전 시기) 침팬지가 어미를 따라 정글 속을 돌아다녔다. 일본 영장류학자 마쓰자와 데쓰로松澤哲郎는 놀랍게도 염려에 빠진 어미가 한번은 "팔을 뻗어 새끼의 이마를 짚어보았는데, 그것은 마치 열을 재는 것처럼 보였다."라고 말했다. 새끼가 죽고 나서도 어미는 말라비틀어진 미라로 변할 때까지 시체를 버리지 않고 며칠 동안 계속 가지고 다녔다. 어미는 시체 주위에 꼬이는 파리를 찰싹 때리며 쫓았다. 아마도 어미의 비극적인 상황에 공감한 듯이 딸은 짧은 막대를 마치 새끼처럼 어깨 위에 얹거나 팔 아래에 끼고 다니는 버릇이 생겼다. 한번은 막대를 내려놓고 "새끼의 등을 가볍게 찰싹 때리는 것처럼 한 손으로 여러 차례 때렸다." 마쓰자와는 어린 암컷의 행동을 가상의 새끼 돌보기로 해석했다. 그는 그것을 근처 마을인 보수에 사는 마농족 주민의 행동에 비교했는데, 이곳 소녀들은 어머니가 갓난아기를 돌보는 행동을 모방해 막대 인형을 등에 달고 걸어다닌다.[11]

후자는 사람의 선호가 생물학에 그 기원이 있는지 결정하는 두 번째 방법, 즉 다양한 문화를 조사해 어떤 선호가 보편적인지 살펴보는 방법과 관련이 있다. 그것은 모든 인류 사이에서 발견되는가? 불행하게도 우리는 어린이의 행동에 관한 비교문화 정보가 거의 없다. 선진국 사회들에서 이루어진 연구는 상당수 있지만, 우리가 원하는 것은 더 광범위한 문화들이다. 유일하게 다양한 문화적 혼합을 망라해 실시한 연구에서는 여자 아이가 남자 아이보다 갓난아기에 훨씬 더 끌린다는 결과가 나왔다. 여자 아이는 대개 어린 형제에게 도움의 손길을 잘 내민다. 여자 아이는 어머니가 지켜보는 가운데 그런 행동을 보이는 반면, 남자 아이는 집 밖으로 나가 노는 경우가 많다.[12]

심지어 20세기의 가장 유명한 인류학자 마거릿 미드_{Margaret Mead}가

마치 어미 유인원이 새끼를 데리고 다니듯이, 보호 구역에서 인형을 등에 얹고 돌아다니는 침팬지. 어린 암컷 유인원은 인형에 끌리며, 야생에서는 통나무를 가지고 새끼를 돌보는 기술을 연습한다.

1949년에 출간한 책 《남성과 여성Male and Female》에서도 놀랍게도 어린이의 놀이에 대해서는 거의 언급을 하지 않았다. 미드는 다양한 태평양 섬 문화 배경을 가진 여자 청소년 25명(남자는 한 명도 없었다)을 면담했다. 미드는 장난감은 고려조차 하지 않았다. 미드는 사회화의 원천은 어린이의 놀이가 아니라, 어른들이 실생활에서 남성과 여성 그리고 그들 간의 상호 작용에 대해 이야기하는 방식이라고 믿었다.

미드의 연구는 젠더 사회화 이론의 출발점인데, 성 역할이 얼마나 가변적인지 보여주었기 때문이다. 이 연구는 성 역할이 대부분 또는 완전히 문화적이라는 주장에 영감을 제공했다. 하지만 나는 《남성과 여성》을 다시 읽고 나서 이것이 미드의 주된 메시지라고 더 이상 확신하지 않게 되었다. 미드는 남성이나 여성으로 살아가는 방식에 대한 세계 각지의 여러 가지 사실을 논의한다. 예를 들면, 미드는 여자 아이는 늘 집 가까이에 머물고 늘 옷을 입고 있는 반면, 같은 나이의 남자 아이는 벌거벗고 돌아다니고 어디든지 갈 수 있는 자유가 있다고 주장한다. 남자 아이는 "다른 남성들이 득실거리는 세계에서 한 여성을 쟁취하고 소유하는 남성"이 되기까지 가야 할 길이 멀다는 사실도 배운다. 미드는 "알려진 모든 인간 사회에서 남성의 성취 욕구를 인식할 수 있다."라고 이야기하면서 남성 경쟁의 보편성을 강조한다. 남성은 성취감과 성공했다는 느낌을 얻으려면 뭔가에 탁월해야 한다. 적어도 그것에서는 다른 남성들보다 그리고 여성들보다 더 탁월해야 한다.[13]

모든 문명은 남성에게 자신의 잠재력을 실현할 기회를 줄 필요가 있다. 최근에 70개 나라를 조사한 결과는 이 차이를 확인해준다. 보편적으로 남성은 독립과 자기 고양自己高揚, 지위를 더 중요하게 여기는 반면, 여

성은 사람들뿐만 아니라 내집단의 안녕과 안전을 강조한다.[14]

성취감을 느끼려면, 여성의 경우에는 항상 아이를 낳을 수 있는 생물학적 잠재력이 있다. 이것은 여성이 할 수 있는 일 중에서 유일하게 남성이 할 수 없는 일이다. 어머니의 일은 사회에 너무나도 중요하고 매우 큰 성취감을 주는 일이어서, 미드는 남성은 그런 능력이 없는 것을 아쉬워할 것이라고 생각했다. 그래서 미드는 지그문트 프로이트Sigmund Freud의 '남근 선망'에 대응하는 '자궁 선망womb envy'이라는 용어를 만들었다. 훗날 미드는 문화를 일방적으로 강조한 것을 후회했다. 그 책의 1962년판 서문에서 미드는 "만약 이 책을 지금 다시 쓴다면, 이전의 우리 조상으로부터 물려받은 남성의 생물학적 유산을 더 강조할 것이다."라고 썼다.[15]

이것은 우리를 생물학의 역할을 측정하는 세 번째 방법으로 안내한다. 아기가 태어난 직후, 우리는 아기가 젠더에 관해 어떤 것을 알기 전에, 혹은 그 문제에 대한 우리의 집착을 알기 전에 아기를 조사할 시간의 창이 있다. 한 살짜리 남자 아이와 여자 아이에게 움직이는 차와 말을 하는 얼굴 영상을 보여주면, 남자 아이는 차를 더 많이 보고, 여자 아이는 얼굴을 더 많이 본다. 하지만 이 아이들은 이미 장난감 문화에 영향을 받았을 가능성이 있기 때문에, 한 후속 연구에서는 가장 이른 시기의 아기들을 대상으로 살펴보았다. 이 연구는 한 영국 병원의 산부인과 병동에서 태어난 지 하루밖에 안 돼 기진맥진한 어머니 옆에 누워 있는 신생아들을 대상으로 이루어졌다. 아기들은 실험자의 얼굴을 보거나 비슷한 색의 물체를 보았다. 아기의 성을 전혀 모른 채 투입된 조사자들은 여자 아이들은 얼굴을 더 많이 쳐다보고 남자 아이들은 물체를 더 많이 쳐다본다고 기록했는데, 이 사실은 여자 아이는 태어난 바로 그날부터 남자 아이보다 더 사회적 지향성이 높다고 시사한다.

　장난감 선호 역시 아주 이른 시기부터 전반적으로 나타나는데, 주로 서양 출신의 남자 아이 787명과 여자 아이 813명을 대상으로 한 최근의 연구는 다음과 같은 결론을 내렸다. "제시한 장난감의 선택과 수, 테스트의 맥락, 아이의 나이에 방법론적 변화를 주었는데도 불구하고, 자신들의 젠더에 맞는 장난감 선호에서 성차가 일관되게 나타난다는 사실은 이 현상이 아주 강하며 거기에 생물학적 기원이 있을 가능성을 시사한다."**17**

　색은 완전히 다른 문제이다. 생후 18개월의 아이들을 다양한 사진을 가지고 테스트한 결과, 남자 아이들은 자동차를 더 많이 쳐다보고, 여자 아이들은 인형을 더 많이 쳐다보았지만, 사진의 색은 아무 영향도 미치지 않았다. 아이들은 분홍색이나 파란색에 대한 선호를 보이지 않았다. 어린 아이들은 우리 주변 곳곳에 널려 있는 색 부호화color coding*의 마법에 아직 걸리지 않았다. 남자 아이는 파란색으로, 여자 아이는 분홍색으로 구분하는 것은 의류 산업과 장난감 산업이 만들어낸 관행이다. 한때는 이 색들이 정반대로 적용된 적도 있었다. 처음에는 모든 아기에게 흰색 옷을 입혔는데, 세탁이나 표백이 쉬웠기 때문이다. 1918년에 미국의 유아 패션 잡지 〈언쇼스 인펀츠 디파트먼트Earnshaw's Infants' Department〉에 실린 한 기사는 처음으로 파스텔컬러를 추천하면서 "일반적으로 받아들여지는 규칙은 남자 아이는 분홍색, 여자 아이는 파란색이다. 분홍색은 더 확고하고

　　＊　다양한 위험을 제각각 다른 색으로 나타내 표시하는 것-
　　　　옮긴이

강한 색이어서 남자 아이에게 어울리는 반면, 더 섬세하고 우아한 파란색은 여자 아이에게 더 예쁜 색이기 때문이다."라고 주장했다. 서양 사회에서 그 반대의 색이 자리잡은 것은 비교적 최근의 일이다. 만약 아이들이 이 색들에 매력을 느낀다면(여자 아이가 파란색을 거부하고, 남자 아이가 분홍색을 거부하고, 부모가 '잘못된' 색의 옷을 입혀 아이를 '성도착자'로 만들까 봐 염려한다면), 그것은 순전히 문화적 선택이다.[18]

문화가 장난감 선호에 영향을 미친다는 증거보다는 색 선호에 영향을 미친다는 증거가 훨씬 강하다.

놀이와 본능

하지만 장난감과 색에 초점을 맞추면, 놀이에서 나타나는 가장 극적인 성차를 간과할 위험이 있다. 다양한 인간 문화와 모든 영장류 연구에서 드러났듯이, 어린 수컷(남자 아이)은 같은 나이의 암컷(여자 아이)보다 에너지가 넘쳐나고 신체적 활동이 몹시 소란스럽다.[19] 남자 아이가 여자 아이보다 ADHD(주의력 결핍 과다 활동 장애) 진단을 받을 확률이 세 배나 높다는 사실은 동일한 성차가 반영된 것이다.[20] 아이들을 방 안에서 혼자 놀도록 내버려두면, 남자 아이들은 대개 서로 거칠게 몸싸움을 하면서 소란을 피우는 반면, 여자 아이들은 신체 접촉을 삼가고 자신들의 놀이를 줄거리가 있는 이야기로 만들어가는 경향이 있다.[21]

과학자들은 전형적인 미국 남녀 어린이 375명에게 가속도계(엉덩이에 착용해 신체 활동을 측정하는 장비)를 달게 하고 실험을 해보았다. 그렇게 일주일 동안 신체 활동을 측정해 보았더니, 모든 연령대에서 일관되게 남자 아이들은 여자 아이들보다 신체 활동이 훨씬 활발했다. 일반적인 활동에서는 그 차이는 두드러지지 않았지만, 여자 아이들은 남자 아이에 비해 격렬한 움직임을 나타내는 횟수가 훨씬 적었다.[22] 유럽 어린이 686명을 대상으로 비슷한 실험을 한 연구에서도 동일한 결과가 나왔다.[23] 100개국 이상에서 행한 실험 연구를 검토한 결과에서도 보편적으로 남자 아이의 신체 움직임이 더 활발하다는 결론이 나왔다.[24]

나는 어린 수컷 유인원들이 즐겁게 뛰놀고, 물체들 위아래로 뛰어다니고, 서로를 향해 돌진하고, 웃는 얼굴로 서로를 쥐어뜯으면서 바닥에서 구르는 등의 활동에서 보여주는 지칠 줄 모르는 에너지에 항상 놀란다. 이 싸움 놀이rough-and-tumble play에서는 대개 가짜 공격과 레슬링, 밀기, 밀치기, 찰싹 때리기, 팔다리 물어뜯기가 펼쳐지는데, 활짝 웃는 표정과 함께 이런 행동을 한다. 유인원은 입을 쩍 벌리고 웃는 얼굴 표정을 지으면서 목쉰 웃음소리와 비슷한 소리를 내는데, 이것은 자신의 의도를 분명히 밝히는 효과가 있다. 이것은 혼란을 피하기 위해 필수적인데, 사교적인 놀이가 싸움처럼 보일 때가 많기 때문이다. 만약 어린 침팬지가 웃으면서 다른 침팬지 위에 뛰어올라 목에 이빨을 갖다댄다면, 상대방은 이것이 재미로 하는 행동이라는 사실을 알아챈다. 만약 동일한 행동이 침묵 속에서 일어난다면 공격일 가능성이 있고, 완전히 다른 반응이 필요할 것이다. 침팬지의 웃음은 너무나도 크고 전염성이 있다. 유인원 25마리가 거주하는 실외 지역이 내려다보이는 여키스야외연구기지의 내 사무실에서 그 소리를 들을 때면, 그들이 나누는 즐거움에 나 자신도 웃음을 참지 못하고 킬킬거리는 경우가 많다.

암컷들 사이에서는 싸움 놀이가 훨씬 적게 일어난다. 암컷 침팬지들도 레슬링을 하지만, 훨씬 맥 빠진 양상으로 일어나, 서로 힘을 겨루는 것으로 보이지 않는다. 암컷들은 다른 게임을 더 좋아하는데, 때로는 아주 독창적인 것도 있다. 예를 들면, 사춘기 이전의 두 암컷은 내 사무실로 올라오려고 시도하는 버릇이 생겼다. 한동안 두 암컷은 이 놀이를 매일 했다. 먼저 두 암컷은 큰 플라스틱 드럼통을 내 사무실 창문 밑에 갖다놓았다. 그리고 그 위로 올라와 한 마리가 다른 한 마리 위에 올라섰다. 아래에 있는 침팬지는 도약판처럼 다리를 구부렸다 폈다 하며 몸을 위아래로 꿈틀거렸다. 그 어깨 위에 선 침팬지는 손을 뻗어 내 창문에 닿으려고 시도했지만, 한 번도 성공하지 못했다. 이 두 암컷 침팬지의 협력 모험은 수컷 침팬지들 사이에서 일어나는 가짜 싸움과는 아주 달랐다.

수컷들의 떠들썩한 소란과 활력이 넘치는 활동은 어린 암컷들이 왜 수컷들과 거리를 두려고 하는지 설명해준다. 암컷들이 노는 방식은 그것과 다르다. 모든 영장류의 놀이에서 성별 분리가 뚜렷하게 나타나는 이유는 바로 이 때문이다. 일반적으로 수컷은 수컷끼리 놀고 암컷은 암컷끼리 논다. 이들의 상호 작용 방식들은 얼마든지 양립 가능하고, 암컷들은 수컷들이 노는 장소에서 멀찌감치 물러날 때가 많다.[25] 우리 사회에서 일어나는 젠더 교육을 전혀 받지 않았는데도 이런 행동을 보인다. 사람의 경우에도 성별 분리 놀이가 규칙이다. 전 세계의 어린이들은 서로 분리된 놀이 공간을 만드는데, 하나는 남자 아이를 위한 것이고, 다른 하나는 여자 아이를 위한 것이다.[26]

캐럴 마틴Carol Martin과 리처드 페이브스Richard Fabes는 조직화되지 않은 놀이를 하는 네 살짜리 미국 어린이 61명을 6개월 동안 관찰하여 다음과 같은 결론을 얻었다.

> 남자 아이가 다른 남자 아이와 더 많이 놀수록 시간이 지나면서 더 긍정적 감정을 표출하는 것이 관찰되었다. 따라서 남자 아이들 사이의 놀이는 거칠고 지배성이 표출되는 경향이 강하지만, 남자 아이들은 갈수록 이러한 활동적인 형태의 놀이를 흥미롭고 매력적으로 느끼는 것처럼 보인다……. 다른 연구는 남자 아이들은 다른 남자 아이가 거친 놀이를 시작하자고 제안하면, 고조된 관심과 그에 상응하는 반응을 보이는 반면, 여자 아이들은 그러지 않는다고 시사한다.[27]

남자 아이들의 거친 놀이를 모든 교사가 좋아하진 않는데, 너무 공격적이라고 여기기 때문이다. 이것은 징계를 받거나 퇴학당하는 남학생의 비율이 여학생에 비해 불균형적으로 높은 한 가지 이유일지 모른다.[28] 하지만 남자 아이들 사이의 놀이는 대부분 공격성과 별로 관련이 없다. 이것은 얼굴 표정과 웃음, 역할 역전 가능성(처음에는 한 아이가 위에 있다가, 다음에는 다른 아이가 위에 있는 식으로), 그리고 특히 놀이를 마치고 헤어지는 방식에서 쉽게 알아챌 수 있다. 한바탕 거친 몸싸움이 끝나고 나면, 이들은 즐거운 친구 사이로 헤어진다.

싸움 놀이는 수컷 사이의 유대를 다지고 중요한 기술을 가르치는 데 도움을 준다. 거의 모든 영장류에서 수컷 어른은 신체적으로 암컷보다 강하고 대결 상황에 노출되기가 더 쉽기 때문에, 어릴 때부터 신체적 힘을 자제하는 능력을 배워야 한다. 수컷 어른 고릴라는 믿기 힘들 정도로 힘이 아주 세서 새끼 가슴에 주먹을 얹고 살짝 누르기만 해도 새끼의 가슴에서 모든 공기를 짜낼 수 있다. 하지만 실버백 수컷은 새끼 고릴라와 함께 놀아주며, 새끼는 무사히 살아남는다. 수컷은 아주 상냥하게 새끼와 놀아주기 때문에, 어미는 아무런 근심의 표정도 없이 그냥 곁에 앉아 지켜본다.

이러한 억제가 동물에게 자연적으로 생겨난다고 생각해서는 안 된다. 그것은 습득된 행동이다. 오래 살아오는 동안 큰 수컷은 약한 동료들과 함께 놀이를 하면서 자신의 움직임을 조절하는 법을 터득했다. 이러한 주의를 '자기 불구화self-handicapping'라 부르는데, 작은 개와 싸움 놀이를 하는 큰 개에서부터 줄에 매인 썰매개를 잡아먹을 수도 있지만 함께 장난을 치는 북극곰에 이르기까지 많은 동물에게서 발견되는 현상이다.[29]

남성과 여성의 상체 근력은 양측 사이에 서로 겹치는 부분이 없을 정도로 아주 큰 차이가 난다. 오직 극소수 여성만이 평균적인 남성의 신체적 힘에 근접할 뿐이다.[30] 따라서 집 안에서 남성이 자신의 신체적 우위를 의식하지 못하고 행동한다면, 큰 재앙이 발생할 수 있다. 아버지들은 흔히 아이를 공중으로 던졌다가 다시 받거나 간지럼을 태우거나 아이와 함께 바닥에서 데굴데굴 뒹굴며 거칠게 논다. 때로는 아이에게 우위를 허용하기도 한다. 비명에 가까운 웃음소리는 아이가 이 게임과 거기에 수반되는 위험과 도전을 즐긴다는 걸 말해준다. 아버지와 아들 사이에서 레슬링은 특히 흔하게 일어난다. 그 결과로 아이는 아버지와 어머니를 아주 다르게 대할 때가 많은데, 기분이 상했을 때에는 어머니를 찾는 반면, 놀이를 원할 때에는 아버지를 찾는다. 한 연구 결과는 "어머니와 아이 사이의 상호 작용은 보살핌이 주를 이루는 반면, 아버지는 행동학적으로 놀이 상대로 정의된다."라고 요약했다.[31]

아버지의 거친 게임은 아이에게 남성의 힘에 대해 중요한 직접적 교훈을 알려주는 한편으로 신체적 기술과 자신감을 높여준다. 하지만 이것은 어린 시절이나 젊은 시절에 수천 번의 싸움 놀이를 통해 자제력을 터득함으로써 자신의 힘을 극도로 억제할 수 있는 아버지한테만 통하는 이야기이다. 레슬링 게임은 아버지들과 또래 남성들 사이에서 중요한 사회화 과정의 일부이다.

나는 젊은 수컷 침팬지들과 싸움 놀이를 하면서 이러한 억제가 어떻게 습득되는지 직접 보았다. 나는 학생 시절에 유인원을 대상으로 지능 검사를 하는 도중에 자주 휴식 시간을 주었다. 모든 동물을 단순한 학습 기계로 간주한 쥐 전문가가 설계한 이 지능 검사는 너무나도 반복적이고 지루해서 침팬지의 정신 수준에 비하면 한참 수준이 낮은 것이었다. 두 유인원은 계속해서 내게 함께 놀자는 제스처를 보냈다. 물론 내게도 그랬지만, 그것이 두 침팬지에게 훨씬 재미있는 일이었는데, 얼마 지나지 않아 침팬지의 힘이 너무나도 강하다는 사실이 드러났다. 두 침팬지는 네 살과 다섯 살로, 아직 사춘기도 되지 않은 나이였다. 만약 내가 온힘을 다해 등을 치면, 침팬지들은 내가 한 일 중 가장 웃기는 짓이라는 듯이 그냥 웃기만 했다.

하지만 만약 그들이 내게 똑같이 하거나 두 손과 꽉 죄는 두 발로 나를 조르면, 나는 큰 곤경에 처해 "아야! 아야!" 하고 비명을 질렀다. 그러면 그들은 즉각 나를 풀어주고 나서, 염려스러운 표정을 지으며 무슨 문제인지 알기 위해 내 표정을 자세히 살폈다. 사람이 이토록 약한 존재일지 누가 생각했겠는가? 그들이 내가 다시 함께 놀 수 있게 되었다고 판단하면, 그다음에는 강도를 낮춰 전보다 조금 더 차분하게 놀았다. 이들은 자기들끼리 놀 때에도 이런 식으로 놀이의 강도를 조절하면서 모두가 탈이 없는지 확인한다. 싸움 놀이의 목적은 고통을 가하는 것이 아니라 즐기기 위한 것이다.

만약 누가 이 과정을 거부하고 지배성을 확립하려고 시도하면, 상황이 불행한 쪽으로 흘러갈 수 있다. 내가 떠난 뒤에 두 침팬지를 대상으로 실험을 계속한 내 후임자에게 바로 그런 일이 일어났다. 그는 첫날에 간편한 복장 대신에 양복과 넥타이 차림으로 출근했다. 그는 자신이 개를 얼마나 잘 다루는지 언급하면서 비교적 작은 동물 정도는 손쉽게 다룰 수 있을 것이라고 자신했다. 하지만 그는 침팬지를 괴롭히려고 시도한 게 분명한데, 침팬지가 호락호락 물러서지 않고 항상 반격을 하며, 한 팔의 힘이 우리의 두 팔과 두 다리를 합친 것보다 더 세다는 사실을 전혀 몰랐다. 나는 그 학생이 비틀거리며 검사실에서 나오던 모습을 아직도 기억하는데, 자신의 다리를 붙잡고 늘어진 두 침팬지를 떼어내려고 애를 먹었다. 재킷은 양 소매가 떨어져나간 채 누더기가 되어 있었다. 침팬지들이 넥타이에 목을 조르는 기능이 있다는 사실을 몰랐던 게 천만다행이었다.

여자 아이들과 암컷 영장류의 놀이는 일반적으로 보살핌에 더 가까운 쪽으로 일어나는데, 이것은 대개 모성 본능의 표현으로 설명한다. 하지만 나는 그러한 틀 짓기를 의심하는데, 본능이라는 용어는 틀에 박힌 행동을 의미하기 때문이다. '본능적' 행동은 주의를 기울일 필요 없이 일어나는 변함없는 행동처럼 들리는데, 머리를 쓸 필요가 전혀 없는 행동이기 때문이다. 동물 행동 연구에서는 본능이란 용어의 인기가 시들해졌다. 비록 모든 동물은 사람과 마찬가지로 타고난 선천적 경향이 있지만, 이것은 많은 경험을 통해 보완된다. 비행(어린 새는 이륙과 착륙을 배우는 데 매우 서툴 수 있다)과 사냥, 둥지 만들기, 그리고 새끼 보살피기처럼 자연적인 행동 역시 예외가 아니다. 연습이 전혀 필요하지 않다는 의미에서 본다면, 본능적 행동은 거의 없다.

막 태어나 취약한 새끼나 인형과 통나무 같은 대체물에 끌리는 영장류의 관심은 분명히 생물학적 특성의 일부이고, 수컷보다는 암컷에게 더 일반적으로 나타난다. 이런 관심은 예컨대 개에게서도 마찬가지로 나타난다. 임신 또는 가짜 임신 상태의 개는 집 안에 있는 모든 봉제 장난감을 끌어모아 그것을 지키고 깨끗이 하려고 할 수 있다. 자식을 돌보는 행동이 암컷에게는 의무적이고 수컷에게는 선택적이었던 2억 년간의 포유류 진화를 감안하면, 이렇게 여성과 암컷이 아기와 새끼의 대체물에 끌리는 현상은 충분히 논리적이다.

그렇다고 해서 암컷이 선천적으로 새끼를 돌보는 기술을 갖고 태어난다는 이야기는 아니다. 갓 태어난 새끼는 자동적으로 젖꼭지를 찾아가지만, 어미는 여전히 새끼에게 젖을 먹이는 법을 배울 필요가 있다. 이것은 사람뿐만 아니라 유인원도 마찬가지다. 많은 유인원은 동물원에서 경험과 본보기가 부족해 새끼를 돌보는 데 실패한다. 젖을 먹이기에 적절한 자세로 새끼를 안지 못하거나 새끼가 젖꼭지를 물면 뒤로 물러나기도 한다. 그래서 지식의 간극을 메우기 위해 사람 모델이 필요할 때도 있다. 임신한 유인원이 있는 동물원에서는 흔히 여성 자원자를 초청해 아기에게 젖을 먹이는 시범을 유인원에게 보여준다. 모성애와 신체적 유사성 때문에 사람과 유인원은 자연히 같은 마음이 된다. 유인원은 아기에게 젖을 먹이는 어머니를 관찰했다가 나중에 자신의 새끼가 태어나면 모든 동작을 그대로 모방해 재현한다.[32]

어린 암컷 영장류는 새끼에게 큰 매력을 느낀다. 암컷은 수컷에 비해 새끼에게 훨씬 큰 관심을 보인다.[33] 젊은 암컷들은 새로 어미가 된 암컷을 빙 둘러싸고 새끼에게 가까이 다가가려고 한다. 이들은 어미에게 털고르기를 해주고, (만약 운이 좋다면) 새끼를 만지고 살펴본다. 어린 수컷들은 그 무리에 끼이는 경우가 거의 없는 반면, 암컷들은 어미가 어디를 가건 졸졸 따라다닌다. 이들은 새끼와 함께 놀기도 하고, 만약 어미가 허락한다면 새끼를 데리고 다니기도 하는데, 이것은 나중에 자신의 새끼를 낳

갓난아기 동생을 다정하게 안고 키스를 하는 여자 아이. 여성이 아기에게 끌리는 것은 사람의 보편적 특성이다.

제1장 • 장난감

는 순간을 대비한 연습이 된다.[34] 예를 들면, 암버르는 침팬지 무리의 모든 새끼에게 인기 있는 이모였다. 암버르는 새끼를 데리고 다니고 간질이고 꼭 안기도 하다가 새끼가 짜증을 부리면 젖을 먹이기 위해 곧장 어미에게 데려다주었다. 그래서 어미들은 암버르가 새끼를 달라고 하면 선뜻 새끼를 건네주었지만, 다른 암컷에게는 새끼를 내주길 주저했다. 어린 수컷에게는 늘 퇴짜를 놓았는데, 수컷은 거칠고 새끼를 제대로 돌보지 않아 위험할 수 있었다. 예를 들면, 어린 수컷은 새끼를 나무 높은 곳으로 데리고 올라갈 수 있는데, 어미로서는 기겁할 일이다. 암버르는 절대로 그런 짓을 하지 않았다.

어린 암컷의 이런 훈련은 훗날 자신의 자식을 키울 때 젖을 먹이고 보호하고 데리고 다니는 데 도움이 된다. 어미로서 자식을 돌보고 기르는 것은 영장류가 살아가면서 맞닥뜨리는 가장 복잡한 과제 중 하나이다. 암버르는 자신의 첫 번째 새끼를 낳았을 때, 어미로서 완벽하게 제 역할을 해냈다. 이런 일은 유인원 사이에서는 드물지만, 우리는 이에 놀라지 않았다.

하지만 어린 암컷 영장류가 관심을 가진 것은 어미의 행동을 연습하는 것뿐만이 아니다. 사람의 경우에도 인형은 다른 목적으로 쓰일 수 있다. 미국 대통령 후보였던 엘리자베스 워런Elizabeth Warren은 많은 인형과 함께 있던 소녀 시절 사진을 트위터에 올리면서 "나는 2학년 때부터 선생님이 되고 싶었다. 이 사진은 어릴 때 많은 인형들과 함께 있었던 내 모습을 보여준다. 나는 인형들을 가지런히 줄 세우고 학교 놀이를 하곤 했다."라고 썼다.[35]

암컷 영장류는 상상 게임을 좋아한다. 사실, 한 게임은 과학계에서 전설적인 것이 되었는데, 유인원의 놀라운 상상 능력을 암시했기 때문이다.

그때까지만 해도 상상력은 사람만의 독특한 능력으로 간주되었다. 유인원에게 상상력이 있음을 시사한 첫 번째 단서는 우리가 앞에서 본 것처럼 무생물 물체를 가짜 아기로 만들었을 때였다. 하지만 이 특별한 사례는 거기서 한 발 더 나아갔는데, 그 물체가 완전히 허구였기 때문이다. 그 당사자는 플로리다주에서 캐시 헤이스Cathy Hayes가 집에서 기르던 비키Viki라는 어린 침팬지였다.

1951년에 출판된 자서전에서 헤이스는 '아주 기묘한 상상의 장난감 사례'라는 제목의 글을 썼다. 어느 날, 헤이스는 비키가 한 손가락을 변기 가장자리에 갖다대고 움직이는 것을 보았다. 처음에는 변기의 금을 자세히 살피는 것처럼 보였지만, 왜 그토록 큰 호기심을 느낀 것일까? 그러다가 헤이스는 비키가 보이지 않는 뭔가를 열심히 끌어당기면서 일종의 줄다리기를 하고 있다는 사실을 깨달았다. 결국 비키는 몸을 움찔하더니 양 손을 바꿔가면서 '그것'을 자신 쪽으로 끌어당겼는데, 이전에 줄에 매달린 장난감을 가지고 한 것과 정확하게 똑같은 동작이었다. 헤이스에게는 변기 주위에 보이지 않는 밧줄이 감겨 있고, 그 밧줄에 보이지 않는 장난감이 매달려 있어, 비키가 그것을 갖고 노는 것처럼 보였다.

그날 이후로 비키는 그 놀이를 더 자주 해 헤이스의 추측이 옳음을 확인시켜주었다. 예를 들면, 비키는 장난감을 끌어당기기 위해 한 팔을 뒤쪽으로 뻗은 채 뒤쪽을 바라보면서 보이지 않는 밧줄을 한 손에서 다른 손으로 옮기기도 했다. 한번은 비키가 괴로워하며 사람 엄마를 불렀는데, 상상의 밧줄이 어딘가에 걸려 자신의 힘으로 풀 수 없었기 때문이다. 비키는 계속 그것을 낑낑대며 끌어당기면서 헤이스를 쳐다보았다. 헤이스도 그 놀이에 뛰어들어 비키를 위해 조심스럽게 밧줄을 풀어주었고, 그러

자 비키는 즉각 그곳에서 벗어나 보이지 않는 장난감을 끌고 갔다.[36]

헤이스는 자신의 대담한 해석을 믿을 수가 없어 자신의 이야기를 그저 '당혹감에 빠진 어머니' 입장에서 들려주었을 뿐이라고 말했다. 어린 영장류의 게임에 대해서는 우리가 모르는 것이 너무나도 많다. 우리는 늘 어린것을 무시한다. 아이들의 놀이 행동 역시 제대로 연구되는 것이 별로 없다. 아이들은 매일 많은 시간을 놀이에 열정적으로 쏟아붓지만, 심리학자들은 대체로 그것을 무시하는 반면, 부모들은 자신이 그 게임의 설계자라는 착각에 빠져 산다. 우리가 장난감을 놓고 이토록 열띤 토론을 벌이는 이유도 이 때문이다. 그 뒤에는 아이는 독자적으로는 자기 나름의 관심이 거의 없으며, 우리는 아이를 '진짜' 여성이나 남성으로 만들기 위해 젠더가 구분된 장난감을 제공함으로써 도움을 줄 필요가 있다는 전제가 깔려 있다. 역으로 반대 젠더의 장난감을 제공함으로써 아이를 계몽된 진보주의자로 성장하도록 유도할 수도 있다. 하지만 두 가지 접근법은 모두 오만한 발상이다.

최선의 전략은 장난감 가게에서 발견되는 전형적인 구분을 모두 철폐하고, 우리의 기대와 꿈에 부합하느냐 여부에 상관없이 아이 자신이 내리는 선택을 받아들이는 것이다. 뒤로 물러나서 아이들이 원하는 방식으로 놀도록 내버려두라. 게다가 놀이 중 상당 부분은 장난감이나 젠더와는 아무 관계가 없다. 어릴 때 내가 동물에 큰 흥미를 느꼈듯이, 장난감 외에 음악이나 독서, 캠핑, 조가비와 암석처럼 작은 물건 채집에 끌리는 아이들도 있다. 유일한 문제는 여성용 옷에 아직도 호주머니가 달려 있지 않다는 것이다!

제2장

젠더

정체성과
자기 사회화

GENDER

남자아이를
여자처럼 키우면!

1991년 어느 날 오전, 암스테르담에서 열린 국제회의에서 내가 원한 자극은 그저 카푸치노 한 잔이었다. 나는 커피 잔을 들고서 컨벤션 센터 홀에 서서 텔레비전을 흘끗 쳐다보았다. 놀랍게도 화면에는 발기한 남근을 쓰다듬고 핥는 장면이 클로즈업으로 잡혀 있었다. 그것은 포르노가 아니라 섹스 요법 판매업체가 내보낸 광고였다. 다른 모니터들에서도 비슷하게 에로틱한 장면들이 보였다. 하루 중 그 시간대에서 나는 아침 뉴스를 기대했다! 렘브란트와 안네 프랑크의 도시는 세계성과학회를 열기에 아주 안성맞춤인 장소였다. 암스테르담에는 유명한 홍등가가 있고, 매년 큰 규모의 게이 프라이드 페스티벌이 열리며, 세계 최초의 섹스박물관이 있다.

비록 성과학은 나의 전문 영역이 아니지만, 보노보를 연구하면 성과학을 파고들지 않을 수 없다. 반대로 성과학자들은 다른 동물의 정보에 귀를 기울일 필요가 절실하다. 성과학자들은 마치 우리 종이 섹스를 발명했다는 듯이 완전히 사람에게만 초점을 맞춘다. 문제는 성과학이 레크리에이션처럼 성행위를 즐길 수 있는 종은 오직 사람뿐이라고 오해하는 데 있다. 다른 동물들의 섹스는 순전히 생식을 위한 도구일 뿐이라고 말한다. 나는 보노보에 관한 강연을 하면서 성과학자들의 이 이상한 개념을 바로잡아주려고 이 회의에 참석했다. 보노보의 섹스는 대부분 번식과 관련이 없다. 보노보는 생식이 불가능한 조합으로 섹스를 자주 하는데, 예컨대 동성 간 섹스도 자주 일어난다. 또한 너무 어려서 생식이 불가능한 나이에도 이미 임신한 상태에서도 섹스를 한다. 보노보는 사회적 이유 때문에 섹스를 한다. 보노보는 쾌락을 추구하는 동물이다.

하지만 보노보 이야기는 그만하기로 하자. 내가 강의용 슬라이드를 순서대로 집어넣고 있을 때, 구겨진 회색 정장 차림의 나이 많은 남자가 바쁜 걸음으로 강연장으로 들어왔다. 넘치는 자신감과 따르는 수행원이 아니었더라면, 그 남자는 아무 눈길도 끌지 못했을 것이다. 남자가 어디를 가건 마치 팝 스타를 에워싼 팬들처럼 십여 명의 젊은 남녀가 알랑거리면서 주위를 에워싸고 따라다녔다. 그들은 그와 대화를 나누려고 떠들어대거나 그의 외투를 받아들거나 마실 것을 가져다주었다. 나는 곧 자신의 팬클럽을 무시하는 그 남자의 정체를 알아챘다. 그 사람은 성과학을 창시한 사람 중 한 명인 존 머니John Money였다. 그는 나중에 '전염성 반성애주의: 자위에서 악마주의까지Epidemic Antisexuality: From Onanism to Satanism'라는 제목으로 강연을 했다.

뉴질랜드 출신의 미국인 심리학자인 머니는 1991년 당시에 그 명성이 하늘을 찌르고 있었다. 그때 70세이던 그는 성적 지향성, 트랜스젠더,

비전형적인 생식기 해부학, 성 정체성, 그리고 젠더 자체에 대해 더 지성적으로 그리고 친절하게 이야기할 수 있는 용어를 세상에 선사했나. 머니가 등장하기 이전에는 사회가 정해놓은 분류에 들어맞지 않는 사람들은 관례적으로 성도착자나 변태로 취급당했다. 1955년에 '젠더gender'라는 명칭을 도입한 성과학자가 바로 머니였다. 그전까지는 젠더는 문법적 성을 가리키는 용어로만 쓰였다. 영어에서 king(왕)과 queen(여왕), ram(숫양)과 ewe(암양) 같은 단어의 젠더(성)는 쉽게 알 수 있다. 일부 언어에서 명사의 젠더는 프랑스어의 경우에는 le와 la, 독일어의 경우에는 der와 die 같은 관사에 반영돼 있다. 머니는 이 문법적 용어를 빌려와 젠더는 "어떤 사람이 자신이 남자 아이나 남성, 혹은 여자 아이나 여성의 지위를 가지고 있음을 드러내기 위해 말하거나 행동하는 모든 것"에 적용된다고 말했다. 그는 젠더를 생물학적 성과 구별했는데, 둘이 일치하지 않는 경우가 가끔 있다는 사실을 인식했기 때문이다. 그는 또한 1965년에 존스홉킨스대학교에 세계 최초의 젠더정체성클리닉을 세웠다. 머니가 만든 용어는 페미니즘이 젠더가 사회적 구성물이라고 선언하고, 트랜스젠더가 공식적으로 인정받았을 때 큰 인기를 얻었다.[1]

나는 그 후로 머니를 다시는 보지 못했지만, 세월이 좀 지나고 나서는 머니가 회의에 등장하더라도 그때만큼 큰 인기를 끌지는 못했을 것이다. 그 모든 업적과 널리 읽힌 책들에도 불구하고, 머니의 명성은 추락했다. 생물학을 과소평가한 것이 추락의 주요 원인이었다. 머니는 포경 수술의 실패로 음경을 거의 다 잃은 캐나다 남자 아이의 성전환 과정에 깊이 관여했다. 머니는 고환까지 제거하고 그 아이를 여자 아이로 키우라고 부모를 설득했다. 태어날 때 이름이 브루스Bruce였던 그 아이는 이름까지 브렌다Brenda로 바뀌었다. 브렌다는 자신의 원래 성이 무엇인지 알지 못한 채 자랐다.

정기적인 만남을 통해 브렌다의 성장 과정을 추적한 머니는 완전한 성공이라고 주장했다. 그리고 의기양양하게 젠더는 순전히 양육에 달린 문제라고 선언했다. 어느 나이가 되기 전까지는 남자 아이를 여자 아이로, 여자 아이를 남자 아이로 바꿀 수 있다고 주장했다. 많은 사람들은 이 소식을 환영했는데, 그것은 우리가 자신의 운명을 제어할 수 있다고 암시했기 때문이다. 머니는 여성 운동의 영웅이 되었다. 1973년에 〈타임〉은 그의 연구가 "전통적인 남성과 여성의 행동 패턴이 바뀔 수 있다는 여성 해방론자들의 주된 주장에 강한 지지"를 보냈다고 칭찬했다.[2]

하지만 모든 것이 일순간에 너무나도 처참하게 와르르 무너져내렸고, 머니는 논란의 인물이 되었다. 죽고 나서 한참 지났는데도 머니는 여전히 일부 사람들에게 돌팔이와 사기꾼으로 매도당하고 있다. 여성으로 변했다고 간주되었던 그 소년이 자신의 새로운 젠더를 격렬하게 거부한 것이다. 여자 아이 옷을 입히고 인형을 주었지만, 브렌다는 남자 아이처럼 걷고 말했으며, 프릴이 달린 드레스를 찢어버리고 남동생의 트럭을 훔쳤다. 브렌다는 남자 아이들과 놀면서 요새를 만들고 눈싸움을 함께 하길 원했다.[3]

음경이 없는 브렌다는 변기에 앉아서 소변을 누도록 교육받았다. 그럼에도 불구하고, 브렌다는 서서 소변을 누고 싶은 충동을 억누를 수 없었다. 이 때문에 학교에서 급우들과 마찰이 생겼다. 여자 아이들은 브렌다를 '야만적인 동굴 여인'이라고 부르면서 여자 화장실에 들어오지 못하게 했다. 남자 아이들 역시 여자 옷을 입고 있는 브렌다를 남자 화장실에 들어오지 못하게 했으므로, 브렌다는 뒷골목에서 소변을 보았다.

14세기 되어서야 브렌다는 마침내 진실을 알게 되었다. 그것은 큰 위안이 되었는데, 왜 자신이 그토록 오랜 세월 동안 비참함을 느끼며 살았는지를 포함해 많은 것이 설명되었기 때문이다. 브렌다는 이름을 데이비드David로 바꾸고 태어날 당시의 정체성을 되찾았다. 하지만 많은 우여곡절 끝에 결국 38세 때 자살을 택했다.

데이비드 라이머David Reimer 사건으로 알려진 이 가슴 아픈 이야기는 생물학을 무시해도 된다고 믿는 사람들에게 중요한 교훈을 준다. 머니는 낙관적인 그림을 제시하고 싶은 열망에서 문제의 조짐을 무시했다. 결국 그의 개입은 자신이 보여주고자 했던 것과는 정반대의 진실을 입증했다. 머니의 실험은 성전환 수술과 그 뒤를 이은 다년간의 에스트로겐 요법과 강도 높은 사회화 과정으로도 성 정체성을 바꿀 수 없다는 것을 분명히 보여주었다. 그 후로 우리는 본성과 양육 사이의 상호 작용을 더 잘 이해하게 되었고, 그것이 머니나 그를 비난하는 사람들이 생각한 것보다 훨씬 복잡하다는 사실을 알게 되었다. 하지만 머니 덕분에 우리는 적어도 그것에 대해 이야기할 수 있는 용어를 얻게 되었다.[4]

'젠더'라는 용어는 비록 다소 남용되긴 하지만, 그 담론에서 필수적인 부분이 되었다. 이렇게 된 한 가지 이유는 영어가 섹스sex와 성sex을 제대로 구별하지 못하기 때문이다. '섹스sex를 하다'라고 할 때에나 '특정 성sex에 속하다'라고 할 때에나 모두 sex라는 단어를 쓴다. 이런 혼란이 모든 언어에 존재하는 것은 아니지만, 미국 영어에서 '젠더'가 그 부족한 부분을 채우는 용도로 쓰이기 시작한 이유는 이 때문이다. 심지어 성sex이라는 단어가 더 적절한 곳에도 젠더가 사용되기 시작했다. 예를 들면,

동물원에서 사람들은 "저 기린의 젠더가 무엇인가요?"라고 묻곤 한다. 과학 학술지에서는 "개구리에서 서로 다른 젠더 역할에 대한 적응으로서의 성차"와 같은 제목을 볼 수 있다. 개를 다루는 한 웹사이트는 "강아지의 젠더를 확인하는 것이 중요하다. 당신이 원하는 성을 가진 개를 기르려면."라고 설명한다.[5]

엄밀하게 말하면, 이런 용법은 틀린 것이다. 만약 젠더라는 용어가 개체의 성 중 문화적 측면을 일컫는 것이라면, 그것은 문화적 규범에 영향을 받는 개체에게만 국한해 사용해야 한다. 동물에게도 문화가 있다는 증거에도 불구하고, 나는 기린이나 개구리, 강아지에게는 젠더 대신에 성이란 용어를 사용하고 싶다. 심지어 사람의 임신 사례에 사용되는 '태아 성별 공개 파티gender reveal party'란 용어에도 gender를 써서는 안 되는데, 태아는 아직 문화에 노출되지 않았기 때문이다. 태아는 젠더가 없으며, 오직 성만 있다.

하지만 '젠더'의 새로운 용법에 저항하기란 쉽지 않다. 여러분도 눈치챌 테지만, 나도 편의상 용어를 엄밀하게 따지지 않을 때가 가끔 있다. 아이러니하게도 생물학적 성의 대안으로 제안된 용어가 그것을 대표하는 용도로 쓰이게 되었다. 이것은 명백히 미묘한 주제의 논의에 혼동을 초래한다.

젠더란
무엇일까?

대부분의 경우, '젠더'라는 용어는 세계보건기구가 규정한 다음의 정의처럼 문화적으로 부여된 역할들을 가리킨다. "사회적으로 구성된 여성과 남성, 여자 아이, 남자 아이의 특성. 여기에는 여성이나 남성, 여자 아이, 남자 아이와 관련된 규범과 행동, 역할, 그리고 서로간의 관계까지 포함된다."[6]

젠더는 각 성이 걸치고 돌아다니는 문화적 외투와 같다. 그것은 남성과 여성에 대한 우리의 기대와 관련이 있는데, 그러한 기대는 사회마다 다르고 시대에 따라 변한다. 하지만 일부 정의는 이보다 더 급진적인데, 젠더의 본질을 변화시키려고 시도하기 때문이다. 이런 정의들에서는 젠더를 생물학적 성과는 완전히 별개인 임의적 구성물로 본다. 말하자면, 외투가 혼자서 스스로 돌아다니는데, 그것을 어떻게 꾸미느냐는 우리에게 달려 있다.

첫 번째 정의의 젠더 개념은 논란이 되지 않는다. 일상생활에서 우리는 사회가 젠더 역할을 어떻게 만들고, 모든 사람에게 그것을 따르도록 어떻게 압력을 가하는지 쉽게 볼 수 있다. 반면에 더 급진적인 젠더 개념은 우리 종의 생물학과 충돌한다. 젠더가 생물학을 초월한다는 것은 사실이지만, 젠더는 아무것도 없는 상태에서 난데없이 나타난 것이 아니다. 젠더가 이원성을 지닌 이유는 대다수 사람들이 두 가지 성으로 나누어지기 때문이다. 그렇다고 해서 남녀 사이의 권력 불균형처럼 젠더와 관련된 것을 모두 다 믿어야 한다는 뜻은 아니다. 또한, 젠더를 두 가지에만 국한시켜야 한다는 뜻도 아니다. 하지만 우리가 가지고 태어난 핵심 요소들이

분명히 있다. 머니가 발견한 것처럼 그중에는 젠더 정체성도 포함된다.[7]

젠더는 어떤 사람을 만날 때 우리가 맨 먼저 파악하는 것 중 하나이다. 그것은 우리가 상호 작용하길 원하는 사람에 관한 중요한 한 가지 정보이다. 실험에서 머리카락을 모두 민 사람의 사진을 본 피험자들은 1초 이내에 그 사람의 젠더를 거의 100% 알아맞힌다.[8] 현실에서는 젠더를 확인하는 과정은 옷을 입는 방식, 머리를 다듬는 방식, 다리를 벌리거나 꼬는 방식, 찻잔을 입술에 갖다대는 방식을 비롯해 문화적 오버레이에 도움을 받을 때가 많다. 우리는 이런 신호를 통해 자신의 젠더를 나머지 세계에 알린다. 이런 신호가 중요하다는 사실은 왜 사람들이 그것을 유심히 살피는지 설명해준다. 땅에 침을 뱉거나 크게 트림을 하는 여성은 숙녀답지 못하다는 지적을 받는 반면, 남성은 그런 행동을 해도 아무렇지 않은 경우가 많다. 젠더로 구분된 관습의 상부 구조는 사소할 정도로 임의적인 것일 수 있다. 게다가 그것은 시간의 흐름 속에서 전혀 안정적이지도 않다. 그래서 17세기에 프랑스 귀족 남성은 향수를 뿌리고 하이힐과 수를 놓은 의상에 가발을 쓰고 돌아다녔다.

남성이나 여성에게 유리한 교육과 직업처럼 더 중요한 결과를 초래하는 젠더 규범도 있다. 이런 규범은 선택, 특히 여성의 선택을 제한하는 한, 공격을 받는 것이 당연하다. 일반적으로 남성의 더 뛰어난 신체적 전투 능력이나 여성의 아기에 대한 헌신처럼 가장 의미 있는 젠더 표현들에는 더 깊은 뿌리가 있다. 이러한 표현들은 다른 영장류와 공유하는 우리의 보편적 특성이다. 암컷이 새끼를 돌보려고 하는 것은 포유류의 특성이다.

우리가 그것을 자연적인 것으로 간주하건 말건 상관없이, 인간의 모든 경향은 문화를 통해 증폭되거나 약화되거나 변형될 수 있다. 남성의 공격성은 전쟁 중인 나리에서처럼 특정 장소와 시간에서는 미화될 수 있다. 하지만 다른 장소와 시간에서는 크게 억제되어 공개적 충돌이 드물고 살인 사건은 희귀한 것이 될 수도 있다.[9] 그럼에도 불구하고, 문화의 영향력에 속아 넘어가 사람의 공격 본능이 미신에 불과하다고 믿어서는 안 된다. 본성 대 양육 논쟁에서 가장 보편적인 오류는 입증된 한 가지 영향을 다른 영향을 부정하는 증거로 간주하는 것이다. 이타성과 전쟁, 동성애, 지능의 생물학적 기반에 관해 발표된 수많은 연구가 우리에게 가르쳐준 것이 있다면, 그것은 모든 사람의 특성에는 유전자와 환경 사이의 상호작용이 반영돼 있다는 것이다.

좋은 예로는 언어가 있다. 우리의 모국어는 순전히 문화적 산물로 보일 수 있다. 중국에서 태어난 아이는 중국어를 배우고, 에스파냐에서 태어난 아이는 에스파냐어를 배운다. 우리는 국제 입양 사례를 통해 이것이 유전자와 아무 관계가 없다는 사실을 안다. 태어나자마자 사는 곳이 바뀐다면, 첫 번째 아이는 에스파냐어를 배우고, 두 번째 아이는 중국어를 배우게 된다.

그럼에도 불구하고, 이 아이들이 다른 영장류 종에게 자란다면, 단 한 단어도 내뱉지 못할 것이다. 과학자들은 유인원에게 언어를 가르치려는 시도를 무수히 했지만, 그 결과는 늘 실망스러운 것이었다. 사람의 언어 능력은 독특하고 생물학적인 것이다. 심지어 언어 능력에 관련된 유전자도 일부 알려져 있다. 우리 뇌는 출생 후 처음 몇 년 동안 언어 정보를 스펀지처럼 빨아들이도록 진화했다. 이것은 우리가 가지게 된 언어 능력에 대해 본성과 양육 모두에 고마워해야 한다는 뜻이다.[10]

생물학적 과정에서 전형적으로 나타나는 이 조합을 '학습 소질learning predisposition'이라 부른다. 많은 생물은 삶의 특정 시기에 특정 기술을 배울 필요가 있고, 그렇게 하도록 프로그래밍되어 있다. 우리가 어릴 때 언어를 습득하도록 프로그래밍되어 있는 것과 마찬가지로 새끼 오리는 태어난 뒤 처음 본 움직이는 물체에 각인이 일어난다. 콘라트 로렌츠Konrad Lorenz의 경우처럼 가끔 그 대상은 수염을 기르고 파이프 담배를 피우는 동물학자가 될 수도 있다. 새끼 오리는 걷거나 헤엄을 치면서 이 '부모'를 졸졸 따라다닌다. 하지만 원래 자연에서 일어나는 일은 이런 식으로 전개되지 않는다. 자연 조건에서 새끼 오리들은 걸어갈 때나 헤엄칠 때나 일렬로 줄을 지어 어미 뒤를 좇아다닌다. 나머지 생애 동안 새끼 오리는 자신을 자신이 속해 있는 종과 동일시하는데, 우연히도 그 종은 자신과 같은 종이다. 각인의 기능은 바로 이것이다.

사람의 젠더 역할은 비슷한 학습 소질에 영향을 받는다. 이 역할들은 반드시 생물학적인 것은 아니며, 모든 세부 사항들에서 그렇지 않은 것은 확실하다. 젠더 역할은 문화적으로 습득되지만, 놀랄 만한 속도와 열정으로 완전하게 일어난다. 아이들이 이것을 쉽게 받아들인다는 사실은 이것이 생물학이 좌우하는 과정임을 암시한다. 말하자면, 새끼 오리에게 각인이 일어나는 것과 같은 방식으로 아이들에게도 젠더에 각인이 일어나는 것이다. 아이들은 대개 실제 인물이건 허구의 인물이건 같은 젠더의 어른을 모방하길 좋아한다. 언론 매체에 영향을 받아 여자 아이들은 동화 속의 공주처럼 옷을 입길 좋아하며, 남자 아이들은 검으로 용을 베려고 한다. 아이들은 이런 재현을 진심으로 즐긴다. 뇌 영상 연구는 같은 젠더의 사람을 모방하면 뇌의 보상 중추가 활성화되는 반면, 반대 젠더의 사람을 모방하면 그런 일이 일어나지 않는다고 시사한다. 그렇다고 해서 반드시 이 과정을 뇌가 지배한다는 뜻은 아닌데, 뇌는 환경에도 반응하기 때문이다. 하지만 이것은 진화가 우리 아이들에게 같은 젠더에 동조하면 좋은 기분이 드는 편향을 심어주었다고 시사한다.[11]

초기의 한 연구에서는 걸음마를 배우는 아이들에게 짧은 영상을 보여주었는데, 악기를 연주한다든가 불을 피우는 것처럼 단순한 활동을 하는 남녀가 나왔다. 배우들은 화면의 서로 정반대쪽 끝에서 동시에 그런 활동을 했다. 아이들은 자신과 같은 젠더의 배우에게 시선을 집중했다. 여자 아이들은 여성을 더 많이 바라보았고, 남자 아이들은 남성에게 더 집중했다. 연구자들은 자신과 같은 젠더를 선호하는 이 현상을 다음과 같이 해석했다. "아이들이 남성에게 적절한 행동과 여성에게 적절한 행동에 관한 사회적 규칙을 배우고 채택하는 것이 갈수록 점점 더 중요해진다."[12]

우리는 사회화를 부모가 자식에게 어떻게 행동해야 하는지 가르치는 일방통행 도로로 생각하는 경향이 있지만, '자기 사회화' 역시 적어도 그에 못지않게 중요하다. 아이들이 스스로 그것을 찾고 실천한다. 같은 젠더의 사람에게 매력을 느낀 아이는 모방하고자 하는 행동에 주의를 기울인다. 미국 인류학자 캐럴린 에드워즈Carolyn Edwards는 다양한 문화에서 관찰한 남자 아이들과 여자 아이들의 행동에 영감을 얻어 자기 사회화를 다음과 같이 정의했다. "아이가 사회화의 핵심 맥락 기능을 하는 특정 행동과 상호 작용 양상에 선택적으로 주의를 기울이고 모방하고 참여하는 행위를 통해 자신의 발달 방향과 결과에 영향을 미치는 과정."[13]

자기 사회화는 다른 영장류에게도 적용된다. 아프리카 열대우림에서는 어린 침팬지들이 어미가 잔가지를 흰개미집에 집어넣어 흰개미를 끌어내는 사냥법을 보고 배운다. 어린 암컷들은 어미의 흰개미 낚시 기술을 충실히 모방하지만, 어린 수컷들은 그러지 않는다. 양자 모두 어미와 함께 보내는 시간은 똑같지만, 흰개미를 잡아먹는 동안 어린 암컷들은 어미를 더 주의 깊게 관찰한다. 어미는 또한 자신의 도구를 딸들에게 더 선뜻 건네준다. 이런 식으로 어린 암컷은 적절한 도구가 어떻게 생겼는지 배우는 반면, 어린 수컷은 혼자 힘으로 해나가려고 한다. 아들에게 어미의 본보기는 덜 중요할 수도 있는데, 나중에 자라면 수컷은 대부분의 동물 단백질을 원숭이나 큰 동물을 사냥해서 얻기 때문이다.[14]

비슷한 학습 편향은 야생 오랑우탄에게서도 볼 수 있다. 청소년기에

딸은 어머니를 롤 모델로 채택함으로써 자기 사회화 과정을 밟는다. 어미가 흰개미를 낚시질하는 장면을 곁에서 어린 암컷 침팬지(오른쪽)가 자세히 지켜보고 있다.

제2장 • 젠더

가까운 여덟 살 무렵이 되면, 딸들은 어미와 똑같은 먹이를 먹는 반면, 아들들은 더 다양한 먹이를 먹는다. 이런 수컷은 이른 수컷들을 포함해 더 광범위한 모델들에 주의를 기울임으로써 어미가 절대로 손대지 않는 먹이도 섭취한다.[15]

코스타리카에 사는 야생 꼬리감는원숭이의 경우, 어린것들은 루에헤아 열매를 깨는 법을 배워야 한다. 이 열매에는 영양분이 많은 씨가 가득 들어 있는데, 열매를 강하게 내리치거나 나뭇가지에 대고 세게 문질러서 씨를 빼낸다. 어른 암컷은 제각각 이런저런 기술을 사용하는데, 딸들은 그것을 보고 모방한다. 딸들은 평생 동안 어미와 같은 방법으로 열매를 내리치거나 문지른다. 이와는 대조적으로 아들들은 어미의 본보기에 별 영향을 받지 않는다.[16]

다른 영장류의 사회적 동조를 연구한 결과로부터 우리는 각 개체가 자신과 가깝다고 느끼는 개체로부터 습관을 습득한다는 사실을 알고 있다. 관찰 학습은 유대와 동일시를 통해 일어난다.[17] 딸들은 어미의 식습관을 모방할 뿐만 아니라, 새끼를 키우는 방법도 어미로부터 배운다. 어린 수컷의 롤 모델은 딱 꼬집어 말하기가 어려운데, 아비가 정확하게 누구인지 알 수 없는 경우가 대부분이기 때문이다. 아비가 누구인지 모르기 때문에, 어린 수컷은 전체 수컷 어른들의 본보기를 따른다. 그래서 암컷 야생 버빗원숭이는 과학자들이 설치한 채집 상자를 열려고 할 때 효율성에 상관없이 암컷 모델의 방법을 우선적으로 모방한다. 하지만 수컷은 양성 모두의 모델들을 모방하며, 특히 성공을 거둔 수컷을 모방한다.[18]

어린 수컷은 나이 많은 수컷과 함께 시간을 보내면서 털고르기를 하길 좋아한다. 우간다의 키발레국립공원에서는 청소년 수컷 침팬지들과 나이 많은 수컷들 사이에 특별한 우정이 발달한다. 12세에서 16세 사이에 청소년 수컷은 어미에게서 독립해 살아가지만, 아직은 싸우면서 수컷 어른들의 위계질서에 편입할 준비가 되지 않았다. 인간 사회의 십대 청소년처럼 이들은 아동기와 성인기 사이에 있다. 이들에게 또래 외에 가장 좋은 친구는 40세 언저리의 수컷들이다. 이 수컷들은 전성기를 지났고, 대체로 권력 정치에서 '은퇴'한 상태이다. 어린 수컷과 늙은 수컷은 아주 좋은 조합이다. 은퇴한 수컷은 느긋하고 전혀 위험하지 않아 어린 수컷에게 이상적인 모델이다. DNA 분석 결과에 따르면, 늙은 수컷은 친해지려고 다가오는 청소년 수컷의 생물학적 아비인 경우가 왕왕 있다.[19]

그런데 수컷 모델에 매력을 느끼는 일은 더 일찍 시작될 수도 있다. 어린 침팬지는 수컷 어른이 허세를 부리는 행동을 아주 자세히 따라하는 것처럼 보인다. 수컷마다 자기만의 독특한 방식이 있는데, 극적인 점프를 하거나 손뼉을 치거나 물건을 집어던지거나 나뭇가지를 부러뜨리는 등의 행동을 보인다. 내가 아는 한 알파 수컷은 자신의 힘을 과시하기 위해 쇠문을 몇 분이고 계속 드럼을 치듯이 두드리는 버릇이 있었다. 그 시끄러운 소음은 자신의 힘을 전체 무리에 알리는 데 도움을 주었다. 그 수컷이 쇠문을 두드리는 동안 암컷들은 어린 새끼를 자기 가까이에 머물게 하는데, 이렇게 흥분한 수컷은 어떤 행동을 할지 예측 불가능하기 때문이다. 수컷이 진정되면, 그제야 어미들은 새끼들을 놓아준다. 어린 수컷이 (암컷은 절대로 그러지 않는다) 바로 그 쇠문으로 걸어가는 일이 종종 있다. 어린 수컷은 털을 온통 곤두세운 채 알파 수컷이 한 것처럼 쇠문을 걸어찬다. 소리는 똑같지 않지만, 어린 수컷은 요령을 터득한다.

보는 대로 따라하는 영장류의 심리가 동성 모델을 모방함으로써 자기 사회화를 촉진한다면, 이들에게도 젠더 개념을 적용할 수 있을지 모른다. 양성 사이에 나타나는 행동 차이의 일부 원인은 문화에 있을지도 모른다. 위에서 언급한 몇몇 사례 외에 더 많은 연구가 필요하겠지만, "성은 모든 종에 있지만, 젠더가 있는 종은 오직 사람뿐이다."라는 금언을 돌아볼 때가 되었다.

문화 대 본능

옛날에는 사람이 무한히 유연한 존재라고 생각했다. 이 개념은 특히 인류학자들 사이에서 인기를 끌었는데, 이들은 전통적으로 생물학을 무시하는 대신에 문화를 강조했다. 1970년대에 애슐리 몬태규 Ashley Montagu 는 우리 종에게는 선천적 경향이 전혀 없다고 기술하면서 "사람은 본능이 전혀 없다."라고 주장했다. 그런데 그보다 10여 년 전에 같은 몬태규가 여성은 본질적으로 남성보다 사랑과 배려가 더 넘치는 존재라고 찬양했다.[20] 여기에는 명백한 모순이 있다. 사람의 마음을 문화가 그 위에 젠더 규범을 새기는 빈 서판으로 간주하는 동시에 양성 사이의 자연적 차이를 상정하는 것은 모순이다. 여성의 우월성에 관한 몬태규의 견해에 동의한 인류학자 멜빈 코너 Melvin Konner 가 문화가 모든 것이라는 자기 분야의 슬로건과 거리를 둔 이유는 이 때문일지 모른다.

남자 아이와 여자 아이는 서로 다르며, 이들이 자라서 되는 남성과 여성도 서로 다르다. 이것은 심오한 생물학적, 철학적 통찰이고, 비록 나는 처음에는 그것을 받아들이지 않았지만-젊은 시절에 나는 강한 문화 결정론자였다-이제는 기꺼이 그것을 포용하고 옹호한다.[21]

하지만 우리는 문화와 생물학 중에서 어느 한쪽을 선택할 필요가 전혀 없다. 유일하게 타당해 보이는 입장은 '상호 작용주의자'가 되는 것이다. 상호 작용주의interactionism는 유전자와 환경 사이에 역동적인 상호 작용이 일어난다고 상정한다. 유전자 자체는 포장도로에 떨어진 씨앗과 같다. 그 자체만으로는 아무것도 만들어낼 수 없다. 이와 비슷하게 환경도 자체만으로는 아무 의미가 없는데, 거기에서 작용해야 할 생명체가 필요하기 때문이다. 양자 사이의 상호 작용은 너무나도 복잡해서 대개의 경우 우리는 각자의 기여가 어느 정도인지 밝혀낼 수 없다.[22]

스위스 영장류학자 한스 쿠머Hans Kummer는 왜 그런지 설명하는 데 도움을 주는 비유를 소개했다. 그는 관찰된 행동이 본성과 양육 중 어느 쪽에서 유래했는지 묻는 것은 멀리서 들려오는 타악기 소리가 드러머가 낸 것인지 드럼이 낸 것인지 묻는 것과 같다고 말했다. 이것은 어리석은 질문인데, 드러머나 드럼 어느 쪽도 혼자서는 아무 소리도 낼 수 없기 때문이다. 서로 다른 때에 뚜렷이 구별되는 소리들을 들은 경우에만 그 차이가 드러머나 드럼에 생긴 변화 때문인지 정당하게 물을 수 있다. 쿠머는 "특성 자체가 아니라 오직 특성의 차이만 선천적이거나 후천적인 것이라고 말할 수 있다."라고 결론 내렸다.[23]

이 통찰은 관찰된 행동의 기원을 생각하느라 평생을 바친 사람에게서 나왔다. 하지만 상호 작용주의는 그다지 인기가 높지 않은데, 쉬운 답을 전혀 내놓지 않기 때문이다. 언론 매체는 종종 쉬운 답을 내놓으려고 시도하지만("예를 들어 이 특성은 90% 유전적인 것이다."), 이런 진술은 허튼소리에 불과하나. 드러머와 드럼의 상대적 영향력을 구체적으로 명시할 수 없는 것처럼 어떤 행동에 유전자와 환경이 얼마나 기여했는지는 구체적으로 명시할 수 없다. 만약 여자 아이가 자기 어머니와 똑같이 웃거나 남자 아이가 자기 아버지처럼 말한다면, 그것은 이들이 자신의 롤 모델을 앵무새처럼 똑같이 따라했기 때문일 수 있다. 하지만 두 아이는 부모의 후두와 음색도 물려받았다. 대조 실험을 하지 않는 한(그리고 그것이 야기할 윤리 문제를 극복하지 않는 한), 우리는 유전자와 환경의 역할을 알아낼 가망이 거의 없다.[24]

젠더 역할의 기원을 알고자 하는 사람도 이와 비슷한 문제에 맞닥뜨린다. 순수한 문화적 윤색-여자 아이에게는 분홍색, 남자 아이이게는 파란색처럼-을 제외하고는 이 역할들은 본성과 양육을 모두 아우른다. 그 결과로 젠더 역할은 우리가 예상하는 것보다 변화에 더 강하게 저항한다. 오늘날 일부 부모들은 사회의 족쇄라고 생각하는 것들을 떨쳐내기 위해 자녀를 젠더 중립적 방식으로 양육하려고 한다. 이들은 자녀의 해부학적 특성을 드러내길 거부하며, 때로는 심지어 할아버지와 할머니에게까지 알리려 하지 않는다. 여자 아이의 머리를 짧게 자르거나 남자 아이의 머리를 길게 기르게 하고, 아이가 원하는 대로 옷을 입게 하며, 아들이 원한다면 튀튀tutu(발레를 할 때 입는, 주름이 많이 잡힌 스커트)를 입고 학교에 가게 한다. 이들은 사회의 젠더 고정관념과 그와 관련된 불평등에 저항해 이렇게 행동한다.

하지만 '젠더 불평등gender inequality'이란 두 단어 중 오직 하나만 문제가 있다는 데 주목할 필요가 있는데, '젠더'는 문제가 아니다. 인종 차별주의에 맞서 싸우기 위해 다른 인종의 사람들에게 서로 비슷한 모습이 되려고 노력하자고 주장하는 사람은 아무도 없을 것이다. 그렇다면 왜 우리는 젠더를 없애려고 노력하는 것일까? 결국에는 그런 시도는 더 깊은 불평등 문제를 해결하는 데 실패한다. 그런 시도를 하는 사람들은 젠더의 존재가 사회의 도덕적, 정치적 문제의 원인이라고 비난한다.

많은 사람들에게 남성이나 여성이라는 사실은 자부심과 기쁨의 원천이다. 사람들은 단지 젠더 정체성을 그냥 받아들이기만 하는 것이 아니라, 우리가 그것을 문화적인 것으로 간주하건 않건 상관없이 적극적으로 수용한다. 우리는 또한 노래 가사처럼 사랑은 세상을 돌아가게 만든다는 사실을 잊어서는 안 된다. 그리고 낭만적 사랑과 성적 매력은 대다수 사람들에게 젠더에 따라 뚜렷이 구분되지 않는가? 이성에게 매력을 느끼건 동성에게 매력을 느끼건 그것은 마찬가지다. 따라서 나는 아이를 젠더 구분 없이 키우는 것이 아이에게 큰 도움이 된다고 생각하지 않는다. 사춘기가 오면, 그 아이들은 세상에 어떻게 대처하고, 남을 향한 자신의 감정을 어떻게 다룰 것인가? 그들의 사랑도 젠더 중립적일까? 더 젊은 세대는 그것이 가능하다고 믿는다는 사실을 나는 알지만, 나는 그것을 상상하기가 어렵다.

침팬지 도나
이야기

도나Donna가 작은 새끼이던 시절부터 나는 여키스야외연구기지에서 도나와 함께 어울려 놀았다. 이 작은 침팬지는 내가 걸어가는 것을 볼 때마다 쪼르르 달려왔다. 도나는 울타리에 등을 내고 몸을 돌려 어깨 너머로 나를 쳐다보았다. 내가 손가락으로 목과 옆구리를 간질이자마자 도나는 침팬지 특유의 목쉰 듯한 웃음소리를 내며 낄낄거렸다. 어미인 피오니Peony는 멀찌감치 떨어진 곳에 앉아 다른 암컷에게 털고르기를 해주면서 이쪽은 거의 쳐다보지도 않았다. 피어니의 과도한 보호 습관을 감안할 때, 나는 이것을 일종의 배려로 받아들였다.

나이가 들고 나서도 도나는 늘 같은 방식으로 나를 가까이 불렀는데, 대다수 유인원이 더 이상 간질임을 타지 않는 나이가 되고 나서도 그랬다. 도나는 무리 중의 큰 수컷들과도 자주 어울려 놀았다. 알파 수컷은 레슬링을 하려고 도나를 찾기까지 했다. 언제나 상냥한 알파 수컷은 어린 수컷들과 싸움 놀이를 하는 버릇이 있었지만, 도나 외의 다른 암컷하고는 하지 않았다. 알파 수컷은 한 번에 수십 분 동안이나 도나와 함께 놀기도 했는데, 마치 도나가 최고의 놀이 친구인 양 간질이고 웃으면서 놀았다. 이것은 도나가 동성 또래들과 다른 점이 있다는 것을 보여준 최초의 징후였다.

도나는 건장한 암컷으로 성장해갔고, 다른 암컷들보다 수컷에 가까운 행동을 더 많이 보였다. 도나는 큰 머리에 수컷에게 어울리는 거친 얼굴 특징을 지녔고, 손과 발이 건장했다. 그리고 수컷과 같은 자세로 앉을 수 있었다. 털을 곤두세우면(나이가 들수록 이 행동이 더 잦아졌는데) 넓은 어깨 때문에 매우 위협적으로 보였다. 그래도 비록 완전히 부풀어오른 적은 한 번도 없긴 했지만, 생식기는 어엿한 암컷의 것이었다. 암컷 침팬지는 35일의 생리 주기 중 절정에 이르렀을 때 생식기가 크게 부풀어오른다.

하지만 도나는 사춘기가 지난 뒤에 생식기가 최대 크기로 부풀어오르면서 생식 능력을 만천하에 과시한 적이 한 번도 없었다. 수컷들은 도나에게 별로 관심을 보이지 않았고, 짝짓기도 시도하지 않았다. 도나는 자위도 전혀 하지 않았기 때문에, 아마도 성 충동이 강하지 않았던 것으로 보인다. 도나는 새끼를 전혀 낳지 않았다.[25]

도나의 생리는 다른 암컷에 비해 더 심하게 일어나 피를 훨씬 많이 흘렀다. 평소에 도나는 좋은 기분 상태를 유지하면서 우호적이고 장난기가 많았지만, 생리 동안에는 그렇지 않았다. 우리는 다른 암컷의 생리는 거의 눈치채지 못했고, 기분 변화가 일어나는 것도 거의 보지 못했다. 이와는 대조적으로 도나는 기분이 처지고 피곤해 보였다. 통증이나 빈혈 때문에 그랬을 수도 있다. 우리는 도나의 입과 혀가 창백하게 변한 것을 보고서 철분 보충제를 주었다.

흥미롭게도 영장류 행동을 연구하는 학생들은 대부분 도나 사례가 보여주는 것과 같은 종류의 젠더 다양성에 대해 이야기하는 경우가 드물다. 다른 수컷에 비해 수컷다움이 모자라는 수컷이 늘 있고, 수컷처럼 행동하는 암컷도 늘 있다. 이러한 암컷은 다른 암컷보다 거친 레슬링을 즐기고, 더 과감한 게임을 시작한다. 동물의 '성격'은 인기 있는 연구 주제이지만, 과학은 여전히 성 역할의 가변성을 무시한다. 그것은 아마도 오랫동안 이원적 규칙에서 벗어나는 예외를 무시해온 우리 종의 경우와 같을 것이다. 여기서도 성과 젠더의 구분이 도움이 된다. 나는 시카고의 필드박물관에서 일하는 영국 생물인류학자 로버트 마틴Robert Martin이 그것을 표현한 방식이 마음이 든다. 그는 양성 사이의 차이는 대부분 쌍봉 분포를 보이는 반면, 젠더 사이의 차이는 스펙트럼 전체에 걸쳐 분포한다고 썼다.[26]

대체로 염색체와 생식기로 정의되는 성은 대다수 사람들에서는 '이원적binary'으로 나타난다. 디지털 전자공학의 언어에서 'binary'란 단어는 1과 0으로 이루어진 '이진법'을 가리킨다. 성에 적용할 때, 'binary'는 각 개인이 남성이나 여성으로 태어난다는 것을 의미한다. 하지만 염색체와 생식기 모두 예외가 나타나 성을 이원적으로 구분하는 것은 기껏해야 근사에 불과하다.[27]

양성 사이의 차이는 분명한 흑백으로 나타나는 경우가 드물다. 그 대신에 쌍봉 분포(유명한 종형 곡선)로 나타나는데, 양쪽의 평균에 해당하는 두 봉우리가 있고, 그 사이에 중첩된 부분들이 있다. 예를 들면, 남성은 여성보다 키가 크지만, 오로지 통계적 의미에서 그럴 뿐이다. 평균적인 남성보다 키가 큰 여성도 있고, 평균적인 여성보다 키가 작은 남성도 있다. 적극성이나 다정함 면에서 남녀 사이에 차이가 있다고 말할 때처럼 행동 특성에서도 동일한 중첩이 나타난다.

젠더는 완전히 다른 문제이다. 젠더는 사회에서 문화적으로 권장하는 성 역할과 각 개인이 그것을 표현하고 그것과 일치하는 정도와 관련이 있다. 젠더에 적절한 용어는 '남성male'과 '여성female'이 아니라 '남성스러움masculine'과 '여성스러움feminine'이다. 이 용어들은 쉽게 분류하기 힘든 사회적 태도와 경향을 가리킨다. 이것들은 흔히 서로 섞여 양쪽 측면이 한 사람에게서 표출되기도 한다. 어떤 남성이 남성스러우면서도 여성스러운 측면을 가질 수 있고, 여성스러운 여성이 가끔 남성스러운 방식으로 자신을 표현할 수도 있다. 젠더는 깔끔하게 두 범주로 분류되길 거부하며, 양 극단에 여성스러움과 남성스러움이 위치하고 그 사이에 온갖 종류의 조합이 존재하는 스펙트럼으로 바라보는 것이 최선이다.

이러한 젠더 스펙트럼에서 도나는 대다수 동성 구성원보다 수컷스러운 쪽으로 훨씬 치우쳐 있었다. 심지어 이것은 털에도 반영돼 있었다. 우리 종과 마찬가지로 수컷 침팬지는 암컷보다 털이 더 무성하다. 이 덕분에 수컷은 '털을 곤두세울' 때 몸집이 실제보다 커 보인다. 도나는 암컷 치고는 특이하게 긴 털을 갖고 있었고, 수컷처럼 전신의 털을 곤두세울 수 있었다. 게다가 도나는 자신이 수컷 세계의 일원인 양 행동할 때도 많았다. 수컷들이 시끄럽게 우우거리는 소리와 함께 무리를 위협하면서 허세를 부리고 돌아다니기 시작하면, 도나도 거기에 합류해 함께 돌진했다. 그리고 몸을 좌우로 흔들거나 '두발 보행 스웨거bipedal swagger'의 모습을 보여주었다. 양 팔을 느슨하게 늘어뜨리고 온 털을 곤두세운 채 두 발로 걸어가는 도나는 두 다리를 넓게 벌리고 걷는 서부 총잡이처럼 보였다. 갑작스런 폭우가 쏟아지면, 도나는 야생 침팬지의 '레인 댄스rain dance[*]'를 추는 것처럼 이런 걸음걸이로 돌아다녔다. 그 모습을 보면, 누구나 도나를 수컷으로 생각할 것이다.

수컷의 과시 행동이 공격으로 이어지는 경우는 드물다. 그보다는 우우거리는 울음소리가 마치 경기장에서 길게 이어지는 함성처럼 점점 커지다가 절정에 이르는 경우가 많다. 도나의 소리는 수컷들의 소리보다 음이 더 높지만, 다른 암컷들은 낼 수 없는 소리를 냈다. 도나는 수컷 어른들의 조수처럼 행동하면서 일시적인 지배성을 얻었는지도 모른다. 도나의 지위는 중간에 불과했지만, 서열이 높은 암컷들도 도나가 이렇게 흥분한 상

---

[*] 아메리카 원주민이 기우제 때 추던 전통 춤-옮긴이

태에 빠지면 길을 비켜주었다.

수컷들은 마치 못 본 듯이 도나가 마음대로 행동하도록 내버려두었다. 만약 도나가 수컷이었다면 그렇게 하지 않았을 것이다. 수컷들은 과시 행동을 하는 동안 경쟁자를 유심히 지켜보면서 도발을 하거나 반응을 한다. 하지만 도나는 아무런 위협이 되지 않았다. 도나는 수컷들과 경쟁하지 않았고 공격적이지도 않았다. 돌진이나 공격 행동으로 비화하지 않는 한, 허세와 으스대는 걸음걸이는 공격으로 간주되지 않는다. 침팬지 무리를 다년간 관찰하면서 10만 개 이상의 데이터 포인터를 수집한 우리 팀은 무리 중에서 도나가 가장 덜 공격적인 개체라는 사실을 확인했다. 털고르기와 놀이 행동은 다른 암컷과 비슷한 수준이었지만, 공격을 하거나 받는 경우는 드물었다. 도나는 아무 문제 없이 살아갔다.

하지만 도나는 결코 만만한 존재가 아니었다. 언제든지 개입할 준비가 되어 있는 지배적인 어미가 든든한 뒷배로 있었고, 혼자 힘으로도 잘 헤쳐나갈 능력이 있었다. 한번은 한 암컷이 도나가 내지르는 소리와 으스대는 걸음걸이를 못마땅하게 여겨 소리를 지르면서 도나를 때리려고 했다. 그러자 도나는 그 암컷을 쫓아가 주먹으로 등을 때렸다. 평소에 서열이 더 높았던 이 암컷은 이 수모를 받고도 그냥 넘어갔다. 하지만 도나는 어디까지나 자기 방어 차원에서 행동한 것이었다. 아무 이유 없이 이런 행동을 하는 경우는 절대로 없었다.

도나에 관한 이야기를 쓰기 전에 나는 동료들에게 도나를 어떻게 생각하느냐고 물었다. 그들 중에는 게이나 레즈비언도 있었는데, 이 암컷을 무지개 색 안경을 쓰고 바라보았다고 말했다. 그들은 모두 비전형적인 도나의 행동에 매력을 느꼈고, 도나를 사랑스럽게 기억했다. 하지만 아무도 도나를 레즈비언으로 간주하진 않았는데, 도나는 다른 암컷과 성적 접촉을 시도하지 않았기 때문이다. 그들은 도나가 과시 행동을 지나치게 하는 경향에도 불구하고 모두에게 잘 받아들여진다고 생각했다. 그런 행동은 그저 도나의 한 부분이었고, 인간 관찰자나 다른 유인원들은 크게 신경 쓰지 않는 것처럼 보였다. 도나는 태평스러운 태도를 유지하면서 모두와 잘 지냈다.

도나를 '트랜스'라고 부를 수 있느냐 하는 것은 내 이해의 범위를 벗어나는 문제인데, 동물의 경우에는 그것을 정확히 알기가 불가능하기 때문이다. 한쪽 성으로 태어났지만 다른 성에 속한다고 느끼는 개체를 '트랜스젠더transgender'라고 부른다.[28] 사람 트랜스젠더는 이 설명을 뒤집어 자신이 느끼는 정체성을 우선시한다. 이들은 한쪽 성으로 태어났지만 몸속에서 다른 성의 자신을 발견한다. 하지만 도나에게는 이것을 적용할 수가 없는데, 도나가 자신의 젠더를 어떻게 느끼는지 알 길이 없기 때문이다. 많은 점(다른 침팬지들과 털고르기를 하는 행동이나 비공격적 태도 등)에서 도나는 수컷보다는 암컷에 가깝게 행동했다. 어쩌면 도나는 대체로 에이섹슈얼 젠더 비순응asexual gender-nonconforming 개체로 표현하는 게 최선일지 모른다.

수십 년 동안 유인원을 연구하면서 나는 그 행동을 수컷이나 암컷에 어울리는 것으로 분류하기 힘든 개체를 상당수 보았다. 이들은 소수이긴 하지만, 거의 모든 무리에 하나씩은 꼭 있는 것처럼 보인다. 예를 들면, 지위 다툼을 하지 않는 수컷이 항상 있다. 근육질 거구를 가졌는데도 대결을 피하려는 수컷이 있다. 이들은 정상의 자리에 오르지 못하지만, 그렇다고 해서 바닥으로 추락하지도 않는데, 자신을 지킬 능력이 충분히 있기 때문이다. 다른 수컷들은 이들을 무시하는데, 정치적 모의를 도모하기 위한 동맹으로 끌어들이길 포기했기 때문이다. 위험을 감수할 생각이 없는 수컷은 지위가 높은 자리에 도전하는 데 아무 도움이 되지 않는다. 암컷들도 이들에게 관심을 덜 보이는데, 수컷이나 다른 암컷에게 괴로움을 당할 때 이들이 나서서 막아줄 가능성이 낮기 때문이다. 이런 이유로 지배성 추동이 없는 수컷은 비교적 조용하지만 고립된 삶을 살아간다.

불행하게도 비순응적 개체가 얼마나 흔한지는 전혀 모르는데, 과학자들이 전형적인 행동에만 초점을 맞추어 연구를 하기 때문이다. 우리는 암컷과 수컷이 어떻게 행동하는지 명확한 그림을 얻길 원한다. 우리는 쌍봉 분포에서 봉우리 쪽을 집중적으로 살피는 한편으로 골짜기는 무시한다. 정상에서 벗어나는 개체나 행동은 제대로 연구가 되지 않은 채 남아 있다.

마지막으로 보았을 때, 도나는 이제 막 어른이 된 나이였다. 내가 안녕하고 인사를 건네자, 도나는 나와 눈을 맞추고는 머리를 홱 돌려 내가 있는 쪽의 울타리 건너편 풀밭에 있는 뭔가를 바라보았다. 이것은 침팬지가 손을 사용하지 않고 물건을 가리킬 때 사용하는 방법이다. 시선을 따라가보니 막대가 하나 있었다. 그 막대를 건네주자마자 도나는 그것을 가지고 친구들이 모여 있는 '요리' 서클로 달려가 합류했다. 한동안 어린 침팬지들은 땅에 구멍을 파고 거기에 물을 붓는 놀이를 했다. 그리고 그 주위에 둘러앉아 막대로 진흙을 쑤셨다. 우리가 그것을 '요리'라고 부른 이유는 겉으로 보기에 그들이 스튜를 만드는 것처럼 보였기 때문이다. 한 침팬지는 플라스틱 물통을 집어들고 수도가 있는 곳으로 가 물을 채웠다. 그러고는 그 암컷 또는 수컷(양쪽 성 모두 이 놀이에 참여했다)은 물을 한 방울도 흘리지 않으려고 애쓰면서 먼 거리를 천천히 걸어서 돌아왔다. 그리고 물을 구멍 속에 붓고는 다시 막대로 그것을 쑤시면서 놀았다.

　어린 침팬지들은 항상 새로운 게임을 발명하는데, 그것을 하면서 몇 주일 동안 놀다가 누군가 다시 새로운 게임을 발명한다. 도나는 이런 게임에 참여하기에는 나이가 너무 많아 보였지만, 그래도 함께 참여해 그 게임을 즐겼다. 어린 침팬지들 사이에 만족스러운 표정으로 앉아 있던 건장한 체격의 암컷 침팬지가 내가 기억하는 도나의 모습이다.

젠더 정체성과 뇌

트랜스젠더의 존재는 젠더가 임의적인 사회적 구성물이라는 개념에 이의를 제기한다. 젠더 역할은 문화적 산물일 수도 있지만, 젠더 정체성 자체는 내부에서 생겨나는 것으로 보인다.[29]

　사람들에게 자신의 정체성을 어떻게 느끼느냐고 물었을 때, 트랜스젠더라는 대답이 비교적 많이 나온다. 최근의 평가에 따르면 성인 중 0.6%가 트랜스젠더인데, 그렇다면 미국에만도 100만~200만 명의 트랜스젠더가 있는 셈이다. 하지만 이것은 과소평가된 수치임이 거의 확실하다.[30] 트랜스젠더는 자신의 정체를 공개하지 말아야 할 이유가 아주 많다. 공공장소에서 그들을 추방하려는 시도로 발의된 화장실법을 기억하는가? 현재 스포츠 분야에서도 그와 비슷한 시도가 진행되고 있다. 미국 사회는 트랜스젠더를 받아들이고 그들의 권리를 인정하는 대신에 그들을 악마화하고 그들의 삶을 힘들게 만들려고 애쓰는 것처럼 보인다. 미국 사회는 이전에 동성애와 관련해 저질렀던 것과 동일한 큰 실수를 저지르고 있는데, 트

사람의 성과 젠더에 관한 일반 용어

용어	정의
성 sex	생식기의 해부학과 성염색체(여성은 XX, 남성은 XY)를 바탕으로 구분한 생물학적 성.*
젠더 gender	사회에서 문화적으로 규정한 각 성의 역할과 위치.**
젠더 역할 gender role	본성과 양육 사이의 상호 작용 결과로 나타나는 각 성의 전형적인 행동과 태도와 사회적 기능.
젠더 정체성 gender identity	각 개인이 내면적으로 느끼는 자신의 성.
트랜스젠더 transgender	젠더 정체성이 생물학적 성과 일치하지 않는 사람.***
트랜스섹슈얼 transsexual	호르몬 요법 그리고/또는 수술 요법으로 성전환을 한 사람. 의학적 용어.
간성 intersex	해부학과 염색체 그리고/또는 호르몬 프로필이 남성/여성 이분법에 들어맞지 않아 성이 모호하거나 중성인 사람.

*   이것은 의학적 정의이다. 생물학에서는 성을 배우자(정자나 난자 같은 생식세포)의 크기로 정의하는데, 더 큰 접합자를 가진 쪽이 암컷이다.
**   미국에서는 젠더란 용어가 갈수록 생물학적 성을 가리키는 데 쓰이고 있다. 심지어 원래의 의미와 다르게 동물에게도 쓰이고 있다.
*** 젠더 정체성과 생물학적 성이 일치하는 사람을 '시스젠더 cisgender'라고 부른다.

랜스젠더를 바로잡아야 할 필요가 있는 일종의 장애나 마치 그것이 단지 생활 방식의 선호에 불과한 양 교정할 필요가 있는 선택으로 내세운다.

하지만 트랜스젠더는 본질적이고 체질적인 것이다. 여기서 '체질적'이란 단어는 '사회적 구성물'과 반대되는 뜻이다. 그것은 우리가 어떤 사람인가 하는 본질과 관련이 있는 특성이다. 우리는 트랜스젠더의 원인이 유전자나 호르몬, 자궁 속의 경험, 출생 이후의 조기 경험 중 어떤 것인지 모른다. 우리가 아는 것은 그것이 대개 삶의 이른 시기에 나타나며, 되돌릴 수 없다는 사실이다. 한 유명한 예로 잰 모리스Jan Morris가 있는데, 모리스는 자신의 자서전《수수께끼Conundrum》를 다음 구절로 시작했다. "내가 잘못된 몸에 태어났고 실제로는 여자 아이여야 한다는 사실을 깨달은 것은 세 살 무렵이었는데, 어쩌면 네 살 무렵이었을 수도 있다. 나는 그 순간을 잘 기억하는데, 그것은 내 인생에서 가장 이른 기억이었다."**31**

젠더 사회화는 언제나 생식기 해부학을 그 출발점으로 삼는다. 하지만 트랜스젠더 아이는 자신에게 부과된 기대를 원망한다. 이들의 사회화는 부모와 자식 간의 협력 과정 대신에 반란과 강압 사이의 성난 전쟁으로 변할 때가 많다. 태어날 때 여자 아이로 판정받은 데번 프라이스Devon Price가 들려주는 커밍아웃 이야기에서는 선택 자체가 부재했던 상황과 자신이 속한다고 느낀 젠더를 모방하려는 강한 욕구가 잘 드러난다.

사람들은 내게 여성의 규범을 강요했고, 나는 그런 규범을 묵살하거나 제대로 지키지 않았다. 그 후로 나는 특정 젠더의 규범을 따르는 데 실패한 아이에게 흔히 강요되는 사회화 과정을 밟았다. 나는 여자 아이가 아니라 젠더 실패자로 지각되고 사회화되었다. 나는 어느 수준에서는 내가 시스 여자 아이가 아니라는 사실을 항상 알고 있었고, 내게 어울리지 않거나 부당하다고 여긴 일부 여성 젠더 규범을 자동적으로 무시했다. 나는 늘 정서적 고통이나 약점을 표출하기가 매우 싫었다. 권위

있게 말을 하거나 생각을 표현하려고 할 때에는 항상 남성을 모방했다. 평생 동안 나는 적극성과 솔직성 측면에서 (전형적인) 남성처럼 보이길 원했다.[32]

트랜스젠더 아이에게 자신이 느끼는 정체성을 있는 그대로 받아들이라고 권하는 사람은 아무도 없다. 적어도 처음에는 그렇다. 반대로 부모와 형제, 교사, 또래는 아이가 다른 젠더의 모습과 버릇을 내비칠 때마다 불쾌해한다. 그들은 그런 아이를 처벌하고 조롱하고 훈계하고 괴롭히고 추방한다. 이렇게 강한 적대감에도 불구하고, 트랜스젠더 아이는 자신이 느낀 정체성에 따라 완강하게 발달해가는데, 이것은 그들의 젠더를 만드는 것이 환경이 아님을 보여준다. 젠더를 만드는 것은 아이 자신이다.

지금까지 가장 큰 규모의 연구는 평균 나이가 7.5세인 미국인 트랜스젠더 남자 아이와 여자 아이 317명을 대상으로 실시한 것이었다.[33] 이연구에서는 이들을 배정된 성과 젠더가 일치하는 형제들과 어린이들과 비교했다. 즉, 트랜스젠더 남자 아이(여성의 해부학적 구조를 갖고 태어난 남자 아이)를 시스젠더 남자 아이(남성의 해부학적 구조를 갖고 태어난 남자 아이)와 비교하고, 트랜스젠더 여자 아이를 시스젠더 여자 아이와 비교했다. 그리고 장난감 선호(인형 대 트럭)와 의상 스타일(드레스 대 바지), 선호하는 놀이 친구, 남성이나 여성으로서 자신의 미래에 대한 기대에 관한 정보를 수집했다. 마지막 정보는 눈길을 끌었는데, 트랜스젠더 아이는 시스젠더 아이만큼이나 자신의 미래 젠더를 확신했기 때문이다.

트랜스젠더와 시스젠더 아이들은 거의 똑같은 방식으로 발달했다. 남성 생식기를 가지고 태어나 10년 동안 남자 아이로 살았지만, 자신을 여자 아이로 간주하는 아이는 사회적 태도와 선호하는 장난감, 헤어스타일, 바람직한 의상 등에서 여자 아이로 태어난 자신의 형제만큼이나 여성적인 것으로 드러났다. 여성 생식기를 가지고 태어났지만 자신을 남자 아이로 간주하는 아이도 마찬가지로 남성적인 면을 드러냈다. 이 아이는 자신의 남자 형제만큼이나 남성스러운 면모를 보였다. 연구자들은 "출생 시의 성 배정도, 직간접적 성 특이적 사회화와 기대(남성으로 출생한 아이에게 남성적 태도에 보상을 하고 여성적 태도에 처벌을 하는 것과 같은)도……아이가 나중에 자신의 젠더를 어떻게 동일시하거나 표현할지 반드시 정의하지 않는다."라고 결론 내렸다.[34]

뇌에서 '종말줄 침대핵bed nucleus of the stria terminalis'이란 긴 이름의 작은 지역이 젠더 정체성에 관어하는 것으로 보인다. 이것은 양성 사이에 차이가 나는 극소수 뇌 지역 중 하나인데, 남성이 여성보다 두 배쯤 크다. 암스테르담에 있는 딕 스바프Dick Swaab의 신경과학연구소는 이 지역을 조사하기 위해 사망한 트랜스젠더의 뇌를 최초로 해부했다. 출생 당시 남성이었는데도 불구하고, 트랜스젠더 여성의 종말줄 침대핵은 여성의 것과 비슷했다. 출생 시의 성이 여성이었던 한 트랜스젠더 남성의 종말줄 침대핵은 남성의 것과 비슷했다. 따라서 사람들이 주장하는 자신의 젠더를 더 잘 알려주는 지표는 생식기 해부학이 아니라 뇌인 것처럼 보인다. 그렇다고 해서 우리가 젠더 정체성의 성배를 발견했다는 이야기는 아니다. 과학의 금언처럼 상관 관계가 곧 인과 관계는 아니다. 이 뇌 지역의 크기 차이가 젠더 정체성의 원천인지 아니면 산물인지는 딱 부러지게 말하기 어렵다.[35]

한 가지 추측은 임신 중 어느 시기에 몸이 뇌와 다른 방향으로 발달하는 일이 일어난다는 것이다. 태아의 생식기는 임신되고 나서 처음 몇 개월 동안에 남성이나 여성으로 분화하는 반면, 뇌는 임신 후반기에 젠더에 따른 분화가 일어난다. 만약 이 과정들의 연결이 끊어진다면, 뇌는 한쪽 젠더를 취하는 반면 몸은 반대쪽 젠더를 취하는 일이 일어날 수 있다.[36]

젠더 정체성은 아마도 자궁 속에서 호르몬 노출을 통해 형성될 것이다. 출생 후의 경험은 거의 아무런 영향을 미치지 않는 것처럼 보인다. 이것은 기도와 처벌을 병행하여 전환 치료를 아무리 많이 하더라도 트랜스젠더의 마음을 변화시키는 데 왜 아무 효과가 없는지 설명해준다. LGBTQ* 개인을 '바로잡거나' '치료하기' 위한 요법은 사이비과학으로 인정받는다. 이것은 왼손잡이를 교정하려는 시도만큼이나 잘못된 것이다. 사람의 모든 특성을 다 교정할 수 있는 것은 아니다. 정신건강 단체들은 이러한 요법은 이익보다 해를 더 많이 초래하며, 금지해야 한다고 경고한다.

대다수 사람들이 그런 것처럼 신체와 일치하는 젠더 정체성도 별다를 바가 없다. 우리는 특정 정체성을 갖고 삶을 시작하거나 출생 직후에 특정 정체성이 발달한다. 그것은 우리 자신의 필수적 일부로 우리는 자기 사회화를 통해 그것을 구체화시킨다. 대다수 어린이는 이 정체성이 자신의 생식기 성과 일치하는 반면, 트랜스 아이의 경우에는 정반대이다. 그

---

 * 성 소수자를 뜻하는 말. 레즈비언Lesbian, 게이Gay, 양성애자Bisexual, 트렌스젠더Transgender· 성 소수자 전반을 가리키는 퀴어Queer 혹은 성 정체성을 고민하는 사람Questioning의 머리글자를 딴 단어이다-옮긴이

들은 자신이 누구인지 그리고 자신이 어떤 젠더가 되길 원하는지 잘 알고, 자신의 정체성과 기질에 맞는 정보를 찾는다. 그 자신이 트랜스젠더인 미국 생물학자 존 러프가든 Joan Roughgarden은 젠더 정체성을 인지 렌즈라고 생각한다.

> 세상에 태어난 후 눈을 뜨고 주변을 돌아볼 때, 아기는 누구를 따라하고 누구를 간신히 알아볼까? 아마도 남자 아이는 아버지나 다른 남성을 따라할 수도 있고 그러지 않을 수도 있으며, 여자 아이는 어머니나 다른 여성을 따라할 수도 있고 그러지 않을 수도 있다. 나는 뇌에 '스승'으로 누구에게 초점을 맞추어야 할지 제어하는 렌즈가 있다고 상상한다. 그렇다면 트랜스젠더 정체성은 반대 성을 스승으로 받아들일 때 일어난다.[37]

우리는 머니에게서 문화적 영향을 받는 젠더를 생물학적 성과 구별하는 법을 배웠다. 이 이분법은 사회에서 남녀의 지위 변화에 관해 계속되는 논쟁에서 핵심을 차지한다. 하지만 그와 동시에 머니는 양자가 완전히 분리돼 있지 않다는 것도 가르쳐주었다. 머니는 그렇게 주장할 생각이 없었을 수도 있지만, 이것은 남성을 여성으로 바꾸는 데 성공했다는 그의 주장에서 나온 교훈이다. 물론 그의 시도는 결코 성공하지 못했다. 머니는 아이를 사회의 기대를 수동적으로 받아들이는 그릇으로 간주했지만, 실제로 제어가 일어나는 장소는 바로 아이 자신이다. 문제의 그 아이는 자신에게 주어진 그 모든 드레스와 여자 아이 장난감에도 불구하고 자신을 남성으로 자기 사회화하라고 촉구하는 젠더 정체성을 갖고 태어났다.

자기 사회화는 본성과 양육 중에서 어느 한쪽을 선택하는 대신에 양자를 결합한다. 자기 사회화는 내부에서 유래하지만, 외부 세계를 길잡이로 받아들인다. 그것은 아이에게 자신이 원하는 사람으로 발달해가게 한다.

제3장
여섯 남자 아이

네덜란드에서
여형제 없이 자란
경험

SIX
BOYS

여섯 형제 중
넷째

아들만 줄줄이 6명이 태어나자 우리 부모는 크게 실망했다. 아들을 셋 낳은 뒤에 부모는 어느 때보다도 딸에 대한 기대가 높았다. 어머니는 행복한 그 순간 딸에게 붙여줄 자기 어머니 이름-프란치스카Francisca-까지 준비해두었다. 내가 네 번째 아들로 태어나자 어머니는 모든 희망이 사라졌지만, 대신에 내게 같은 성인의 이름에서 딴 이름을 붙여주었다. 그것은 완벽한 선택이었는데, 비록 나는 종교적 믿음을 버린 지 오래되었지만, 그 성인이 바로 동물의 수호성인인 성 프란치스코이기 때문이다. 성 프란치스코 축일은 세계 동물의 날과 같은 10월 4일이다.

그 당시에는 출산 전까지 태아의 성을 알 수 없었다. 아버지는 네 번째 아들이 태어날 확률이 10% 미만이라고 계산했다. 하지만 다음번 임신에서 아들이 수태될 확률은 늘 51%이다. 우리 부모는 마지막 순간까지 낙관적 기대를 품었을 것이다. 내가 태어난 후 어머니는 우울증에 빠졌다. 어머니가 우울증에서 빠져나올 수 있었던 것은, 여러 번 이야기했듯이 내가 큰 즐거움을 주는 아기였기 때문이다. 어머니가 나를 들어올릴 때마다 나는 어머니의 기분을 유쾌하게 했다. 어머니는 이것을 내가 의도적으로 발휘한 술수라고 생각했는데, 마치 의기소침한 어머니 밑에서 살아남으려면 늘 웃고 귀여운 짓을 하는 수밖에 도리가 없다고 판단한 것처럼 보였다고 한다. 하지만 나는 내가 낙천주의자로 태어났을 뿐이라고 생각한다.

많은 남자 형제 사이에서 자란 나는 남성들과 함께 어울리는 게 편하다. 어쩌면 남성을 편하게 느끼는 감정이 조금 지나친 것일지도 모르는데, 왜냐하면 내게는 남성끼리는 서로 사이가 좋지 않으며 늘 스트레스 속에 살아가야 한다는 기묘한 편견이 없기 때문이다. 한번은 회의 뒤에 몇몇 남성 동료와 함께 휴식을 취하면서 이 문제를 놓고 토론을 했다. 한 사람은 남성끼리는 항상 서로를 시험하고 상대를 이기려고 든다고 불평했다. 그 사람은 남성이 서로를 깔아뭉개려고 하는 방식이 너무 속이 상하다고 말하다 목이 메기까지 했다! 나는 그가 그렇게 큰 트라우마를 겪었다는 사실을 믿을 수 없었다. 그가 외아들로 자랐다는 말을 덧붙이기 전까지는 그랬다. 이 배경은 그 사람이 남성 간 관계의 역설을 제대로 이해하는 데 장애물이 되었을 것이다. 겉으로 보면 권력 역학이 실재하는데, 이 때문에 다른 남성을 이유 없이 모욕하거나 도발해서는 안 된다. 하지만 그와 동시에 그것은 게임이기도 하다. 시험과 모욕은 그저 포문을 연 것에 불과하다. 그다음에는 곧장 장난기어린 조롱과 농담으로 넘어가며, 우리가 알아채기도 전에 서로 편안함을 느끼고 심지어 유대까지 생긴

제3장 • 여섯 남자 아이

다. 이것은 남성끼리 서로 관계를 맺고, 누가 주의를 기울일 만한 사람인지 파악하는 방식이다. 내 생각에는 약간의 말다툼과 몸싸움 없이 남성끼리 진짜 친구가 될 수 있는지조차 의문스럽다.

아주 큰 성공을 거두어 공연 때마다 스타디움을 가득 메우는 세 테너 가수-플라시도 도밍고Plácido Domingo, 호세 카레라스José Carreras, 루치아노 파바로티Luciano Pavarotti-의 예를 들어보자. 이들이 큰 성공을 거둔 비결 중 하나는 경쟁과 우정의 유쾌한 조합에 있다. 그들의 훌륭한 목소리가 중요한 성공 요소임은 말할 것도 없다. 세 사람은 젊은 시절에 세계 각지의 웅장한 오페라 무대를 놓고 치열한 경쟁을 벌였기에 서로를 싫어할 이유가 많았다. 셋은 함께 노래를 부르기 시작했을 때, 여전히 누가 더 높은 고음을 내는지를 놓고 무대에서 경쟁을 했지만, 진정한 친구처럼 서로 농담을 던지고 등을 쳤다. 카레라스는 인터뷰에서 이렇게 말했다. "셋이 무대에 설 때마다 치열한 경쟁이 벌어졌어요. 그것은 정상이죠. 동시에 우리는 정말로 좋은 친구였어요. 장담하건대, 우리는 무대 뒤에서 재미있는 시간을 많이 보냈거든요!"[1]

이 경쟁과 우정의 혼합은 내가 자라는 과정에서 제2의 천성이라고 할 만큼 중요한 일부가 되었다. 하지만 내 형제들 사이의 관계는 미국 작가 타라 웨스트오버Tara Westover가 자신의 가족에 대해 묘사한 것처럼 거칠지는 않았다.

> 내 남자 형제들은 이리 떼 같았다. 그들은 늘 서로를 시험했으며, 어느 한 명이 급성장기에 이르러 위로 올라가길 꿈꿀 때마다 난투극이 벌어졌다. 내가 어릴 때 이런 싸움은 대개 어머니가 깨진 램프나 화병을 보

고 소리를 꽥 지르는 것으로 끝났지만, 내가 나이를 더 먹자 이제 깨뜨릴 것마저 남아 있지 않았다. 어머니는 내가 아기일 때 우리 집에도 텔레비전이 있었지만, 손이 거기에 타일러의 머리를 박아 박살냈다고 말했다.[2]

모든 남자 아이와 마찬가지로 우리는 난폭했고, 서로 고함을 지르고 말싸움과 드잡이를 벌였지만, 목숨을 위협할 만한 부상을 입은 적은 없다. 우리는 축구를 하고, 탁구 대회를 열고, 얼어붙은 운하에서 스케이트를 타고, 자전거로 먼 거리를 달리는 등 많은 활동을 함께 했다. 서열에서 위로 올라가는 것이 내가 추구한 목적이 아니었으므로, 내가 주로 쓴 전략은 분위기를 좋게 만드는 것이었다. 나는 긴장을 감지할 때마다 대립을 피하면서 웃음을 유발하려고 노력했다. 나는 학교에서 그리고 어른이 되고 나서도 우스갯소리를 잘하는 사람이 되었다. 나는 겉으로는 그런 사람으로 보이지 않는데, 같은 세대 네덜란드인처럼 사진에서는 진지하기 때문이다. 하지만 나는 늘 어떤 상황에서도 우스꽝스러운 요소를 찾아내는 능력이 있었다.

이 충동은 부적절한 순간에 갑자기 터져나오기도 하는데, 예컨대 한 진지한 학술 워크숍 도중에 내가 갑자기 크게 웃음을 터뜨린 적이 있다. 모든 사람이 나무라는 눈으로 나를 쳐다보았다. 내 웃음은 유명한 인류학자가 우리 조상은 절대로 네안데르탈인과 짝짓기를 한 적이 없다고 말했을 때 터져나왔다. 그는 두 호미니드가 신체적으로 매우 가깝긴 하지만 동일한 언어를 사용하지 않았다는 사실을 근거로 그렇게 확신했다. 하지만 내 마음속에는 우리 부부를 포함해 국제결혼을 한 부부들이 떠올랐다.

이들은 처음에는 의사소통을 할 수 있는 단어가 얼마 없어 손과 입술, 그 밖의 몇 가지 신체 부위를 사용해 의사소통을 한다. 10년 후, 사람 유전체에서 네안데르탈인 DNA가 발견되면서 성관계에 언어는 문제가 되지 않는다는 사실이 확인되었다.[3]

내가 논의되는 이야기 중에서 재미있는 측면에 끌리는 성향은 여섯 형제 중 넷째로 자라면서 얻게 된 유산 중 하나이다. 그것이 남긴 또 한 가지 영향은 음식과 관련이 있다. 나는 대다수 사람들보다 음식을 훨씬 빨리 먹으며, 음식을 남기는 걸 좋아하지 않는다. 이런 버릇이 생긴 이유는 우리 집에서는 한가운데에 음식 냄비가 놓여 있는 식탁 주위에 빙 둘러앉아 식사를 했기 때문이다. 그런 상황에서는 음식을 부지런히 먹지 않으면 안 되었는데, 머뭇거렸다간 제대로 맛보기도 전에 음식이 모두 사라지고 말았기 때문이다. 남은 음식은 우리 사전에 없는 단어였다. 여기서 우리를 이리 떼와 비교하는 것이 적절할 수 있는데, 얼마 전에 100세가 넘은 고모로부터 예전에 우리 집에 들렀다가 걸신들린 듯한 우리의 식습관에 충격을 받았다고 털어놓았기 때문이다. 고모는 주방 식탁으로 가져갔다가 순식간에 사라진 빵 덩어리와 우유와 감자가 얼마인지 세다가 그만 포기했다고 한다.

남자 아이의 특별한 에너지 필요는 언급할 가치가 있는데, 프랑스의 한 페미니스트가 남성이 여성보다 키가 더 큰 이유는 식사 시간에 받는 편애에 있다고 주장했기 때문이다. 노라 부아주니Nora Bouazzouni는《페미니슴Faiminisme》이라는 재치 넘치는 제목(이 제목은 프랑스어로 '굶주림'이란 뜻의 단어 faim을 사용한 말장난이다)을 단 책을 출판했는데, 여기서 저자는 사람은 남성이 여성보다 크다는 점에서 포유류 사이에서 예외적이라고 주장했다. 그리고 이 차이가 부모가 딸의 음식을 빼앗아 아들에게 주는 데에서 비롯되었다고 설명한다. 이것은 생물학 따위는 신경 쓰지 않고 젠더에 대해 늘어놓는 공상 중 하나이다. 부아주니는 포유류 생물학을 잘못 알고 있을 뿐만 아니라(대다수 종은 수컷이 암컷보다 크다), 남자 아이의 게걸스러운 식욕을 과소평가했다. 우리가 콩나무 줄기처럼 쑥쑥 자라던 시절에 부아주니가 우리 집을 방문했더라면 큰 도움이 되었을 것이다.[4]

남자 아이는 가장 많이 자라는 시기인 16세 무렵(여자 아이는 12세 무렵)에 여자 아이보다 1.5배나 많은 칼로리를 섭취한다. 이 차이는 테스토스테론과 에스트로젠 같은 성호르몬에서 비롯되는데, 부모는 여기에 아무런 손도 쓸 수 없다. 사춘기 이전에는 남자 아이와 여자 아이의 체지방 대 근육 비율이 비슷하지만, 청소년기에 접어들면서 큰 차이가 생긴다. 남자 아이는 뼈와 근육이 다수를 차지하면서 지방이 적은 체질량을 가지는 반면, 여자 아이는 지방 비율이 높아진다.[5] 그 결과로 남자 아이는 여자 아이보다 더 크게 자란다. 성장 패턴이 다르다 보니 자연히 필요한 영양 섭취도 달라진다. 부모님은 우리가 음식을 조금 덜 먹었더라면 분명히 더 좋아했겠지만, 결국에는 어머니는 아버지처럼 자신보다 훨씬 높은 머리와 어깨를 가진 아들들로 둘러싸인 것을 자랑스럽게 여겼다.

나는 우리가 남성이 지배하는 종이라는 주장을 들을 때마다 어머니가 떠오른다. 사회 전반적으로는 그 주장이 옳을지 모르지만, 우리 집에서는 작은 체격에도 불구하고 어머니가 우두머리였다. 우리는 가끔 어머니를 '장군'이라고 불렀는데, 어머니는 전체 군대를 지휘하면서 빵을 자르고 감자 껍질을 벗기고 설거지를 하고 가게에 가는 등의 일을 시켰기 때문이다. 우리는 벽에 붙어 있는 엄격한 당번 명단을 따라야 했다. 어머니의 지배적 영향력은 점차 신체적인 것에서 심리적인 것으로 옮겨갔고, 그런 상태로 평생 동안 계속되었다. 내게는 그러한 전환이 15세 무렵에 일어났다. 나는 아버지한테 맞은 기억은 없지만, 어머니는 가끔 화가 나면 뺨을 때렸다. 어느 날, 단 둘이 주방에 있을 때 어머니가 내 얼굴을 때리려고 했는데, 내 얼굴은 이미 어머니 키보다 더 높은 곳에 있었다. 나는 어머니 팔을 붙잡고 그대로 공중에서 못 움직이게 했다. 우리는 그렇게 선 채 웃음을 터뜨렸는데, 그 장면이 우스꽝스러운 대치 상황으로 보였기 때문이다. 이 사건은 어머니가 나를 때릴 수 있는 시기가 이미 지났다는 사실을 분명히 알려주었다.

가족마다 그 젠더 구성이 제각각 다르고, 젠더에 관한 책을 쓰는 저자에게는 이상적인 젠더 구성이 없겠지만, 성비가 7:1인 가족 사이에서 자란 아들인 나는 특별히 불리한 위치에 있다. 여성적인 것에 관한 것은 모두 내게 아주 오랫동안 수수께끼로 남아 있었다. 나는 성교는 말할 것도 없고 생리나 유방 성장 같은 것도 매우 간접적으로, 그리고 짐작하기 어려운 완곡한 표현으로 포장된 이야기로 들었다. 어머니가 여성에 대해 늘 말한 것은 오직 하나, 남성은 여성을 존중해야 한다는 것뿐이었다. 어머니는 그 말이 아버지의 입에서 나왔건 우리 입에서 나왔건 상관없이 부정적인 일반화도 일절 용납하지 않았다.

나는 보통은 나 자신의 개인적 삶을 깊이 생각하지 않지만, 젠더에 대해 논의하려면 적어도 약간의 배경을 설명하는 게 필요하다. 내가 다닌 초등학교는 남학교였고, 고등학교 시절에도 여학생이 드물었다. 25명이던 우리 학급에서 여학생은 단 두 명밖에 없었다. 대학교에 진학하고 나서야 비로소 많은 여성을 만나기 시작했다. 우리 세대가 대부분 그랬듯이

나도 성적 발달이 더뎠다. 처음에 젊은 여성과의 관계는 함께 공부하거나 팝 뮤직을 시끄럽게 틀어놓고 실존적 질문을 토론하거나(지금 와서 생각하면 아주 나쁜 조합) 가끔 댄스파티에 참석하는 것에 그쳤다. 댄스파티에서는 몸을 밀착한 채 더듬거리면서 키스를 했다. 여자 친구가 공부를 하려고 처음으로 내 방에 왔을 때, 어머니는 적어도 세 번이나 계단을 올라와 노크를 하면서 차를 마시겠느냐고 물었다. 남자 친구들이 왔을 때에는 그렇게 물은 적이 단 한 번도 없었다. 그 당시 내 나이는 17세였다.

내가 여성에게서 받은 가장 깊은 인상은 남성보다 훨씬 멋지고 상냥하다는 것이었다. 물론 육체적으로 여성은 놀랍도록 부드럽고 우아했고, 그런 모습이 내 눈에는 새롭고 사랑스럽게 보였다. 게다가 그들은 내가 형

일곱 남자에 둘러싸여 있는 어머니. 젠더 문제에 대한 나의 큰 호기심은 성비가 남성 쪽으로 심하게 치우친 가족에서 자라난 배경 때문에 생겨났을 수 있다.

제3장 • 여섯 남자아이

제나 남자 친구들에게서는 결코 경험해본 적이 없는 방식으로 내게 공감해주었다. 나는 대학교에서 남자 친구를 많이 사귀었다. 만약 어느 친구가 실의에 빠져 있으면(시험을 망치거나 실연하거나 방에서 쫓겨나거나 하여), 우리는 격려를 통해 기운을 내게 하거나 어깨를 치거나 해결책을 내놓거나 농담으로 관심을 딴 데로 돌리려고 했다. 행운을 빌면서 맥주를 함께 마시기도 했다. 우리는 힘을 주려고 했고, 할 수 있다면 도움을 주었지만, 동정하지는 않았다. 친구에게 실컷 울라고 어깨를 빌려주는 일은 절대로 없었다.

여성은 달랐는데, 내가 좌절을 겪으면 그 일을 잊게 하거나 해결책을 제안하는 대신에 내 감정을 함께 공유했다. 이야기를 들어주고 이해하고 위로의 접촉을 제공하고 관심을 보여주었다. 심지어 나의 부족함에도 불구하고 멍청한 교수를 비난하면서 나 대신 화를 내기까지 했다. 이것은 틀에 박힌 이야기처럼 들릴 수 있지만, 내가 여성을 더 잘 알게 되면서 가장 인상 깊게 다가온 여성의 특성은 바로 이런 점이었다. 여성의 위로 반응은 내가 익숙한 남자 친구들의 그것과는 너무나도 대조적이었다. 훗날 내가 이와 비슷한 성차가 나타나는 동물의 공감 능력에 관심을 기울인 것을 감안하면, 이 첫 인상은 오랫동안 내 마음속에 남았다.

시간이 지나면서 내 연구는 점점 그 중요성이 커졌다. 몇 년 동안 연구한 끝에 나는 높은 건물 꼭대기 층에서 침팬지를 연구할 기회를 얻었다. 사무실과 강의실 사이에 위치한 별도의 방에 젊은 수컷 두 마리가 갇혀 있었다. 이런 주거 조건은 오늘날이라면 허용되지 않을 것이다. 기억에 관한 연구 외에 나는 젠더 실험도 처음으로 해보았는데, 다소 장난삼아 한 실험이었다. 나는 두 수컷 침팬지 주변에 같은 종의 암컷이 없는 탓에 여성이 걸어오는 것을 볼 때마다 발기가 일어나지만, 남성이 걸어올 때에는 발기가 일어나지 않는다는 사실을 알아챘다. 이들은 어떻게 사람의 젠더를 알아챌까? 나는 한 동료 남학생과 함께 치마와 가발을 착용하고서 그들을 속이려고 해보았다. 우리는 우연히 방문한 여성인 양 높은 톤의 목소리로 떠들어대고 침팬지들을 가리키면서 걸어들어왔다. 그런데 침팬지들은 거의 쳐다보지조차 않았다. 발기도 혼란도 없었고, 다만 우리의 치마를 끌어당겼는데, 마치 "너희들, 도대체 무슨 문제라도 있어?"라고 말하는 것 같았다.

침팬지들은 우리의 젠더를 어떻게 알아챘을까? 냄새로 알았을 가능성은 낮은데, 유인원의 감각은 우리와 비슷해 시각이 지배적이기 때문이다. 하지만 많은 동물은 사람의 젠더를 손쉽게 구분한다. 고양이와 앵무새처럼 우리와 관계가 먼 종조차 그런 능력이 있다. 나는 남성과 여성 중 한쪽만 좋아하고 다른 쪽 성은 물려고 하는 앵무새를 많이 알고 있다. 이러한 선호가 어디서 유래하는지는 밝혀지지 않았지만, 전체 종에 적용되는 일반적인 차이가 한 가지 있다. 수컷의 움직임은 딱딱하고 단호한 반면, 암컷의 움직임은 율동이 더 많고 유연한 경향이 있다. 이 차이는 우리를 포함해 모든 종에서 나타난다. 이 차이를 파악하려면 신체를 자세히 관찰하지 않아도 된다. 과학자들은 사람들의 팔과 다리, 골반에 작은 전등을 달고 그들이 걷는 모습을 촬영했다. 그리고 우리가 검은색 배경 앞에서 움직이는 흰 점 몇 개만 바라보는 것만으로도 걸어가는 사람의 젠더를 알 수 있다는 사실을 발견했다. 이 정보만으로도 충분한 것처럼 보였다. 나는 동물도 동일한 움직임의 차이를 포착한다고 확신한다.[6]

침팬지 연구를 마친 뒤(몇 년 뒤에 다시 그 연구로 돌아갔지만), 나는 연구 대상을 내가 좋아하는 새로 옮겼다. 갈까마귀는 목이 회색이고 나머지는 검은색인 까마귓과 새이다. 유럽 도시들에서 흔히 볼 수 있는 갈까마귀는 교회 탑과 굴뚝에 둥지를 짓는다. 나는 갈까마귀가 짝을 지어 날아다니면서 '까악 까악'하고 내지르는 금속성 소리를 무척 좋아한다. 나는 낭만주의자라서 평생 동안 지속되는 갈까마귀의 암수 한 쌍 결합 관계가 무척 마음에 들지만, 과학자들은 이 관계가 겉보기처럼 완벽하지 않다는 사실을 밝혀냈다. 알에서 태어나는 새끼들이 늘 쌍을 이룬 수컷의 진짜 자식은 아니지만, 그래도 수컷은 충실하게 둥지를 지키고 새끼들에게 먹이를 구해다 준다. 생물학자들은 '사회적 일부일처제social monogamy'를 '유전적 일부일처제genetic monogamy'와 대비시킨다. 새의 삶은 난잡한 관계가 넘쳐나기 때문에, 새의 세계에서 유전적 일부일처제는 인간 사회와 비슷하게 드물다.[7]

짝을 이룬 갈까마귀는 날 때에나 땅 위에 내려앉을 때에나 땅에서 날아오르려고 할 때에도 서로를 부른다. 둘은 둥지에 알이나 새끼가 있을 때를 빼고는 항상 함께 여행한다. 둘은 회색 머리를 까닥이면서 풀밭을 민첩하게 걸어다니다가 가끔 날아다니는 곤충을 발견하면 풀쩍 점프를 해 붙잡는다. 둘은 몇 미터 이상 떨어지는 일이 드물다. 우리는 시끄러운 갈까마귀 무리 전체를 연구했는데, 이들은 대학교 건물에 붙어 있는 둥지 상자들을 차지하고 살았다. 둥지를 짓는 동안 암컷과 수컷이 하는 일은 명확히 구분돼 있다. 둘 다 둥지를 짓는 재료를 가져오는데, 수컷은 긴 나뭇가지를 물어오고, 암컷은 둥지에 깔 부드러운 재료를 구해오는데, 예컨대 잔가지와 깃털, 부근의 말과 양의 몸에서 훔쳐온 털을 물어온다. 암컷은 가끔 수컷이 하는 일을 바로잡는다. 만약 수컷이 계속 열정적으로 나뭇가지를 물어와 둥지 상자가 너무 비좁아지면, 암컷은 큰 나뭇가지를 물고 날아가 둥지 밖에다 버린다.

대학생 시절에 나는 아는 교수 부인의 권유로 페미니스트 단체에 가입했는데, 다만 그 당시에 우리는 아직 페미니스트라는 단어를 쓰지 않았다. 그 당시의 핵심 구호는 '해방emancipation'이었다. 그 단체의 이름은 만프라우 마츠하페이Man Vrouw Maatschappij(MVM)였는데, 네덜란드어로 '남녀협회'란 뜻이다. 이 전국적 운동은 여성의 지위 향상을 추구하면서 남성을 동맹으로 끌어들이려고 노력했다. 이 단체는 훗날 유행한 성명 발표와 시위 대신에 정치적 통로를 통해 목표를 달성하려고 시도했다.

처음에 나는 그 의제에 전적으로 동의했다. 그 취지는 여성과 남성이 함께 손을 잡고 사회에서 새로운 역할 분담을 위해 노력하자는 것으로, 그 결과로 여성이 더 많은 자유와 기회를 얻도록 하는 것이었다. 전형적인 주제는 재생산권reproductive right*, 경력과 일자리, 임금 불평등, 정치적 대표 등이었다. 이 주제들은 오늘날에도 중요하게 다루어지고 있다. 나는 아직도 진전을 위해서는 남성의 참여가 필요하다고 확신한다. 남성이 똑똑하거나 효율적이어서가 아니라, 권력을 가진 사람들 사이에 동조자가 나오지 않는 한 기존 질서를 바꾸는 것이 불가능하기 때문이다. 민권 운동의 경우에도 그랬고, 여성 해방 운동 역시 그렇다.

하지만 나는 1년 뒤에 MVM에서 탈퇴했는데, 이 운동이 갈수록 남성

---

* 임신과 출산의 모든 과정에서 당사자들, 특히 여성이 자유롭게 결정할 수 있도록 보장하는 권리-옮긴이

에게 적대적으로 변해갔기 때문이다. 남성은 악당이고 모든 문제의 근원이었다. 토론 그룹에서 소수이던 남성은 많은 남성들이 가족을 위해 열심히 일한다거나 모든 아이에게는 아버지가 필요하며 남성은 이 역할을 즐긴다고 지적하면서 점점 커져가는 적대적 태도를 반박하려고 가끔 시도했다. 이러한 주장은 부적절한 것으로 간주되고 묵살되었다. 남성이 강간을 한다는 사실을 모른단 말인가? 아내를 때린다는 사실도 모른단 말인가? 나는 그러한 일반화에 실망했는데, 여성에 관한 일반화를 그토록 경고했는데도 불구하고 그런 일이 일어나서 특히 그랬다. 대부분 중산층이던 MVM의 여성들이 자신의 남편에 대해서는 불평을 하지 않는다는 사실을 감안하면, 그러한 태도는 더욱 이해하기 어려웠다. 자신의 남편들은 괜찮은 사람인 것처럼 보였다. 비난의 대상이 되는 남성들은 딴 사람들이었다.

나는 단순히 내가 속한 젠더에 등을 돌리길 거부한다. 일부 남성 인류학자는 자신의 젠더에 총구를 겨눈 책을 썼다. 예를 들면, 애슐리 몬태규가 쓴 《여성의 자연적 우월성 The Natural Superiority of Women》과 멜빈 코너가 쓴 《결국은 여성: 성과 진화, 그리고 남성 우위의 종말 Women After All: Sex. Evolution. and the End of Male Supremacy》이 있다. 코너는 남성성을 'X 염색체 결핍'이라고 부르면서 선천적 결함인 양 다룬다. 하지만 나는 자기 몸을 채찍질하는 취향이 없으며, 한쪽 젠더를 높이기 위해 다른 젠더를 폄하할 필요까진 없다고 생각한다. MVM의 남성 회원들은 대부분 같은 생각을 했고, 우리는 무리를 지어 탈퇴하기 시작했으며, 결국에는 모두가 MVM을 떠났다. 몇 년 뒤에는 아예 남성 회원의 가입이 불허되었다. 그것은 그 운동을 창시한 두 여성이 모두 MVM을 떠난 때와 일치했다. 흥미롭게도 이

단체는 첫 번째 M이 무용지물이 되었는데도 아직도 그 이름을 계속 고수하고 있다.[8]

잠깐 동안 운동에 몸을 담근 뒤에 나는 운 좋게 시몬 드 보부아르Simone de Beauvoir의 나라에서 온 젊은 페미니스트를 만났다. 하지만 그 당시에 나는 우리의 만남에서 이데올로기적 측면에는 별로 관심이 없었다. 우리가 사랑에 빠졌을 때, 캐서린Catherine은 21세, 나는 22세였다. 둘 다 고집불통이고 지배적 성향이 강한데도 불구하고, 우리가 여전히 함께 살고 있다는 사실은 우리가 얼마나 좋은 짝인지 증명해준다.

아마도 우리의 가장 큰 차이점은 문화적 배경에 있을 것이다. 네덜란드인은 냉정하고 객관적이라고 자부하는 반면, 프랑스인은 정열적이고 사랑과 음식, 정치, 가족을 비롯해 거의 모든 것에 대해 목소리를 높여 떠드는 경향이 있다. 민족적 기질의 차이는 잉마르 베리만Ingmar Bergman과 페데리코 펠리니Federico Fellini의 영화를 비교하는 것과 비슷하다. 나는 캐서린의 열정적인 자발성과 강한 감정에 익숙해졌지만, 내 몇몇 네덜란드인 친구들은 그것에 겁을 먹고 나의 행복을 염려했다. 하지만 나는 여성은 남성보다 더 감정적이라는 일반화처럼 우리의 차이가 젠더에서 비롯된다는 생각은 전혀 하지 않았다. 나 자신도 감정과 직관에 많이 휘둘린다고 생각하기 때문에, 그것을 특정 젠더에 국한된 특성으로 보지 않았고 문제라고도 생각하지 않았다.

우리에게 감정이 발달한 것은 타당한 진화적 이유가 있다. 감정은 생존에 유리하도록 생명체의 행동을 안내하기 때문에, 모든 동물에게 발달했다. 모든 동물은 두려움과 분노, 혐오감, 매력, 애착이 필요하다.[9] 감정은 사치가 아니다. 그 적절성은 젠더에 따라 큰 차이가 나지 않는다. 감정은 우리가 자부하는 추론 능력보다 우리에게 무엇이 좋은지 더 잘 아는 경우가 많다는 점에서 상당히 이성적이다.[10] 하지만 서양에서는 이성을 숭상하는 반면 감정을 경시한다. 우리는 감정이 우리를 아래로 끌어내리는 신체("육신은 연약하므로")에 너무 가깝다고 생각한다. 남성이 더 이성적이고 감정에 영향을 덜 받는다는 믿음은 대중문화와 자기 계발 도서, 시트콤에 스며들어 있다. 충격을 완화하기 위해 여성은 '감정 지능'이 더 높다고 이야기하기도 한다. 하지만 이것은 빈정거림을 내포한 칭찬처럼 들리는데, 여전히 그런 감정이 전혀 필요 없다는 남성과의 차이점을 강조하기 때문이다. 건강하지 못한 수준의 감정을 가리키는 '히스테리hystery'라는 단어가 자궁을 뜻하는 그리스어에서 유래한 것은 결코 우연이 아니다.

하지만 감정에 휘둘리는 정도가 젠더에 따라 차이가 난다는 과학적 증거는 전혀 없다. 남성이 천성적으로 얼마나 감정적인지는 중요한 스포츠 경기 때 남성이 보이는 행동을 보면 된다. 절제력이 강하다는 네덜란드인조차 오렌지 군단이 잔디밭을 질주하는 모습을 보면 완전히 이성을 잃는다! 젠더 차이는 주로 특정 감정의 유발 요인과 강도, 그리고 그것에 관한 문화적 '표현 규칙display rule'(웃거나 울거나 미소를 짓기에 적절한 때가 언제인지 알려주는)과 관련이 있다.[11]

표현 규칙은 여성에게 슬픔이나 공감처럼 더 부드러운 감정을, 그리고 남성에게는 분노처럼 권력을 강화하는 감정을 잘 표현하게 한다. 남성이 언성을 높이면 그의 성질은 정당한 분노로 환호받을 수 있다. 2018년에 대법원 판사 후보였던 브렛 캐버노Brett Kavanaugh가 상원 사법위원회에서 그런 것처럼 말이다. 반면에 여성은 꾹 참을 때가 많은데, 화를 내면 모양새가 좋지 않다는 사실을 알기 때문이다. 이러한 차이를 조사하기 위한 실제 실험에서는 가상의 배심원단에 포함된 피험자들에게 평결을 내놓으라고 요구했다. 토의는 대화방에서 일어났는데, 가끔은 가열되기도 했다. 만약 남성 이름을 가진 사람에게서 분노의 말이 나오면, 그것은 그의 견해를 강하게 어필하는 효과를 냈다. 하지만 같은 단어가 여성에게서 나오면, 그것은 그 사람의 신뢰성을 떨어뜨렸다.[12]

정서성에 관한 편향은 흥미로운데, 지금은 남성의 생각을 포함해 사람의 생각은 대체로 직관적이고 잠재의식적으로 일어난다는 사실이 잘 확립돼 있기 때문이다. 심지어 우리는 감정적 요소가 개입되지 않으면 판단을 내릴 수조차 없다. 아일랜드 극작가 조지 버나드 쇼George Bernard Shaw가 말했듯이 "우리를 생각하게 만드는 것은 감정이지만, 감정을 일으키는 것은 생각이 아니다." 하지만 모든 것이 감정에서 시작하는데도, 이성적인 남성에 관한 서양의 미신은 계속 남아 있다.[13]

세 가지 다른 문화

내가 캐서린과 그 가족을 만나고, 캐서린과 결혼해 함께 미국으로 이민한 뒤, 나는 세 가지 문화에 아주 친숙해졌다. 각 문화는 젠더 문제에 자기 나름의 방식으로 접근했고, 일자리 시장, 성도덕, 교육에 관해 각자 나름의 속도로 나아갔다. 각 문화에는 여러 가지 진전이 잡다하게 뒤섞여 있었다.

프랑스인을 살펴보자. 드 보부아르는 1949년에 출판되어 현대 페미니즘의 기초가 된《제2의 성 Le deuxième sexe》에서 "여성은 여성으로 태어나는 것이 아니라, 여성으로 되어간다."라고 말했다. 자주 인용되는 이 구절은 여성성이 생물학적 필요와 기능을 초월한다는 의미로 해석되었다. 하지만 그러한 필요와 기능을 어느 것이라도 부정하시는 않는다. 그것들은 저자의 조국에서도 충분히 진지하게 간주되어 직장 여성에게 어린이 돌봄 서비스와 긴 육아 휴가를 제공했다. 프랑스는 탁아소와 유치원, 유아와 어린 아기를 돌보는 방문 서비스에 국가 보조를 제공한 최초의 나라들 중 하나이다. 드 보부아르 자신은 여성의 특정 필요에 충분한 관심을 가져 산아 제한과 낙태권 투쟁에 참여했다.[14]

네덜란드는 비록 보수적인 종교 소수 집단이 남아 있긴 하지만, 늘 자유분방한 성 풍습으로 유명했다. 네덜란드는 동성 결혼을 최초로 합법화한 나라이다. 4세부터 시작하는 성교육 덕분에 십대 임신과 낙태 비율이 세상에서 가장 낮은 나라 중 하나이기도 하다.[15] 네덜란드의 성교육은 어린이에게 겁을 주고 금욕을 조장하는 대신에 상호 존중을 장려하고 섹스의 즐겁고 애정이 넘치는 측면을 강조한다.[16]

하지만 평등한 젠더 정신에도 불구하고 네덜란드인이 모든 면에서 앞선 것은 아니다. 여성의 경제적 독립과 고임금 일자리 기회 제공 면에서는 뒤처져 있다. 예를 들면, 나는 네덜란드 대학교에 여성 교수가 너무나도 적다는 사실에 항상 놀란다. 일자리가 있는 여성 3명 중 2명은 파트타임으로만 일하는데(선진국 중에서는 가장 높은 비율), 가족을 돌봐야 한다는 사회적 압력이 한 가지 이유이다. 네덜란드 여성이 느끼는 전형적인 죄책감은 풀타임으로 일하면서 좋은 어머니가 될 수 없다는 것이다.[17]

1980년대에 미국으로 이주한 우리는 진보와 보수주의의 특이한 혼합에 맞닥뜨렸다. 미국의 성도덕은 1950년대에 머물러 있는 것처럼 보였지만, 교육과 일자리 측면에서는 여성이 네덜란드보다 훨씬 더 해방돼 있었다. 미국에 입국하려면, 나는 공산주의자도 동성애자도 아니라고 진술하는 서류를 작성해야 했는데, 이 요건은 1990년이 되어서야 폐지되었다. 이것은 우리가 입국하려는 나라의 보수적인 분위기를 즉각 전해주었다. 예를 들면, 우리는 결혼 전에 '프러포즈'라는 관습이 있다는 사실을 알게 되었다. 미국 여성은 남성이 한쪽 무릎을 땅에 대고 값비싼 반지를 내밀 때까지 기다려야 한다(때로는 몇 년 동안이나). 그런 연후에 운 좋은 여성은 자신의 반짝이는 보석을 감탄하는 친구들에게 자랑한다. 청혼은 내 조부모 시절에는 유럽에서 표준적 관습이었지만, 신부 자신보다는 신부의 부모를 대상으로 한 것이었다. 나는 미국인이 이 청혼 풍습을 아주 좋은 의식이자 심지어 행복한 의식으로 여긴다는 사실을 알게 되었지만, 그 명백한 젠더 비대칭성에 우리는 어리둥절한 느낌을 받았다.

우리는 또한 우리를 받아들인 나라의 점잖은 체하는 태도와 젖꼭지 강박증에 결코 익숙해지지 못했다. 미국인은 젖꼭지에 대한 두려움 때문에 어느 나라에서도 볼 수 없는 '수유실'을 발명했는데, 여성은 이곳의 닫힌 문 뒤에서 수유를 하거나 유축기를 사용한다. 유급 육아 휴가의 확대로 수유실은 시대에 뒤떨어진 유물이 될 것이다. 일종의 성적 행동처럼 간주되는 공공장소에서의 수유를 반대하는 태도 역시 그렇게 될 것이다. 미국에서 젖꼭지 사진은 검열되고, 여성의 브래지어 착용은 의무적이다. 0.5초 동안 젖꼭지를 노출해 논란을 일으킨 '니플게이트nipplegate' 사건도 있었다. 이것은 2004년에 슈퍼볼 경기 중 하프타임의 쇼 도중에 재닛 잭슨Janet Jackson이 우연히 오른쪽 가슴을 노출하자, 해설자들이 미국의 도덕적 타락을 한탄하면서 큰 논란이 된 사건이다. 잭슨의 '의상 불량wardrobe malfunction'(그녀의 신체 언급을 피하기 위해 나온 표현) 영상은 역대 최고로 많

이 시청된 영상이 되었다. 이 사건이 유튜브의 탄생에 영감을 주었다는 이야기까지 있다.[18]

우리는 미국인의 이 고착 행동에 크게 놀랐는데, 유럽에서 여성의 가슴은 대수로운 일이 아니기 때문이다. 그것은 황금 시간대 텔레비전이나 주류 잡지, 시내버스의 광고, 해변에서 생생하게 공공연히 볼 수 있다. 브래지어는 가슴을 감추기 위한 것이 아니라 지지하기 위한 것이며, 많은 여성은 아예 착용하지 않기도 한다. 학교 모임이나 파티, 공원에서 아기가 배가 고파 칭얼대면, 어머니는 당연히 가슴을 노출하고 그 기능을 다하게 한다. 다만 가족이 아닌 사람에게는 그렇게 해도 괜찮은지 먼저 양해를 구한다.

1990년대 파리에서 디즈니사가 직원들에게 엄격한 드레스 코드를 강요했을 때, 젖꼭지를 수치스럽게 여기지 않던 프랑스인의 태도 때문에 문화 충돌이 일어났다. 디즈니사의 '적절한 속옷' 착용 강요에 대한 저항은 거리 시위로 번졌다. 신문들은 프랑스인 특유의 과장법을 동원해 그것을 "인간의 존엄성에 대한 공격"이라고 표현했다.[19]

성적 보수주의에도 불구하고 미국은 여성의 교육과 사회 참여, 성희롱에 대한 보호 측면에서는 다른 서구 국가들보다 많이 앞서 있다. 여성의 대학 교육도 일찍 시작되었고, 많은 여성이 학계에서 경력을 쌓았다. 일부 학과에서는 교수진의 젠더 구성이 동등한 수준에 이르러 새로 인력을 모집할 때 젠더에 신경을 쓸 필요가 없게 되었다. 성희롱에 관한 규정도 크게 변했다. 원치 않는 성적 접근뿐만 아니라, 상호 동의한 관계라 하더라도 같은 조직에 속한 사람들, 특히 권력 차이가 있는 사람들 사이의 연애까지도 규정에 저촉될 수 있다. 이 규정은 너무나도 빠르게 변해 유럽의 일부 유명 정치인이 미국을 방문했다가 예기치 못하게 성희롱 혐의로 체포당하기도 했다. 이들은 자기 나라에서는 아무 탈 없이 넘어갈 수도 있었던 외설적 행동 때문에 기소당했다. 미투 운동과 함께 원치 않는 섹스에 반대하는 시위가 점점 거세졌고, 유럽에서도 그 영향을 느끼기 시작했다.[20]

미국의 성도덕은 수십 년 전에는 내가 감히 예측할 수도 없었던 방식으로 진화하고 있다. 혼전 동거가 증가하고 있고, 혼외 출산도 더 흔해지고 이전보다 잘 받아들여지고 있으며, 동성 결혼도 전국적으로 합법화되었다. 공공장소에서의 수유를 용인하는 태도도 갈수록 증가하고 있다. 만약 젖을 먹이는 어머니가 식당에서 창피를 당하고 쫓겨나면, 다음 날에 성난 어머니 군중이 몰려와 '수유 시위'를 벌인다. 어머니(그리고 아버지)의 유급 육아 휴가를 찬성하는 정치적 동력을 감안하면, 수유실은 곧 공룡이 걸어간 것과 같은 운명을 맞이할 것이다.[21]

유인원의 행동을 관찰하다

유인원의 가슴 크기는 젖을 먹이는 어미의 경우 B 컵에 이를 수 있지만, 젖을 떼고 나서 다음 자식에게 젖을 먹이기까지의 중간 시기에는 줄어든다. 사람의 가슴은 부풀어오른 크기가 영구적으로 유지된다는 점에서 독특하다. 우리는 본질적으로 포유류의 기관인 여성의 가슴에 성적 매력을 부여했지만, 모든 인간 사회에서 다 그런 것은 아니며, 다른 동물에서는

보노보의 유방은 성적 신호 기능을 하지 않는다. 유방은 수유기에 부풀어오르고 나머지 신체 부위보다 털이 적어 크게 두드러져 보일 수 있다.

비슷한 유례를 찾을 수 없다. 개는 젖꼭지가 8개 이상 있지만, 다른 개의 젖꼭지를 보고 흥분을 느끼는 개는 없다. 암컷의 유방은 절대로 암컷의 둔부만큼 수컷 유인원을 흥분시키지 않는다.

유방은 영양을 공급하는 용도로 쓰이며, 새끼 보노보와 침팬지가 유방에 애착을 느끼는 것은 그 때문이다. 조금이라도 불안이나 좌절을 느끼면 (예컨대 또래와 싸워 지거나 벌에 쏘였을 때), 새끼는 어미에게 쪼르르 달려가 진정될 때까지 젖꼭지를 빤다. 유인원은 새끼에게 대개 4년 동안 젖을 먹이며 때로는 5년 동안 먹이기도 하지만, 챔피언은 야생에서 7~8년 동안 젖을 먹이는 오랑우탄이다. 천천히 발달하는 호미니드*는 우리뿐만이 아닌 게 분명하다. 야생 유인원은 숲에서 구할 수 있는 열매 외에는 새끼에게 줄 수 있는 자원이 얼마 없는데, 새끼는 한 살 무렵부터 열매를 먹기 시작한다. 하지만 열매 공급은 안정적이지 않아 신뢰할 수 없으며, 그래서 수유기를 연장할 필요가 있다.[22]

유방이 제 기능을 하지 못할 때, 우리 인간에게는 해결책이 있다. 야생 영장류에게는 그런 선택지가 없지만, 사육 상태의 유인원에게는 우리가 젖병 수유를 가르칠 수 있다. 나도 카위프Kuif라는 침팬지에게 젖병 수유를 가르친 적이 있다. 카위프는 젖이 부족해 자식을 잃은 적이 여러 번 있었다. 그때마다 카위프는 우울증에 빠져 풀이 죽어 지내면서 애달픈 비명을 지르고 식욕을 잃었다. 우리는 뷔르허르스동물원에서 카위프에게 새끼 침팬지를 입양하게 했다. 철창을 사이에 두고 나는 카위프에게 젖병을 사용해 로셔Roosje라는 새끼 침팬지에게 우유를 먹이는 법을 가르쳤다. 훈련을 하는 동안 나는 철창 건너편에서 로셔를 안고 있었다. 여기서 가장 어려운 부분은 카위프에게 젖병을 다루는 법을 가르치는 게 아니라(도구를 사용하는 유인원에게 그것은 그렇게 어렵지 않았다), 젖병에 든 우유가 카위프를 위한 게 아니라 로셔를 위한 것임을 분명히 하는 것이었다. 카위프는 새끼에게 아주 큰 흥미를 느껴 내가 원하는 것을 다 했고, 금방 필요

＊ 사람, 고릴라, 침팬지, 오랑우탄 등의 대형 유인원을 포함하는 영장류의 한 과.

한 것을 모두 배웠다. 철창 너머로 건너간 뒤에 로셔는 영원히 카위프에게 매달려 지냈고, 카위프는 로셔를 성공적으로 키웠다. 카위프는 실외의 섬에서 지내다가도 새끼에게 우유를 먹일 시간이 되면 하루에 몇 번씩 돌아왔다.

카위프는 내게 매우 고마워했다. 내가 동물원을 방문할 때마다(때로는 몇 년이 지난 뒤에) 카위프는 내게 다가와 오랫동안 헤어진 가족처럼 반기고 쓰다듬었고, 내가 그만 가야 할 때라고 신호를 주면 끙끙거리는 소리를 내며 아쉬워했다. 나중에 그 훈련은 카위프가 자신이 낳은 새끼도 제대로 키우는 데에도 도움을 주었다.

뷔르허르스동물원의 원래 침팬지 무리 중에서 오늘날까지 살아남아 내가 찾아갔을 때 환영해주는 침팬지는 거의 없다. 로셔는 아직도 이곳에 남아 있고, 자신의 딸도 낳았다. 하지만 로셔는 내가 누구인지 모르는데, 40년 전에 내 팔에 안겼을 때에는 아주 어린 새끼였기 때문이다. 로셔를 안고 있는 사진을 볼 때마다 나는 큰 웃음이 나오는데, 내가 아주 젊어 보일 뿐만 아니라 머리도 아주 길게 길렀기 때문이다. 우리 세대는 부모와 대학교와 정부의 권위에 격렬하게 반항했고, 우리의 머리카락과 옷은 그러한 반항의 징표였다. 그 시절에 나는 저녁에는 보헤미안처럼 보이는 이론가들이 위계질서의 악에 대해 늘어놓는 장광설을 들었고, 낮에는 침팬지 무리 사이에서 권력 다툼을 관찰했다. 이렇게 교차되는 낮과 밤은 서로 모순적인 메시지 때문에 내게 심각한 딜레마를 유발했다.

결국 나는 말보다 행동이 훨씬 확실하다는 사실을 깨닫고 침팬지를 신뢰하게 되었다. 나는 침팬지가 자신에 대해 지껄이는 말에 홀리지 않고 관찰할 수 있어서 무척 다행이라고 생각했다. 권력에 관한 침팬지의 관심은 아주 명백하게 드러난다. 어떤 수컷이 몇 년 동안 우두머리로 지낼 수 있지만, 그 지위는 결국 젊은 수컷들의 도전을 받게 된다. 실제로 물리적 대결이 일어나는 경우는 드물고, 권력 투쟁은 대부분 수컷 두세 마리가 힘을 합친 동맹에 의해 결정된다. 도전자는 털을 곤두세우고 알파 수컷에게 다가가 물체를 집어던지면서 반응을 살피거나, 돌진해 곁을 지나가면서 알파 수컷이 옆으로 비키는지 시험한다. 약한 모습이나 주저하는 모습을 조금이라도 내비치면, 도전자는 그것을 놓치지 않는다. 알파 수컷은 담력이 아주 강해야 이러한 도발을 견뎌내고, 자신을 지지하는 친구들에게 털고르기를 해주는 것과 같은 대응 전략을 구사할 수 있다. 이러한 긴장 상태는 몇 달 동안 계속 이어지면서 정상에 오르겠다는 큰 야심을 분명히 드러내는데, 전성기의 수컷이라면 누구나 그런 야심이 있다.

그런 야심은 수컷에게만 있는 게 아니다. 무리 중에서 장기간 알파 암컷으로 지낸 마마Mama는 다른 암컷들에 대한 자신의 위치를 분명히 보여주려고 했다. 마마는 권력 다툼이 벌어졌을 때 마치 원내 총무와 같은 역할을 하면서 암컷들에게 자신이 미는 수컷 경쟁자를 지지하도록 영향력을 행사했다. 만약 지위 투쟁 때 '다른' 수컷을 지지하는 암컷이 있으면, 그날 늦게 마마는 자신의 측근인 카위프와 함께 그 암컷을 무자비하게 구타했다. 마마는 불충을 용납하지 않았다.

나는 이러한 드라마를 아주 흥미진진하게 추적했고, 무슨 일이 일어나는지 이해하기 위해 표준적인 생물학자의 관점에서 벗어나 상황을 바라보기 시작했다. 나는 500여 년 전에 나온 니콜로 마키아벨리Niccolò Machia-velli의 《군주론 l Principe》에서 영감을 얻었다. 피렌체의 정치 사상가이자 철학자인 마키아벨리는 당대의 보르자 가문과 메디치 가문, 교황들 사이에 벌어진 정치를 통찰력이 넘치고 꾸밈이 없는 문체로 기술했다. 그 결과로 나는 내 주변 사람들의 행농도 다른 관점으로 바라보기 시작했다. 동료 혁명가들은 말로는 평등을 외쳤지만, 소수의 젊은 남성이 지도부를 장악한 채 분명한 위계를 드러냈다. 학생 운동에 많은 여성이 참여하긴 했지만, 새로운 질서의 요구에 젠더가 부각되는 경우는 거의 없었다. 여성은 가끔 남성 지도자의 여자 친구로 권력을 휘두르기도 했지만, 독자적으로 그러는 경우는 거의 없었다. 이러한 모순은 수렵 채집인 사회가 평등했다는 주장을 둘러싼 오랜 논쟁을 떠오르게 한다. 그 사회가 '평등'했다고 말하려면, 그 당시 만연했던 남성과 여성 사이의 지위 차이를 무시해야 한다. 인류학 문헌을 검토한 한 비평가는 "채집 사회가 두 성으로 구성돼 있었다는, 뒤늦은 발견"을 풍자적으로 언급했다.[23]

진정한 평등주의는 정말로 찾기가 어려운데, 우리의 학생 운동이 여기에 딱 들어맞는 사례였다. 학생 운동 지도자는 대중 집회에 늦게 나타나 측근들을 이끌고 강당으로 위풍당당하게 걸어 들어오는 버릇이 있었다. 그것은 마치 왕이 도착한 것 같았다. 강당 안의 소음은 일시에 잦아들었다. 우리가 그가 연단에 올라서서 대중을 선동하는 연설을 하길 기다리는 동안 그의 측근들이 흥을 돋우기 위한 준비 작업을 했다. 그들은 등사기를 사용하는 법처럼 덜 중요한 주제나 실용적인 문제를 다루었다. 나는 청중 속에서 한 젊은이가 일어서서 우리 입장의 모순을 지적하거나 특정 결정을 비판하는 광경을 여러 차례 목격했다. 그의 발언이 조롱을 받고 이념적 순수성이 의심을 받는 방식으로 볼 때, 공개 토론은 오로지 기존 질서를 흔들지 않는 한도 내에서만 허용된다는 것이 명백했다.

우리는 집단적으로 '평등주의 망상 egalitarian delusion'에 빠져 있었다. 우리는 열렬하게 민주주의에 관한 미사여구를 늘어놓았지만, 실제 행동은 달랐던 것이다.

권력다툼 없는
세상?

나는 에머리대학교 심리학과에 들어갔을 때, 이 망상이 다시 떠올랐다. 그 일은 내 인생에서 일어난 세 번째 주요 전환이었다. 첫 번째 전환은 학생에서 과학자가 된 것이었고, 두 번째 전환은 네덜란드에서 미국으로 이주한 것이었다. 나는 생물학자들에게 둘러싸여 지내다가 심리학의 세계로 발을 들여놓았다. 관찰 가능한 행동을 출발점으로 삼는 데 익숙해 있던 나는 이제 사람 피험자를 대상으로 설문 조사를 하고 그 답변을 신뢰하는 동료들 사이에 있었다. 무엇보다 사람의 말을 중시하는 환경으로 들어선 것이다.

나는 동료들로부터 사람의 행동에 대해 많은 것을 배웠다. 그들은 대부분 훌륭한 과학자였고, 늘 기존의 지혜를 비판하고, 데이터를 요구하고, 일반적인 선입견을 의심했다. 하지만 심리학자는 자신이 속한 종을 다룬다는 불리한 점이 있었고 연구 대상으로부터 거리를 두는 데 어려움을 겪었다. 그들은 같은 종인 연구 대상의 행동을 문화적, 도덕적, 정치적 기준을 바탕으로 판단하지 않기가 힘들었다. 심리학 교과서가 이념 책자처럼 읽히는 이유는 이 때문이다. 행간에서 우리는 인종 차별주의는 개탄스럽고, 성차별주의는 잘못된 것이며, 공격성은 말살해야 하며, 위계는 낡은 것이라는 메시지를 읽는다. 내게 이것은 충격이었는데, 내가 그 반대가 옳다고 생각해서가 아니라, 그런 견해는 과학에 상충되기 때문이다. 서로 다른 인종들이 서로를 어떻게 지각하거나 두 성이 서로 어떻게 상호 작용하는지 알고 싶어 할 수는 있지만, 그들의 행동이 과연 바람직한 것인가 하는 것은 별개의 문제이다. 과학의 직무는 행동을 판단하는 것이 아니라 그것을 이해하는 것이다.

출판사에서 심리학 교과서를 받을 때마다 나는 색인란을 펼쳐서 권력과 지배성이라는 항목이 있는지 찾아보는 버릇이 있다. 대개의 경우, 마치 그런 개념은 호모 사피엔스의 사회적 행동에는 적용되지 않는다는 듯이 이 용어들은 실려 있지도 않다. 학생들이 배워야 할 주제로 포함한 경우에도 대개 권력 남용이나 위계 구조의 단점을 다루는 데 그쳤다. 권력은 관심을 기울여야 할 주제가 아니라 경멸해야 마땅한, 더러운 단어처럼 취급되었다. 이러한 편견은 마키아벨리의 낮은 평판도 설명해준다. 대다수 학자는 마키아벨리를 언급할 때 코를 쥐는 듯한 시늉을 한다. 그들은 메신저에게 귀를 기울이는 대신에 화를 내려고 한다.

사회과학 분야의 평등주의 망상은 우리 모두가 막강한 권력 구조를 가진 대학교에서 일하기 때문에 더욱 놀랍다. 대학교는 대학생에서부터 대학원생, 박사 후 연구원, 다양한 직위의 강사와 교수, 학과장, 학장, 총장에 이르기까지 계층화된 위계 구조로 이루어져 있다. 그리고 이 구조 안에서 우리 모두는 자신의 영향력을 확대하면서 남의 영향력은 축소시키려고 분주히 노력한다. 이 활동은 너무나도 뻔히 보인다. 비록 그 동기가 학생의 필요를 충족시키는 일이라거나 대학교를 위한 최선의 일이라는 식으로 포장되긴 하지만 말이다.

나는 동료들 사이의 권력 다툼을 지켜보면서 분할 통치 전략, 패거리 형성, 회의에서 경쟁자가 비판받을 때 조용히 동의를 표시하는 끄덕임, 심지어 노골적인 전복을 비롯해 많은 것을 배웠다. 한 중요한 회의에서 우리 과의 실버백*처럼 행동하던 나이 많은 교수가 자신의 추종자로 여겼던 젊은 교직원들의 연합에 공격을 받은 적이 있었다. 그들은 이 쿠데타를 사전에 모의한 게 분명한데, 공격이 불시에 일어났기 때문이다. 그의 패배를 확인시킨 투표 뒤에 나는 그 교수의 우렁찬 목소리를 다시는 듣지 못했다. 그는 풀이 죽어 좀비처럼 복도를 배회했다. 그리고 1년도 못 돼 퇴직했다. 나는 이와 똑같은 일을 전에도 본 적이 있었는데, 다만 그 일은 다른 종에서 일어났다.

1982년 일반 대중을 위해 내가 처음 출간한 《침팬지 폴리틱스Chim-panzee Politics》는 이 유사성을 담고 있었고 미국 하원 의장이던 뉴트 깅리치Newt Gingrich의 관심을 끌었다. 깅리치가 내 책을 의원들을 위한 추천 도서 목록에 올린 뒤. 알파 수컷이란 단어가 워싱턴 정가에서 널리 유행하기 시작했다.**24** 불행하게도 그 용어의 의미는 시간이 지나면서 축소되었다. 이 용어는 역겨운 성격을 지닌 남성 지도자를 가리키는 뜻으로 쓰이게 되었다. 알파는 모든 사람에게 누가 보스인지 늘 주지시키려고 애쓰는 불한당 같은 사람을 가리키게 되었다. 오늘날 경영 서적 중에는 이 단어를 사용해 눈길을 끄는 제목을 단 책들도 있다. 예를 들면, 《알파 수컷

---

* 은백색 털이 자란 고릴라를 일컫는 말. 이 은백색 털은 강한 힘의 상징이라서 고릴라 무리의 리더를 '실버백'이라고 칭한다.-편집자

이 되라: 알파 수컷이 되고, 이사회실과 침실을 모두 지배하고, 완전한 불한당으로 살아가는 법Become the Alpha Male: How to Be an Alpha Male. Dominate in Both the Boardroom and Bedroom. and Live the Life of a Complete Badass》처럼 말이다.[25] 하지만 알파 수컷에 대한 대중적 이미지는 영장류학자가 이 용어를 사용하는 방식과 일치하지 않는다. 알파 수컷은 그저 우두머리 자리를 차지한 수컷을 가리킬 뿐이며, 그 수컷이 좋게 행동하거나 나쁘게 행동하는 것과는 아무 관계가 없다. 마찬가지로 모든 집단에는 알파 암컷도 있다. 각각의 성에는 알파가 오직 하나만 존재할 수 있다. 대개의 경우, 알파는 약자를 괴롭히는 우두머리가 아니라, 집단을 조화롭게 잘 이끌어가는 지도자이다.[26]

알파의 독특한 지위는 우리가 한 행동 실험에서 예기치 않게 나타났다. 침팬지가 다른 침팬지의 안녕에 신경을 쓰는지 알고 싶었던 우리는 한 쌍씩 짝을 지어 실험을 했다. 침팬지에게 먹이를 선택할 기회를 주었는데, 한 선택지는 두 침팬지가 모두 먹을 수 있었고, 다른 하나는 오로지 자신만 먹이를 먹을 수 있는 선택지였다. 침팬지들은 둘 다 먹을 수 있는 결과를 압도적으로 선호했을 뿐만 아니라, 두 가지 성 모두에서 지위가 가장 높은 침팬지들이 가장 관대한 행동을 보여주었다. 원숭이를 대상으로 한 실험에서도 비슷한 결과가 나왔다. 알파는 왜 나머지 구성원보다 친사회적 성향이 더 강할까? 이것은 닭이 먼저냐 달걀이 먼저냐 하는 질문과 비슷하다. 이들은 남들에게 친절을 베풂으로써 정상의 자리에 올랐을까? 아니면 편안한 지위 때문에 기꺼이 자원을 남들에게 나눠주려고 할까? 이유야 무엇이건, 이 발견은 사회적 지배성을 단순히 약자를 괴롭히는 우두머리라고 말할 수 없음을 보여준다. 그것은 훨씬 복잡하고 관대함을 포함한다.[27]

100여 년 전에 닭에서 우열 순위pecking order*가 발견된 이래 동물계에서 사회적 사다리가 얼마나 흔한지 알게 되었다. 새끼 거위나 강아지, 새끼 원숭이를 십여 마리 모아놓으면, 지배적 위치를 놓고 싸움이 벌어지게 마련이다. 탁아소에서도 아장아장 걷는 아이들이 처음 만난 날에 같은 일이 일어난다. 그것은 일종의 원초적 본능이어서 우리가 바란다고 해서 사라지는 것이 아니다. 그런데도 우리는 그것이 사라지길 바란다. 우리는 남들은 권력을 탐하지만 자신만큼은 권력에 전혀 관심이 없다는 듯이 이야기한다. 30년 동안 심리학 교수로 일해오면서 나는 진지한 과학자들조차 자기 눈앞에서 벌어지는 행동을 보지 못한다는 것을 배웠다. 권력은 금기시되는 주제로 남아있으며, 우리는 이 점에서 우리가 다른 종과 아주 비슷하다는 이야기를 듣길 좋아하지 않는다.

우리는 동일한 자기기만을 젠더 차이에도 적용한다. 우리는 세상을 위한 희망에 너무 사로잡혀 자신의 실제 행동이 어떤 것인지 잊어버린다. 일부 저자들은 남성은 화성에서 오고 여성은 금성에서 왔다는 식으로 젠더의 의미를 과장한다. 혹은 여성은 감정적이고 남성은 이성적이라고 주장한다. 하지만 이에 대한 반발로 젠더 차이를 흔적도 찾아보기 힘들 정도로 축소하는 사람들도 있다. 이미 존재하는 차이는 피상적이고 쉽게 없앨 수 있는 것이라고 주장한다. 이 문제를 둘러싼 온갖 잡음 사이에서 어느 쪽 극단도 증거와 들어맞지 않는다는 사실을 제대로 인식하기가 어려워졌다.[28]

---

* 원래의 의미는 먹이를 쪼아 먹는 순서를 가리킴-옮긴이

어쩌면 우리는 내가 텔레비전에서 정치 토론을 볼 때 흔히 하는 행동을 할 필요가 있을지도 모른다. 나는 후보자의 입에서 나오는 음파보다 더 신뢰하는 신체 언어에 집중하기 위해 소리를 끈다. 마찬가지로 우리는 머릿속에서 젠더가 어떻게 행동하라고 말하는 소리를 끄고 단순히 실제로 그들이 어떻게 하는지 지켜볼 필요가 있다.

제4장

잘못된 비유

과장된 영장류의
가부장제

THE
WRONG
METAPHOR

DIFFERENT

멍키힐의
비극

어떤 잘못된 일이 일어날 수 있을까?

원숭이 100마리를 울타리로 둘러싸인 넓은 암석정원에 풀어놓는다면, 어떤 잘못된 일이 일어날 수 있을까? 특히 그 원숭이들이 강렬하게 하렘을 유지하는 종이라면, 그리고 수컷 한 마리당 암컷 여러 마리를 풀어놓는 대신에 소수의 암컷과 압도적으로 많은 수컷을 풀어놓는다면, 어떤 일이 일어날까?

이 실험은 100여 년 전에 런던 리젠트파크동물원의 멍키힐에서 일어났다. 결과는 좋지 못했다. 그로 인한 아수라장과 유혈극은 그 후 일반 대중이 영장류의 이성 관계를 바라보는 방식의 토대가 되었다. 이것은 이중으로 불행한 일이었다. 문제의 그 원숭이 종은 우리와 관계가 아주 멀 뿐만 아니라, 동물원에서 보인 행동은 명백히 병적이었다. 망토개코원숭이

134

(얼굴이 개를 닮았고, 고대 이집트에서 신성시된 큰 원숭이)는 수컷이 암컷보다 몸집이 두 배나 크며, 길고 날카로운 송곳니까지 있다. 게다가 수컷은 은백색 갈기가 무성한 반면, 암컷은 전체적으로 갈색을 띠고 있어 무리 중에서 수컷이 더욱 두드러져 보인다.

각각의 수컷은 작은 규모의 일부다처제 가족을 이루어 살아가려고 한다. 멍키힐에서는 수컷들이 소수의 암컷을 놓고 격렬하게 싸우는 바람에,

영장류학이 젠더 논쟁에 끼친 영향은 망토개코원숭이 사례의 확대 적용으로 첫 단추부터 잘못 꿰어졌다. 소유욕이 강한 수컷은 주변의 암컷보다 몸집이 약 두 배나 크다. 수컷은 은백색 갈기 때문에 더욱 두드러져 보인다.

암컷들은 쉬거나 심지어 먹을 시간조차 없었다. 수컷들은 자신의 전리품을 질질 끌고 다녔고, 그 과정에서 일부 암컷을 죽게 했으며, 죽은 시신을 붙잡고 교미를 했다. 동물원 측은 암컷을 추가로 더 투입했지만, 그래도 살육극은 멈추지 않았다. 망토개코원숭이 중 3분의 2가 죽고, 싸움이 가라앉고 나자 비교적 차분한 수컷 무리가 남았다.[1]

우리와 다른 영장류의 젠더 비교 연구는 이렇게 첫 단추부터 잘못 꿰어졌다. 이 연구를 진행한 당사자가 권력을 과시하고 남을 질책하길 좋아하던 오만한 영국 귀족이었다는 것도 문제였다. 이 동물원의 해부학자였던 솔리 주커먼Solly Zuckerman은 혼자만의 힘으로 젠더 논쟁을 '개코원숭이' 수준으로 격하시켰다. 그는 수컷은 본질적으로 우월하고 폭력적이며, 암컷은 거의 발언권이 없다고 주장했다. 암컷은 오로지 수컷을 위해 존재한다. 1932년에 출간된《원숭이와 유인원의 사회생활The Social Life of Monkeys and Apes》에서 주커먼은 멍키힐 사건을 원숭이 사회, 그리고 거기서 더 연장해 우리 사회의 모습을 상징적으로 보여준다고 주장했다.

주커먼은 영장류 사이에서 무리 생활과 수컷의 암컷 지배가 전형적인 특성이 아니란 사실을 아마도 몰랐을 것이다. 게다가 망토개코원숭이는 암수 사이의 크기 차이가 예외적으로 크다는 사실에도 눈을 감은 주커먼은 망토개코원숭이를 우리의 일부일처제 '타협'을 포함해 인간 문명의 기원을 설명하는 아바타로 채택했다. 그는 성관계의 중요성을 과장해 "성적 유대는 사회적 관계보다 더 강하며, 수컷 어른은 암컷과 달리 어떤 개체에게도 소유되지 않는다."라고 썼다.[2]

이에 동의한 영장류학자는 거의 없었고, 내가 연구를 시작할 무렵에는 주커먼은 대체로 잊힌 존재가 되고 말았다. 하지만 그의 글은 일반 대중에게 오래도록 영향을 미쳤다. 훗날 공습에 관해 영국군에 조언을 제공하기도 했던 이 호전적인 남자의 평가는 대중문화 속으로 스며들어갔고, 우리는 그것을 뿌리칠 수가 없었다. 그의 설명은 너무나도 그럴듯했다. 혹은 사람들이 보고 싶어 하는 것이나 그렇게 보도록 습관화된 것과 너무나도 잘 들어맞았는지도 모른다. 흔히 우리는 자연은 거울 역할을 한다고 말하지만, 우리가 그것을 사용해 새로운 것을 보려고 하는 경우는 드물다. 제2차 세계 대전의 공포를 겪은 뒤, 사람들은 자신의 사악한 본성을 믿는 경향이 강해졌다. 멍키힐은 그들의 암울한 자기 평가를 강화했고, 인간을 홉스의 만인 대 만인의 투쟁에 몰두하는 사악한 '살육자 유인원'으로 간주한 수십 명의 저자들에게 좋은 먹잇감이 되었다.

오스트리아 동물행동학자 콘라트 로렌츠는 우리는 자신의 공격적 본능을 억제할 능력이 없다고 말했다. 얼마 후에는 영국 생물학자 리처드 도킨스Richard Dawkins가 우리가 살아가는 주 목적은 자신의 '이기적 유전자'를 섬기기 위한 것이라고 말했다. 생물학자들은 심지어 우리의 긍정적 특성조차 마치 의심스럽다는 투로 기술해야 했다. 따라서 만약 동물과 사람이 자신의 가족을 사랑한다면, 생물학자들은 그것을 '족벌주의nepotism'이라고 부르는 쪽을 선호했다. 동물원에서 일어난 망토개코원숭이의 비극은 18세기에 일어난 선상 반란인 바운티호의 반란과 비교되었다. 반란군을 체포해 영국으로 돌아오던 판도라호가 도중에 좌초하는 바람에 선원들이 섬에 갇혀 지내게 되었는데, 결국 30여 명의 선원들이 서로를 죽이는 비극이 벌어졌다. 이 이야기는 윌리엄 골딩William Golding이 1954년에 출판한 《파리 대왕Lord of the Flies》에도 반영되었는데, 이 소설에서 영국의 초등학생들은 결국 식인종에 가까운 광란의 폭력성을 드러낸다. 이것들과 그 밖의 책들은 우리 종을 비열하고 잔인하며 도덕적으로 타락한 존재로 신난 듯이 묘사했다. 저자들은 어깨를 으쓱하며 우리는 원래 그런 존재라고 말했고, 더 희망적인 그림을 제시하려고 시도하는 사람은 낭만적이거나 순진하거나 무지하다고 조롱받았다. 예를 들면, 종족들 사이의 평화로운 공존을 강조한 인류학자들은 곧바로 '평화주의자peacenik'나 '지나친 낙천주의자pollyanna'라고 비판받았다. 사람들은 멍키힐이 우리 모두의 내면에 있는 짐승을 드러내 보여주었기 때문에, 그것이 낳은 개념을 지지하는 편이 낫다고 생각했다.

영장류 비교의 영향력은 놀라울 정도로 크다. 우리는 사람의 행동을 그 자체로 분석하는 것에 만족하지 못하고, 우리 조상과 닮았던 동물들을 포함해 더 넓은 맥락에서 바라보길 좋아한다. 그런데 우리는 거기서 멈추지 않고, 더 나아가 문명의 역할을 제거하고 우리를 감정적 수준과 심지어 성적 수준에서 유인원과 연결시키는 비유에 탐닉한다. 그 예로는 〈킹콩〉, 〈타잔〉, 〈혹성 탈출〉, 페터 회Peter Høeg의 《여자와 유인원Kvinden og aben》을 비롯해 수많은 판타지 작품이 있다. 우리는 이런 비유들에서 눈을 돌리기가 어렵다. 총체적인 관리 부실과 오만한 과잉 해석 사례라는 현재의 평가에도 불구하고, 멍키힐이 영장류학을 벗어나 광범위한 파장을 일으킨 이유는 바로 이 때문이다.

주커먼 자신은 학문적인 싸움을 결코 피하지 않았다. 영장류가 습관적으로 서로를 죽이지 않으며, 수컷과 암컷은 대개 사이좋게 잘 지낸다고 감히 주장하는 동료가 있으면, 그를 맹렬하게 비난하면서 묵사발로 만들려고 했다. 주커먼은 영장류가 상당한 수준의 지능과 사회적 기술이 있다고 주장하는 사람들도 비판했다. 그는 사람의 본성을 미화하지 않는 진짜 과학자는 자신뿐이라고 생각했다. 그는 나머지 과학자들이 모두 '의인화'에 빠졌다고 여겼는데, 의인화는 동물의 행동과 관련해 다른 과학자들의 태도를 맹비난하기 위해 선택한 단어였다.

하지만 주커먼은 새로운 세대의 영장류학자들이 떠오르는 것을 막을 수 없었다. 1962년, 런던동물학회에서 20대 영국 여성이 인류학자 케네스 오클리Kenneth Oakley가 써서 광범위한 찬사를 받은 저서《도구 제작자 사람Man the Tool-Maker》에 대해 과감하게 의문을 제기했다. 오클리는 이 책에서 사람을 다른 동물과 구분하는 결정적 특성이 도구의 사용이 아니라 도구를 제작하는 능력이라고 주장했다.[3] 하지만 예리한 관찰자였던 제인 구달Jane Goodall은 침팬지가 잔가지에서 잎과 곁가지를 훑어낸 뒤 그걸로 흰개미를 낚시하듯이 사냥하는 모습을 목격했다.

당시 구달의 강연은 호평을 받았지만, 동물학회 사무총장이던 주커먼만큼은 예외였는데, 그는 분노를 이기지 못하고 낯빛이 점점 붉게 변해갔다. 네덜란드에서 나의 교수였던 얀 판 호프Jan van Hooff가 그 당시 그 자리에 있었는데, 주커먼이 발작하듯이 역정을 내면서 학회를 조직한 사람들에게 "이 무명의 맹랑한 '여자'를 과학 학술회의에 초청한 사람이 대체 누군가?"라고 물었다고 한다.[4] 훗날 주커먼은 〈뉴욕 리뷰 오브 북스The New York Review of Books〉에 주커먼 경Lord Zuckerman이라는 겸손한 이름으로 실은 자화자찬식 글에서 그 분야를 접수하고 있던 이 '매력적인 젊은 여성들'을 비난했다. 그는 이 여성들이 일화와 '빈말'로 질서정연한 영장류 사회를 기술한다고 비난하면서 자신은 그런 사회를 한 번도 본 적이 없다고 말했다.[5]

주커먼은 구달이 데임 dame*으로 불리는 걸 볼 만큼 오래 살지 못했다.

이기적인 유전자?

이 이야기는 사육 연구와 야생 연구 사이의 긴장, 남성 기득권층과 제1세대 여성 영장류학자들 사이의 긴장, 인간의 본성에 관한 비관적 견해와 낙관적 견해 사이의 긴장을 비롯해 우리 분야의 다양한 긴장을 분명히 드러낸다. 젠더의 의미를 살펴보기 전에 지난 수십 년 동안 생물학과 서양 사회에서 일어난 전반적인 분위기 변화를 간략하게 소개하도록 하겠다. 인간의 본성에 관한 견해는 완전히 암울하던 것에서 더 낙관적인 것으로 변했다.

　전후 시기에 나의 가장 큰 문제는 유명한 사상가들의 암울한 전망이었다. 나는 인간의 조건에 대한 그들의 부정적 견해에 동의하지 않았다. 나는 영장류가 어떻게 갈등을 해결하고, 서로 공감하고, 협력을 추구하는지 연구해왔다. 폭력은 그들의 기본 조건이 아니다. 그들은 대개 조화롭게 살아간다. 이것은 우리 종에도 똑같이 적용된다. 그래서 1976년에 도킨스가 《이기적 유전자》에서 "만약 개인들이 공동선을 위해 관대하고 비이기적으로 협력하는 사회를 건설하길 바란다면, 생물학적 본성에서는 거의 아무것도 기대해서는 안 된다는 사실을 명심하라."[6]라고 주장했을 때

＊　영국에서 훈장을 받은 남성의 경 sir에 해당함 - 옮긴이

큰 충격을 받았다.

나는 정반대로 주장하고 싶다! 사회성이 매우 높은 종으로서 살아온 긴 진화 과정이 없었더라면, 우리는 동료 인간을 보살필 리가 만무하다. 우리는 서로에게 관심을 기울이고 필요할 때 도움을 제공하도록 프로그래밍되었다. 그것이 아니라면, 무리를 지어 살아가는 목적이 무엇이겠는가? 많은 동물도 무리 생활을 하는데, 상부상조를 수반한 무리 생활이 혼자 살아가는 것보다 막대한 이익이 있기 때문이다.

한번은 도킨스와 내가 정중하긴 했지만 개인적으로 의견을 달리한 적이 있었다. 11월의 어느 추운 날 오전에 나는 도킨스와 카메라맨을 데리고 여키스야외연구기지의 탑으로 올라갔다. 그곳에서는 내가 잘 아는 침팬지들이 내려다보였다. 나는 늙은 암컷인 피어니를 가리켰다. 피어니는 관절염이 너무 심해 젊은 암컷들이 피어니를 위해 물을 날라다주었다. 피어니가 느릿느릿 수도꼭지로 가도록 내버려두는 대신에 암컷들은 재빨리 달려가 물을 한입 가득 머금고 와 크게 벌린 피어니의 입에다 넣어주었다. 때로는 피어니의 엉덩이를 손으로 밀어 정글짐으로 오르도록 도와 털고르기를 하는 친구들 무리에 합류할 수 있게 해주었다. 피어니에게 이런 도움을 준 침팬지들은 아무런 혈연관계가 없었고, 그 대가로 기대할 것도 전혀 없었는데, 피어니는 그럴 처지가 못 되었기 때문이다.

이런 행동을 어떻게 설명해야 할까? 그리고 우리가 일상적으로 행하는 친절한 행동(때로는 완전한 타인에게까지)은 어떻게 설명해야 할까? 도킨스는 유전자의 '오작동'이 일어난 게 분명하다면서 유전자를 탓함으로써 자신의 이론을 구하려고 애썼다. 하지만 유전자는 DNA가 늘어선 작은 가닥에 지나지 않으며, 의도 같은 것이 있을 리가 없다. 유전자는 어떤 목적도 염두에 두지 않고서 자기 할 일을 하는데, 따라서 유전자는 이기적이지도 비이기적이지도 않다. 그러니 우연히 어떤 목적을 제대로 수행하지 못하는 일도 있을 수가 없다.

1970년대와 1980년대에는 어두운 면에 초점을 맞추는 풍조가 너무나도 심해서 나는 내 삶을 변기 개구리의 삶에 비교했다.[7] 나는 오스트레일리아에서 큰 변기 개구리를 본 적이 있다. 그 개구리는 변기에서 살면서 가끔 사람이 일으킨 쓰나미가 몰려올 때에는 흡반이 달린 발가락으로 변기 벽을 꼭 붙잡고 휩쓸려가지 않으려고 버텼다. 이 개구리는 변기에서 소용돌이치며 내려가는 배설물을 전혀 신경 쓰지 않는 것처럼 보였지만, 나는 신경이 쓰였다! 생물학자나 인류학자 혹은 과학 저널리스트가 썼건 간에, 인간의 조건에 관한 책이 나올 때마다 나는 필사적으로 붙잡고 버텨야 했다. 대부분은 내가 우리 종을 바라보는 방식에 파문을 선고하는 것이나 다름없는 냉소적인 견해를 옹호했다.

그 시절에 유일한 위로는 메리 미즐리Mary Midgley의 책이었다. 이전의 데이비드 흄David Hume처럼 미즐리도 동물을 좋아했고, 늘 사람도 '동물'이라고 주장했다. 우리는 확실한 공동의 가치를 지닌 사회성이 아주 뛰어난 동물이다. 너그러움의 부재에 관한 이 모든 이야기가 마뜩잖았던 미즐리는 도킨스를 직접적으로 공격했다.[8]

그 무렵에 내가 막 깨달은 사실이 있었는데, 인간의 본성을 신뢰하지 않는 사람들은 오로지 남성 동료들뿐이었다. 내가 아는 여성 학자들은 대개 그렇지 않았다. 사람을 탐욕스러운 개인주의자로 묘사한 문헌은 남성이 남성을 위해 쓴 것이었다. 거기에 영감을 제공한 궁극적인 원천은 인간이 만든 종교에서 나왔는데, 종교의 가르침에 따르면 우리는 영혼에 큰 오점을 지닌 죄인으로 이 세상에 왔다. 선한 본성은 완전히 이기적인 의제를 덮고 있는 얇은 합판이었다. 나는 그것을 합판 이론Veneer Theory이라고 명명했다.[9]

21세기로 넘어올 무렵, 나는 새로운 데이터들이 쏟아져 나오면서 이런 개념들을 묻어버리는 것을 보고 무척 기뻤다. 인류학자들은 전 세계 각지의 사람들에게 공정성 감각이 있다는 사실을 보여주었다. 행동경제학자들은 사람이 선천적으로 서로를 신뢰하는 경향이 있다는 사실을 발견했다. 아이와 영장류는 유혹이 없더라도 자발적으로 이타성을 보여주었다. 그리고 신경과학자들은 우리 뇌가 타인의 고통을 느끼도록 만들어져 있다는 사실을 발견했다. 이전에 나는 영장류의 공감 능력을 연구한 적이 있있는데, 그 뒤를 이어 개와 코끼리, 새, 심지어 설치류의 공감 능력에 대한 연구가 일어났고, 설치류 실험에서는 한 쥐가 덫에 걸린 동료를 풀어준 사례도 있었다.[10] 이제 자연계에서는 노골적인 경쟁이 압도적이라는 개념-이른바 생존 투쟁-이 지나치게 과장되었다는 사실이 드러났다.

심지어 《파리 대왕》처럼 창작물도 공격을 받게 되었다. 섬에 갇힌 사람들 사이에서, 특히 굶주리는 상황에서는 폭력이 일어날 수는 있지만, 반드시 그런 것은 아니다. 우리 종은 갈등을 해결하는 능력이 탁월하다. 심리학자들의 연구 결과는 아이들은 감독이 필요한 게 아니라, 어른이 방을 떠나면 스스로 분쟁을 해결한다는 것을 보여준다.[11]

아이들은 심지어 골딩이 상상한 상황에서도 그런 능력을 보여준다. 네덜란드 역사학자 뤼트허르 브레흐만Rutger Bregman은 인터넷에서 다음 글이 실린 블로그를 발견했다. "여섯 소년이 통가에서 어선을 타고 출발했다. 큰 폭풍을 만나 배는 난파되었고, 소년들은 무인도에 상륙했다. 이 작은 부족은 무엇을 했을까? 그들은 절대로 싸우지 말자는 협약을 맺었다."
브레흐만은 이 사건에 흥미를 느껴 오스트레일리아 브리즈번으로 가 지금은 60대가 된 생존자들을 만났다. 그 당시 나이가 13~16세였던 소년들은 작은 돌섬에서 1년 이상 갇혀 지냈다. 그들은 서로간의 싸움을 피하면서 어찌어찌 불을 피우고 채소밭에서 수확한 식물로 연명했다. 긴장이 높아지면 성질을 가라앉히려고 애썼다. 이들의 경험은 나머지 생애 동안 계속 이어진 신뢰와 충성심, 우정을 들려주는 이야기였다. 그 메시지는 골딩이 우리에게 전하려고 애쓴 것과 정반대였다.[12]

왜 아직도 많은 사람이 골딩의 섬뜩한 이야기를 믿을까? 왜 그의 책은 인간의 본성에 중요한 통찰력을 제공한다는 듯이 중학생에게 추천하는 고전이 되었을까? 그리고 왜 주커먼의 멍키힐 학살극 이야기는 완전히 틀렸음이 증명되었는데도, 여전히 '자연 질서'를 묘사하는 대중적인 글들 뒤에 어른거리고 있을까? 아마도 우리에게 나쁜 뉴스에 흥미를 느끼는 성향이 있거나, 미국 소설가 토니 모리슨Toni Morrison이 "악은 블록버스터처럼 청중을 끌어모으고, 선은 무대 뒤에 숨어 있다. 악은 강렬한 연설을 하는 반면, 선은 하고 싶은 말을 꾹 참는다."[13]라고 한 말이 옳을지도 모른다.

우리는 두 성을 지배자와 피지배자로 양분하면서 영장류의 끔찍한 상황을 드러낸 주커먼의 틀린 이야기에 푹 빠졌다. 그 지배자들이 결국 빈손이 되고 말았다는 사실은 신경 쓰지 마라. 이 모든 이야기는 새로운 정보의 흐름을 멈추는 법을 알고 있던 한 불쾌한 남자가 조장한 인간 사회의 비유로 쓰였다. 50여 년 뒤, 제인 구달은 팔순 생일 무렵에 한 인터뷰에서 트라우마가 남아 있었음을 보여주었다. "주커먼을 언급하자, 구달의 얼굴이 약간 날카로워졌고, 말하는 속도가 빨라졌다. 구달은 주커먼의 원숭이 연구를 '쓰레기'라고 일축했다. 그것은 구달이 다른 사람에 대해 한 말 중 유일하게 나쁜 말이다."[14]

개코원숭이의
재발견

주커먼의 이야기를 마침내 매장시킨 과학자는 동일한 종인 망토개코원숭이를 평생 동안 연구하여 큰 영향력을 떨친 한스 쿠머였다. 그는 처음에는 취리히동물원에서 나중에는 에티오피아의 자연 서식지에서 망토개코원숭이를 연구했다. 젊은 시절의 내게 그는 영웅이었는데, 그는 엄격하고 창의적이고 새로운 해석에 마음이 열려 있었기 때문이다. 나는 그가 쓴 논문을 모두 다 읽었고, 그를 본받으려고 노력했다.

나는 영장류의 행동을 공부하는 학생 시절에 쿠머를 처음 만났다. 케임브리지대학교에서 열린 학술회의 때, 만찬석상에서 나는 몇몇 거물 교수들과 같은 식탁에 앉았다. 만찬은 유서 깊은 이 대학교의 널따란 고딕양식 식당 중 한 곳에서 열렸다. 내가 인사를 나누면서 속으로 나의 행운에 기뻐하고 있을 때, 뭔가 이상한 일이 일어났다. 확성기에서 '주빈석'으로 와달라면서 몇몇 사람들의 이름이 호명되었다. 유럽 대륙에서 온 우리에게는 특별한 주빈석이라는 개념 자체가 아주 생소했다. 그것은 매우 불쾌하게 들렸는데, 아무도 요구하지 않은 계급 구분을 도입하는 것처럼 보였기 때문이다. 옛날에는 주빈석에는 의자들이 놓여 있는 반면, 다른 식탁에는 벤치가 놓여 있었다지만, 나는 그때에도 여전히 그랬는지는 기억이 나지 않는다. 초청받은 사람 중에는 쿠머도 있었다. 쿠머는 그 요청을 웃어넘기고 이 자리에 있는 사람들이 더 좋다고 말했다. 우리는 아주 근사한 저녁을 보냈다. 자연발생적으로 튀어나오는 그의 제스처는 늘 나를 매료시켰다.

쿠머는 데이터를 매우 체계적으로 꼼꼼하게 수집하면서도, 늘 놀라운 것을 받아들일 마음의 준비가 되어 있었다. 그는 자신의 이론과 너무나도 잘 들어맞는 결과를 의심한다고 말하곤 했다. 자신의 마음을 바꾸게 만드는 것을 발견하는 것보다 더 흥미진진한 일이 있겠는가? 쿠머는 수염을 길게 기른 가부장적 인물이었는데, 그가 연구한 종을 감안하면 아주 적절한 유형이었다. 《신성한 개코원숭이를 찾아서 In Quest of the Sacred Baboon》라는 책의 서두에서 쿠머는 이 동물의 행동을 너무 중요한 것으로 받아들이지 말라고 경고했다.

비록 고대 이집트인은 망토개코원숭이를 신성한 존재로 숭배했지만, 이 원숭이는 결코 성인이 아니다. 그 사회생활은 우리가 동물들 사이에서 발견하길 기대하는 목가적인 것이 아니다. 망토개코원숭이는 가부장적 공동체에서 살아가는데, 수컷은 싸움에 필요한 기본적인 두 가지 측면인 날카로운 송곳니와 동맹 네트워크가 모두 발달했다……. 연구를 시작했을 때, 나는 가부장적 사회를 찾아보려고 하지도 않았고, 이것이 바로 그런 사회라는 것도 몰랐다. 이 책이 부지불식간에 남성의 우월성을 뒷받침하는 선전으로 받아들여져서는 절대로 안 된다. 동물의 행동은 사람이 해야 하는 행동을 뒷받침하는 근거가 될 수 없다.[15]

남성의 우월성에 관한 이 견해는 주커먼의 과장된 선전보다 상당히 많은 뉘앙스를 보여주었다. 쿠머는 한 강연에서 말한 것처럼 자신의 개코원숭이가 '페미니스트의 악몽'이라는 사실을 잘 알고 있었다. 그는 현명하게도 '하렘'이란 용어를 '한 수컷 단위one-male unit(OMU)'로 대체했다. 그의 야외 연구는 수컷들이 어떻게 폭력을 피하려고 노력하는지 보여주었다. 수컷들은 암컷들을 모으고 다른 수컷들로부터 지키지만, 충돌을 피하기 위해 미묘한 신호들을 다양하게 사용한다. 수컷들은 서로의 OMU를 존중한다. 한 수컷과 한 암컷이 일단 유대를 맺으면, 다른 수컷들은 좀체 그것을 침범하려 하지 않는다.

야외에서 관찰 연구를 한 것 외에도 쿠머는 야생 개코원숭이를 사로잡아 시험을 한 뒤 다시 풀어주었다. 이 방법으로 쿠머는 예컨대 만약 한 암컷이 두 수컷이 있는 우리에 들어가면, 수컷들이 암컷을 놓고 싸운다는 사실을 발견했다. 하지만 암컷을 한 수컷만 있는 우리에 집어넣고, 나머지 수컷들은 옆 우리에서 지켜본다면, 완전히 다른 결과가 나왔다. 암컷이 한 수컷과 잠깐 동안 함께 지내기만 했다면, 다른 수컷들은 이들이 자신의 우리에 들어오더라도 그 유대를 존중했다. 몸집이 아주 크고 완전히 지배적인 수컷도 싸움을 억제했다. 그 수컷은 대신에 그 쌍으로부터 멀찌감치 떨어져 앉아 땅에서 조약돌을 가지고 놀았다. 아니면 울타리 밖의 풍경을 주의 깊게 살피다가 아주 흥미로운 것을 보았다는 듯이 머리를 돌리기도 했다. 하지만 쿠머는 수컷이 본 것이 무엇인지 알아내지 못했다.

이 개코원숭이들은 자신들의 위험한 무기를 사용하길 꺼린다. 쿠머는 지나가는 한 수컷 개코원숭이 앞에 땅콩을 던지면, 개코원숭이는 예외 없이 그것을 집어 먹는다고 보고했다. 나란히 걸어가는 두 수컷 개코원숭이 앞에 땅콩을 던지면, 둘은 그것을 못 본 척한다. 둘 다 마치 그것이 존재하지 않는다는 듯이 그냥 지나친다. 땅콩 하나는 싸울 만한 가치가 없기 때문이다. 쿠머는 또한 각자 가족을 거느린 두 수컷이 그들 모두에게 돌아가기에는 너무 작은 과일나무에 접근한다면, 수컷들이 지배성을 발휘하려고 시도하지 않는다는 사실도 관찰했다. 두 수컷은 과일을 하나도 따지 않은 채 자신의 가족을 데리고 서둘러 그 나무를 떠났다.

이렇게 갈등을 극도로 꺼리는 성향은 멍키힐에서 무엇이 잘못되었는지 분명히 알려준다. 수컷들 사이에 기존의 유대나 확립된 질서가 없는 상태에서 성이 다른 개체들을 마구 섞어놓자, 일반적으로 싸움을 막아주도록 정밀하게 작동하던 메커니즘이 무너지고 말았다.

쿠머는 OMU의 기반을 이루는 요소가 수컷의 행동뿐만이 아니란 사실을 발견했다. 수컷이 너무 멀리 벗어나는 암컷을 목을 물어 벌하고, 그러면 암컷이 더 이상 문제를 피하기 위해 수컷 가까이에 머무는 것은 사실이다. 하지만 암컷은 단순히 수컷의 소유물에 불과한 것이 아니다. 쿠머 팀은 위의 실험에 암컷의 선호를 추가함으로써 이 사실을 발견했다. 그들은 예비 실험에서 암컷에게 서로 다른 우리에 갇힌 두 수컷을 보여주면서 각 수컷 옆에서 보낸 시간을 재는 방식으로 어느 쪽을 더 선호하는지 살펴보았다. 그리고 나서 본 실험으로 암컷을 그중 한 수컷과 짝을 짓게 했다. 그 수컷이 예비 실험에서 암컷이 더 많은 시간을 보낸 수컷일 경우, 다른 수컷은 이 결합에 도전하길 더 꺼려했다. 암컷이 자신의 선호 척도에서 후순위였던 한 수컷과 짝을 지었을 때에만, 다른 수컷들이 그 암컷을 빼앗으려고 시도했다. 쿠머는 암컷이 원하는 것에 대한 수컷의 '배려'를 이야기했는데, 그것을 "더 평등한 사회를 향한 길로 내디딘 첫

번째 발걸음"이라고 평가했다.[16]

하지만 내게 그것은 아주 작은 발걸음으로 보인다. 그리고 수컷들이 정말로 그토록 배려심이 있는지도 불분명하다. 어쩌면 그저 자신이 가질 수 없는 전리품을 놓고 싸우길 원치 않는지도 모른다. 수컷들은 암컷의 선호를 알아챈 게 분명하다. 영장류는 같은 종의 신체 언어를 파악하는 데 아주 탁월하다. 만약 암컷이 다른 수컷을 더 좋아한다면, 결국 기회만 있으면 자신을 떠날 것이라고 계산했는지도 모른다. 다른 연구들에서는 거부하는 암컷을 수컷이 자기 무리에 계속 붙잡아둘 수 없다는 사실이 드러났다.

더 깊은 문제는 유인원인 우리가 원숭이인 개코원숭이에게서 사람의 젠더에 상응하는 것을 찾으려 한다는 데 있다. 여러분은 자신을 다른 존재로 생각할지 모르겠지만, 유전적으로 우리는 작은 호미니드과에서 한가운데에 위치하고 있다. 심지어 우리는 곁가지도 아니다. 호미니드과를 정의하는 특징으로는 꼬리가 없고(반면에 원숭이는 꼬리가 있다) 가슴이 편평하고 팔이 길고 몸집이 크고 예외적으로 지능이 높은 것 등을 꼽을 수 있다. 사람 외에 침팬지, 보노보, 고릴라, 오랑우탄이 호미니드과에 속한다. 사람을 왜 유인원(혹은 원한다면 두발 보행 유인원)으로 불러서는 안 되는지 타당한 생물학적 이유를 댄 사람은 지금까지 아무도 없다. 일부 사람들은 심지어 우리가 속한 속(사람속)을 가장 가까운 친척인 침팬지와 보노보가 속한 속과 합쳐야 한다고 주장했다. 하지만 역사적 이유와 자존심 때문에 우리는 사람속을 별개의 속으로 유지하고 있다. 그러나 다른 유인원들과의 DNA 유사성을 감안하면, 미국 지리학자 재러드 다이아몬드Jared Diamond의 말처럼 우리 자신을 '제3의 침팬지'로 분류하는 게 더 적

절할지도 모른다.[17]

　개코원숭이는 우리와 비교적 먼 관계인데도 불구하고, 개코원숭이 연구에서는 여성(그리고 페미니스트) 영장류학자가 큰 영향력을 떨쳤다. 개코원숭이는 관찰하기가 가장 쉬운 영장류 중 하나인데, 야생에서 최초로 광범위한 관심을 끈 종이 된 이유도 이 때문이다. 개코원숭이는 수백 건의 야외 연구 보고 대상이 되었고, 과학자의 젠더가 그 접근법에 어떤 영

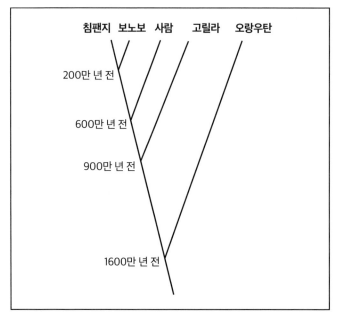

DNA를 바탕으로 분석한 우리의 족보는 현존하는 호미니드 다섯 종(사람과 대형 유인원)이 몇백만 년 전에 갈라졌는지 알려준다. 보노보와 침팬지는 우리가 공통 조상에서 유래하고 나서 한참 뒤에 서로 갈라졌기 때문에, 이 두 종이 우리와 가까운 정도가 서로 비슷하다. 고릴라는 조금 더 오래전에 갈라져나갔고, 오랑우탄은 그보다 더 오래전에 갈라져나갔다. 호미니드는 약 3000만 년 전에 원숭이(꼬리가 있는 영장류)와 갈라졌다.

향을 미치는지 보여주는 선례가 되었다.

나는 케냐에서 한 개코원숭이 무리를 걸어서 추적한 적이 있다. 숲에서 영장류를 추적하는 것과 비교하면 그것은 식은 죽 먹기나 다름없었다. 나무 위에서 살아가는 영장류를 관찰하려면 항상 고개를 들어 위를 쳐다보아야 하고, 그것도 무성한 잎 사이에서 형체를 파악하려고 애써야 한다. 그 사회생활은 겨우 일부분만 볼 수 있는데, 대치 상황이나 위험한 상황이 발생하자마자 사라져버리기 때문이다. 다년간 시간을 투자함으로써 숲에 사는 영장류가 과학자의 존재에 익숙해지도록 해야만 더 많은 것을 볼 수 있다. 그러한 습관화 과정에는 큰 인내심이 필요한데, 초기에는 야외 연구자 중에서 그렇게 긴 시간을 투자한 사람이 거의 없었다.

하지만 개코원숭이는 탁 트인 사바나에서 돌아다니며, 키 큰 풀 사이에 도사리는 위험 때문에 늘 경계를 늦추지 않는다. 개코원숭이는 쌍안경이나 클립보드를 든 사람을 특별히 꺼려하지 않는다. 평소에 늘 하던 일을 그냥 계속하는데, 주로 풀과 열매, 씨앗, 뿌리를 채취해 먹고 가끔 새끼 영양도 잡아먹는다. 고기를 좋아하지만, 주로 먹는 것은 식물이다. 전체 무리는 서로가 보이는 거리 안에서 머물며, 싸움 같은 소란이 발생했을 때에도 마찬가지다. 사바나에서는 그런 사건이 일어나는 것을 손쉽게 관찰할 수 있는데, 그것은 숲에서 벌어지는 상황과는 사뭇 다르다.

평지에서 개코원숭이를 관찰하기가 쉽고 편리하다는 점 외에 영장류학자들이 개코원숭이에 초점을 맞춘 두 번째 이유가 있었다. 우리 조상은 숲을 떠나 사바나로 갔는데, 개코원숭이도 같은 길을 걸었기 때문에 우리에게는 아주 이상적인 모형이었다. 개코원숭이는 우리 조상과 동일한 서식지에 적응해 살아갔다. 영장류학자들이 이러한 생태학적 주장을 계속 반복하자, 다른 영장류는 굳이 연구할 필요가 없는 것처럼 보였다. 이 주장은 쿠머와 주커먼의 망토개코원숭이뿐만 아니라, 수컷이 암컷을 '소유'하지 않는 그 밖의 개코원숭이 종들에도 적용되었다. 이들 개코원숭이 종(올리브개코원숭이, 차크마개코원숭이, 노랑개코원숭이)에서는 암컷이 독립적으로 살아간다. 암컷들은 혈족을 기반으로 수컷에게서 완전히 독립되고 응집력이 높은 사회를 이루어 살아간다. 아들들은 사춘기가 되면 다른 무리로 가는 반면, 같은 무리에서 살아가는 수컷 어른들은 모두 외부에서 왔다.

영장류학에서 남성 과학자들이 득세하던 시절에는 오로지 호전적인 수컷에게만 관심이 집중되었다. 그들은 군사 용어를 많이 사용해 수컷들이 정부 기능을 수행하는 것처럼 기술했다. 수컷의 위계는 어미와 새끼의 안전 보장을 포함해 사회생활의 모든 측면을 조절하는 사회의 중추였다.[18] 암컷은 어린 새끼를 등에 태우고 이동하는데, 새끼는 어미의 꼬리를 의자 등받이처럼 사용한다. 과학자들은 개코원숭이 무리의 이동을 전투 대형을 닮았다고 기술했다. 많은 암컷과 새끼들은 겁에 질려 가운데에 모여 있고, 그 주위를 강한 송곳니를 가진 수컷들이 빙 둘러싸고 언제든지 외부의 위험을 격퇴할 태세를 갖춘 채 이동했다.

하지만 제1세대 여성 영장류학자들은 개코원숭이 사회를 그렇게 보지 않았다. 그들의 눈에는 암컷 개코원숭이들이 사회의 핵심이었다. 암컷들의 혈족 네트워크는 시간이 지나도 안정적으로 유지되었고, 그 네트워크는 서로의 새끼에게 그르렁거리는 소리와 함께 털고르기를 해주면서 강화되었다.

초기의 여성 개코원숭이 연구자 중에 인습 타파주의 성향이 강한 셀마 로웰Thelma Rowell이 있었다. 나는 초롱초롱하게 빛나던 이단자의 눈빛을 지닌 이 영국인 영장류학자를 생생하게 기억한다. 로웰이 학회에 참석할 때마다 거의 어김없이 그곳은 아수라장으로 변했는데, 남성 학자들이 경쟁과 지위의 역할을 한껏 강조한 반면, 로웰은 단순히 그것을 뒷받침하는 증거를 별로 본 적이 없다고 말했기 때문이다. 로웰은 지적인 훼방꾼처럼 행동했다. 사회적 지배성 개념 전체에 의문을 제기함으로써 문헌을 통해 다년간 치열하게 이어진 논쟁을 촉발했다. 로웰은 우리가 영장류에게 농축식품을 제공함으로써(그 당시 야외 조사에서 흔히 사용하던 기술) 위계 조직 패턴이 나타나게 한 것은 아닐까 하는 질문을 던졌다.

로웰 자신은 우간다 숲에 사는 개코원숭이를 연구했는데, 가까이 다가가기 위한 목적으로 음식물을 절대로 사용하지 않았다. 그 개코원숭이들은 비교적 평화로웠고, 수컷들은 결코 외부의 위험을 막으려고 노력하지 않았다. "수컷 개코원숭이는 자신의 무리를 지킨다고 흔히 묘사되지만, 나는 그런 것을 결코 본 적이 없고 상상하기도 어려운데, 이샤사의 개코원숭이들은 잠재적 위험에는 항상 도망으로 대응했기 때문이다…… 중대한 위협이 있으면 무리 전체가 도망가는데, 긴 다리를 가진 수컷들이 맨 앞에서 달아나고, 가장 무거운 새끼를 거느린 암컷들이 맨 뒤에서 따라간다."[19]

개코원숭이가 포식 동물에게 어떻게 반응하는지 관찰한 기록은 너무나도 드물어서 영장류학자들이 수컷의 보호 역할을 어떻게 알아냈는지 의아하다. 혹시 그것은 인간의 상상력이 빚어낸 산물이 아닐까? 개코원숭이가 포식 동물을 만난 사례를 상당수 수집한 연구는 오직 하나뿐이다. 미국 인류학자 커트 버스Curt Busse는 보츠와나에서 차크마개코원숭이를 따라다니고 밤에는 그들의 잠자리 부근에서 야영을 하면서 2000시간을 보냈다. 버스는 표범이 밤에만 개코원숭이를 공격한다는(그리고 죽인 다는) 사실을 발견했다. 표범은 낮에는 절대로 공격하지 않는다. 수컷 개코원숭이들이 설령 낮에는 표범을 괴롭힌다 하더라도, 밤중에 몰래 접근해 기습을 가하는 표범의 공격으로부터 자신의 무리를 지키는 것은 불가능하다.[20]

버스는 또한 낮이나 황혼녘에 개코원숭이가 사자와 맞닥뜨리는 장면도 많이 목격했다. 사자는 몸집이 아주 커서 개코원숭이에게 전혀 위협을 느끼지 않는다. 크건 작건 모든 개코원숭이는 나무 위로 달아나면서 경고의 소리를 크게 지르는 방식으로 사자의 위협에 대응했다. 사자의 공격이 끝난 뒤에 가끔 수컷 어른들이 나뭇가지를 거세게 흔들면서 적을 향해 요란하게 짖어댔지만, 그것은 대개 보여주기 위한 쇼에 지나지 않았다. 이러한 관찰 사례와 로웰의 관찰 사례는 수컷의 영웅적인 보호자 역할을 뒷받침하지 않았는데도 불구하고, 이 개념은 그 무렵에 인류학 교과서에 주요 내용으로 실렸다.

로웰은 여성 영장류학자로서 맞닥뜨린 자기 나름의 어려움이 있었다. 1961년에 T. E. 로웰이란 이름으로 런던동물학회 학술지에 논문을 제출하자, 이 학회는 회원들 앞에서 명망 높은 강연을 해달라고 로웰을 초청했다. 회원들은 논문 저자의 성별을 로웰이 강연장에 들어오는 순간에 알았다고 한다. 그 때문에 어색한 상황이 연출되었다. 강연 후에 만찬이 예정돼 있었지만, 회원들은 여성과 같은 식탁에 앉을 수 없다고 생각했다. 믿기 어렵게도 그들은 로웰에게 커튼 뒤에서 식사를 하라고 요구했다. 로웰은 당연히 그 요구를 거절했다.[21]

로웰은 구달처럼 첫 번째 물결의 여성 영장류학자에 속했고, 곧 이어 훨씬 큰 두 번째 물결이 몰려왔다. 위의 논란들이 일어난 지 20여 년 뒤인 1985년, 미국 인류학자 바버라 스머츠Barbara Smuts가 개코원숭이에 관한 책 중에서 내가 가장 좋아하는《개코원숭이의 성과 우정 Sex and Friendship in Baboons》을 썼다.[22] 하지만 그 당시에 자연을 냉소적으로 바라보던 사람들은 우정이란 단어에 눈살을 찌푸렸다. 동물에게 '적'이나 '경쟁자'가 있다는 언급에는 아무도 반대하지 않았다. 정말로 동물도 친구가 있을 수 있단 말인가? 우정이란 단어는 동물도 서로를 좋아하고 서로에게 충실할 수 있다고 시사했다. 스머츠는 자신의 개코원숭이들에게서 바로 그것을 관찰하고 기록했다. 오늘날 우리는 친족과 친구가 결코 사치가 아니라는 것을 안다. 친족과 친구의 존재는 우리에게서와 마찬가지로 사회적 동물들 사이에서 죽음의 위험을 낮춰준다.[23]

수컷들이 자신의 의지를 강요하는 망토개코원숭이와 달리 사바나의 개코원숭이들 사이의 이성 간 우정은 완전히 자발적으로 일어나며 상호 매력에 기반을 두고 있다. 그 관계는 성적일 수 있지만, 그보다는 정신적인 사랑인 경우가 더 많다. 개코원숭이들은 한 이틀 동안 '시시덕거림'(몰래 서로 훔쳐봄으로써)을 통해 관계를 시작했다가 한쪽이 눈썹을 치켜올리고 우호적으로 입맛을 다시는 행동과 함께 "이리로 와." 하는 표정으로 상대를 쳐다보고, 결국에는 함께 많은 시간을 보낸다. 이들은 함께 돌아다니면서 나란히 먹을 것을 채취하고, 밤에는 온기를 얻기 위해 함께 몸을 붙이고 잠을 잔다. 이 과정에 강요는 전혀 없으며, 오로지 애정과 신뢰만 있다. 무리 중에서 모든 암컷은 수컷 친구가 최소한 하나, 대개는 둘이 있으며, 암컷보다는 수컷의 수가 적기 때문에 수컷은 친구를 여럿 사귀는 경우가 많다. 무리 중에서 오랫동안 머문 수컷은 암컷 친구가 대여섯 마리나 있을 수 있다. 수컷보다 몸집이 훨씬 작은 암컷에게는 힘센 보호자가 있으면 아주 유리하다. 수컷 친구들은 암컷과 그 새끼들을 다른 암컷들, 특히 수컷들로부터 보호해준다.

나는 스머츠가 연구한 케냐 에부루 절벽의 개코원숭이 무리에서 이것을 직접 목격했다. 먼저 보고된 패턴을 발견하는 것은 훨씬 쉽다(나는 그곳에 10년 뒤에 갔다). 과학자들이 웰링턴Wellington이라고 이름 붙인 젊은 수컷 어른은 불과 며칠 전에 다른 무리에서 이 무리로 왔다. 웰링턴은 거들먹거리는 태도와 하품이나 위협 행동을 할 때 드러내는 길고 날카로운 송곳니 때문에 나머지 모든 개코원숭이들을 매우 과민하게 만들었다. 그들은 웰링턴을 나무 위로 쫓아 보내기도 했지만, 웰링턴은 늘 땅으로 다시 내려왔다. 늙은 수컷들은 이빨이 닳거나 빠졌기 때문에, 건방진 젊은 것들을 통제하기 위해 함께 힘을 합치는 경우가 많다. 웰링턴이 한 암컷에게 위협적으로 다가가자, 암컷은 비명을 지르면서 곧장 무리 중의 한 수컷에게 달려가 양 손으로 수컷의 몸을 꽉 잡고 매달렸다. 암컷의 친구는 웰링턴을 노려보았고, 웰링턴은 높은 다리로 우뚝 서서 몸집을 커 보이게 하면서 둘 주위를 빙빙 돌았다. 하지만 감히 암컷을 건드리려고 하진 않았다.

암컷들은 새끼 주변에 있는 수컷 친구들을 신뢰한다. 수백 미터 밖으로 먹이를 구하러 떠나는 동안 친구들에게 새끼를 맡기고 가기도 한다. 수컷 베이비시터는 형제자매보다 훨씬 나은 보호를 제공한다. 최근의 유전자 검사 결과에 따르면, 수컷 친구들 중 약 절반은 자신과 함께 지내는 암컷들이 낳은 새끼의 아비인 것으로 드러났다.[24]

이것은 우리에게 얼마나 다른 인상을 주는 개코원숭이 이야기인가!

여성 영장류학자들은 암컷들 사이의 관계와 암컷들의 선택이 수컷들의 위계가 미치는 영향력과 맞먹는 필수 요소임을 가르쳐주었다. 암컷들은 짝짓기 상대에 대해 큰 발언권을 갖고 있으며, 심지어 무리 중에 어떤 수컷을 받아들일지 결정하는지도 모른다. 그렇다고 개코원숭이 사이에서 분명히 관찰할 수 있는 수컷의 경쟁을 강조한 남성 영장류학자들이 틀렸다는 것은 아니지만, 그들의 주장은 전체 이야기 중 절반에 불과했다. 영장류학계에 여성이 들어온 것은 우리 사회뿐만 아니라 영장류 사회를 기술하는 데 있어서도 젠더 균형을 이루는 데 큰 도움이 되었다.

젠더와 영장류학

과학자의 관심이 젠더에 좌우된다는 사실은 전혀 놀랄 이유가 없다. 과학자들의 접근법은 교육과 젠더, 학문 분야, 문화를 포함해 과학자들의 모든 배경에 영향을 받는다. 게다가 생물학자는 자연적으로 심리학자나 인류학자와는 다른 시각으로 동물의 행동을 바라본다. 문화에 관해 말하자면, 내가 갈등 해결에 큰 관심을 보이는 것은 당연히 내가 인구 밀도가 높은 작은 나라 출신인 것과 깊은 관련이 있다. 네덜란드에서는 개인적 성공보다 합의와 관용을 더 가치 있게 여기는 경우가 많다. 우리 모두는 제각각 다른 관점을 테이블에 가져온다.

하지만 여기서 진실은 손에 잡기 어려우며, 실체는 해석하기 나름이라는 주장은 완전히 잘못된 것이다. 이것은 여성 영장류학자를 낭만적으로 묘사하는 책에서 자주 맞닥뜨리는 위험한 주장이다. 이 '미녀와 야수' 장르는 정글에서 연구하는 서양 여성을 남성보다 더 용감하고, 동물에게 더 친절하고, 남성은 오직 꿈만 꿀 수 있는 수준으로 사연과 소통한다고 찬미한다. 이런 경향은 1989년에 도나 해러웨이Donna Haraway가 쓴 《영장류의 비전Primate Visions》에서 시작되었다. 영장류학을 포스트모던적으로 해석한 이 작품은 인문학 분야의 고전으로 남아 있다. 여성을 찬미하는 거야 전혀 잘못이 아니지만, 객관적 실체가 없다고 주장한다면, 그 주장은 의심스러울 수밖에 없다. 해러웨이의 책은 유일한 실체는 우리가 보고자 하는 것이며, 여성은 남성과 다른(그리고 더 나은) 실체를 본다고 주장했다.

해러웨이의 책은 영장류학자들(주로 남성들이었지만 여성들도) 사이에 경종을 울렸다. "권력이 군림하는 역사적 분야들에서 백인 여성이 '남성'과 '동물' 사이를 중재한다."라는 맥락에 따라 성적으로 구분되는 것을 좋아할 사람이 누가 있겠는가? 혹은 "〈내셔널 지오그래픽〉의 여성 과학자가 카메라의 눈과 결혼했다"거나 "그 여성은 수컷 원숭이의 손길을 통해 오직 자연과 결혼한 현명한 처녀 여성이다."라는 맥락에 따라 성적으로 구분된다면?[25] 나는 곳곳에 암시가 넘쳐나는 이 모호한 문장들을 어떻게 읽어야 할지조차 모르겠다. 다만 만약 내가 여성 영장류학자라면, 수컷 유인원에게 강한 욕정을 느끼는 존재로 묘사되는 것이 몹시 싫을 것이다. 여성의 지위를 고양시키는 것이 원래의 의도였겠지만, 그 대신에 해러웨이는 젠더를 강조하고 과학을 희생시킴으로써 여성의 권위를 실추시켰다. 이 주제를 놓고 열띤 논쟁이 많이 벌어졌는데, 나는 한 영장류학자가 "나는 여성 과학자로 알려지길 원치 않는다! 나는 과학자로 알려지고 싶다. 끝!"이라고 외친 게 기억난다.

적어도 해러웨이의 책은 외부자들이 보기에 아주 재미있는 공격을 초래했는데, 그것은 미국 인류학자 매트 카트밀Matt Cartmill이 공격했을 때 일어났다.

> 이 책은 자기모순을 100번이나 드러내는 책이다. 하지만 이것은 이 책의 비판이 되지 못하는데, 저자는 모순이 지적 자극과 활력의 표시라고 생각하기 때문이다. 이 책은 역사적 증거를 체계적으로 왜곡하고 취사선택한 책이다. 하지만 이것은 이 책의 비판이 되지 못하는데, 저자는 모든 해석은 편향되기 마련이라고 생각하기 때문이다. 이 책에는 프랑스 지식인이 쓴 듯한 공허한 산문이 넘쳐난다. 하지만 이것은 이 책의 비판이 되지 못하는데, 저자는 그런 종류의 산문을 좋아하고 그것을 쓰는 법에 대한 강의를 들었기 때문이다. 이 책은 색인에 부딪쳐 멈춰설 때까지 무려 450쪽을 헛소리로 가득 찬 캄캄한 벽장 속을 달그락거리며 나아간다. 하지만 이것 역시 이 책의 비판이 되지 못하는데, 저자는 아무 관련이 없는 사실들을 묶어서 고루한 사람들을 비난하는 것이 만족스럽고 신나는 일이라고 여기기 때문이다.[26]

과학자들은 자연과 하나가 되는 느낌을 원치 않으며, 마찬가지로 재미있는 '이야기'를 찾는 게 아니다. 여기에 해러웨이의 문제점이 있다. 만약 과학자들이 자연과 하나가 되는 경험을 한다면, 그것은 보너스일 뿐이다. 우리의 주 목적은 철저한 검증에 버텨낼 수 있는 지식과 설명이다. 포스트모던 학자들은 모든 사람은 자신만의 개인적 진실이 있다고 믿을지 모르지만, 과학자는 알 수 있고 입증할 수 있는 공통의 실체가 있다고 믿는다. 슈뢰딩거의 고양이를 제외하고는 오직 하나의 진실만 존재할 수 있다. 설령 진실이 우리의 기대에 부응하지 못한다 하더라도, 그것을 밝혀 내는 것이 우리의 임무인데, 과학에서 가장 인기 있는 용어가 '발견'인 것은 이 때문이다.

만약 과학이 하는 일이 단지 우리의 편향을 확인하는 문제에 불과하다면, 우리는 그렇게 열심히 연구할 필요가 없을 것이다. 그저 영장류를 2주일 정도 지켜보다가 하고 싶은 이야기를 가지고 돌아오면 된다. 굳이 원시적 조건에서 살아가고, 말라리아와 뱀과 맹수의 위험을 무릅쓰면서 야외 현장에서 다년간 고생할 필요가 없다. 냄새 나는 똥 표본을 자루에 가득 담아 실험실로 가져가 분석할 필요도 없다. 마찬가지로 실험과학자들도 피험자들의 정신 능력 중 특정 사실을 입증하기 위해 독창적인 실험과 적절한 통제 조건을 고안할 필요도 없다. 만약 답을 이미 알고 있다면, 뭐 하러 굳이 실험을 할 필요가 있겠는가?

지난 수십 년 사이에 동물은 괄목할 만한 인지 능력을 많이 보여주었는데, 25년 전에는 전혀 알려지지 않았거나 생각지도 못했던 것들이 많다. 가장 흥미진진한 결과는 우리를 놀라게 하는 것이라고 했던 쿠머의 말을 떠올려보라. 우리는 뭔가 새로운 것을 발견하자마자, 우리가 존재한다고 믿는 것과 그것에 대해 확신을 가지고 말할 수 있는 것 사이의 미묘한 영역으로 발을 들여놓는다. 우리 모두-남녀 모두-는 동일한 증거의 규칙에 지배를 받는다. 해러웨이가 영장류학자들이 데이터를 '만들어낸다고' 암시한 것은 충격적인 주장이다. 해러웨이가 선택한 단어들은 날조에 가깝다! 단호하게 말하건대, 우리는 절대로 그런 일을 하지 않는다. 데이터는 수집하는 것이지, 만들어내는 것이 아니다.

우리 분야에서 가장 많이 인용된 논문은 미국의 생태학자이자 영장류학자인 잔 올트먼Jeanne Altmann이 쓴 것으로, 여기서 올트먼은 행동 관찰을 위해 표준화된 방법을 제시했다. 우리는 모든 개체를 알아보는 법을 배우고 각각에게 이름을 붙여야 하는데, 100마리로 이루어진 개코원숭이 무리를 대상으로 그렇게 하려면 몇 달이 걸릴 수 있다. 그리고 나서 우리는 매일 그들을 추적하면서 다양한 상황에서 그 행동을 기록한다. 옛날에는 연필과 종이로 기록했지만, 지금은 디지털 장비를 사용한다. 모든 것은 부호화되고 수치화되고 도표화되고 그래프로 작성되어 다른 사람들도 우리의 결론이 튼튼한 기반을 바탕으로 한 것인지 직접 판단할 수 있다. 학술지에 실리는 전형적인 논문은 수학과 통계학을 잘 모르면 제대로 읽을 수조차 없다.[27]

우리 세계에서 존경받던 선배이자 중재자였던 미국 영장류학자 고故 앨리슨 졸리Alison Jolly는 해러웨이의 글에서 한 가닥 빛줄기라도 찾으려고 무던히 애썼다. 하지만 결국에는 졸리 또한 야생 영장류가 우리의 편견을 투사하길 기다리는 텅 빈 스크린과 같다는 암시에 분개했다. 《루시의 유산Lucy's Legacy》이란 책에서 졸리는 여성 영장류학자들 사이에서 이 문제를 주제로 열린 회의를 언급했다. 그 자리의 모든 여성은 과학은 아무도 예상치 못했던 증거(예컨대 유인원이 도구를 만들며, 수컷과 암컷 개코원숭이가 서로 친구가 될 수 있다는 사실)의 발견에 이어 의심을 품은 사람들과의 치열한 싸움을 통해 나아간다는 데 동의했다. 새로운 주장에는 늘 의심이 따르기 때문이다.

야외 현장에서 연구한 과학자들은 가장 잘 알려진 발견들은 원숭이와 유인원 자신이 우리에게 받아들이도록 강요한 것이라고 한결같이 주장했다. 사실, 많은 과학자들은 처음에는 자신이 본 것과 맞서 싸웠는데, 그것이 기존에 생각하던 것과 모순되었기 때문이다. 물론 젠더와 자금 지원, 가족과 민족적 배경의 혼합이 우리를 현장으로 보내고 변화에 대처하도록 마음의 준비를 시켰지만, 그래도 항상 뭔가 새로운 것이 등장했다. 그리고 물론 새로운 것은 유명한 것이 되었는데, 다른 사람들도 놀라게 했기 때문이다.[28]

언젠가 누군가는 관찰자의 젠더에 지나친 신경을 쓰지 않고서 우리 분야의 역사를 쓸 것이다. 영장류학은 현재 진정으로 동등한 기회가 보장되는 극소수 과학 분야 중 하나이다.[29] 나는 여성 연구자의 큰 물결이 우리의 지평을 넓혔다고 믿는다. 하지만 그것이 우리가 과학을 하는 방식을 기본적으로 바꾸지는 않았다. 우리는 여전히 받아들일 수 있는 증거에 동일한 기본 규칙을 적용하며, 입증 가능한 데이터와 통계 분석을 고수한다.

영장목에 속한 종은 200종이 넘는데, 초기의 관심이 개코원숭이에 쏠린 것은 불행이었다. 이 원숭이는 우리 종과 유사한 젠더를 탐구하기에 적절한 종이 아니다. 오랫동안 개코원숭이를 관찰한 셜리 스트럼Shirley Strum은 그 한계를 인정한다. 개코원숭이에 관한 스트럼의 첫 번째 대중서는 여전히 《거의 사람에 가까운Almost Human》이란 제목을 달고 있지만, 이제 스트럼은 이 원숭이가 어떻게 많은 점에서 우리와 다른지 강조한다.[30]

개코원숭이는 가부장제가 자연적이고, 마초 수컷이 사회의 핵심을 이룬다는 미신을 조장했지만, 이제 우리는 이것이 이 개념을 일반화해 적용한 나머지 대부분의 영장류는 말할 것도 없고 개코원숭이 사이에서도 사실이 아니라는 것을 안다. 다행히도 과학은 광범위하게 퍼진 인간의 본성은 본질적으로 끔찍하고 잔인하고 이기적이라는 견해와 마찬가지로 이 왜곡된 개념들과도 결별했다. 세월이 지나면서 사회성의 진화를 기술하는 방식에 급진적 변화가 일어났다. 이제 우리는 협력을 적어도 경쟁만큼 많이 강조한다.

초기에 이러한 변화를 지지한 메리 미즐리는 시대를 앞선 사람인 반면, 나는 그 중간에 위치한 사람이었다. 얼마 전에 나는 미즐리가 은퇴해 살고 있는 영국 뉴캐슬의 집을 방문했을 때, 우리 뒤에서 벌어진 많은 싸움에 대해 크게 웃으면서 담소를 나누었다. 미즐리는 98세의 나이에도 불구하고 내게 차를 끓여 대접하겠다고 굳이 우겼고, 나는 그저 평생에 걸친 그녀의 연구에 경의를 표하는 것 말고는 달리 할 일이 없었다.

미즐리는 1년 뒤에 세상을 떠났다.

제5장

보노보의 자매애

잎힌 유인원을
다시 찾아가다

BONOBO
SISTERHOOD

보노보의
낙원

거대한 보호 구역 주변의 모랫길을 따라 걷는 우리를 울타리 너머에서 수컷 보노보가 따라온다. 털을 곤두세우고 우리를 지나쳐 달려가면서 뒤쪽의 나뭇가지를 끌어당긴다. 그러다가 돌아오더니 다시 달린다. 그런 행동을 계속 반복한다. 보노보는 땅 주변의 물체를 끌어당기면서 으스대는 동작을 하는데, 이것은 과시 행동에 소리를 더해준다. 이 수컷이 이런 행동을 하는 이유는 롤라야보노보Lola ya Bonobo(링갈라어로 '보노보의 낙원'이란 뜻)에서 나를 안내하는 사람이 이곳을 세운 벨기에 환경 보호 운동가 클로딘 앙드레Claudine André이기 때문이다.[1] 클로딘은 그 보노보를 잘 알고, 그 보노보도 클로딘을 잘 안다. 이곳 보노보들은 대부분 어릴 때 클로딘의 품에 안겨서 자랐다. 게다가 이곳에는 나도 있다. 나는 수컷이자 낯선 존재여서 수컷 보노보의 눈에는 경쟁자로 보인다.

울타리로 둘러싸인 다음번 구역에 접근하자, 다른 무리의 한 수컷이 나와 나뭇가지를 잡아끄는 행동을 보인다. 숲이 우거진 이 구역이 얼마나 무성하고 넓은지를 감안하면(가장 큰 것은 약 40에이커, 즉 약 16만 m²나 된다), 어떤 보노보도 우리와 어울려 시간을 보낼 이유가 없다. 이들이 차지하고 살아가는 공간은 아주 넓다. 가장자리를 순찰하는 수컷들은 자신들의 세력권 범위를 알린다. 야생 자연에서 서로 다른 보노보 무리들이 만나면, 수컷들이 이웃 수컷들을 쫓아낸다. 하지만 이러한 접촉은 대개 이웃들과 쉽게 어울려 털고르기를 하는 성향이 강한 암컷들이 시작하기 때문에, 수컷들 간의 경쟁이 침팬지 세계에서 보는 것과 같은 수준의 폭력으로 비화하는 경우는 절대로 없다. 침팬지는 적을 죽이는 반면, 수컷 보노보는 기껏해야 할퀸 자국을 남기는 데 그친다.[2]

이웃 구역의 한 암컷을 본 순간, 나뭇가지를 잡아끄는 수컷의 과시 행동이 돌연히 멈췄다. 그 암컷은 엉덩이에 생식기가 크게 부풀어오른 채 걸어다니고 있었는데, 이것은 이 종의 주요 특징이다. 이런 상태에 있는 암컷은 대개 마치 자신의 엉덩이에 꽂힌 수컷들의 눈을 전혀 알아채지 못한다는 듯이 무심하게 돌아다닌다. 하지만 이 암컷은 울타리 뒤에 잠깐 정지한 채 분홍색으로 부풀어오른 생식기를 흔드는데, 그것은 마치 푸딩처럼 흔들거린다. 그러면서 암컷은 수컷의 눈을 똑바로 응시한다. 마치 "이거 어때?"라고 말하는 듯이.

롤라야보노보의 보노보들이 용감하게 전기 철책을 뛰어넘어 이웃 구역으로 이동하는 방법을 찾아낸 것은 전혀 놀랍지 않다. 한 수컷은 무리들 사이에서 너무 자주 이동해, 이제는 이 수컷이 속한 무리가 어디인지 아무도 모른다.

보노보는 페미니스트의 담론에서 인류의 마지막 희망으로 점점 더 자주 등장하고 있다. 보노보의 존재는 수컷의 지배성이 우리 종에 기본값으로 프로그래밍되어 있지 않다는 증거로 간주된다. 나는 우리가 보노보 못지않게 가까운 친척인 침팬지가 있고, 침팬지는 보노보와 아주 다르다는 사실만 명심한다면, 이 결론에 별로 이의가 없다. 이들은 각자 독특하게 발달한 특성이 있어, 이들에게서 관찰된 특성을 직접 우리에게 적용하기 어렵다. 최선은 가까운 친척들과 우리를 삼각에 두고 비교하면서 공통점과 차이점이 무엇인지 살펴보는 것이다.

보노보의 행동은 우리의 유산에 관한 일반적 개념들과 어긋난다. 이것은 적어도 한때 널리 상정했던 것보다 훨씬 큰 유연성을 암시한다. 불행하게도 대다수 사람들은 보노보가 어떤 존재인지 잘 모르며, 기껏해야 그들을 '보노보 원숭이'라고 부르는 게 최선이다. 하지만 보노보는 원숭이가 아니라, 우리처럼 꼬리가 없는 호미니드이다. 그래서 사람의 진화에 관한 논의에서 보노보는 특별한 지위를 지닌다. 내가 얼마 전에 롤라야보노보를 방문한 경험은 지난 20년 동안 이 매력적인 유인원에 대해 우리가 알아낸 것을 잘 보여준다.

클로딘과 나는 이리저리 돌아다니면서 콩고민주공화국 수도에서 가까운 이곳에 숲이 우거진 보호 구역을 유지하는 데 따르는 어려움에 대해 프랑스어로 대화를 나누었다. 구역을 유지하려면 땅을 침범하는 사람들을 끊임없이 감시해야 하는데, 땅을 침범하려는 낌새는 쉽게 감지할 수 있다. 기반 시설이 제대로 갖춰지지 않은 수도 킨샤사는 인구가 적어도 1200만이나 되는(정확한 수는 아무도 모른다) 거대 도시로 성장했다. 이렇게 거대한 도시가 가까이 있는데도 불구하고, 롤라야보노보에서는 도시의 소음이 거의 들리지 않는다. 야생동물 고기 거래에서 구조된 약 75마리의 보노보에게 이곳 보호 구역은 정말로 낙원이다.

1993년에 클로딘은 킨샤사동물원과 의학 연구소에서 굶주리고 있던 보노보 몇 마리를 입양했다. 롤라야보노보 보호 구역이 세워지기 전에 이 아름다운 지역에는 근처의 루카야강과 폭포에 접근할 수 있는 호텔이 있었다. 전직 대통령인 모부투 세소 세코Mobutu Seso Seko가 주말에 이곳에 와서 쉬다 가곤 했다. 그의 수영장은 지금은 보노보를 위한 물 저장고가 되었다.

클로딘은 보노보에 대해 열정적으로 이야기했다. 모든 보노보를 이름으로 알고 있었고, 각자의 가슴 아픈 뒷이야기까지 알고 있었다. 대부분은 어미가 총에 맞아 나무에서 떨어질 때 어미의 품에 매달려 있던 새끼였다. 밀렵꾼들은 새끼 유인원은 너무 말라 고기로 팔기에 적합하지 않은 대신에 귀여운 애완동물로 팔 수 있을 거라고 생각해 산 채로 암시장으로 가져갔다. 때로는 고깃덩어리에 불과한 어미 옆에 사슬로 묶여 있기도 했다. 사람들은 새끼 유인원이 어미의 사랑과 적절한 영양 공급 없이는 살아남기 힘들다는 사실을 알지 못한 채 새끼를 사갔다. 개인적으로 보노보를 키우는 것은 불법이었기 때문에, 어미를 잃은 보노보는 대개 몰수되어 롤라야보노보로 왔다. 밀반출을 위해 국제공항의 화물 사이에 있다가 발견된 보노보도 있었다. 롤라야보노보에 도착한 보노보는 기생충이 들끓었고, 영양 결핍으로 배가 불룩하게 부어 있었으며, 몇 년 동안 술집의 작은 우리에 갇혀 지내면서 생긴 담배 화상 자국이 있는 경우도 있었다. 꽉 조이는 끈에 묶여 지내 다리나 목에 생살이 드러난 경우도 많았다. 롤라야보노보에서 이들은 치료를 받고 기생충에서 구제되고 젖병으로 영양을 공급받았다. 이곳에서 이들은 트라우마에서 회복해 동료들과 함께 즐겁게 뛰어다닌다.

이곳에 도착하면, 각각의 새끼 유인원에게는 현지 여성이 한 넁씩 대리모로 배정되는데, 이 대리모를 프랑스어로 마망maman이라고 부른다. 이 여성은 자기가 맡은 단 하나의 고아를 데리고 다니고 먹이고 씻기고 즐겁게 해주느라 모든 시간을 보낸다. 마망은 보노보들이 너무 시끄럽게 굴거나 서로 다투거나 하면 꾸짖기도 한다. 고아들은 다섯 살 무렵까지 보육원에서 지내다가 큰 무리 중 하나로 옮겨간다. 이들이 마망에게 얼마나 애착을 느끼는지는 쉽게 보여줄 수 있다. 클로딘은 마망과 그 새끼 보노보 옆에 앉아 새끼에게 자기 무릎 위로 오라고 손짓한다. 어린 유인원은 클로딘의 온몸 위로 기어오르고 머리카락을 끌어당기고 안경을 붙잡으려고 하고 클로딘의 옷 속을 들여다보는 등 어린것들이 하는 온갖 짓궂은 짓을 다 한다. 클로딘이 손짓을 하자, 마망이 조용히 일어나 다른 곳으로 걸어간다. 보노보는 즉각 자신의 놀이에 흥미를 잃고 날카롭게 고통의 소리를 지르면서 재빨리 마망 뒤를 따라간다. 버림을 받을까 봐 겁에 질려 좌절한 보노보의 뿌루퉁한 얼굴을 한 채.

클로딘이 그 당시 벨기에령 콩고라 불리던 콩고민주공화국에 온 것은 겨우 세 살 때였는데, 아버지가 공무원으로 이곳으로 파견되어 함께 왔다. 클로딘은 카리스마가 넘치고 연줄이 많은 데다가 결연한 의지까지 있어 이 나라에서 크게 존경받는다. 클로딘은 외부의 어느 누구도 할 수 없는 일을 이곳에서 일어나게 할 수 있다. 나는 클로딘이 추진하는 계획의 규모를 존경하지 않을 수 없는데, 이 계획은 지금은 딸인 파니 미네시Fanny Minesi와 그 남편인 수의사 라파엘 벨레Raphaël Belais의 책임 하에 추진되고 있다. 이 계획에는 전문적인 자금 조달과 행정, 결속력이 높은 조직이 필요하다. 이 모든 유인원을 돌보기 위해 롤라야보노보는 시설을 유지하고 안전을 제공하고 과일과 채소를 재배하고 일반 대중을 안내할 현지인 직원을 많이 고용하고 있다. 콩고의 관습에 따라 특정 나이를 넘은 사람에게는 이름에 파파Papa나 마마Mama를 붙여 부르는 것이 예의이다. 예컨대 파파 디디에Papa Didier 또는 마마 이본Mama Yvonne이라고 부른다. 나는 프로페쇠르 프란스Professeur Frans(프란스 교수)라고 불린다. 모두 정확하게 배정된 일이 있고, 보호 구역과 보살펴야 할 유인원들에 크게 신경 쓴다. 보호 구역이 생긴 첫날부터 이곳에서 일해온 파파 스타니Papa Stany는 내가 이곳에 맨 처음 온 보노보 중 하나인 미미Mimi에 대해 묻자 눈에 눈물이 그렁그렁 맺힌다.

커다란 귀와 긴 얼굴에 호리호리한 체격의 이 암컷은 18세 숫처녀로 이곳에 왔다. 일반 가정에서 지극한 보살핌을 받으며 산 미미는 텔레비전을 보고, 용변을 본 뒤에 변기 물을 내리고, 아이들과 함께 놀고, 잡지를 훑어보고, 냉장고에서 음식을 꺼내 먹고, 손을 씻고, 침대에서 잠을 잤다. 롤라야보노보에 정착한 뒤 미미가 주변 사람들에게 지시를 내리려고 시도한 것은 전혀 놀라운 일이 아니었다. 미미는 털이 무성한 야만인(다른 보노보들)과 함께 식사를 하는 걸 좋아하지 않았고, 혼자서 과일과 채소를 먹길 좋아했다. 미미는 손뼉을 쳐서 식사를 주문하곤 했다. 언덕 위에 자기만의 작은 장소가 있었는데, 나머지 보노보들이 섬에서 먹이를 먹는 동안 그곳에서 기다렸다. 파파 스타니는 미미에게 큰 우윳병을 던져주었는데, 어느 누구도 감히 그것을 빼앗으려 들지 않았다. 수행원이 딸린 보노보 미미는 금방 '미미 공주'로 불리게 되었다. 나는 미미를 여왕이나 여황제에 비교하는 이야기도 들었다.

초기에 미미는 탈출을 시도하는 버릇이 있었다. 하루는 해먹과 담요를 들고서 클로딘의 문 앞에 나타나 한때 누렸던 호화로운 삶으로 되돌아가겠다는 의지를 내비쳤다. 클로딘이 며칠 동안 미미의 응석을 다 받아주자, 미미는 다시 다른 보노보들이 있는 곳으로 돌아갔다. 그런데 다음 날이 되자 미미가 크게 아팠다. 마치 곧 죽을 것처럼 보였고, 다정한 말이나 애무에도 아무 반응을 하지 않았으며, 머리도 제대로 쳐들지 못했다. 미미를 치료하려고 온 수의사는 뒤쪽의 문을 닫는 걸 깜빡했는데(환자의 상태를 감안할 때 충분히 그럴 수 있었다), 이것이 새로운 탈출 시도를 위한 기회를 제공했다. 건강과 활력이 금방 돌아온 미미는 곧 사라져버렸다! 유인원은 속임수의 달인이라는 명성이 있긴 해도, 미미는 모든 사람을 감쪽같이 속였다.[3]

나는 미미가 같은 종을 처음 만나는 장면을 촬영한 필름을 보았다. 첫 만남은 무난히 흘러갔는데, 여러 암컷이 미미에게 키스를 하거나 생식기를 보여주었다. 하지만 미미는 성적 도발에 익숙하지 않아 어떻게 반응해야 할지 몰랐다.[4] 보노보는 가능한 모든 조합으로 성행위를 즐기는데, 암컷끼리의 성행위는 특별한 의미를 지닌다. 그것은 자매애를 다지는 접착제 역할을 한다. 가장 흔한 패턴은 서로의 성기를 맞대고 비비는 GG 러빙GG rubbing(genito-genital rubbing)이다. GG 러빙은 호카호카hoka-hoka라고 부르기도 한다. 한 암컷이 다른 암컷의 몸 주위를 팔과 다리로 감고 매달린다. 이렇게 서로 마주 보고 둘은 음문과 음핵(클리토리스)을 맞댄 채 좌우로 빠르게 비빈다. 보노보의 음핵은 아주 길다. GG 러빙을 할 때, 두 암컷은 얼굴에 크게 웃음을 짓고 시끄럽게 꽥꽥거리는 소리를 내는데, 이것은 '유인원도 성행위의 즐거움을 아는가'라는 질문에 의문의 여지가 없는 답을 제공한다.

하지만 미미는 다른 암컷들이 무엇을 원하는지 전혀 알 수 없었다. 또한 자신이 가는 곳마다 졸졸 따라오는 수컷들의 줄이 무엇을 의미하는지 전혀 이해하지 못했다. 수컷들의 발기는 못 볼 수가 없었는데, 수컷들은 적극적으로 그것을 보여주려고 했기 때문이다. 수컷들은 다리를 쩍 벌린 채 미미 앞에 앉아 그것을 보여주었다. 길고 가느다란 분홍색 음경은 배를 덮고 있는 어두운 색의 털을 배경으로 두드러져 보여 놓칠 수 없는 신호였다. 수컷들이 이런 식으로 미미를 유혹하자, 미미는 어리둥절한 표정으로 마치 이 모든 난리가 무슨 일인지 알려주길 바라는 듯이 인간 보호자들을 멀뚱히 쳐다보았다.

시간이 지나자 미미도 성행위를 즐기는 법을 터득했다. 미미는 롤라야보노보의 초대 알파 암컷으로서 암컷 동맹들에게 둘러싸인 채 엄격하게 무리를 통치했다. 미미에게 너무 가까이 돌진해 지나가면서 도발을 하거나 적절한 존경을 표하지 않는 수컷은 심한 구타를 당했다. 그런 수컷은 중심부의 암컷들에 의해 행동이 '교정'되었다. 이들의 지배는 개인 중심이 아니라 집단 체제로 굴러갔다.

하지만 미미의 통치는 첫 번째 자식을 낳았을 때 예기치 않게 끝났다. 미미가 출산 직후에 죽고만 것이다. 미미의 주 보호자였던 파파 스타니는 비탄에 빠졌다. 미미의 죽음은 모두에게 큰 충격이었다. 이 슬픈 사건은 내가 롤라야보노보를 방문하기 10년 전에 일어났지만, 미미 공주를 향한 지극한 사랑은 아직도 생생하게 느낄 수 있었다.

처음에 성행위에 거부감을 보인 미미와 같은 사례가 한 수컷 사이에서도 있었다. 막스Max라는 이름의 다 자란 수컷 보노보가 브라자빌의 보호 구역에서 고릴라들 사이에서 다년간 지낸 뒤에 롤라야보노보로 왔다. 음식을 먹을 때 목 뒷부분에서 나오는 꿀꿀거리는 소리 때문에 막스는 '고릴라'라는 별명으로 불렸다. 고릴라는 식물을 씹을 때 이러한 푸드 그런트food-grunt 소리를 끊임없이 내는데, 이것을 '노래' 또는 '콧노래'라고도 부른다.[5] 이와는 대조적으로 보노보는 고음의 찍찍거리는 소리를 낸다. 고릴라의 습성에 익숙한 막스는 고릴라와 똑같이 콧노래를 불렀다. 막스는 부풀어오른 생식기에 대한 욕구도 발달하지 않았는데, 그것은 고릴라의 해부학적 특성이 아니다. 막스는 암컷 보노보들 사이에서 인기가 있었는데도 그들의 구애를 무시했다. 하지만 미미가 죽은 뒤 알파 자리를 물려받은 세멘드와Semendwa는 포기하지 않았다. 세멘드와는 막스의 얼굴을 응시하다가 다음에는 축 늘어진 막스의 음경을 쳐다보기를 반복하면서 도대체 뭐가 문제일까 알아내려고 애썼다. 자신의 손가락으로 막스의 고환을 간질이면서 혹시 효과가 있을까 하고 살펴봤지만, 그런 노력도 효과가 없었다.

막스가 진짜 보노보가 되기까지는 오랜 시간이 걸렸다.

오래된 고정관념을 깨뜨리다

미미 공주는 또 다른 전설적 유인원인 침 왕자Prince Chim를 떠오르게 했다. 침 왕자는 침팬지로 생각되었으나, 미국의 유인원 전문가 로버트 여키스Robert Yerkes는 침이 자신이 아는 나머지 유인원들과 다르다고 느꼈다.

침은 존경할 만한 성격을 지녔고, 불치병에 걸린 암컷 짝에게 특별한 관심을 보였다. 1925년에 여키스는 "나는 신체적 완전성, 조심성, 적응력, 기질의 원만성 면에서 침 왕자와 필적할 만한 동물을 만난 적이 없다."라고 썼다.[6] 사후에 부검한 결과, 침 왕자는 보노보였다는 사실이 드러났다.

보노보는 비교적 늦게 독립적인 종으로 인정되었다. 1929년에 와서야 해부학적 특징을 바탕으로 침팬지와 구별된 것이다. 원래의 이름은 피그미침팬지였지만, 이 이름은 크기 차이를 과장한 것이었다. 침팬지는 매일 체육관에서 운동을 하는 것처럼 보이는 큰 머리와 두꺼운 목, 넓은 근육질 어깨를 갖고 있다. 이에 반해 보노보는 마치 도서관에서 대부분의 시간을 보내는 것처럼 지적인 동물로 보인다. 호리호리한 상체와 좁은 어깨, 얇은 목, 피아노 연주자의 우아한 손을 갖고 있다. 몸무게 중 상당 부분은 길고 가느다란 다리가 차지한다. 침팬지가 네 발로 너클 보행을 할 때면 강한 어깨에서 출발한 등이 비스듬히 경사를 이루며 쭉 뻗어 있다. 이와는 대조적으로 보노보는 높은 엉덩이 때문에 등이 완벽하게 수평으로 뻗어 있다. 두 발로 설 때 보노보는 등과 엉덩이를 다른 유인원들보다 훨씬 곧게 펼 수 있기 때문에, 기묘하게도 사람처럼 보인다. 보노보는 놀랍도록 손쉽게 직립 보행을 하는데, 먹이를 나르거나 키 큰 풀 너머로 주위를 살피면서 그런 자세로 걸어갈 수 있다. 보노보는 대형 유인원 중에서 루시Lucy와 해부학적 구조가 가장 가까운 종이다. 루시는 약 400만 년 전에 살았던 우리의 조상 인류인 젊은 여성 오스트랄로피테쿠스 화석이다.[7]

유인원은 가끔 네발 동물이라고 불리지만, 보노보는 네손 동물이다. 보노보의 손과 발은 완전히 교체할 수 있다. 보노보는 발로 뭔가를 들어 올리고, 물체나 새끼를 붙잡고, 서로를 차고, 자위를 하고, 접촉을 위해 주욱 뻗을 수 있다.[8] 호미니드가 뭔가를 간청할 때 보편적으로 사용하는 제스처는 손바닥을 편 채 쭉 뻗는 것인데, 보노보는 양 손이 꽉 차 있을 때 발로 이 제스처를 대신할 때가 많다. 보노보는 믿기 힘들 정도로 민첩하게 나무들 사이에서 점프를 하고, 팔그네 이동도 하며, 공중제비를 돌며 돌아다닌다. 지상에서는 아주 높은 곳에서 무서움을 모르는 줄타기 곡예사처럼 두 다리로 덩굴나무들 사이를 훌쩍 뛰어 건넌다. 보노보는 숲에서 밀려난 적이 전혀 없었고, 그래서 나무 위에서 살아가는 생활방식을 포기할 필요가 없었다.

보노보가 침팬지보다 나무 위 생활에 더 최적화되어 있다는 사실은 숲에서 낯선 사람을 만날 때 분명하게 드러난다. 일본 영장류학자 구로다 스에슈黒田末州는 보노보를 연구했는데, 보노보들은 임관林冠으로 도망갔다가 사람과 멀리 떨어졌을 때에만 바닥으로 내려왔다. 그러고 나서 구로다는 야생 침팬지를 보러 갔는데, 보노보와는 너무나도 다르게 나무에서 내려와 땅 위로 달아나는 침팬지의 습성에 익숙해져야 했다. 구로다는 모든 방향으로 흩어져 달아나는 침팬지들을 보고 충격을 받았다. 심지어 어미와 새끼마저 다른 방향으로 달아났다. 보노보는 절대로 그런 행동을 하지 않는다. 그들은 서로 붙어 다닌다.

보노보는 여전히 유인원이 진화했을 가능성이 높은 습지 열대 우림에서 살아가고 있다. 때문에 보노보는 아프리카의 모든 호미니드가 유래한 원래의 유인원을 가장 많이 닮았을 가능성이 높다. 이 조상에게는 보노보와 우리 모두에게서 보여지는 발달 정지가 나타났을지도 모른다. 우리 종에서는 유형 성숙幼形成熟이 나타나는데, 이것은 태아나 어린 시절의 특징이 어른이 될 때까지 유지되는 현상이다. 유형 성숙의 예로는 털 없는 피부와 불룩 튀어나온 머리뼈, 납작한 얼굴, 앞쪽으로 향한 음문 등이 있다. 우리는 또한 어린 아이의 장난기와 호기심도 그대로 유지한다. 우리는 죽을 때까지 놀이를 하고 춤을 추고 노래를 부르며, 논픽션을 읽거나 강좌를 수강하면서 새로운 지식을 계속 탐구한다. 유형 성숙은 우리 종의 독특한 특징으로 간주돼왔다.[9]

보노보도 동일한 젊음의 묘약을 마셨다. 보노보 역시 영원히 어린 모습을 유지한다.[10] 보노보의 꼬리 끝에 달린 귀여운 흰색 술은 평생 동안 가는 반면, 침팬지는 젖을 떼자마자 사라진다. 어른 보노보는 새끼 유인원의 작고 둥근 머리뼈를 그대로 갖고 있고, 여전히 장난기가 많다. 대부분의 영장류에서 수컷 어른은 암컷 어른보다 장난기가 더 많지만, 보노보는 그렇지 않다. 암컷 보노보들이 쉰 듯한 목소리로 웃는 소리를 내면서 서로 장난을 치며 뛰어다니고 서로를 간질이고 뒤쫓는 모습을 흔히 볼 수 있다. 보노보는 그 밖에도 다른 유형 성숙 특징들이 있는데, 예컨대 다른 유인원과 달리 돌출한 안와상 융기가 없어 더 반반한 얼굴을 갖고 있다. 보노보는 우리처럼 돌출한 음핵과 함께 음문이 앞쪽을 향하고 있어 얼굴을 마주 보는 형태의 교미와 GG 러빙이 선호하는 자세가 된다.[11]

하지만 가장 두드러진 유형 성숙 특징은 고음의 목소리이다. 침팬지와 보노보를 가장 쉽게 구별하는 방법은 그 소리이다. 침팬지는 우후우후 하는 큰 소리를 길게 끌면서 내지만, 보노보는 이런 소리를 내지 않는다. 어른 보노보는 암수 모두 새된 소리를 내기 때문에 처음에는 원숭이나 어린 유인원 소리로 오해하기 쉽다. 보노보의 몸집은 침팬지보다 조금만 작기 때문에, 고음의 원인은 몸 크기보다는 변형된 후두에 있다. 어쩌면 어른이 되고 나서도 어린 새끼 같은 목소리가 나는 것은 이들 사회에서는

위협을 해야 할 필요성이 적기 때문일지도 모른다.[12]

1930년대에 뮌헨의 헬라브룬동물원에 아프리카에서 온 보노보들이 도착했다. 아직 상자들을 덮고 있던 천 아래를 들여다보지 않았던 동물원장은 하마터면 그들을 그냥 돌려보낼 뻔했다. 그는 거기서 나는 소리가 자신이 주문한 유인원의 소리라고 믿으려 하지 않았다. 헬라브룬동물원의 보노보들은 이 종의 행동을 최초로 연구한 논문에 등장했다. 에두아르트 트라츠Eduard Tratz와 하인츠 헤크Heinz Heck는 전쟁 후인 1954년에 자신들의 발견을 발표했다. 두 사람은 보노보의 성적 행동과 온화한 천성을 포함한 보노보와 침팬지의 차이점을 표로 작성했다. 두 사람은 보노보의 성적 행동을 묘사할 때 라틴어를 많이 사용했는데, 침팬지는 'canum'처럼 'copula'하는 반면, 보노보는 'hominum'처럼 'copula'한다고 기술했다. 즉, 침팬지는 개처럼 짝짓기를 하는 반면, 보노보는 사람처럼 짝짓기를 한다고 기술한 것이다. 이들은 여키스의 견해에 동조하면서 "보노보는 어른 침팬지의 흉포한 원시적인 힘Urkraft과는 아주 거리가 먼 예외적으로 예민하고 온순한 동물이다."라고 결론 내렸다.[13]

슬프게도 헬라브룬동물원의 보노보들은 1944년에 연합군이 뮌헨을 공습한 날 밤에 모두 죽고 말았다. 이들은 지축을 흔드는 폭음에 겁에 질린 나머지 모두 심장마비로 죽었다. 그 동물원의 다른 유인원 중에서는 같은 운명을 겪은 동물이 아무도 없다는 사실은 보노보가 극도로 예민한 동물임을 증언해준다.

나는 지금은 사라진 네덜란드 동물원에서 보노보를 처음 보았는데, 두 마리가 갇혀 있던 우리 앞에는 '피그미침팬지'라는 팻말이 붙어 있었다. 하지만 그 체형과 태도, 행동은 침팬지와는 너무나도 달라 보였다. 그리고 몸 크기도 그렇게 작지가 않았다. 보노보는 침팬지 중에서 가장 작은 아종과 거의 크기가 비슷하다. 그 당시 우리가 보노보에 대해 아는 것이 사실상 아무것도 없었기 때문에, 나는 이것을 바꾸어야 한다고 결정했다. 우선 이름에서 '피그미'를 없애는 것이 좋은 출발점이 될 것이라고 생각했다. 그 이름은 마치 보노보가 난쟁이 침팬지인 양 오도하고 비하하는 측면이 있었다. 그 이름을 들으면 사람들은 "진짜 큰 침팬지를 연구하면 되는데, 뭐 하러 이 작은 침팬지를 연구한단 말인가?"라고 물을 것이다. 나는 보노보에게 정당한 이름을 붙여주어야 한다는 트라츠와 헤크의 견해에 동의했다. 보노보라는 이름의 기원은 콩고민주공화국의 한 지역인 볼로보에서 보낸 화물 상자에 잘못 적힌 철자에서 유래했다는 추측이 있다. 어쨌거나 학술지 편집자들의 반대와 일반 대중의 멍한 표정에도 불구하고, 나는 이 유인원을 항상 '보노보'라고 부르기로 방침을 정했다. 새로운 이름은 이 종의 천성과 어울리는 그 즐거운 느낌 때문에 뿌리를 내리게 되었다.

앞에서 이야기한 네덜란드 동물원을 방문했을 때, 나는 마분지 상자 너머에서 작은 소란이 일어나는 것을 지켜보았다. 수컷과 암컷이 뛰어다니면서 서로 주먹으로 때렸는데, 순식간에 갑자기 싸움이 끝났다. 그들은 사랑을 하고 있었다! 그것은 아주 기묘한 반전이었다. 침팬지 사이에서는 그렇게 빨리 분노에서 사랑으로 바뀌는 일이 결코 일어나지 않는다. 나는 당시 이러한 심경의 변화가 우연이거나 그것을 설명할 수 있는 원인을 내가 못 보았을 것이라고 생각했다. 그런데 이제 와서 돌이켜보면, 내가 목격한 사건에서 이상한 것은 전혀 없었다.

오늘날 우리는 가장 가까운 두 친척 종의 유전적 배경에 대해 더 많은 것을 알아냈다. DNA 분석에 따르면, 사람과 비교할 때 한쪽을 다른 쪽보다 더 선호해야 할 이유가 전혀 없다. 우리가 침팬지와 공유하지 않았지만 보노보와 공유한 유전자가 일부 있고, 반대로 보노보와 공유하지 않았지만 침팬지와 공유한 유전자도 일부 있다. 유전적으로 두 유인원은 우리와 정확하게 똑같은 거리만큼 가깝다.[14] 이들과 우리가 떨어져나간 사건은 600만~800만 년 전에 일어났지만, 그것은 길고도 지저분한 이혼 과정이었던 것으로 보인다. 우리 조상은 자기 나름의 경로를 걸어가긴 했지만, 계속해서 되돌아와 유인원들과 밀회를 즐겼다. 사람과 유인원의 DNA에는 오늘날 회색곰과 북극곰, 그리고 늑대와 코요테 사이에 이종 교배가 계속되는 것과 비슷하게 100만 년 동안 교잡 단계가 진행되었다는 단서가 남아 있다.[15]

600만 년 전에 일어난 일은 사람의 진화 이야기에 중요하다. 전통적으로 우리는 유인원 조상이 오늘날의 침팬지와 생김새와 행동이 비슷했다고 상정한다. 하지만 이것은 순전히 추측에 불과하다. 숲에서는 화석화가 잘 일어나지 않기 때문에, 조상 호미니드의 존재는 수수께끼로 남아 있다.

그 후 살아남은 세 종-보노보와 침팬지와 사람-은 계속 진화했다. 시간 속에서 멈춰 있는 종은 하나도 없다. 초기의 탐험가들이 침팬지를 먼저 만난 것은 순전히 역사의 우연인데, 우리의 족보를 논의할 때 과학이 침팬지에 의지한 것은 바로 이 때문이었다. 만약 탐험가들이 보노보를 먼저 만났더라면, 보노보가 우리의 1차 모델이 되었을 것이다. 그랬더라면 젠더에 관한 우리의 생각에 얼마나 흥미로운 결과를 낳았을지 생각해보라!

유형 성숙을 포함해 우리가 보노보와 공유한 것이 얼마나 많은지를 감안하면, 우리가 보노보와 비슷한 유인원에서 유래했다는 생각은 전혀 엉뚱한 것이 아니다. 어쨌든 보노보에 종의 지위를 부여한 미국 해부학

두 수컷 보노보가 엉덩이를 맞댄 채 비비고 있다. 수컷들 사이의 이러한 접촉은 암컷들 사이의 GG 러빙보다 덜 빈번하게 일어나며, 격렬함의 정도도 약하다.

자 해럴드 쿨리지Harold Coolidge는 침 왕자의 사체 부검을 통해 이 유인원은 "살아 있는 어떤 침팬지보다도 침팬지와 사람의 공통 조상에 훨씬 가까울지 모른다."라고 결론 내렸다. 최근의 해부학적 비교에서도 동일한 결론이 나왔다.[16]

2019년에 롤라야보노보에 머문 경험은 내게 보노보에 관한 재교육 과정을 밟는 기회가 되었다. 그 무렵에는 일본 영장류학자 가노 다카요시加納隆至는 훌륭한 야외 연구를 바탕으로 1992년에 출판한 《마지막 유인원The Last Ape》에서 이 유인원의 사회를 최초로 개략적으로 소개했다.

제5장 ◆ 보노보의 자매애

우리는 많은 기호 문자의 의미를 배운 천재 유인원 칸지Kanzi와 함께 언어 연구를 했다. 그리고 샌디에이고동물원에 사는 보노보들 사이의 의사소통과 성적 행동을 관찰하고 분석한 나의 연구도 있었다. 하지만 그 당시 초창기에 진행된 보노보 연구는 이 정도가 다였다.[17]

그 후로 많은 일이 일어났다. 콩고민주공화국에서 일어난 정치적 혼란과 끔찍한 전쟁 때문에 10년 동안 그곳에서 야외 연구가 중단되었지만, 지금은 연구가 활기차게 재개되고 있다. 지능에 관한 실험을 포함해 사육 상태의 보노보를 대상으로 한 연구도 시작되었다. 그리고 우리 팀은 다른 보노보의 고통을 달래주는 반응을 기록함으로써 보노보의 공감 능력을 탐구하고 있다. 롤라야보노보에서 진행되는 이 연구는 나의 오랜 협력자인 영국 더럼대학교 교수 재나 클레이Zanna Clay가 맡고 있다. 내가 이곳에 온 것은 재나를 만나 우리의 계획을 논의하기 위해서지만, 보노보와 친분을 다시 쌓으려는 목적도 있다.[18]

나는 이 매력적인 유인원을 늘 사랑했고, 보노보는 더 강한 자매 종과 비교하기에 전혀 부족함이 없었지만, 발견의 초창기는 결코 순탄하지 않았다. 과학계는 보노보와 그들의 행동을 불편하게 여겼다. 보노보를 우리의 가장 가까운 친척으로 받아들이면, 우리 자신을 바라보는 방식의 기반이 무너질 게 뻔했다. 보노보가 얼마나 독특한 종인지 직접 아는 과학자는 극소수였지만, 우리는 그 메시지를 전파하는 데 힘든 시간을 보냈다. 보노보는 너무 성을 밝히고, 너무 평화적이고, 너무 여성 지배적이어서 모든 사람을 만족시키기가 어려웠다. 보노보는 일부 사람들을 분명히 불쾌하게 만들었는데, 내가 독일인 청중을 대상으로 알파 암컷 보노보의 권력에 대해 강연을 했을 때 그런 일이 일어났다. 강연이 끝난 뒤, 나이 많은 남성 교수가 벌떡 일어서더니 거의 비난조로 "도대체 수컷들은 무슨 문제가 있답니까?!"라고 외친 것이다.

유인원은 우리의 거울이므로, 우리는 그들이 우리를 어떻게 보이게 할까에 신경을 쓰지 않을 수 없다. 아마도 보노보의 가장 큰 문제는 비폭력성이었을 것이다. 보노보가 다른 보노보를 죽인 사례는 확인된 것이 한 건도 없는 반면, 침팬지에서는 그런 사례가 아주 많다. 증오보다는 사랑 쪽으로 더 기운 친척을 만나면 모두가 기뻐할 것이라고 생각하기 쉽다. 하지만 그렇게 생각한다면, 당신은 인류학 분야를 지배한 이야기를 미처 생각하지 못한 게 분명하다. 이 이야기는 우리가 앞을 가로막는 나머지 모든 조상 형태를 제거함으로써 지구를 정복한 전사로 태어났다고 말한다. 우리는 아벨의 후손이 아니라, 카인의 후손이다.[19]

이 견해의 뿌리는 1924년에 남아프리카공화국에서 발견된 화석으로 거슬러 올라간다. 오스트랄로피테쿠스 아프리카누스Australopithecus africanus로 명명된 이 조상 종은 먹이를 산 채로 삼키고, 사지를 죽죽 찢고, 그 따뜻한 피로 목을 축인 육식 동물로 묘사되었다. 고생물학자 레이먼드 다트Raymond Dart는 단 하나의 어린아이 머리뼈를 바탕으로 이렇게 생생한 묘사를 지어냈다. 부족한 증거는 마구 날뛴 그의 상상력을 제지하지 못했다. 이제 우리는 직립 보행을 한 보노보와 비슷하게 생긴 오스트랄로피테쿠스가 먹이 사슬의 꼭대기 근처에도 가지 못했다는 사실을 안다. 그런데도 다트의 섬뜩한 묘사는 계속 남아 있다. 그의 주장은 '살육자 유인원killer ape' 미신을 퍼뜨렸는데, 이에 따르면 우리는 거의 재미로 전쟁을 일으키는 무자비한 살육자와 강간자로부터 유래했다.[20] 이 이론은 침팬지의 폭력성이 더 널리 알려지면서 매듭을 지었다. 우리 조상과 유인원 친척에게서 비슷한 성향이 발견되었는데, 우리의 유산에 피를 좋아하는 취향이 있다는 사실을 누가 의심할 수 있었겠는가?

이 개념들은 모두에게 만족스러운 것이었다-평화주의자 보노보가 무대에 등장하기 전까지는. 가노 다카요시에 따르면, 서로 다른 보노보 무리들은 아무 싸움도 없이 숲에서 만난다. 그의 제자들은 '혼합'과 '융합'이 일어난다고까지 말했다.[21] 오늘날 우리는 서로 다른 공동체들의 보노보들이 서로 먹이를 나누고, 가끔은 고아가 된 이웃의 새끼를 받아들인다는 사실을 알고 있다. 이러한 현장 보고들은 우리의 기원에 관한 기존의 미신에 큰 흠집을 냈다. 보노보의 성적, 쾌락적 측면을 자세히 기술한 나의 연구는 문제를 악화시켰다. 보노보는 상대를 가리지 않고 다자 연애를 즐기는 히피족이 되었다. 가족 중에 그토록 달콤하고 관능적인 구성원이 있다는 사실은 선사 시대 내내 인류가 거침없는 폭력을 자행했다는 가정과 잘 들어맞지 않았다.

우리에게 카인의 징표가 있다는 지배적 가설은 아직도 남아 있다. 예를 들면, 캐나다 출신의 미국 심리언어학자 스티븐 핑커Steven Pinker는 2011년에 출간된 《우리 본성의 선한 천사The Better Angels of Our Nature》라는 책에서 인류의 파괴적 본능을 제어하기 위해서는 문명이 필요하다고 주장했다. 이 이론은 우리의 조상이 지나치게 공격적인 천성을 지녀야만 성립하기 때문에, 핑커는 침팬지를 조상 모델로 선택하고, 보노보를 "아주 이상한 영장류"라고 부르면서 무시했다. 영국 출신의 미국 인류학자 리처드 랭엄도 같은 맥락에서 2019년에 출간된《한없이 사악하고 더없이 관대한-인간 본성의 역설The Goodness Paradox》에서 사람은 예상과 달리 함께 잘 살아가기 때문에, 우리 자신을 길들인 게 틀림없다고 결론 내렸다. 랭엄 역시 공격적인 침팬지 비슷한 조상을 출발점으로 삼은 반면, 보노보는 "별개의 길을 걸어간" 진화의 곁가지로 보았다.[22]

이 책들은 우리의 가계도에서 보노보가 얼마나 불편한 존재인지 적나라하게 드러냈다. 만약 우리 종이 덜 호전적인 계통에서 유래했다면, 핑커와 랭엄의 진화 시나리오는 불필요한 것이 되고 만다는 사실은 거론하지 말기로 하자. 만약 우리가 보노보와 비슷한 조상에서 유래했다면, 모든 것이 훨씬 간단하게 설명된다. 우리 종의 폭력성 수준이 낮은 것을 설명하기 위해 따로 특별한 이론을 생각할 필요가 없다. 보노보는 문제가 아니라 답일지도 모른다.

보노보에 관해 두 번째로 민감한 문제는 성생활이다. 이것은 일부 인류 문화의 콤플렉스 때문에 문제가 되었다. BBC와 NHK 같은 유명한 국제 방송사가 제작한 자연 다큐멘터리 작품들은 성 문제를 다루길 아주 꺼려했다. 그들은 보노보가 서로 털고르기를 하고 장난치며 노는 장면을 보여주었지만, 보노보가 성적 행동이 임박한 자세를 취하면 즉각 화면을 정지시켰다. 내레이터는 보노보가 함께 즐거운 시간을 보내려고 한다는 식으로 모호한 말로 얼버무리며 시청자의 관심을 다른 데로 돌리려고 시도했다. 나는 그런 행태를 '성교 중단coitus interruptus' 처방이라고 불렀다.

과학자들 역시 곤혹스러워했다. 한 과학자는 X 등급 성생활이 "피곤하게 들리는" 이 '기이한' 유인원을 무시하는 편이 낫다고 썼다. 또 다른 과학자는 보노보의 잦은 성관계 빈도에 이의를 제기하려고 시도했다. 하지만 그가 집계한 수치는 어른의 이성 간 접촉에만 국한된 것이었고, 보노보의 성 행위 중 상당 부분을 제외한 것이었다. 일부 동료들은 심지어 성기 쓰다듬기와 비비기의 성적 성격을 인정하길 거부했다. 그들은 "이것이 정말로 성행위인가?"라고 반문했다. 그들은 그것을 극단적인 애정으로 표현하는 쪽을 선호했다. 이것은 아주 우스운 일이었다! 나는 그들에게 만약 내가 이런 종류의 '애정'을 혼잡한 거리에서 보여준다면, 즉각 수갑을 차게 될 것이라고 지적하고 싶은 충동을 금할 수 없었다.[23]

유명한 야생동물 사진 기자인 프란스 랜팅Frans Lanting이 〈내셔널 지오그래픽〉의 의뢰를 받아 콩고민주공화국을 방문해 탐사 작업을 하는 동안 촬영한 수천 장의 보노보 사진을 갖고 나를 찾아왔다. 대부분의 사진은 〈내셔널 지오그래픽〉 편집진이 너무 노골적이라고 판단해 빛을 보지 못한 것들이었다. 나는 가장 힘든 환경(사진사에게 어두운 숲에 있는 검은색 물체를 찍는 것보다 더 나쁜 환경은 없다)에서 촬영한 그의 환상적인 사진들을 보았을 때, 이것이 아주 소중한 기회라는 사실을 깨달았다. 나는 같은 네덜란드 출신으로 미국에서 살고 있는 동갑내기 프란스 랜팅과 손쉽게 친해졌고, 대중의 인식을 높이기 위해 협력하기로 결정했다. 1997년에 우리가 함께 낸 책《보노보: 잊힌 유인원Bonobo: The Forgotten Ape》에 실린 노골적인 사진들은 내가 알기로는 그 누구의 눈살도 찌푸리게 하지 않았다.[24]

보노보에 관해 논란이 된 세 번째이자 마지막 문제는 양성 사이의 관계이다. 인류의 진화를 다룬 시나리오는 전부 다 수컷의 우월성을 기본 전제로 상정했고, 지금도 역시 그렇다. 그런데 가까운 친척 종에서 암컷이 지배하는 상황은 이 시나리오의 기반을 무너뜨린다. 내가 보노보의 색다른 사회 질서에 대한 단서를 처음 얻은 것은 샌디에이고동물원에서 연구할 때였다. 처음에는 수컷 어른인 버넌Vernon이 암컷 어른인 로레타Loretta와 함께 살았는데, 그때에는 분명히 버넌이 로레타를 지배했다. 그런데 나이가 더 많은 암컷인 루이즈Louise가 합류하자, 두 암컷이 힘을 합쳐

버넌을 지배하기 시작했다. 버넌은 먹이를 나눠달라고 둘에게 간청해야 했다. 버넌은 근육질에다가 몸집이 암컷들보다 컸고 날카로운 송곳니를 갖고 있었기 때문에, 나에게는 이 상황이 이상하게 보였다. 하지만 내가 동물원에 사는 보노보 집단을 더 많이 보게 되자, 암컷의 지배가 일반적인 법칙이라는 사실을 알게 되었다. 사실, 나는 수컷이 이끄는 보노보 무리는 단 하나도 보지 못했다.

야외 연구자들도 같은 생각을 했지만, 그렇게 과감한 주장을 할 엄두를 내지 못했다. 그러다가 1992년에 국제영장류학회 회의에서 사육 상태의 보노보를 연구하는 사람들과 야생 보노보를 연구하는 사람들이 모두 의문의 여지가 없는 데이터를 제출하게 되었다. 미국 인류학자 에이미 페리시Amy Parish는 동물원에서 작은 무리를 이루어 사는 침팬지와 보노보의 먹이 경쟁을 보고했다. 우두머리 수컷 침팬지는 모든 먹이에 즉각 우선권을 행사하면서 내키는 대로 먹는 반면, 암컷들은 수컷 침팬지가 다 먹을 때까지 기다린다. 하지만 보노보 무리에서는 이와는 대조적으로 암컷들이 먼저 먹이에 다가간다. 암컷들은 GG 러빙을 조금 나눈 뒤에 함께 번갈아가며 먹이를 먹는다. 수컷들은 돌진 과시 행동을 원하는 만큼할 수도 있지만, 암컷들은 그런 호들갑을 무시한다.[25]

같은 회의에서 야외 연구자들은 암컷의 지배성을 확인했다. 예를 들면 왐바숲에 사탕수수를 갖다놓자 수컷 보노보들이 먼저 달려와 허겁지겁 먹었는데, 일단 암컷들이 오면 빼앗기기 때문이었다. 그때 수컷들이 할 수 있는 일이라곤 손과 발에 사탕수수를 가득 쥐고 얼른 달아나는 것밖에 없었다. 일부 과학자들은 이런 상황을 지배성으로 간주할 수 있는지 의문을 제기하며, 수컷 보노보들이 먹이를 놓고 '기사도적 행동'을 보인 것일 수도 있다고 주장했다. 수컷들이 먹이를 그냥 양보했다면 이런 해석이 그럴듯하겠지만, 실상은 그렇지 않다. 암컷들은 적극적으로 수컷들을 쫓아 보냈고, 때로는 공격하기까지 했다. 만약 A가 B를 먹이로부터 멀리 쫓아 보낼 수 있다면, A가 지배적인 동물이라는 것이 지구상의 모든 동물에 적용되는 표준 기준이다.

가노는 의심을 품은 사람들에게 다음과 같이 답했다. "먹이에 접근하는 우선권은 지배성의 중요한 한 가지 기능이다. 어른 암컷과 수컷 사이에 벌어지는 대부분의 지배성 상호 작용과 사실상 모든 갈등은 먹이를 먹는 상황에서 일어난다. 먹이를 먹지 않는 상황에서 일어나는 지배성은 큰 의미가 없다고 본다. 게다가 양자 사이에는 아무런 차이가 없다."[26]

가노의 제자인 후루이치 다케시古市剛史는 왐바 숲에서 암컷이 혼자 나뭇가지를 잡아끄는 과시 행동을 하는 수컷을 맞닥뜨리면 가끔 피한다고 보고했다. 이런 상황에서는 흥분한 수컷이 일시적으로 지배력을 행사한다. 그렇다고 해서 수컷이 암컷을 공격하거나 암컷이 가진 먹이를 빼앗을 수 있다는 뜻은 아니다. 암컷들이 함께 모여 있으면, 거의 항상 그렇듯이, 암컷들이 자신 있게 상황을 장악한다.[27]

왐바 숲에서 이는 암컷의 지배성은 연구자들이 제공한 여분의 먹이에서 비롯된 결과라고 할 수 있을까? 이 설명의 문제점은 경쟁이 위계를 뒤흔드는 일은 극히 드물다는 데 있다. 어쨌든 이 인위적인 상황은 경쟁을 조장한다. 경쟁은 위계를 더 뚜렷하게 드러나게 할 뿐이다. 우리는 야생 침팬지 무리에서 이것을 볼 수 있는데, 암컷들은 야외 연구자들이 세운 먹이 공급 장소를 절대로 지배하지 않는다. 따라서 암컷 보노보들의 지배성은 그들의 사회에 대해 뭔가를 알려준다.

또 다른 야외 연구 장소인 살롱가국립공원의 루이코탈레 숲에서 과학자들은 먹이를 전혀 공급하지 않고서 야생 보노보를 20년 동안 추적했다. 얼마 전에 이들은 숲에서 관찰된 대치 상황과 복종 행동을 바탕으로 보노보들 사이의 위계를 작성했다. 이 위계에서 가장 높은 여섯 자리는 암컷들이 확실하게 장악하고 있었다.[28]

암컷의 지배

롤라야보노보에서 보노보들은 파파 스타니가 모는 작은 배에서 먹이를 얻는데, 파파 스타니는 이 때문에 르 카피텐le Capitaine(선장)이라고도 불린다. 내가 파파 스타니 뒤에 앉아 그 장면을 사진으로 찍고 있는 동안, 보노보들은 땅에 닿지 않고 물에 떨어진 파파야, 오렌지, 고구마를 건지려고 허리가 잠기는 깊이까지 물속으로 걸어 들어온다. 보노보는 헤엄을 치지 못하기 때문에, 이것은 쉬운 일이 아니다. 여러 보노보는 호수 속으로 걸어 들어오기 전에 긴 나뭇가지로 깊이를 잰다. 그리고 물속으로 들어오면서 깊이를 계속 잰다. 이 일은 암컷과 수컷이 모두 하지만, 나는 일반적으로 암컷이 도구를 더 잘 사용하는 침팬지에게도 같은 규칙이 적용되는지 궁금하다.

야생에서 침팬지는 늘 도구를 사용하는 반면, 보노보는 왜 도구를 사용하지 않는지는 수수께끼로 남아 있었다. 일부 사람들의 주장처럼 정신 능력에 차이가 있는 것일까? 롤라야보노보의 보노보들은 도구를 능숙하게 사용하는 것으로 보아 야생 보노보들은 단순히 먹이를 찾는 데 도구

를 사용할 필요가 없어서 그럴 가능성이 크다.[29]

재나 클레이기 리살라Lisala를 추적하면서 촬영한 사건이 좋은 예다. 리살라는 무게가 약 7kg이나 나가는 큰 돌을 등에 짊어지고 있었다. 그것은 놀라운 일이었지만, 재나는 리살라가 조만간 그 돌을 사용하리란 사실을 알고 있었다. 그것은 마치 거리에서 사다리를 들고 가는 사람을 본 상황과 비슷했다. 아무 이유 없이 그 무거운 사다리를 들고 갈 리가 만무하다. 리살라는 그 돌을 어깨 위에 얹고 등 아래쪽에 새끼를 매달고 15분 동안 걸어갔다. 도중에 리살라는 야자열매를 한 움큼 주웠다. 상당히 큰 바위 표면(울타리로 둘러싸인 그 구역에서 유일하게 큰 바위 표면)이 있는 곳에 도착하자, 리살라는 돌과 새끼와 야자열매를 내려놓았다. 그러고는 아주 단단한 야자열매를 하나씩 모루 위에 올려놓고 가져온 큰 돌로 내리치면서 깨기 시작했다. 리살라가 아무 계획 없이 이 모든 일을 했을 리가 만무하다. 사용하기 오래전에, 그리고 야자열매를 하나라도 손에 넣기 전에 도구를 챙김으로써 리살라는 앞을 내다보는 사고를 할 수 있음을 보여주었는데, 지금 이 능력은 유인원을 대상으로 한 실험에서 확인되었다.[30]

우리가 유인원에게 먹이를 주는 동안에 암컷 공동체의 견고한 유대가 분명히 드러났다. 암컷들은 서로 털고르기를 해주고 성행위에 몰두하는데, 우리가 양동이가 비었음을 보여주면 함께 숲으로 떠난다. 나는 이것을 2차 자매애라고 부르는데, 이들의 유대는 친족을 기반으로 한 것이 아니기 때문이다. 야생에서 수컷들은 평생 동안 자신이 태어난 공동체에 머무는 반면, 암컷들은 사춘기가 되면 다른 곳으로 떠난다. 즉, 암컷들은 친척이 전혀 없거나 극소수밖에 없는 이웃 공동체로 가서 살아간다. 그리고 이전에 몰랐던 그곳의 나이 많은 암컷들과 유대를 맺는다. 롤라야보노보

암컷 보노보 리살라는 무거운 돌과 자신의 새끼를 등에 짊어지고 야자열매를 발견하리라고 기대한 장소로 갔다. 야자열매를 손에 넣은 리살라는 돌을 망치로 사용해 열매를 깼다. 사용하기 오래 전에 도구를 챙긴 행동은 유인원에게 앞날을 내다보고 계획하는 능력이 분명히 있음을 보여준다.

에서도 같은 일이 일어나는데, 전국 각지에서 고아가 된 암컷들이 도착하여 혈연이 없는데도 유대를 맺어 살아가기 때문이다.

암컷 보노보들 사이의 동맹은 아주 강해서 심지어 사람 남성도 그것을 알아챌 수 있다. 나는 사육 상태의 보노보를 대상으로 연구하려고 시도했다가 암컷들의 비협조적 태도 때문에 어려움을 겪은 남성 과학자를 여럿 안다. 암컷 보노보들은 여성 실험자나 관찰자하고는 훨씬 잘 지낸다. 에이미 패리시가 샌디에이고동물원의 보노보를 연구했을 때, 암컷들은 에이미를 자신의 일족인 것처럼 안았는데, 내게는 절대로 보여주지 않은 행동이었다. 로레타가 해자 너머에서 나를 자주 유혹한 것은 사실이지만(성기를 내 쪽으로 향한 채 다리 사이로 쳐다보면서 손을 흔드는 식으로), 그것은 순전히 성적인 행동이었다. 로레타는 내가 찾아갈 때마다 추파를 던졌고 지금도 여전히 그런다. 하지만 수컷인 나는 보노보의 암컷 지배 사회의 일원으로 받아들여진 적이 없다. 이와는 대조적으로 에이미는 해자 너머에서 던져준 먹이를 받은 적이 있다. 보노보들은 에이미가 배가 고프다고 생각한 게 분명하다.

모든 영장류에서 암컷들은 새끼들 때문에 유대를 맺는다. 그렇게 해야 할 현실적 이유도 일부 있는데, 어린 새끼들은 놀이 상대가 필요하기 때문이다. 어미들이 비슷한 나이의 새끼를 가진 어미들을 찾는 일이 흔하다. 이들은 서로 털고르기를 해주고, 어린것들은 그들이 보는 앞에서 씨름을 하고 뛰어 돌아다닌다. 에이미는 다른 동물원으로 옮겨간 옛날의 보노보 친구들을 찾아갔을 때, 자신이 낳은 아들을 그들에게 보여주었다. 보노보들은 에이미를 즉각 알아보았다. 가장 나이가 많은 암컷은 해자 건너편에서 에이미의 아들을 잠깐 쳐다보더니 실내로 달려갔다. 그러고는 금방 자신의 새끼를 데리고 돌아왔는데, 자신의 새끼를 안아들어 두 아기가 서로의 눈을 쳐다보게 했다.

보노보 집단에서 중심적인 암컷들 사이의 강한 동맹이 반드시 좋기만 한 것은 아니다. 암컷의 지배가 수컷의 지배보다 덜 가혹할 것이라는 가정이 널리 퍼져 있다. 저널리스트인 나탈리 앤지어 Natalie Angier는 〈뉴욕 타임스〉에서 보노보 사회를 간략하게 소개할 때, 암컷의 지위를 부드럽게 이야기했는데, "그 지배성이 너무나도 유순하고 추악하지 않기 때문에, 일부 연구자들은 보노보 사회를 '공동 지배' 또는 양성 사이의 평등성 문제로 바라본다."라고 했다.[31] 아마도 1997년 당시에는 우리는 그렇게 믿었을 테지만, 위계는 늘 강제를 수반한다. 이것은 수컷뿐만 아니라 암컷도 마찬가지다.

알파 암컷은 대개 나이와 성격을 바탕으로 그 지위에 올라간다. 이런 특성은 불변이기 때문에 도전은 드물게 일어난다. 일반적으로 암컷들 사이의 위계가 수컷들 사이의 위계보다 더 안정적인 것은 이 때문이다. 하지만 암컷들도 가끔은 다른 구성원들에게 누가 우두머리인지 상기시킬 필요가 있다. 롤라야보노보에서 나는 세멘드와가 지위가 낮은 암컷의 발을 붙잡고 피가 날 정도로 세게 무는 광경을 보았다. 이 암컷은 세멘드와가 눈독을 들이고 있던 파파야에 접근하는 무례를 저질렀다. 그 불쌍한 암컷은 비명을 지르긴 했지만, 보노보가 다른 보노보에게 심각한 부상을 입히는 경우가 드물다는 게 천만 다행이었다. 그것은 그저 작은 상처에 그쳤다. 그렇더라도 그 암컷은 알파 암컷의 심기를 거슬러서는 안 된다는 교훈을 고통스럽게 얻었다.

지배적인 암컷들은 먹이에 대한 우선권을 존중하지 않거나 너무 가까이에서 과시 행동을 하면서 도발하는 수컷들을 더 가혹하게 응징한다. 속도와 민첩성 덕분에 수컷들은 대개 무사히 도망가지만, 만약 붙잡히면 험한 꼴을 당할 수 있다. 롤라야보노보에서는 가끔 야간 구역에서 그런 일이 일어난다. 저녁이 되면, 전체 무리가 밤에 잠을 자기 위해 건물 안으로 들어간다. 만약 이곳에서 어느 수컷이 구석으로 몰리면, 암컷들이 손가락 하나를 자르거나 심지어 고환을 떼어낼 수도 있다. 수컷들은 조심해야 한다는 교훈을 얻는다. 수컷들은 대부분 건물에 맨 마지막에 들어가고 아침에는 제일 먼저 나온다. 다만, 암컷들과 강한 유대를 맺고 있는 수컷들은 예외이다.

동물원들에서 나는 수컷 보노보의 관리를 둘러싼 문제를 자주 듣는다. 암컷들의 공격 때문에 수컷들은 통합하기가 어렵다. 그 결과, 동물원들은 대부분의 시간 동안 수컷들을 암컷들과 분리시킨다. 좋은 소식이 있는데, 이 종의 자연적 행동에 관해 더 많은 정보를 얻은 우리는 이제 이 문제를 피할 수 있는 방법을 알고 있다. 수컷 보노보는 어미의 보호에 의존한다는 점에서 마마보이이다. 야생에서 아들 보노보는 늘 어미가 보이는 곳에서 돌아다닌다.[32] 어미의 존재는 다른 암컷들의 공격을 막아준다. 어미와 아들의 결합은 때로는 서로에게 이익이 되는 권력 커플이 될 수 있는데, 아들이 다른 암컷들에게 매력적인 경우에는 특히 그렇다. 이를 동물원에 적용하면, 수컷은 항상 어미와 함께 있게 해야 하며, 독립적으로 돌아다니게 해서는 안 된다. 이 규칙을 염두에 두자, 상황이 크게 개선되었다.

자연 서식지에서는 사회적 긴장이 드물 수 있지만, 전혀 없는 것은 아니다. 예를 들면, 콩고민주공화국의 로마코 숲에서 한 수컷 어른 보노보는 지위가 낮고 얼마 전에 낳은 새끼와 함께 있는 암컷에게 위협적인 행동을 보였다. 암컷은 나무에서 하마터면 균형을 잃을 뻔했지만, 곧 수컷을 자신의 나뭇가지에서 밀어내고 날카로운 비명을 지르면서 쫓아갔다. 이 사나운 공격에 약 15마리의 보노보가 가세했다. 이러한 폭력성의 폭발은 겉으로는 우드스톡 페스티벌처럼 보이는 보노보 사회에도 더 깊은 층위가 숨어 있음을 시사한다. 다른 야외 연구들에서는 암컷들이 협력해 수컷의 괴롭힘에 대항한다는 사실이 확인되었다. 이러한 동지애 덕분에 암컷들은 폭력적인 수컷들을 억제할 수 있다. 암컷들의 결속력은 심지어 무리의 경계를 넘어서까지 발휘된다. 숲에서 무리들이 섞일 때, 서로 다른 무리 출신의 암컷들이 힘을 합쳐 공격적인 수컷들에게 대응하기도 한다.[33]

나는 가끔 동료들에게 수컷 보노보의 삶이 행복하다고 생각하느냐고 묻는다. 그러면 그들은 당혹스러운 표정을 짓는데, 이것은 전형적인 과학적 질문이 아니기 때문이다. 어떤 동물이 행복하게 사는지 불행하게 사는지 다루는 이론은 없다. 하지만 나는 수컷 보노보들의 삶을 염려하는 동물원 큐레이터들과 자주 이야기를 나눈다. 내가 만난 독일 교수처럼 어떤 사람들은 여성에게 지배당하는 상황을 상상할 수 있는 것 중에서 최악의 상황으로 여긴다. 내가 동료들에게서 수컷 보노보의 삶의 질에 대한 평가를 듣고 싶었던 이유는 이 때문이다.

과학자들은 사육 상태의 수컷 보노보의 삶의 질은 무리의 크기와 사용 공간의 넓이에 따라 달라진다고 말한다. 좁은 공간에서 살아가는 무리에서는 심각한 마찰이 발생할 수 있고, 그럴 경우 그 여파가 불운한 수컷들에게 돌아갈 수 있다. 네덜란드의 아펜휠동물원이나 프랑스의 라발레데생주동물원처럼 숲이 있는 넓은 실외 울타리 구역에서 살아가는 보노보들은 사정이 훨씬 낫다. 이 무리들에서 살아가는 수컷들은 삶의 질이 훨씬 낫다.

하지만 자연 서식지에서 살아가는 보노보들은 어떨까? 결국은 보노보 사회는 이곳에서 진화했다. 내 동료들은 자연 서식지에서는 수컷들은 별로 걱정할 게 없다고 설명한다. 핵심 권력층과 거리를 조절함으로써 문제에서 벗어날 수 있기 때문이다. 만약 상황이 좋으면 암컷들과 함께 어울려 지내고, 상황이 험악해진다 싶으면 쉽게 달아날 수 있다. 그저 한동안 사라지기만 하면 된다. 대부분의 수컷은 암컷들과 좋은 관계를 맺고 있고, 성관계와 털고르기를 충분히 즐긴다. 수컷들은 통합된 공동체의 일부로 살아간다.

수컷 보노보는 일반적으로 오래 산다. 부상이나 죽음을 당할 위험이 수컷 침팬지보다 낮다. 침팬지는 다른 무리의 침팬시를 죽이고, 심지어 때로는 같은 무리의 침팬지도 죽인다. 이들의 지위 다툼은 믿기 어려울 정도로 험악해질 수 있다. 그리고 싸울 경우, 그 피해는 보노보의 싸움보다 훨씬 심각하다. 수컷 침팬지가 생명을 위협할 정도로 암컷을 공격하는 경우는 드물지만, 그래도 수컷은 매우 거칠고 폭력적이다. 그래서 암수 모두 큰 스트레스를 안고 살아간다. 두 유인원 종을 야외에서 연구하면서 평생을 보낸 후루이치와 그의 아내는 침팬지처럼 살아가는 느낌이 어떤 것일지 말한다. "내가 '수컷 침팬지로 살아가고 싶지 않아.'라고 말하면, 아내인 하시모토 치에橋本千絵가 '난 암컷 침팬지로 살아가고 싶지 않아.'라고 말한다."[34]

다시 야생으로

롤라는 구조된 유인원들을 위한 보호 구역에 불과한 곳이 아니다. 도시에서 많은 방문객이 찾아오며, 보노보와 보노보의 보호 필요성을 가르치기 위해 학교에서 단체로 견학도 온다. 동물상과 식물상이 아주 풍부한 이 나라에서 보전의 메시지를 전파하는 것은 아주 중요하다. 면적이 프랑스의 4배에 이르는 콩고민주공화국은 보전할 가치가 있는 우림이 넓게 펼쳐져 있다. 클로딘은 수만 명의 사람들에게 강연을 했고, 국영 텔레비전에도 자주 출연한다. 만약 보노보가 콩고 국민에게 잘 알려져 있다면, 그것은 클로딘 덕분이다.

롤라는 보전 노력에 적극적으로 나서고 있다. 이곳은 영장류를 야생 자연으로 되돌려보내는 데 성공한 극소수 보호 구역 중 하나이다. 이것은 결코 쉬운 일이 아닌데, 실패할 수 있는 이유가 많기 때문이다. 보호 구역에서 야생으로 풀어준 동물은 질병에 대한 저항력이 낮다. 야생에서 살아온 같은 종의 개체들과는 경쟁이 되지 않는다. 야생 자연의 먹이와 위험에 대한 지식도 부족하다. 야생 자연에서 혼자 살아가는 방법도 잘 모른다.[35]

하지만 롤라의 보노보들은 천연 열대 숲을 훈련장으로 사용할 수 있다. 독사처럼 야생에서 맞닥뜨릴 수 있는 위험도 배울 수 있다. 어떤 식물과 열매가 먹기에 좋고, 어떤 것이 먹으면 해로운지도 배운다. 게다가 야생 숲으로 돌아간 보노보는 같은 종의 적대적인 개체들에게 공격을 받을 위험이 적은데, 이 종은 대다수 영장류에 비해 다른 곳에서 온 개체를 배척하는 성향이 훨씬 약하기 때문이다.

롤라는 이미 두 번이나 보노보 무리를 자연 서식지로 돌려보냈다. 비행기에 실어 북쪽으로 1600여 킬로미터 떨어진 에콜로야보노보(링갈라어로 '보노보의 땅'이란 뜻)라는 보호 구역에 풀어주었는데, 이 보호 구역은 현재 면적이 12만 에이커에 이르는 원시림 지역이다. 이 운 좋은 보노보들은 롤라의 보육원에서 이곳 야생 자연으로 옮겨와 살아남았다! 관찰자들이 자세히 추적하고 있는 이 보노보들은 독립적으로 잘 살아가고 있다. 이들은 사람의 도움이 없이도 스스로 먹이를 구하고, 이곳에 풀어준 뒤에 새끼도 다섯 마리나 태어났다. 이 재도입 계획은 지금까지 큰 성공이었다.

이것은 클로딘과 그 딸에게 아주 큰 성과이다. 은퇴할 나이가 가까운 클로딘은 롤라와 그곳의 방사 계획에 대한 자신의 구상을 설명했다. 클로딘은 현지 주민의 역할을 강조했다. 보전은 단지 동물에게만 중요한

게 아니라고 말했다. 그것은 사람에게 더욱 중요하다. 사람들이 우리 편이 되면 모든 것이 가능하기 때문에. 에콜로 주변의 지역 공동체를 위한 계획들이 세워졌다. 이제는 클로딘이 배(콩고민주공화국에서는 강이 도로나 다름없다)를 타고 도착할 때마다 마을 주민들이 좋은 옷을 입고 나와 강변에서 춤을 추고 노래를 부른다.

우리는 또한 보호 구역 운동에서 여성의 두드러진 역할에 대해서도 논의했다.[36] 롤라는 보노보를 위한 보호 구역으로서는 세상에서 유일한 곳이지만, 아프리카에는 침팬지와 고릴라, 코끼리, 코뿔소를 비롯해 여러 야생 동물을 위한 보호 구역과 재활 센터가 많다. 이곳들은 사실상 거의 다 여성이 세웠고, 운영도 여성이 책임지고 있다. 전에 실험실에 있었거나 애완동물로 사육된 영장류를 위해 세운 서양의 보호 구역들 역시 마찬가지다. 유명한 데이비드 셸드릭 야생동물 재단조차 그 이름에도 불구하고 설립자는 여성이다. 다프네 셸드릭Daphne Sheldrick은 이 보호 구역에 사별한 남편의 이름을 붙였다. 데이비드 셸드릭David Sheldrick이 케냐에서 넓은 국립공원을 세우고 상아 밀렵꾼들과 싸우느라 바쁜 시간을 보내는 동안 다프네는 고아가 된 새끼 코끼리 수백 마리를 받아들여 젖병으로 우유를 먹이며 키웠다. 보호 구역 운동에서 압도적으로 많은 여성의 참여는 미국의 생태계 관여 운동의 선구자인 레이첼 카슨Rachel Carson과 제인 구달에서부터 그레타 툰베리Greta Thunberg에 이르며, 오늘날의 환경 보호 운동가들에게서도 확인되는 여성의 보호자 역할을 반영하고 있다.

일부 환경 보호 운동가들은 보호 구역 운동을 경시한다. 이들은 벌목 회사와 맞서 싸우고 전체 생태계를 보전하는 것처럼 더 큰 문제를 다루는 쪽을 선호한다. 물론 그것도 중요하지만, 우리는 어미의 품에서 떨어져 나와 고통스럽게 울고 있는 어린 보노보들에게 등을 돌릴 수 없다. 나는 클로딘처럼 보노보를 돌보려는 따뜻한 마음이 있는 사람들에게 큰 고마움을 느낀다. 우리는 지구의 건강뿐만 아니라 취약한 개체들도 보호할 필요가 있다.

둘 다 해서는 안 될 이유가 없다.

제6장

성적 신호

성기에서 얼굴과
아름다움까지

SEXUAL SIGNALS

'쩍벌남'의
진화심리학

화려한 색을 띤 수컷 맨드릴의 얼굴은 그 엉덩이 모습을 꼭 닮았다. 얼굴 한가운데를 가로지르는 빨간색 선과 그 양 옆의 파란색 코곁마루는 파란색 궁둥이를 배경으로 한 선홍색 음경을 복제한 듯한 모습이다. 심지어 주황색 염소수염마저 음낭 아래에 난 주황색 털 뭉치를 닮았다.

이와 비슷하게 암컷 겔라다개코원숭이는 가슴 모양이 엉덩이를 닮았다. 두 선홍색 젖꼭지는 서로 아주 가까이 붙어 있어 음순처럼 보인다. 그 주변에 털이 없이 드러난 피부는 엉덩이를 닮았다. 우리는 이렇게 눈길을 끄는 원숭이들의 신호 기능에 호기심을 느끼고, 기묘한 자기 신체 모방에 미소를 짓는다.

그런데 이것은 우리에게도 적용되지 않을까? 1967년, 데즈먼드 모리스Desmond Morris는 《털 없는 원숭이 The Naked Ape》에서 이와 비슷한 신호 이동이 우리 혈통에도 일어났다고 추측했다. 우리의 붉은색 입술은 음문을 닮았다. 여성의 유방은 엉덩이의 둥근 모양을 하고 있다. 남성의 주먹코는 축 늘어진 음경을 연상시킨다. 모두가 이를 재미있게 여기지는 않았다. 비평가들은 모리스의 책을 "외설적인 추측"에 불과하다고 폄하했다. 나는 모리스의 이론을 터무니없다거나 근거가 없다고 비판하는 것에 반대할 이유가 전혀 없지만, 아직도 성기 이야기만 나오면 빅토리아 시대 사람들처럼 발끈하는 반응을 보일 필요가 있을까? 음경과 음문과 같은 이 신체 부위들은 우리의 큰 관심을 끄는 것처럼 보인다. 우리는 그것을 억제할 수 없다! 해부학적으로 정확하게 묘사한 뉴욕 파이낸셜 디스트릭트의 차징 불Charging Bull 청동상을 보라. 혹은 파리의 페르 라셰즈 묘지에 있는 빅토르 누아르Victor Noir의 조각상을 보라. 실물 크기로 만든 이 조각상은 바지에서 불룩 솟아 있는 부분 때문에 유명하다. 이 조각상에서 반들반들해진 부분들은 수많은 사람들의 손이 성기 부분을 만졌음을 말해 준다. 미켈란젤로Michelangelo의 다비드 상은 다행히도 군중의 손이 미치지 않는 높은 곳에 서 있어 그런 수모를 면했다.

행동을 설명하는 것은 그만두고라도 행동에 대해 합의하는 것조차 어렵다는 사실을 감안하면, 해부학은 사람 생물학의 논의를 위해 완벽한 출발점을 제공한다. 모리스의 추측은 터무니없어 보일 수 있지만, 그가 던진 질문은 사라지지 않는다. 왜 우리는 영장류 중에서 유일하게 뒤집힌 (안쪽이 바깥쪽으로) 입술을 갖고 있어 주변 피부와 극명한 대조를 이룰까? 입술은 다른 영장류에서는 성적 신호로 쓰이지 않기 때문에, 왜 우리 종의 여성은 립스틱으로 그것을 자주 도드라져 보이게 하고, 뭔가를 암시하는 듯이 입술을 약간 벌리고 혀로 핥는 행동을 보일까? 왜 영장류 중에서 유일하게 영구적으로 돌출된 유방을 갖고 있고, 브래지어나 실리콘으로 유방을 두드러져 보이게 할까? 이런 모양이 효과적인 수유에 도움이 되는 것도 아니다. 다른 영장류는 얼굴에 그렇게 기묘한 모양의 코가 없더라도 냄새를 맡는 데 아무 지장이 없는데, 왜 우리는 뾰족하고 돌출한 코를 갖고 있을까? 진화생물학자에게 이것들은 타당한 질문이다.

'naked'(국내 번역서에서는 '털 없는'으로 번역된)라는 단어조차 외설적으로 간주되던 시대에 모리스는 특유의 농담과 재치가 넘치는 문체로 매우 민감한 주제를 가볍게 다룰 수 있었다. 하지만 그의 책《털 없는 원숭이》는 '빈 서판tabula rasa' 견해를 최초로 명시적으로 공격한 것을 비롯해 진지한 함의를 포함하고 있었다. 빈 서판 이론은 우리는 텅 빈 백지 상태로 세상에 태어나며, 거기에 환경이 자기 내키는 대로 뭔가를 적어 넣는다고 설명한다. 모리스는 다윈 이전의 이 개념에 강하게 반대했고, 그럼으로써 E. O. 윌슨E. O. Wilson과 스티븐 제이 굴드Stephen Jay Gould, 리처드 도킨스를 비롯해 진화에 관한 대중 과학서를 쓰는 저자들을 위한 길을 닦았다. 하지만 그의 책이 큰 성공(이 책은 지금도 생물학 책 중에서는 유일하게 세상에서 가장 많이 읽힌 100권의 책에 포함돼 있다)을 거둔 주요 이유는 그 기반을 흔들면서 우리 종을 웃음거리로 삼았기 때문이다. 이 책은 놀라운 관찰과 유쾌한 웃음의 결합을 선사한다.

호모 사피엔스를 언급하면서 모리스는 다음과 같은 유명한 말을 남겼다. "이 특이하고 큰 성공을 거둔 종은 자신의 더 큰 동기를 검토하느라 많은 시간을 쓰는 한편, 기본적인 동기를 무시하는 데에도 같은 양의 시간을 쓴다. 모든 영장류 중에서 가장 큰 뇌를 가진 것에 자부하지만, 가장 큰 음경을 가졌다는 사실은 숨기려고 애쓴다."[1]

모리스는 우리가 보노보에 대해 많은 것을 알아내기 전에 이 글을 썼다. 보노보의 긴 음경에 비하면 대다수 남성의 음경은 왜소해 보이는데, 보노보의 작은 몸 크기를 감안한 비율로 따지면 그 차이는 더욱 크다. 하지만 보노보의 분홍색 음경은 사람의 것에 비해 가늘며, 완전히 움츠러들게 할 수 있다. 발기한 음경은 그 색 때문에 눈길을 확 끄는데, 수컷이 그것을 위아래로 흔들면 더욱 그렇다. 음경을 '흔드는' 능력보다 더욱 놀라운 것은 사람보다 몇 배나 더 큰 보노보의 고환이다. 이것은 여러 상대와 짝짓기를 하는 암컷을 감안해 정액의 양을 늘릴 필요가 있기 때문이다. 다른 수컷들의 정액과 경쟁하면서 수정에 성공할 기회를 높이려면, 난자로 헤엄쳐가는 이 단세포들을 많이 만들어 배출해야 한다.

나는 'manspreading'*에 관한 이야기를 들을 때마다 성기를 과시하는 수컷 영장류가 떠오른다. 여성은 대중교통에서 다리를 쩍 벌리고 앉아 많은 공간을 독차지하는 남성에 대해 불평을 한다. 남성의 이 무의식적 자세는 흔히 사회화와 남성의 그릇된 특권 의식 탓이라고 이야기하지만, 영장류 사이에서는 보편적으로 나타나는 행동이다. 예를 들어 수컷 버빗원숭이 뒤를 따라가면, 밝은 파란색 고환이 분명히 눈에 보이지만, 두 다리를 쩍 벌리고 앉으면 앞쪽으로도 두드러지게 드러난다. 수컷 영장류는 흔히 이런 자세로 앉는데, 마치 자신의 성이 무엇인지 모두에게 분명히 보여주려고 그러는 것 같다. 또한, 암컷을 유혹할 때에도 이런 자세를 취

---

* 2015년에야 《옥스퍼드영어사전》에 등재된 단어로, 공공 장소에서 다리를 쩍 벌리고 앉는 자세를 가리킨다.

한다. 빳빳하게 선 음경을 보여주는 것은 짝짓기 열망과 능력을 보여주는 신호이다.

다리를 쩍 벌린 자세는 지배성을 전달하는 동시에 위협의 기능도 있다. 수컷 다람쥐원숭이는 발기한 음경을 지위가 낮은 수컷의 얼굴을 향해 들이밀기도 하는데, 겁에 질린 그 수컷은 고개를 숙여 피한다. 오직 지위가 높은 수컷만이 성기를 과시한다. 원숭이 무리 가운데에서 모두가 볼 수 있게 다리를 쩍 벌리고 앉아 있는 수컷이 있다면, 그 수컷이 그 무리의 우두머리라고 확신할 수 있다. 이 신체 부위의 취약성을 감안하면, 대단한 자신감이 없이는 그렇게 대놓고 과시할 수가 없다. 지위가 낮은 수컷들은 등 뒤를 경계할 뿐만 아니라 아래쪽도 조심한다. 이들은 주의를 끌지 않으려고 노력하고, 성적 관심을 은밀하게 숨긴다.[2]

지배성과 음경 과시 행동 사이의 연관 관계는 고대 이집트인도 잘 알고 있었는데, 그들은 신성한 개코원숭이를 무릎 위에 손을 얹고서 음경을 노출한 채 다리를 쩍 벌리고 앉아 있는 수컷으로 묘사했다. 우리 사회에서도 거대한 음경 상징으로 힘과 승리를 나타내는 관행에서 동일한 연관 관계를 발견할 수 있는데, 그런 예로는 워싱턴 기념탑과 에펠탑 등이 있다. 우리가 사용하는 모욕적 행동 중에도 음경의 신호를 닮은 것이 있는데, 가운뎃손가락을 치켜들거나 아래팔을 하늘로 향한 채 다른 손으로 그 위팔을 붙잡는 동작 등이 있다. 가운뎃손가락 제스처는 고대 그리스인과 로마인도 사용했는데, 그것을 라틴어로 디기투스 임푸디쿠스digitus impudi-cus(외설적인 손가락)라고 불렀다.[3]

물론 위의 설명 중 어느 것도 지하철에서 남성이 필요 이상으로 많은 공간을 차지하는 행동의 핑계가 될 수 없다. 빈자리를 찾는 여성은 쩍벌

고대 이집트인은 개코원숭이를 숭배했다. 공격적이고 정력이 넘치는 동물로 알려진 개코원숭이의 조각상은 수컷의 성기를 강조했다.

남을 보고 한심한 사람으로 생각할 수도 있는데, 연구자들은 다른 상황에서라면 여성이 이런 자세를 매력적으로 볼 수 있는지 알아보는 실험을 했다. 미국 심리학자 타냐 바차르쿨셈숙Tanya Vacharkulksemsuk은 즉석 만남 앱을 사용해 '팽창 자세'가 남성에게 효과가 있다는 사실을 발견했다. 다리를 좍 벌리고 상체를 쭉 편 채 힘이 넘치는 자세를 한 남성들과 접힌 자세를 한 남성들의 사진을 대비시켰다. 공간을 많이 차지하는 자세는 개방성과 지배성 느낌을 전달하여 그 남성이 낭만적 관계를 맺는 데 도움을 주었다. 이 연구에서 여성이 원하는 기준을 통과한 사람은 극소수였지만, 통과한 사람은 거의 다 팽창 자세를 취했다.[4]

수컷의 성기에 대한 관심은 암컷의 섹슈얼리티(수동적 역할을 부여한)를 희생시키면서 수컷의 섹슈얼리티에 초점을 맞추는 관행이 반영된 것이다. 흔히 암컷은 성행위를 능동적으로 추구하는 존재가 아니라 수동적으로 응하는 존재로 간주된다. 그런데 이제 그런 태도가 변하고 있는데, 심지어 생물학에서도 그렇다. 동물 사례를 많이 제시할 수 있지만, 가장 가까운 친척에 집중하기로 하자. 암컷 유인원은 다양한 수컷과 성관계를 맺으려고 시도하는 적극적인 참여자이다. 임신에는 한 수컷만으로도 충분한데, 왜 이런 행동을 하는 것일까? 왜 구할 수 있는 수컷 중에서 최선의 수컷을 선택하는 것으로 만족하지 못할까? 왜 많은 여성도 이와 똑같은 행동을 할까? 모리스는 사람의 진화를 여성은 아이를 낳는 역할만 담당하고 남성 사냥꾼을 중심으로 돌아간 것으로 묘사하면서 이 질문에 답하지 않았다.[5]

진화가 주로 남성 계통을 통해 일어났다는 미신은 계속 이어지고 있다. 인류의 선사 시대에 관한 책을 아무거나 집어들고 펼쳐보면, 남성은 전쟁을 일으키고, 불을 피우고, 큰 짐승을 사냥하고, 오두막집을 짓고, 외부의 위협으로부터 여성과 아이들을 보호하는 반면, 여성과 아이들은 겁에 질려 옹송그리며 모여 있는 그림들을 보게 된다. 이런 일들은 실제로 일어났을 가능성이 있지만, 왜 항상 남성이 이야기의 주인공일까? 여성은 우리 종의 성공에 기여하지 않았단 말인가? 이것과 관련해 가장 터무니없는 주장은 미국 외과의 에드가 버먼Edgar Berman(이 밖에도 많은 사람이 있지만)에게서 나왔는데, 버먼은《완전한 남성 우월주의자The Compleat Chauvinist》라는 책에서 "우리 수컷은 30억 년 동안 적자適者로 태어났다."라고 자부했다.[6]

나는 이 발언 때문에 버먼이 '완전한' 천치로 비칠까 봐 염려된다. 진화에서 말하는 적합도fitness 개념을 '피트니스 운동'처럼 일상생활에서 흔히 사용하는 개인의 신체적 적합성과 혼동하면 안 된다. 적합도는 가장 높이 점프를 하거나 가장 빨리 달리는 능력하고는 상관이 없다. 생물학에서 적합도는 생존과 번식의 성공률로 정의한다. 그것은 뛰어난 면역계나 좋은 시력, 더 나은 위장 능력, 큰 폐 혹은 그 밖의 유리한 특성에서 나올 수 있다. 적합도는 다음 세대에 물려주는 유전적 기여로 측정되기 때문에, 논리적으로 한 성의 전체 구성원이 다른 성의 전체 구성원보다 적합도가 더 높을 수가 없다. 두 성의 적합도는 불가분의 관계에 있다. 유성생식을 하는 생물의 경우, 아비와 어미는 유전체에 똑같이 기여한다. 어떤 종의 수컷들이 잘 살지 못한다면, 암컷들 역시 형편이 좋을 수가 없다. 반대로 암컷들이 잘 살지 못한다면, 수컷들 역시 자신의 유전적 유산을 잃을 운명에 놓이게 된다. 한 성이 다른 성보다 적합도 면에서 더 우위에 있는 상황은 갤리선에서 튼튼한 노잡이들을 모두 한쪽에 배치하고 약한 노잡이들을 모두 반대쪽에 배치한 것과 같다. 이렇게 되면 갤리선은 앞으로 나아가지 못하고 원을 그리며 빙글빙글 돌 것이다.

얼굴과 엉덩이

암컷의 적합도에는 독특한 요건이 필요하다. 암컷과 수컷 모두 영양분을 충분히 섭취하고 포식 동물의 공격을 피해야 하지만, 다음 세대에 기여하는 방식은 서로 다르다. 암컷은 운명에 몸을 맡기는 대신에 자신의 행동

계획을 적극적으로 추구하려 할 것이다. 암컷의 선택female choice이라 부르는 암컷의 진취적인 섹슈얼리티는 생물학에서 가장 뜨거운 주제 중 하나가 되었다. 이것은 암컷의 성적 문란female promiscuity이라고 부르지만, 이 용어는 도덕적 인상을 그것도 부정적 인상을 풍긴다. 대신에 나는 암컷의 성적 모험주의female sexual adventurism 또는 암컷의 성적 진취성female sexual pro-activity이라 부르고 싶다. 이 현상은 엄청난 금기로 간주되었다. 마치 암컷은 오로지 충실하고 수줍어하고 까다로운 태도만 보여야 한다고 상정한 것처럼 말이다. 암컷의 성적 모험주의를 뒷받침하는 증거가 쌓이면서 음경에 집중되던 관심의 초점이 음핵으로, 그리고 수컷의 성 충동에서 암컷의 오르가즘으로 옮겨갔다. 암컷의 권한 강화가 진화생물학에도 밀려왔다.

한때는 동료 영장류에게 음핵이 있다는 사실조차 의심을 받았다. 음핵은 발견되더라도 음경과 혼동되었다. 19세기의 한 보고서는 '자웅 동체 오랑우탄'을 다루면서 실제로 음경처럼 생긴 음핵이 있는 것으로 유명한 긴팔원숭이 삽화를 실었다. 18세기에 이탈리아의 피렌체왕립물리학자연사박물관에 전시된 한 유명한 원숭이는 자웅 동체로 간주되었다. 전문가들은 관람객들의 얼굴을 붉히게 만들었다는 이 '기형' 원숭이의 지위를 놓고 치열한 논쟁을 벌였다. 이런 소동이 벌어진 이유는 일부 영장류 암컷이 아주 큰 음핵을 가져 수컷으로 오인되었기 때문이다.[7] 신열대구*의 영장류에서 이런 일이 흔했다. 예를 들면, 우리가 사육하는 꼬리감는원숭

＊　신대륙의 남아메리카와 멕시코 남부, 중앙아메리카, 카리브 제도로 이루어진 생물 지리구. 북부는 열대에 위치하며, 좁고 길다란 남부는 온대까지 걸쳐 있다—옮긴이

이 무리에서 눈길을 끄는 성기를 가진 수컷이 태어난 적이 있었는데, 우리는 그 수컷에게 랜스Lance라는 이름을 붙여주었다. 그런데 몇 년이 지나자, 랜스의 행동이 갈수록 심상치 않았다. 결국 우리의 의심이 들어맞았는데, 염색체 검사 결과에서 랜스의 성별이 암컷으로 밝혀진 것이다.

기다란 음핵으로 유명한 또 다른 신열대구 영장류는 거미원숭이다. 오랫동안 함께 협력 연구를 한 필리포 아우렐리Filippo Aureli와 나는 멕시코 유카탄반도의 한 숲에서 이 원숭이들을 찾으려고 쌍안경으로 나무 위를 살펴보았다. 필리포의 연구 대상인 이 원숭이들은 우리보다 높은 곳에서 돌아다녔기 때문에, 그 성기를 식별하기가 어려웠다. 수컷과 암컷의 몸 크기가 비슷하기 때문에, 나는 필리포에게 성별을 어떻게 아느냐고 물어보았다. 그의 답은 예상과 정반대였다. "축 늘어진 성기"를 가진 원숭이는 틀림없이 암컷이라고 말했는데, 심지어 어린 원숭이들 사이에서도 그렇다고 했다. 수컷의 작은 음경과 고환은 털에 가려져 잘 보이지 않는다. 우리는 이 해부학적 역전 현상의 이유를 모른다. 가끔 암컷들은 자신이나 다른 암컷의 축 늘어진 음핵을 만지지만, 이 기관의 크기가 여분의 즐거움을 더 주는지는 확실치 않다.

영국의 체스터동물원에서 거미원숭이를 연구하는 동안 필리포는 동물원에 온 부모들이 자녀에게 아비 원숭이가 새끼를 얼마나 잘 돌보는지 설명하는 광경을 많이 보았다. 부모라면 으레 그러듯이 그들은 등에 새끼를 업고 긴 성기를 가진 원숭이를 가리키면서 그 장면을 설명하는 이야기를 꾸며냈다. 그런 상황은 설명문에서 이 종의 큰 음핵에 관한 이야기를 읽을 때까지 계속 이어졌다. 그러면 부모들은 새로운 정보를 포함시켜 다시 설명하는 방법을 생각해내야 했다. 혹시라도 그러기로 선택한다면 말이다.

침팬지와 보노보는 성별을 구별하기가 쉬운데, 특히 발정기의 암컷은 손쉽게 구별할 수 있다. 발정기의 암컷은 엉덩이에 축구공만 한 크기의 분홍색 신호를 달고 다니는데, 무리 중의 모든 수컷에게 자신이 짝짓기를 할 준비가 되었음을 알리는 신호이다. 부풀어오른 회음부 조직과 음순은 음핵을 가리는데, 사람과 침팬지보다 보노보의 음핵이 더 크다. 암컷 보노보는 정상위 자세를 선호하며, 등을 땅에 대고 다리를 쫙 벌린 채 드러누워 수컷을 자주 유혹하는데, 이 자세에서는 앞쪽 음문이 많은 자극을 받는다. 하지만 수컷 보노보의 진화는 많이 뒤처진 것으로 보인다. 수컷은 고전적인 후배위 자세를 선호한다. 이것은 우스꽝스러운 혼동을 초래할 수 있다. 만약 수컷이 뒤쪽에서 시작한다면, 중간에 암컷이 재빨리 몸을 돌려 자신이 선호하는 정상위 자세로 바꾼다. 보노보의 짝짓기에서 체위를 놓고 협상하느라 많은 제스처와 소리가 선행하는 것은 놀라운 일이 아니다. 이 카마수트라 유인원은 발로 거꾸로 매달린 자세처럼 우리가 할 수 없는 것을 포함해 가능한 모든 자세로 성행위를 한다.

나는 유인원의 성기에 아주 익숙하기 때문에, 보더라도 기이하거나 추하다는 느낌이 들지 않지만, 그래도 뭔가 어색하다는 느낌은 지울 수가 없다. 생식기 팽대부를 가진 암컷 유인원은 정상적으로 앉지 못한다. 그래서 팽대부를 깔고 앉지 않도록 한쪽 엉덩이에서 다른 쪽 엉덩이로 체중을 거북하게 옮기면서 앉는다. 이 조직은 연약하다. 조금만 긁혀도 피가 나지만, 놀랍게도 빨리 낫기도 한다. 우리는 이런 장식물이 없는 것에 고마워해야 한다. 만약 우리에게 이 조직이 있다면, 가운데에 큰 구멍이 뚫린 의자를 디자인해야 할 것이다.

보노보의 음핵이 큰 관심을 끄는 이유는 사람의 음핵을 둘러싼 강렬한 추측 때문이다. 정신분석학의 아버지로 불리는 지그문트 프로이트는 처음에 옆길로 벗어났다. 그는 미신적인 쾌락의 원천을 주장했는데, 그것은 바로 질 오르가즘이다. 그렇다, 이 현상은 해부학적 지식이 제한적이고 질이 없는 사람이 지어낸 것이다. 프로이트는 질 오르가즘을 중시한 반면, 음핵의 쾌락을 어린이를 위한 것으로 일축했다. 삽입 없이 음핵에서 쾌락을 얻는 여성은 슬프게도 유아 상태에 머물러 있어 정신과 치료가 필요하다고 보았다. 프로이트의 막강한 영향력 때문에 음핵은 부적절한 것으로 천대받았다. 의학 교과서들은 음핵을 실제보다 작게 묘사하거나 완전히 지워버렸다.

하지만 프로이트는 틀렸다. 자궁과 음문을 연결하는 질은 특별히 민감하지 않다. 질은 산도産道 기능을 하며, 그 근육 벽에는 신경 말단이 거의 없다. 그러니 쾌락의 주요 원천이 될 수 없다. G 스팟 이야기는 많이 들어보았겠지만, 그 위치를 정확하게 집어낸 해부학자는 지금까지 아무도 없다. 반면에 음핵은 쉽게 찾을 수 있다. 음핵은 음문에서 발기 능력이 있는 부분으로, 감각 자극을 위해 발달한 특수 세포들이 있다. 음핵의 신경은 자궁벽까지 뻗어 있기 때문에(해부학자들은 음핵-요도-질 복합체clitoure-throvaginal complex의 존재를 이야기한다), 정확하게 어디서 만족감이 일어나는지 알기가 어렵다. 좁은 곳에 몰려 있는 수컷의 오르가즘 장소와 달리 암컷의 오르가즘 장소는 분산돼 있다. 삽입은 쾌락을 추가하는 원천이 될 수 있지만, 쾌락은 대개 음핵의 마찰에서 나오는데, 음핵이야말로 여성의 오르가즘에서 핵심을 차지하는 보석이다.[8]

프로이트가 음핵을 무시한 데에는 여성이 자신의 섹슈얼리티를 장악할

지도 모른다는 문화적 염려가 반영된 것인지도 모른다. 어쩌면 여성은 남성에게 어떻게 하라고 말하거나 남성을 자신의 쾌락에 아무 쓸모 없는 존재로 만들지도 모른다. 삽입의 강조는 여성을 통제하는 하나의 방법이었다. 미국 역사학자 토머스 라커Thomas Laqueur는 이를 다음과 같이 표현했다.

> 음핵 이야기는 어떻게 신체가 그 자체 때문이 아니라 문명에 가치가 있는 모양으로 만들어지는지 들려주는, 교양 있는 우화이다. 생물학 언어는 이 이야기에 수사학적 권위를 더해주지만, 신경과 살의 더 깊은 진실을 묘사하지 않는다.[9]

많은 페미니스트는 음핵을 여성의 권한을 강화하는 무기라고 보았다. 미국의 과학 저널리스트 나탈리 앤지어는 음핵을 평균율로 조율된 건반 악기에 비유하면서, 이 악기는 들을 준비가 돼 있는 모든 여성에게 멋진 바흐의 곡을 연주해준다고 했다.[10] 그럼에도 불구하고, 음핵의 기능은 정의하기가 쉽지 않다. 임신에는 암컷의 오르가즘이 필요하지 않다는 사실을 감안하면, 도대체 그것은 어디에 소용이 있는 것일까? 어떤 사람들은 음핵은 남성의 젖꼭지만큼이나 쓸모없는 것이며, 남성이 요구할 때에만 성행위를 받아들이는 한, 여성에게는 그것이 필요 없다고 주장했다. 여성이 오르가즘을 느끼는 것은 행운으로 생긴 진화의 부산물이다. 미국 철학자 엘리자베스 로이드Elisabeth Lloyd는 이를 다음과 같이 표현했다.

> 남성과 여성은 배아 성장 단계에서 두 달 동안은 해부학적 구조가 동일하며, 그 이후부터 차이가 나타나기 시작한다. 여성에게 오르가즘 능

력이 생기는 것은 나중에 남성에게 그것이 필요하기 때문인데, 이것은 남성에게 젖꼭지가 생기는 것은 나중에 여성에게 그것이 필요하기 때문인 것과 같다.[11]

생물학자 스티븐 제이 굴드는 음핵이 음경의 진화에 편승했다는 로이드의 견해에 동의했다. 굴드는 여성의 오르가즘을 '영광스러운 사고'라고 불렀다.[12] 굴드도 그것을 남성의 젖꼭지와 비교했는데, 여성이 지닌 수유 능력의 부산물로 진화했다고 설명했다. 건강한 고릴라를 포함해 모든 수컷 영장류에게는 필요도 없고 전혀 쓰지도 않는 젖꼭지가 있다. 그러나 대다수 생물학자는 흔적 기관의 존재를 인정하긴 하지만, 어떤 자연적 특징을 비석응적인 것이라고 일축하면 의심을 품는다. 맨 먼저 떠오르는 일감은 그런 특징이 존재하는 데에는 어떤 이유가 있다는 것이다. 나는 포피나 막창자꼬리(충수)처럼 병원에서 일상적으로 제거하는 사람의 신체 부위에 대해서도 똑같은 느낌이 든다. 만약 이 부위들이 정말로 의학계의 믿음처럼 아무 목적이 없다면, 오래 전에 진화를 통해 제거되었어야 하지 않을까?

그동안 막창자꼬리에 대해서는 생각이 바뀌었다. 막창자(맹장) 끝부분에서 뻗어나온 이 부분은 다른 동물 과科들에서 30번 이상 진화했기 때문에 쓸모가 없을 리가 없다. 막창자꼬리는 창자의 미생물총을 보전하는 기능을 하는 것으로 보이는데, 이것은 심한 이질을 앓은 뒤 소화관을 재건하는 데 도움을 준다. 이제 막창자꼬리는 신체에서 어엿한 기능을 담당하는 부위로 간주된다.

나는 음핵에 대해서도 똑같은 주장을 하고 싶다. 맨 먼저, 음핵은 모든 포유류에서 발견된다. 생쥐도 코끼리와 마찬가지로 음핵이 있다. 둘째, 음핵은 '값비싼' 기관이다. 수컷의 젖꼭지보다 훨씬 더 복잡하고 더 민감하다. 음핵은 진화공학의 경이로운 산물이라고 부를 만하다. 로이드와 굴드는 앞서의 주장을 펼칠 때 이 사실을 몰랐지만, 음핵은 신호를 포착하는 신경 말단의 수가 수천 개나 된다는 점에서 음경과 비슷하다. 신호는 아주 두꺼운 신경을 통해 전달되는데, 이 사실은 음핵이 몸과 마음 모두와 관련이 있음을 시사한다. 음핵은 음경보다 감각세포의 밀도가 더 높기 때문에, 결코 우연히 생겨난 것으로 보이지 않는다.[13]

음핵은 성행위를 즐겁고 중독성이 강한 일로 만들기 위해 진화했을 가능성이 높다. 이것은 자신이 좋아하는 것을 발견할 때까지 계속 찾는 진취적인 암컷의 섹슈얼리티를 상정한다. 이것은 다목적 에로티시즘이 두드러진 종에서 가장 큰 음핵이 발견되는 이유를 설명해준다. 이 현상은 우리 외에 돌고래와 보노보에게 적용되는데, 두 종 모두 유대와 평화 공존을 위해 성기 자극과 성적 애무, 완전한 성교를 자주 한다. 나는 돌고래의 음핵이 자연계에서 가장 큰 것이 결코 우연이라고 생각하지 않는다.[14] 보노보가 그렇게 두드러진 음핵을 가진 것 역시 우연의 일치라고 생각하지 않는데, 젊은 암컷은 음핵이 작은 분홍색 손가락처럼 앞쪽으로 툭 튀어나와 있다. 나중에 나이가 들면, 음핵은 주변에 부풀어오른 조직 속으로 파묻혀 잘 보이지 않지만, 그래도 성적 자극을 받으면 두 배로 커진다. 평소에는 축 늘어지고 부드럽던 것이 단단하고 뻣뻣해진다. 끝부분과 자루 부분이 모두 단단해지기 때문에, 보노보의 음핵은 마치 음경이 발기하는 것처럼 자극에 반응한다. 수컷과 교미를 하는 동안 암컷 보노보는 자주 손을 아래로 내려 상대의 고환이나 자신을 만지면서 자극한다.

실험실에서 원숭이를 대상으로 실험한 결과에 따르면, 성행위 도중에 절정에 이르렀을 때 암컷의 심장이 빠르게 뛰는 종은 우리뿐만이 아니다. 원숭이들 역시 이 순간에 자궁 수축이 일어나면서 오르가즘을 정의한 마스터스Masters와 존슨Johnson의 기준을 충족시킨다. 보노보와 돌고래를 대상으로 같은 실험을 한 적은 없지만, 이들 역시 이 시험을 통과할 게 확실하다.[15]

강렬한 GG 러빙에 몰입한 두 암컷 보노보를 본 사람이라면 그것이 매우 즐거운 경험이라는 데 동의할 것이다. 암컷들은 서로의 얼굴을 응시하면서 함께 음핵을 열정적으로 비빌 때 씩 웃는 표정으로 이빨을 드러내고 날카롭게 깩깩거리는 소리를 내뱉는다. 여키스국립영장류연구센터에서 수 새비지-럼보Sue Savage-Rumbaugh는 자세한 영상 분석을 통해 이러한 신호 교환이 얼마나 중요한지 보여주었다. 성적 접촉은 서로가 동시에 시작하고 협력적으로 일어난다. 수컷 보노보와 암컷이 짝짓기를 할 때, 수컷의 몸이 위아래로 들썩이는 속도는 암컷의 얼굴 표정과 소리에 따라 변한다. 눈을 마주치길 거부하거나 하품이나 자신의 털을 고름으로써 지루함을 표시하면, 수컷은 움직임을 완전히 멈추기도 한다. 침팬지의 경우에는 이와는 대조적으로 수컷이 자세를 지시하고, 눈이 마주치는 일은 암컷이 고개를 뒤로 돌려 어깨 너머를 볼 때에만 일어난다.[16]

성행위에서 즐거움을 느낀다는 것을 뒷받침하는 가장 큰 증거는 암컷 보노보가 자주 자위를 한다는 사실이다. 암컷 보노보는 등을 대고 누워 먼 곳을 바라보면서 손가락이나 발가락을 음문에 넣었다 뺐다 하며 리드미컬하게 움직인다. 만약 거기서 아무것도 얻는 것이 없다면, 전형적인 짝짓기보다 더 오랫동안 지속되는 이 느긋한 활동을 설명할 길이 없다.

화창한 날이면 내 침팬지들은 나를 보고서 기뻐한다. 혹은 내 선글라스를 보고 기뻐하는지도 모른다. 그들은 가까이 다가와 선글라스에 반사된 자신의 모습을 보고서 기묘한 표정을 짓는다. 그리고 내게 이 작은 거울을 벗어 자신에게 달라는 제스처를 한다. 유인원은 거울에 비친 자신의 모습을 알아보는 극소수 종들에 속한다. 유인원은 거울을 보면서 입을 벌리고, 이빨에 손가락을 갖다대기도 한다. 암컷은 뒤로 돌아서서 자신의 엉덩이를 살펴보기도 하는데, 부풀어올랐을 때 특히 그런 행동을 많이 한다. 그 부분은 아주 중요한 해부학적 구조이지만, 평소에는 자신의 엉덩이를 보기가 어렵다. 수컷은 절대로 뒤로 돌아서는 법이 없다. 수컷은 자신의 엉덩이에 아무 관심이 없다.

발정기의 암컷 보노보나 암컷 침팬지는 자신이 어떤 깃발을 들고 있는지 정확히 알고 있다는 인상을 준다. 등을 구부려 자신의 성기를 의기양양하게 밖으로 내민 채 걸어다닌다. 암컷은 물건을 주우려고 조금 자주 몸을 숙인다. 이것은 자기 인식 능력이 있는 동물에게서 나오는 행동이다. 이들은 자신이 남들에게 어떻게 보이는지 안다. 반대로 암컷은 유혹하고 싶지 않은 수컷 앞에서는 자신의 소중한 자산을 숨기려고 시도한다. 예를 들면, 야생 암컷 침팬지는 자랄 때 함께 있었던 나이 많은 수컷과 짝짓기를 피한다. 젊은 수컷의 구애는 적극적으로 받아들이면서 잠재적 아비일 수 있는 이들 수컷 앞에서는 비명을 지르며 달아난다.[17]

우리의 침팬지 무리에서는 젊은 암컷인 미시Missy가 소코Socko에게 그러한 혐오 반응을 보였다. 생식기가 부풀어오를 때마다 미시는 '게걸음' 자세를 취했다. 미시는 등을 잔뜩 구부리고 때로는 옆걸음질 치면서 생식기 팽대부를 다리 사이에 감추려고 애썼는데, 그러기가 쉽지 않았다. 처음에 우리는 미시가 아프거나 다리가 부러졌나 하고 생각했다. 하지만 미시가 이렇게 기묘한 방식으로 걷는 것은 두 가지 조건이 충족될 때에만 일어난다는 사실이 밝혀졌다. 생식기가 부풀어올랐을 때와 소코가 주변에 있을 때에만 이런 행동을 보였다. 미시의 아비가 될 만큼 충분히 나이가 많은 소코는 그 무리의 알파 수컷이었다. 우리는 미시가 소코의 관심을 피하길 원한다고 추측했는데, 미시는 소코가 있는 곳에서 자주 도망가려고 했다. 만약 이 방법이 실패하면, 어미인 메이May가 도움을 주었다. 미시와 소코의 교미가 막 일어나기 직전에 메이가 고통스러운 비명을 지르며 곧장 달려와 손으로 둘을 떼어놓았다. 메이 자신은 소코와 짝짓기를 하는 데 아무 거부감이 없었지만, 자신의 딸만큼은 예외였다. 메이는 미시의 거부감을 지지했다.

부풀어오른 암컷 유인원의 음부는 색과 모양, 크기가 제각각 다르다. 우리는 개체 인식 능력을 조사하던 도중에 이것의 중요성을 깨달았다. 얼굴에 초점을 맞춘 이전의 많은 연구와 달리, 우리는 엉덩이를 인식 대상에 포함시키기로 결정했다. 먼저 터치스크린에서 꽃과 새 등의 사진들을 보여주고 일치하는 것끼리 선택하도록 침팬지를 훈련시켰다. 이 과제를 능숙하게 해내면, 이번에는 침팬지 엉덩이 사진을 보여주고 뒤이어 두 얼굴 사진을 보여주었다. 두 얼굴 중 하나만이 엉덩이 사진의 주인이었다. 침팬지들은 같은 것끼리 연결시키는 규칙을 이 사진들에도 동일하게 적용할 수 있을까?

침팬지들은 아무 어려움 없이 얼굴과 엉덩이를 제대로 연결했다. 인상적인 것은 개별적으로 아는 침팬지에 대해서만 성공한다는 사실이었다. 낯선 침팬지의 얼굴과 엉덩이 사진들은 제대로 연결시키지 못한다는 사실은 이들의 선택이 색이나 크기 또는 배경처럼 그림 자체의 어떤 요소를 바탕으로 일어나는 것이 아님을 보여준다. 그보다는 동료 유인원에 대한 개인적인 지식을 바탕으로 일어나는 게 분명하다. 우리는 유인원의 머릿속에는 익숙한 개체들의 전신 이미지가 저장돼 있다고 결론 내렸다. 유인원은 그것을 너무나도 잘 알고 있어, 다른 유인원의 한 신체 부위를 다른 부위와 연결 지을 수 있다. 우리도 마찬가지인데, 예컨대 우리는 군중 속에서 뒷모습만 보고도 친구를 쉽게 알아볼 수 있다.[18]

우리가 이 발견을 '얼굴과 엉덩이'라는 제목으로 발표했을 때, 모두가 유인원에게 이런 능력이 있다는 사실을 재미있게 여겼다. 이 연구 덕분에 우리는 이그 노벨상*을 받았다. 네덜란드 영장류학자 마리스카 크렛Mariska Kret의 후속 연구는 사람 얼굴에 성기를 닮은 특징이 있다는 모리스의 주장을 되돌아보게 했다. 크렛은 사람과 침팬지를 대상으로 터치스크린을 사용해 얼굴과 엉덩이 인식 능력을 비교했다. 유인원은 사람에 비해 자기 종의 엉덩이를 알아보는 능력이 더 뛰어났다. 크렛은 이 결과는 진화 과정에서 우리 조상이 엉덩이를 점점 덜 중요시하고 그 대신에 관심의 초점을 얼굴로 옮겼기 때문이라고 생각한다.[19]

눈길을 끄는 유인원의 성기는 성 선택의 결과이다. 성 선택은 자연 선택과 작용 방식이 다르다. 자연 선택은 1km 밖에서도 눈에 띄는 화려한 신호 대신에 보호색과 도망 전술처럼 생존에 도움이 되는 특성을 선호한

---

* 노벨상을 패러디한 상으로, "처음에는 사람들을 웃게 만들었다가 그다음에는 곰곰이 생각하게 만드는" 연구에 주어지는 상

다. 만약 생존이 당면 과제라면, 침팬지와 보노보의 거추장스러운 생식기 팽대부는 절대로 생겨나지 않았을 것이다. 이 부위는 나무 위로 올라가거나 앉는 동작을 몹시 불편하게 만든다. 생식기 팽대부는 오로지 관심을 끄는 데에만 소용이 있다. 하지만 짝짓기 상대를 찾으려고 할 때, 이것은 결코 사소한 문제가 아니다. 찰스 다윈이 두 번째 선택 메커니즘을 주장한 이유는 이 때문이다.

성 선택은 생존에는 아무 도움이 되지 않지만 잠재적 배우자의 관심을 끌 수 있는 특성을 선호한다. 수컷 공작의 꽁지깃과 수컷 바우어새의 멋진 둥지, 수사슴의 정교한 뿔처럼 수컷의 화려한 장식물과 행동이 그런 예이다. 이러한 특성들은 눈길을 끌긴 하지만, 그 동물의 생존에는 불리하다. 그런데도 유전자 풀에 계속 남는 이유는 오로지 암컷들이 그것을 좋아하기 때문이다. 그뿐만이 아니라, 암컷들은 그것을 적극적으로 '요구'한다. 꽁지깃의 화려함이 다른 수컷에 미치지 못하거나 멋진 노래나 춤을 제대로 보여주지 못하는 수컷은 암컷의 관심을 얻을 수 없다. 암컷 바우어새는 경쟁 상품들을 비교하며 돌아다니는데, 자기 구역의 많은 둥지들을 둘러보면서 적절한 수컷을 선택한다. 자연의 아름다움 중 많은 것은 암컷의 취향 때문에 존재한다.[20]

대부분의 동물 종은 수컷이 화려하고 암컷은 칙칙하고 눈에 잘 띄지 않는 반면, 호미니드 삼총사-사람, 침팬지, 보노보-에서는 그 관계가 역전된다. 우리 종에서는 아름답게 꾸미는 행동이 수컷에서 암컷으로 옮겨갔다. 외모를 아름답게 꾸미고 그것으로 판단받는 쪽은 여성이다. 물론 성 선택은 양 방향으로 나아갈 수 있지만, 역할 역전이 일어나려면 수컷이 자신의 선호를 거리낌없이 밝힐 필요가 있다. 수컷 유인원은 정말로 암컷의 엉덩이에 집착한다. 수컷 대여섯 마리가 팽대부가 크게 부풀어오른 암컷을 졸졸 따라다니는 것은 특이한 일이 아니다. 그것은 정말로 강력한 자석이다. 앞에서 소개한 터치스크린 실험에서 엉덩이를 가장 잘 감별하는 쪽이 암컷이 아니라 수컷인 것은 전혀 놀라운 일이 아니다.

사람의 경우에도 남성 역시 여성의 몸매와 엉덩이, 가슴, 얼굴에 집착한다. 이러한 특징들은 남성의 숨을 멎게 할 만한 힘이 있다. 남성에게 벌거벗은 여성의 신체를 볼 기회를 제공하는 업소가 그 반대의 서비스를 제공하는 업소보다 훨씬 많은 것은 이 때문이다. 반대로 여성은 자신의 신체를 의식하고 다른 여성과 외모를 비교하는 경향이 남성에 비해 훨씬 강하다.[21] 현대 사회에서 여성은 외모를 아름답게 꾸미는 데 너무나도 많은 시간과 돈을 투자하기 때문에, 여성의 필요를 충족시키기 위해(혹은 여성의 불안을 이용해 돈을 벌기 위해) 수십억 달러 규모의 패션과 화장품, 성형 수술 시장이 생겨났다.

비록 가임기를 알리는 신체 신호가 없다는 점에서 여성은 유인원과 다르긴 하지만, 여성은 입은 옷을 통해 이 단점을 보완한다. 생리 주기 중 제각각 다른 시점*에서 미국 대학생들의 사진을 찍었다. 그리고 양성의 심사 위원들에게 "더 매력적으로 보이려고 노력하는" 것처럼 보이는 여성의 사진을 고르게 했다. 그 결과, 자신의 매력을 돋보이게 하려는 노력은 생리 주기에 따라 변하는 것으로 드러났다. 배란일이 가까워진 사진 속의 여성은 더 멋있고 고급스러운 옷을 입었고, 노출을 더 많이 했다. 오스트

---

* 자기 보고와 소변 검사로 판단했다.

리아에서 진행한 연구에서도 비슷한 경향이 나타났다. 연구자들은 생식 능력이 무의식적으로 여성에게 자신의 외모와 장식을 더 돋보이도록 노력하게 만든다고 결론 내렸다.[22]

이 결과는 암컷 유인원도 자신을 아름답게 꾸미는가 하는 질문을 낳는다. 나는 이를 체계적으로 조사한 연구를 모르지만, 문헌을 대충 훑어보아도 자신을 꾸미는 행동이 얼마나 흔한지 드러난다. 나 자신도 침팬지가 화려한 색의 깃털에서부터 죽은 생쥐에 이르기까지 특이한 물건을 집어들어 머리 위에 얹고서 자신의 몸을 장식한 채 하루 종일 걸어다니는 것을 목격한 적이 많다. 이들은 또한 덩굴과 나뭇가지를 몸 주위에 감거나 등에 짊어지고 다니기도 한다. 이 침팬지들 중 대다수는 암컷이다. 동물의 인지 능력을 선구적으로 연구한 독일 심리학자 볼프강 쾰러 Wolfgang Köhler 는 침팬지들이 나뭇가지나 밧줄, 사슬로 자신의 몸을 치장한 뒤에 "장난꾸러기처럼 으스대거나 거만하게" 변하는 방식을 기술했다.[23] 로버트 여키스도 암컷 청소년 침팬지가 오렌지나 망고처럼 화려한 색의 과일을 으스러뜨린 뒤 어깨 위에 올려놓음으로써 몸을 치장한다는 이야기를 들려준다. 이것은 단지 시각적 신호일 뿐만 아니라 향기 신호이기도 했다.[24]

잠비아의 한 침팬지 보호 구역에서는 이런 종류의 행동이 무리 전체의 패션으로 발전했다. 한 암컷이 풀줄기를 귀에 꽂았는데, 걸어다니거나 다른 침팬지에게 털고르기를 할 때에도 그것을 마치 보석인 양 달고 다녔다. 시간이 지나자 다른 침팬지들도 그 뒤를 따라 풀줄기를 귀에 꽂는 '스타일'을 받아들였다. 기록된 사례 수백 건 중에서 90%는 암컷에게서 관찰되었다.[25]

몸치장 게임에서 자기 인식 수준은 놀라울 정도로 높다. 수화를 배우는 침팬지들이 있는 시설에서 안경을 쓰고 립글로스를 바른 뒤 거울에 비친 자신의 모습을 살피는 두 어린 암컷은 사람에게서 영향을 받은 게 분명했다.[26] 독일 과학자 위르겐 레트마테Jürgen Lethmate와 게르티 뒤커Gerti Dücker는 오스나브뤼크동물원의 오랑우탄 수마Suma가 우리 근처에 놓인 거울에 자발적으로 반응한 방식을 다음과 같이 기술했다.

수마는 샐러드와 양배추 잎들을 모은 뒤, 각각의 잎을 흔들고 나서 차곡차곡 쌓았다. 그러더니 결국 잎 한 장을 자기 머리 위에 얹고는 곧장 거울 앞으로 다가갔다. 거울 앞에 앉은 수마는 거울에서 자신의 머리를 덮은 것을 살펴보면서 손으로 그것을 펴고 주먹으로 짓누르더니, 그 잎을 이마 위에 붙이고는 머리를 위아래로 까닥거리기 시작했다. 나중에 수마는 샐러드 잎 한 장을 손에 들고 철창 앞으로 와 이마에 붙이고는 거울에 비친 모습을 살펴보았다.[27]

사람 가정에서 자란(다행히도 지금은 사라진 관행이지만) 유인원은 아주 더운 날에도 담요를 들고 다니고, 모자와 냄비, 종이 봉지, 그 밖의 주방 용품으로 자신의 몸을 치장한다.[28] 이 예들은 모두 사람에게서 영향을 받은 것이지만, 야생 자연에서도 관찰된 사례들이 일부 있다. 가끔 장식물이 그렇게 아름답지 않은 경우도 있는데, 예컨대 뱀 시체나 얼마 전에 죽은 영양의 창자가 장식물로 쓰일 때도 있다. 한 야생 암컷 보노보는 영양의 창자를 목걸이처럼 두르고 다니는 모습이 목격되었다. 이와 비슷하게 탄자니아의 마할레산맥에서 한 어린 암컷 침팬지는 띠 모양의 원숭이 가죽으로 매듭을 지어 목에 감고 걸어다녔다.[29]

수컷도 자신의 존재감을 높이려고 시도하지 않는 것은 아니지만, 다른 이유 때문에 그런 시도를 한다. 예를 들면, 한 야외 연구 장소에서 한 수컷 침팬지는 텅 빈 등유 통을 훔쳐서는 그것을 마구 두드리며 시끄럽게 소리를 냈다. 그 수컷은 모두를 깜짝 놀라게하고 겁을 줌으로써 지위가 올라갈 수 있었다. 야생에서 수컷 유인원은 허세를 부릴 때 큰 막대나 나뭇가지를 휘두르기도 한다. 동물원에서는 텅 빈 물통을 북처럼 두들기거나 마구 발로 차기도 한다. 수컷 유인원이 선택하는 액세서리는 성적 매력과는 관계가 없고 지위와 협박과 관련이 있다.

자신의 외모에 대한 인식과 그것을 꾸미는 데 대한 관심은 주로 암컷의 특성인 것처럼 보인다.

암컷의 지위 변화

암컷 청소년 침팬지들이 다른 암컷의 새끼들과 함께 돌아다니고 또래들과 뛰놀더라도, 대다수 어른들은 별 관심을 보이지 않는다. 하지만 9~10세 무렵에 생식기 팽대부가 처음으로 약간 발달하면서부터 상황이 변하기 시작한다. 그때부터 수컷들의 시선은 이들을 좇기 시작한다. 엉덩이의 분홍색 팽대부는 주기가 한 번씩 반복될 때마다 점점 더 커진다. 그와 동시에 성적 활동도 활발해진다. 처음에는 수컷 어른을 유혹하는 데 어려움을 겪고 오로지 수컷 청소년에게만 성공을 거둔다. 이들의 만족할 줄 모르는 성적 호기심은 관심을 보이는 젊은 수컷을 기진맥진하게 만든다. 식을 줄 모르는 요구에 하루 동안 시달린 뒤 축 처지기 시작한 수컷의 음경을 젊은 암컷이 손가락으로 잡아당기는 장면은 흔히 볼 수 있다.

젊은 암컷의 팽대부가 커질수록 수컷 어른의 관심을 더 많이 끌기 시작한다. 암컷은 이것이 세상에서 한 단계 위로 도약할 수 있는 기회라는 사실을 금방 배운다. 1930년대에 여키스는 자신이 침팬지의 '부부' 관계 (이것은 잘못 붙인 이름인데, 침팬지는 양성 사이에 안정적인 유대 관계가 지속되지 않기 때문이다)라고 부른 것을 조사하는 실험을 했다. 수컷과 암컷 유인원 사이에 땅콩 하나를 떨어뜨린 뒤, 여키스는 팽대부가 부풀어오른 암컷은 이 교환 도구가 없는 암컷에 비해 특권을 누린다고 지적했다. 생식기 팽대부가 있는 암컷 침팬지는 아무 어려움 없이 땅콩에 대한 우선권을 주장했다. 하지만 팽대부가 부풀어오르는 시기가 아닐 때에는 수컷이 땅콩을 장악했다. 여키스는 암컷은 생식 능력의 징후로 수컷의 지배성을 무효화할 수 있다고 결론 내렸다.[30]

미국 시인 루스 허시버거Ruth Herschberger는 이 연구에 자극을 받아 흥미로운 작품을 내놓았는데, 여기서 허시버거는 여키스의 주요 실험 대상인 암컷 침팬지 조시Josie와 가상의 인터뷰를 진행했다. 침팬지 조시는 자신의 상대였던 수컷이 '천성적으로 지배적'이었다는 주장에 동의하지 않았다. 많은 실험 동안 조시는 그 수컷만큼 많은 땅콩을 얻었다. 조시는 자신이 거둔 성공이 암컷 특유의 간계 때문이 아니라, 단순히 발정이 났을 때 더 용감하고 적극적으로 변했기 때문이라고 생각했다. 조시는 특히 여키스가 언급한 '매춘'이라는 단어에 발끈했다. "나를 참을 수 없게 만드는 것은 나의 행동을 매춘으로 보는 시각이다!"[31]

하지만 여키스의 실험 결과는 이상한 것이 아니었다. 암컷의 주기에 따른 지위 변화는 야생 자연에서도 일어난다. 구달은 야생 침팬지를 언급하면서 "생식기가 부풀어오른 상태는 암컷 당사자의 다양한 특권과 매우 밀접한 관련이 있다."라고 말했다. 구달은 플로Flo처럼 인상적인 예도 제시했는데, 플로는 평소에는 캠프에서 제공한 바나나를 손에 넣으려고 절대로 경쟁하지 않았다. 하지만 생식기가 부풀어올랐을 때에는 덩치 큰 수컷들 사이로 밀고 들어가 자신의 몫을 챙겼다.[32]

침팬지가 먹이를 붙잡으면, 수컷 사냥꾼들은 고기를 생식기가 부풀어오른 암컷들에게 우선적으로 나누어준다. 그런 암컷들이 주변에 있으면, 수컷 침팬지들은 짝짓기 기회를 얻기 위해 더 많은 먹이를 사냥한다. 지위가 낮은 수컷이 원숭이를 사냥하면, 그 수컷은 암컷들에게 매력적인 존재가 되는데, 암컷들은 고기를 얻기 위해, 지위가 더 높은 수컷에게 발각될 때까지 그 수컷에게 짝짓기 기회를 제공한다. 기니의 근처 마을 보수에서는 수컷들이 사냥을 할 기회가 적은데, 대신에 주변의 파파야 농장들을 습격한다. 수컷들은 이 위험한 모험으로 맛있는 과일을 생식 능력이 있는 암컷들에게 나눠줄 수 있다.[33]

보노보 사이에서도 비슷한 거래가 일어나지만, 대부분 미성숙한 암컷들과 일어난다. 나는 암컷 청소년 보노보가 정상위 자세로 교미를 하면서 씩 웃고 꺅꺅거리는 소리를 내는 장면을 사진으로 찍은 적이 있다. 그 상대는 오렌지 2개를 양손에 하나씩 쥐고 있었다. 암컷은 맛있는 과일을 보자마자 수컷에게 다가가 짝짓기할 기회를 제공했다. 일을 치른 뒤에 암컷은 오렌지 하나를 손에 쥐고 떠났다. 젊은 암컷 보노보의 자신감이 생식기 팽대부의 크기에 따라 요동치는 이유는 아직까지는 어떤 수컷 어른도 지배하지 못하기 때문이다. 그것은 암컷 보노보가 암컷 침팬지처럼 호의를 얻어내기 위해 성행위를 거래 수단으로 사용하던 과거의 흔적일지도 모른다. 수컷의 지배 체제를 무너뜨린 후에는 이 전술이 매력을 잃었을 것이다. 내다수 암컷 어른 보노보는 수컷에게 호의를 구걸하지 않는다. 그들은 자신이 원하는 것을 그냥 주장하고 손에 넣는다.

젊은 암컷 유인원의 성적 매력이 증가하는 것과 비슷한 사례를 우리 종에서도 발견할 수 있는데, 십대 소녀의 가슴이 커지기 시작하는 것이 그것이다. 소녀도 남성의 관심을 끄는 자석이 되면서 가슴골의 힘을 배운다. 십대 소녀 역시 암컷 청소년 유인원과 비슷하게 정서적 격변과 불안을 겪는다. 신체 변화는 권력과 성행위와 경쟁 사이의 복잡한 상호 작용을 조장한다. 한편으로는 소녀의 외모는 남성에 대해 이전에 누린 적이 없는 종류의 영향력을 가져다줄 수 있다. 다른 한편으로는 그것은 원치 않는 관심과 위험을 초래할 수 있다. 그래서 침팬지 미시처럼 남성의 음흉한 시선으로부터 몸을 감추고 싶을 수도 있다. 더 복잡한 문제도 있는데, 다른 소녀들과 여성들의 질투심이다. 이 모든 것은 숨길 수 없는 여성의 신체 신호가 만개하면서 시작된다. 이 상황에서 사람과 유인원 사이의 큰 차이점은 우리의 신호가 대부분 감춰져 있다는 것인데, 우리는 성기를 공공연하게 노출하지 않기 때문이다.

하지만 반드시 그런 것만은 아니다. 남성이 다리를 쩍 벌리고 앉는 것은 물건을 직접 보여주는 것은 아니지만 무의식적인 성기 노출 행동일 수 있다. 그런데 남성이 성기를 실제로 노출하는 일이 아예 없는 것도 아니다. 우리는 미투 운동을 통해 여성이 원치도 않는데 남성이 자신의 성기 사진을 보내거나 아무 의심도 없는 여성 앞에서 성기를 꺼내 보여주는 일이 얼마나 자주 일어나는지 알게 되었다. 다른 영장류에서와 마찬가지로 이런 종류의 노출증은 성행위를 간청하는 행동이자 일종의 괴롭힘과 협박이다. 여성도 가끔 자신의 가슴이나 성기를 공공연히 보여주거나 적어도 그런 행동을 넌지시 암시한다. 하지만 대다수 사람들에게서는 얼굴이 주요 신호 부위가 되었다.

우리 얼굴에는 젠더 신호가 많이 포함돼 있는데, 그래서 우리는 얼굴을 보고 그 젠더를 금방 그리고 정확하게 구분할 수 있다. 우리는 더 억센 턱을 보고서 남성을 구분할 수 있는데, 이 때문에 남성의 얼굴은 여성의 둥그스름한 얼굴에 비해 사각형에 가깝다. 게다가 여성은 눈이 상대적으로 크고, 눈동자도 더 크다. 긴 속눈썹은 여성의 눈을 더 돋보이게 한다. 여성의 여러 가지 얼굴 특징(눈과 입술 등)도 남성의 것보다 더 얇고 부드

사람의 얼굴은 젠더를 나타내는 표지판이다. 헤어스타일이나 화장 같은 문화적 표지를 다 제거한 뒤에도 우리는 얼굴을 보고 즉각 젠더를 알아챈다. 그것은 얼굴의 전체적인 모양(사각형 대 타원형)뿐만 아니라 눈과 입술의 상대적 크기로 표현된다.

러운 주변 피부와 더 큰 대비를 이룬다.[34]

우리는 이러한 자연적 차이만으로는 성에 차지 않는지 얼굴이 젠더 표지판으로 변할 정도로 그 차이를 확대한다. 수염을 기르지 않은 남성도 짧은 수염이 여기저기 돋아 있을 수 있는데, 이 때문에 얼굴이 억세고 거칠어 보인다. 이와는 대조적으로 여성은 머리카락을 길게 기르는 반면, 얼굴에 난 털을 세심하게 모조리 제거한다. 이런 경향 중 많은 것은 문화적 요구에 따른 것인데, 여기서 내가 기술하는 내용은 여성의 윗입술에 난 미세한 솜털마저도 제거해야 하는 서양 사회에 초점을 맞춘 것이다. 여성은 또한 남성의 눈썹과 다르게 만들려고 눈썹을 밀기도 한다. 가짜 속눈썹과 마스카라로 눈을 강조하기도 하는데, 그럼으로써 천진난만한 아기의 눈처럼 보이게 한다. 여성이 입술을 도톰하게 보이려고 붉게 칠하는 관습은 수천 년이나 되었다. 이 관습은 고대 이집트 시절까지 거슬러 올라가는데, 고대 이집트인은 대자석代赭石이나 카민, 밀랍, 지방을 사용했다. 제2차 세계 대전 때 립스틱이 너무 비싸지자, 여성들은 비트 즙으로 입술을 물들였다.

얼굴의 겉모습을 이렇게 문화적으로 변형시키는 관습 때문에 개인의 젠더는 대개 널리 알려진다. 이것은 직립 보행 때문에 성적 신호를 신체에 재배정하는 것이 필요했던 진화의 역사 중 일부이다. 그 신호는 뒤쪽에서 앞쪽으로, 아래쪽에서 위쪽으로, 필요한 관심을 받기에 적절한 장소로 이동했다.

제7장
짝짓기 게임

얌전한
암컷 미신

THE
MATING
GAME

특별한
삼각관계

사람들이 자존감에 대해 이야기할 때마다 내 머릿속에 맨 먼저 떠오르는 이미지는 붉은털원숭이 무리의 늙은 우두머리 미스터 스피클스Mr. Spickles 이다.

10년 동안 나는 위스콘신주 매디슨에 있는 헨리빌라스동물원에서 마카크의 일종인 붉은털원숭이를 연구했다. 스피클스는 자아실현에 완전히 성공한 붉은털원숭이로, 빨간 피클을 뜻하는 이름은 얼굴을 뒤덮은 빨간색 주근깨에서 유래했다. 스피클스는 암석이 많은 실외 구역을 위엄이 넘치는 자세로 돌아다녔고, 그 주변에는 서로 털고르기를 해주려는 암컷들이 따라다녔다. 암컷들이 열심히 자신의 몸에서 이를 잡는 동안 스피클스는 다리를 쩍 벌리고 비스듬히 누워 진홍색 음낭을 드러낸 채 눈을 감았다. 스피클스는 어떤 암컷보다 두 배는 커 보였지만, 커 보이는 몸집 중 대부분은 털이었다. 스피클스는 늘 꼬리를 공중으로 자랑스럽게 치켜든 채 걸었는데, 다른 수컷은 적어도 그 앞에서는 감히 하지 못하는 행동이었다. 하지만 그와 동시에 그의 위치는 암컷들에게 달려 있었다. 알파 암컷인 오렌지Orange는 스피클스를 강하게 지지했다. 마카크 사회는 기본적으로 지위가 높은 암컷들이 이끌어가는 암컷들의 친족 네트워크이다.

내가 '자아실현'을 언급한 이유는 욕구 단계설hierarchy of needs로 유명한 심리학자 에이브러햄 매슬로Abraham Maslow가 약 100년 전에 이 작은 동물원에서 이 원숭이들을 연구했기 때문이다. 매슬로는 기본 욕구(안전, 소속감, 명망 등)가 완전히 충족된 다음에야 자신의 잠재력을 완전히 실현할 수 있다고 주장했다. 경영 세미나에서 주요 내용으로 거론되는 이 이론이 우두머리 원숭이의 으스대고 자신감 넘치는 태도와 사회적 사다리에서 바닥 부근에 위치한 개체들의 '슬금슬금 피하는 비겁한 행동'을 관찰한 데에서 영감을 받았다는 사실을 아는 사람은 거의 없다. 매슬로는 관심을 우리에게로 돌리면서 원숭이의 자신감을 사람의 자존감으로 번역했다. 자기 평가와 지나친 내성内省이 결합된 이 개념은 오늘날까지 지속되는 미국 문화와 죽이 잘 맞았다.[1]

한 개체가 지배력을 행사하는 동시에 남들에게 의존할 수 있다는 역설은 아마도 매슬로의 머릿속에 떠오르지 않았을 것이다. 대다수 심리학자와 마찬가지로 매슬로는 개체의 특성과 성격 유형을 바탕으로 생각했다. 하지만 지배성은 '사회적' 현상이다. 그것은 개체가 아니라 관계를 바탕으로 일어난다. 따르길 거부하는 자들을 이끌 수는 없는 일이다. 따라서 스피클스가 지배성을 남들에게 강요했다고 보는 대신에 그의 지배성이 남들에게 받아들여졌다고 보는 것이 낫다. 스피클스는 오렌지를 포함해 모두의 존경과 지지를 얻었다. 여기서 흥미로운 점은 오렌지는 비록 권좌를 유지할 수 있게 스피클스를 지지하긴 했지만, 성적 관심은 완전히 다른 문제였다는 사실이다. 짝짓기 철이 되면, 오렌지는 더 젊은 수컷들에게 끌렸다.

동남아시아 온대 지역이 원산인 붉은털원숭이는 봄에 새끼가 태어나도록 가을에 짝짓기를 한다. 암컷이 발정하면, 무리의 삶이 극적으로 변한다. 암컷들은 짝짓기를 할 수컷을 물색하고, 수컷들 사이의 경쟁이 격화된다. 수컷은 자신보다 서열이 낮은 수컷의 짝짓기를 방해할 때가 많다. 한 짝짓기 철 내내 특별히 나의 흥미를 끈 삼각관계가 있었다. 그것은 스피클스와 오렌지와 댄디Dandy 사이의 삼각관계였다. 스피클스와 오렌지는 확립된 지위를 갖고 있었다. 밝은 털 색깔 때문에 오렌지는 무리 중에서 가장 주목 받는 개체였다. 오렌지가 걸어가면, 다른 암컷들은 이빨을 입술 밖으로 드러내고 입이 귀에 걸리도록 크게 웃는 표정을 지었다. 마카크는 지위가 높은 개체를 달래려고 할 때 크게 웃는다. 웃음은 분명한 복종의 메시지를 전함으로써 지배적인 마카크가 자신의 지위를 존중하도록 강요할 필요성을 없앤다. 오렌지는 스피클스보다 다른 마카크들로부터 크게 웃는 반응을 훨씬 더 많이 받았지만, 그 자신은 가끔 스피클스에게 웃음을 지어 보였기 때문에(반면에 스피클스는 절대로 오렌지에게 그런 반응을 보이지 않았다), 공식적으로는 스피클스가 오렌지보다 위였다.[2]

댄디는 잘생기고 활기찬 수컷으로, 나이는 스피클스의 절반도 안 되었다. 댄디는 넓은 실외 구역을 뛰어 돌아다니고, 어느 누구도 따라갈 수 없는 속도와 민첩함을 뽐내며 그물망 형태의 지붕으로 올라갔다 내려갔다 했다. 특히 뻣뻣하고 느린 데다가 조금만 뛰어도 금방 숨을 헐떡이는 알파 수컷 스피클스는 도저히 흉내낼 수 없는 동작이었다. 스피클스는 댄디를 다루는 데 어려움을 겪었는데, 댄디는 가끔 스피클스 앞에서 점프를 하거나 스피클스가 위협하더라도 도망가지 않고 딱 버티면서 도발했다. 그런 상황이 벌어질 때마다 오렌지가 조용히 다가와 스피클스 옆에 섰다. 그 이상의 다른 행동은 할 필요가 없었는데, 댄디는 이 대결에서 결코 이길 수 없다는 사실을 잘 알았기 때문이다. 암컷들은 모두 오렌지 편을 들 것이 뻔했다. 알파 암컷에게 대항한다는 것은 붉은털원숭이의 엄격한 위계 사회에서 생각할 수 없는 선택이다.

하지만 짝짓기 철이 되면 오렌지는 짝짓기 상대로 특별히 댄디를 찾았다. 스피클스는 젊은 수컷을 쫓아버리면서(결코 붙잡지는 못했다) 이를 방해하려고 시도했지만, 오렌지는 그냥 댄디에게 돌아가 함께 시간을 보냈다. 이 둘은 며칠 동안 함께 붙어 지냈고, 오렌지는 가끔 댄디를 자극하기 위해 떠밀기도 했다. 오렌지는 댄디가 올라타도록 자신의 엉덩이를 내밀었다. 둘이 함께 지내는 시간이 길어질수록 스피클스도 체념하고 둘을 더 이상 방해하지 않았다. 때로는 스피클스가 잠깐 동안 실내 구역으로 들어감으로써 자발적으로 그 장소를 떠났고, 둘은 아무 염려 없이 짝짓기를 할 수 있었다. 이 시기에 내가 기록한 관찰 일지를 보면 젊은 과학자이던 내가 당혹스러움을 느꼈다는 걸 알 수 있다. 왜 스피클스는 그 자리를 피했을까? 체면을 지키기 위한 것이란 추측에서부터 둘이 짝짓기하는 장면을 도저히 눈 뜨고 볼 수가 없었을 것이란 추측까지 나는 다양한 가능성을 생각했다. 어쩌면 스트레스 관리를 위해 그랬을지도 모른다. 짝짓기 철이 끝날 무렵에 스피클스는 체중이 20%나 줄었다.

우리는 흔히 원숭이의 사회생활을 유인원의 사회생활에 비해 단순한 것으로 생각하지만, 나는 원숭이의 복잡한 사회생활을 결코 과소평가해서는 안 된다는 교훈을 배웠다. 이 특별한 삼각관계에서 오렌지는 두 가지 선호 사이에서 조심스럽게 균형을 잡았는데, 하나는 정치적 지도력이고, 다른 하나는 성적 욕망이었다. 오렌지는 둘을 결코 혼동하지 않았다. 나는 댄디가 오렌지와 가깝다는 사실을 이용해 스피클스에 도전하는 장면을 두 번이나 보았다. 그때마다 오렌지는 즉각 젊은 애인의 잘못을 바로잡았다. 게다가 오렌지는 한 술 더 떠서 댄디의 어미도 공격했는데, 그의 가족 전체가 자신의 위치를 정확하게 알아야 한다는 사실을 강조하려는 것처럼 보였다.

비록 우리 팀은 스피클스가 어떤 수컷보다 짝짓기를 더 많이 하는 것을 보았지만, 그렇다고 해서 그의 자식이 더 많은 것은 아니었다. 우리가 이렇게 단언할 수 있는 것은 8년 동안 이 무리를 대상으로 영장류학 최초의 친자 확인 연구 중 하나를 진행했기 때문이다. 전통적으로 영장류학자는 알파 수컷이 자신의 유전자를 널리 퍼뜨리는 데 성공한다고 생각했다. 하지만 이 주장은 관찰된 성행위에만 의존해 나온 것이었다. 우리는 짝짓기하는 모습이 많이 관찰되는 수컷일수록 자식을 더 많이 남길 것이라고 생각했다. 그런데 이 가정에는 결함이 있었다. 알파 수컷은 공공장소에서도 아무 거리낌 없이 암컷과 짝짓기를 하는 반면, 다른 수컷들은 보이지 않는 곳이나 밤중에 몰래 활동한다.

그 당시에는 아직 DNA 분석 기술을 사용할 수 없었지만, 우리 영장류 센터의 과학자들은 새로 태어난 새끼들의 혈액형을 잠재적 아비들의 혈액형과 비교했다. 우리는 수컷의 지위와 태어난 새끼의 수 사이에서 대략적인 상관 관계를 발견했다. 알파 수컷은 평균보다는 성적이 높았지만,

우리가 예측한 것만큼 큰 성공을 거두지는 못했다. 댄디처럼 떠오르는 수컷들이 때로는 더 많은 자식을 남겼다.[3]

수컷의 지위는 짝짓기 게임에서 하나의 요소에 지나지 않는다. 또 하나의 요소는 암컷의 선호이다. 이 요소는 오랫동안 간과되었는데, 암컷의 선택은 수컷의 과시 행동보다 관찰하기 어려운 것이 한 가지 이유였다. 오렌지처럼 거리낌없이 행동할 수 있는 암컷은 거의 없는데, 자신의 성적 선호가 수컷의 위계와 일치하지 않으면 위험에 처할 수 있기 때문이다. 지위가 낮은 수컷과 밀회를 즐기려면 남의 눈을 피하는 술책이 필요하다. '은밀한 교미'라 부르는 이 행위는 덤불 뒤에서 일어나거나 우두머리가 잠들었을 때 일어난다. 영장류 무리에서는 간통에 해당하는 성행위가 비일비재하게 일어난다. 나는 침팬지 사이에서 이 시나리오가 펼쳐지는 것을 자주 목격했다.

수컷에게서 몇 미터 떨어진 곳에서 암컷이 부풀어오른 생식기를 수컷 쪽으로 향한 채 무심하게 풀 위에 눕는다. 아무 일도 없다는 듯이 암컷이 어깨 너머로 슬쩍 쳐다볼 때, 수컷은 지배적인 수컷이 어디에 있는지 파악하기 위해 불안한 기색으로 주변을 살핀다. 이런 상태에 있는 암컷 가까이에 있는 것만으로도 위험할 수 있다. 선택받은 수컷은 천천히 일어나 어느 방향으로 걸어가는데, 가끔씩 멈춰서서 은밀히 뒤를 돌아본다. 2분쯤 지난 뒤, 암컷이 일어나 다른 방향으로 걸어간다. 암컷은 수컷이 어디로 갔는지 정확하게 알며, 빙 둘러서 수컷을 찾아간다. 그리고 은밀한 장소에서 둘은 번갯불에 콩 구워 먹듯이 재빨리 짝짓기를 하고는 각자 제 갈 길을 간다. 호기심 많은 몇몇 어린것들과 인간 관찰자 외에는 아무도 이 사실을 모른다. 이들의 불륜은 소리까지 죽여가면서 매우 협력적인 분위기에서 일어난다. 암컷 침팬지는 성관계 도중에 절정에 이르렀을 때 대개 소리를 내지만, 밀회를 즐기는 동안에는 절대로 소리를 내지 않는다.[4]

우리가 암컷의 선택을 과소평가한 두 번째 이유는 문화적인 데 있다. 생물학에서나 전반적인 사회에서 사람이건 동물이건 암컷의 성은 본질적으로 수동적이고 수줍어하는 것으로 묘사되었다. 거기서 한 술 더 떠 암컷은 수동적이고 수줍어해야 한다고 기대되었다. 예외는 축소되거나 간과되었다. 누구와 짝짓기를 하고 누구와 짝짓기를 하지 않을지는 수컷이 내리는 결정으로 간주되었다. 암컷은 까탈스럽게 굴면서 여러 구애자 중에서 최고의 수컷을 선택할 수는 있지만, 암컷의 성적 주도권은 그 시대의 생물학 이론에 없었다.

다윈이 이미 더 광범위한 견해를 주장했다는 사실을 감안하면, 우리가 그토록 오랫동안 이런 사고방식에 사로잡혀 있었다는 사실은 개탄할 만하다. 다윈의 견해는 100년이 넘게 무시되고 억압되었다. 다윈은 암컷에 관한 그 시대의 어리석은 견해(특히 지적 능력에 관해)를 공유했을 수도 있지만, 진화에서 암컷의 역할을 제대로 평가하는 측면에서는 크게 앞서 있었다. 그는 암컷의 행위 주체성을 최초로 강조한 생물학자였다. 나머지 사람들은 모두 암컷을 수컷의 생식을 위한 용기로 간주한 반면, 다윈은 성 선택 이론을 개발했는데, 이 이론에 따르면 자연의 화려한 색과 듣기 좋은 소리는 바로 수컷의 행동과 장식과 무기에 대한 암컷의 선호 때문에 생겨났다. 최고의 자질을 갖춘 수컷과 짝짓기를 함으로써 암컷은 진화를 조종한다. 다윈과 같은 시대에 살았던 사람들은 암컷의 중요한 역할을 인정한 이 개념을 조롱했다. 영국 식물학자 세인트 조지 미바트St. George Mivart는 "사악한vicious 암컷의 변덕은 너무나도 불안정하기 때문에, 암컷의 선택 행위를 통해 안정적인 천연색이 절대로 만들어질 수 없다."라고 확신했다. 그 당시에 vicious라는 단어는 'wicked(사악한)'란 의미로 쓰였기 때문에, 미바트는 본질적으로 다윈이 부도덕한 주장을 펼친다고 비난한 셈이다.[5]

비판자들은 암컷을 신뢰하지 않았을 뿐만 아니라, '짐승'(동물)에게는 선택의 자유가 없다고 생각했다. 암컷 새나 그 밖의 어떤 동물이 무엇을 결정할 수 있다는 생각은 그야말로 터무니없는 것이었다. 이전 세기에 전반적인 동물 지능을 업신여겼던 태도가 이 견해를 더 증폭시켰다. 동물은 본능과 단순 학습으로 돌아가는 기계로 묘사되었다. 레버를 누르는 쥐들과 자극을 쪼아대는 비둘기들로 가득 찬 실험실들은 오로지 이들이 얼마나 멍청한지 증명했다. 이들이 무엇을 먹어야 할지를 제외한 다른 것에 대해 정교한 선택을 하리라고 기대하는 것은 우스꽝스러운 짓이었다.

인류학자들도 별 도움이 되지 않았다. 그들은 여성을 남성의 게임에서 병졸에 불과한 존재로 간주했다. 지배적인 이론은 딸과 여자 형제는 남성의 재산이라고 주장했다. 그래서 여성은 가부장적 집단들 사이에 동맹을 강화하는 '최고의 선물'로 교환되었다. 이런 태도는 아직도 우리 사회에 상징적 잔재로 남아 있는데, 결혼식 때 신부를 아버지가 새 남편에게 '건네주는' 풍습이 그것이다.[6]

짝짓기 게임은 남성들 사이에서 벌어지는 일이며, 여성은 수동적 대상이라는 견해는 증거가 없는데도 불구하고 널리 퍼져 있다. 이 견해의 과학적 결점은 다윈에게 영감을 주었던 동물, 즉 새에 대한 연구에서 처음으로 드러났다. 1970년대에 과학자들은 한 검정깃찌르레기 개체군의 번식을 억제하려고 했다. 일부 수컷에게 정관 절제술을 행한 과학자들은 그 결과로 무정란들이 생길 것이라고 기대했다. 하지만 이 수컷들의 둥지에서 나온 알들을 부화하고는 거기서 나온 새끼의 수에 깜짝 놀랐다.[7] 도대체 누가 이 알들을 수정시켰단 말인가? 수술을 받지 않은 이웃의 수컷들이 강제로 그 불쌍한 암컷들을 범했던 것일까?

그 당시에는 암컷의 수동성에 대한 믿음이 너무나도 깊이 뿌리박혀 있었기 때문에, 연구자들은 부부 관계 밖에서 일어나는 성행위는 비자발적으로만 일어날 수 있다고 생각했다. 하지만 더 많은 새를 조사할수록 여러 수컷이 아비로 섞인 새끼들이 더 많이 발견되었다. 게다가 암컷이 습격해온 침입자에게 강제로 당했다는 개념 역시 무너져내렸다. 발신 장치를 달아 새들을 추적한 결과, 그 진실이 드러났다. 캐나다 조류학자 브리짓 스터치버리Bridget Stutchbury는 두건솔새를 연구한 결과, 암컷이 적극적으로 외부의 수컷을 찾아간다는 사실을 발견했다. 암컷은 둥지에서 멀리 떨어진 곳까지 날아가면서 마치 잠재적 짝짓기 상대에게 "어이, 나 여기 있어!"라고 말하는 듯이 시끄럽게 울어댄다.[8]

새들의 일부일처제는 전통적으로 우리가 본받아야 할 모범 사례로 추앙되었기 때문에, 이러한 관찰 사실은 더욱 충격적이었다. 100여 년 전에 영국의 한 목사는 유럽바위종다리의 암수 한 쌍 결합을 완벽한 모범 사례로 추켜세웠다. 그는 신도들에게 우리가 이 작은 새들처럼 행동한다면, 모두가 훨씬 행복하게 잘 살아갈 것이라고 말했다. 그 목사는 비록 아마추어 박물학자이긴 했지만, 실상을 전혀 모른 채 그런 말을 했다. 그 후에 유럽바위종다리에 관한 한 세계적인 전문가였던 케임브리지대학교의 닉 데이비스Nick Davies는 이 새들의 삼자 동거와 문란 행위를 다큐멘터리로 촬영했고, 문제는 수컷만이 아니라는 사실을 분명히 밝혔다. 암컷 역

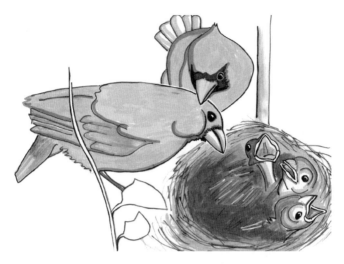

이 홍관조 같은 명금은 일부일처제의 본보기로 자주 거론된다. 하지만 DNA 검사 결과에 따르면, 같은 둥지에 있는 일들의 아비가 여럿인 경우가 많은 것으로 드러났다. 암컷은 수컷만큼이나 성적 모험을 즐긴다.

시 문란한 성생활을 적극적으로 추구했다. 데이비스는 만약 사람들이 그 영국 목사의 충고를 따랐더라면, "그 교구에는 대혼돈이 발생했을 것"이라고 추측했다.[9]

암컷 새의 성 충동이 너무 과소평가된 나머지 그것을 제대로 인식한 사람은 많은 돈을 벌 수도 있다. 유럽과 중국에서 큰 인기를 끄는 비둘기 경주는 바르셀로나에서 런던까지 혹은 상하이에서 베이징까지 장거리 구간에 걸쳐 펼쳐진다. 자기 집에 맨 먼저 도착하는 비둘기에게 큰 상금이 돌아간다. 중국인 억만장자가 경매에서 약 200만 달러를 주고 산 뉴 킴New Kim이라는 챔피언 비둘기의 주인이던 벨기에인은 인터뷰 도중에 암컷 비둘기의 성욕에 대해 이야기했다. 자부심이 넘치는 그 비둘기 애호가는 비둘기 경주를 하는 사람들은 전통적으로 수컷 비둘기를 '홀아비' 상태로 만드는 방법을 사용했다고 설명했다. 경주가 시작되기 며칠 전에 그들은 귀소 본능을 자극하기 위해 수컷을 그 짝에게서 떼어놓는다. 뉴 킴은 암컷이지만, 그 주인은 동일한 방법이 암컷에게도 통한다는 사실을 발견했다. 그는 뉴 킴을 며칠 동안 자신의 짝인 수컷과 짝짓기를 하지 못하게 하는 대신에 수컷을 보게는 해주었다. 뉴 킴을 다른 비둘기보다 더 빨리 날게 만드는 방법은 오로지 그것밖에 없었다고 주인은 설명했다. 뉴 킴은 자신의 짝과 '즐기기' 위해 얼른 집으로 돌아가고 싶어 했다.[10]

암컷 새에게 성 충동이 있다는 사실이 인식되면서 다윈주의 페미니 즘Darwinian feminism이 등장할 무대가 마련되었다. 다윈주의 페미니즘은 1997년에 미국 생물학자 퍼트리샤 고와티Patricia Gowaty가 붙인 이름이다. 이 용어는 모순 어법처럼 들릴 수 있는데, 많은 페미니스트는 사람이 새 나 벌과 거리가 아주 멀다고 생각하기 때문이다. 그들은 진화과학과 진화 과학이 강조하는 유전학이 자신들의 대의에 특별히 우호적이라고 여기 지 않는다. 하지만 일부 페미니스트까지 포함한 생물학자들은 페미니즘 이 생물학과의 연결을 피할 수 없다고 본다. 만약 애초에 두 가지 성이 생 겨나지 않았더라면 페미니즘이 존재할 필요가 없을 것이다. 그런데 왜 두 가지 성이 생겨났을까? 그 이유는 유성 생식이 단순히 클론을 복제하는 무성 생식보다 장점이 많기 때문이다. 만약 우리가 무성 생식을 한다면, 젠더 불평등 문제가 사라질 텐데, 모든 사람이 똑같이 생기고 똑같은 방 식으로 번식할 것이기 때문이다. 하지만 그 대신에 우리는 막대한 대가를 치러야 한다.

유성 생식은 10억 년도 더 전에 식물과 동물 모두에서 진화했다. 그것은 너무나도 광범위하게 일어났으므로, 우리가 유성 생식에 대해 아는 지식 중 대부분은 우리 종에서 나온 것이 아니다. 예를 들면, 유전의 법칙은 실레시아에서 완두를 키우던 수도사가 발견했다. 양 부모가 모두 생식에 기여하면, 새로운 세대마다 유전자 조합이 뒤섞이면서 각 세대는 새로운 유전자 조합을 갖게 되어 변화하는 환경과 새로운 질병에 대처할 수 있다. 유성 생식은 우리를 유전적으로 유연하게 만든다.

만약 유성 생식을 하지 않는다면, 사람은 모두 똑같겠지만 크게 번성하지는 못할 것이다.

진화의 베일

다윈주의 페미니즘은 양성 사이의 상호 작용이 어떻게 진화를 이끌어가는지 좀 더 포괄적인 설명을 추구한다. 하지만 왜 이 주제가 관심을 끌어야 하는지 그 이유가 항상 명명백백한 것은 아니다. 1990년대에 고와티는 켄터키주에서 열린 여성학 프로그램 세미나에 참석해 생식에 기여하는 수컷과 암컷의 역할을 비교하는 발표를 했다. 발표가 끝난 뒤, 분개한 한 비판자가 이 진화론적 주장은 논점에서 벗어나며, 고와티가 한 이야기는 여성의 섹슈얼리티에 대한 남성의 두려움으로 설명할 수 있다고 반박했다. 음핵을 경멸한 프로이트, 암컷 새의 섹슈얼리티를 인식하는 데 걸린 오랜 시간, 사람의 진화 이야기에서 '골치 아픈' 보노보를 삭제하려는 노력 등을 감안하면, 이 견해는 전혀 터무니없는 것만은 아니었다. 사회는 여성의 섹슈얼리티를 환영하지 않으며, 남성 과학자들은 여성의 리비

도를 상자 속에 가두고 그 열쇠를 던져버리려는 노력을 체계적으로 기울였다.[11]

하지만 고와티와 그 비판자는 둘 다 옳을 수 있다. 대다수 사람들이 일상적인 심리학 수준에서 생각하는 방식은 진화론의 접근과는 아주 다르다. 진화를 이해하려면, 지금 이곳에서 행동을 이끄는 요소들로부터 한 발 뒤로 물러나는 것이 꼭 필요하다. 동기와 이데올로기, 양육, 경험, 문화, 호르몬, 감정, 그리고 우리의 의사 결정 과정에 관여하는 그 모든 것을 고려하는 대신에 진화생물학자들은 수백만 년의 시간 단위에서 생각한다. 이들은 행동의 유전적 배경을 알기 위해 오랜 시간을 생각하고 진화의 베일 뒤편을 엿보려고 노력한다. 그것은 생존과 생식을 어떻게 촉진할까? 이들은 행위자의 동기 따위에는 신경 쓰지 않으며, 심지어 행위자가 장기간에 걸친 이러한 혜택을 아는지 여부에도 신경 쓰지 않는다.[12]

적절한 예로 섹스가 있다. 우리가 섹스를 하는 이유는 두 가지가 있는데, 그중 하나만이 지금 당장 우리를 움직이게 만든다. 첫 번째는 성적 매력과 성욕이다. 강렬한 신체적 변화와 함께 충혈과 윤활액 분비가 일어나면서 우리가 성관계라는 곡예를 준비하게 한다. 우리의 목표는 자신의 욕구를 만족시키고, 쾌락을 경험하고, 사회적 긴장을 해소하고, 부드러운 감정을 표현하는 것 등이다. 이것들은 우리 모두가 잘 알고 이해하는 욕정적 동기이다.

우리가 섹스를 하는 두 번째 이유는 베일 뒤에 감춰져 있다. 그것은 섹스의 존재 이유이자, 우리가 그 흥미로운 삽입과 돌진의 역학을 많은 종과 공유하는 이유이다. 섹스는 접합자를 만들기 위해 정자와 난자의 만남을 주선하는 방법이다. 이 만남은 우리가 느끼는 동기의 일부가 아니다.

의도적으로 임신을 하려고 노력하는 때를 제외하고는 섹스를 하는 동안 생식은 우리 머릿속에 들어 있지 않다. 누가 사후 피임약을 발명한 이유는 이 때문이다.

다른 동물의 경우에는 진화의 베일이 더 두껍고 불투명하다. 우리 외의 어떤 종이 섹스의 결과로 자식이 탄생한다는 사실을 안다는 증거는 없다. 그 가능성을 완전히 배제할 수는 없지만, 양자 사이의 시간 간격이 너무 길어서 다른 종들은 그 연결 관계를 파악하기가 어렵다. 이 사실은 생식이 섹스를 이끄는 원동력이 아님을 뜻한다. 비록 우리는 동물의 성행위를 '번식 행위breeding'라고 부르긴 하지만, 이것은 '우리'가 바라보는 시각이지, 동물 자신은 그렇게 보지 않는다. 동물의 입장에서는 섹스는 그저 섹스일 뿐이다. 어미는 자신의 자식을 분명히 아는데, 자신이 직접 낳고 길렀기 때문이다. 하지만 수정에 관한 지식을 바탕으로 그것을 아는 것은 아니다. 아비는 아는 것이 더 적다.

이런 제한적인 이해를 감안하면, 자연 다큐멘터리들에서 마치 동물이 알고 있는 것처럼 묘사하는 방식이 몹시 거슬린다. 두 수컷 얼룩말이 서로 발로 차고 물며 싸우는 장면을 보여주면서 내레이터는 권위 있게 읊조린다. "이 두 수컷은 암컷을 수정시킬 주인공을 놓고 싸우고 있습니다." 하지만 수컷 얼룩말은 정자나 난자, 유전자는 물론이고 임신이 어떻게 일어나는지도 모른다. 그들은 그저 암컷과 누가 짝짓기를 해야 하느냐를 놓고 싸울 뿐이다. 태어날 새끼의 아비가 되는 것은 이들의 관심사가 아니다. 오직 우리 생물학자들만이 베일 뒤를 살펴보고, 자신의 유전자를 후손에게 전해줄 수컷은 누구일까라는 관점에서 생각한다.

과거의 어느 시점, 아마도 수천 년 전에 우리 조상은 임신에는 섹스가 필수적이라는 사실을 알기 시작했다. 하지만 양자 사이에 정확하게 어떤 관계가 있는지는 우리의 역사 시대와 선사 시대를 통틀어 대부분의 시간 동안 안개 속에 싸여 있었다.

많은 망설임과 죄책감 끝에 네덜란드 과학자 안토니 판 레이우엔훅An-tonie van Leeuwenhoek은 자신의 정액을 새로운 발명품인 현미경 아래에 놓았다. 그리고 거기서 꿈틀거리는 '극미동물animalcules' 수천 마리를 보았다. 이 발견이 일어난 때는 1677년으로, 우리가 현재 알고 있는 지식이 얼마 되지 않았다는 것을 말해준다. 다윈은 유전자를 전혀 몰랐고, 양 부모의

두 수컷 얼룩말이 치열한 싸움을 벌이고 있는 반면, 암컷들은 풀을 뜯고 있다. 이 싸움은 주로 짝짓기 기회를 놓고 벌어지며, 번식과는 간접적으로만 관계가 있다. 얼룩말은 섹스와 생식 사이 의 연관 관계를 전혀 모른다.

유전자가 어떻게 상호 작용하는지도 몰랐다. 다윈은 정자와 난자가 몸 전체에서 정보를 받아 서로 뒤섞은 뒤 다음 세대에 전달한다고 가정했다. 현대 유전학이 범생설汎生說*과 그 밖의 이론을 대체한 것은 정원에서 완두를 재배하며 실험한 수도사 그레고어 멘델Gregor Mendel의 연구가 나오고 나서도 시간이 좀 흐른 뒤인 1900년에 이르러서였다.[13]

하지만 우리의 동료 영장류도 생식의 모든 측면에 완전히 무지한 것은 아니다. 영장류는 임신과 출산과 양육을 직접 경험한다. 특히 나이가 많은 암컷은 임신한 암컷이 겪는 모든 단계를 알 것이다. 하지만 직접적 경험이 없는 영장류에게도 우리의 생각보다 많은 지식이 있을 수 있다. 나는 젊은 수컷 꼬리감는원숭이 빈센트Vincent가 친한 암컷인 바이어스Bias에게 다가가 의도적으로 그 배에 자신의 귀를 갖다대는 것을 보았을 때, 그런 느낌이 처음 들었다. 빈센트는 그런 자세를 약 10초 동안 유지했다. 그 후 며칠 동안 나는 빈센트가 같은 행동을 하는 것을 여러 차례 보았다. 그 당시 나는 바이어스가 임신한 줄 몰랐지만(이 원숭이들의 임신은 알아채기가 어렵다), 몇 주일 뒤에 바이어스의 어깨 위에는 작은 새끼가 올려져 있었다. 빈센트가 냄새로 임신 사실을 알아챘을 가능성은 희박한데(원숭이도 우리처럼 여러 감각 중에서 주로 시각에 의존한다), 바이어스를 껴안았을 때 그 몸속에서 태아가 움직이는 것을 느꼈을지도 모른다. 나는 빈센트가 태아의 심장 박동을 듣길 원했을 것이라고 추측한다.

---

* 환경에 의해 세포에 축적된 변이가 범유전자pangene를 만들고, 혈액을 통해 생식세포로 이동해 후대에 유전된다는 다윈의 학설–옮긴이

유인원 사이에서도 나는 수컷이 임신한 암컷에게 이와 비슷한 관심을 보이는 것을 목격했다. 유인원은 산파 역할을 하는 암컷도 있기 때문에, 누가 임신을 하면 무슨 일이 일어날지 아는 것처럼 보인다. 하지만 이것만으로는 생식이 어떻게 일어나는지 제대로 안다고 말할 수 없다. 영장류의 행동을 진화론적으로 설명하려고 할 때에는 그들이 아는 것과 사람이 아는 것을 구별하는 일이 늘 중요하다. 심지어 섹스가 곧 아기의 탄생으로 이어진다는 사실을 아는 우리 종의 경우에도 행동의 기원 중 대부분은 진화의 베일에 가려진 채 남아 있다.

기둥 위의 성자로 불리는 5세기의 금욕주의자 성 시므온St. Simeon Stylites은 37년 동안 시리아의 알레포 근처에 있는 기둥 위에서 살았다고 전한다. 그의 전기 작가는 성자를 의심한 사람이 매춘부를 고용해 그의 순결을 시험한 이야기를 소개한다. 밤새도록 성 시므온은 유혹과 맞서 싸웠다. 그 여성이 가까이 다가올 때마다 성 시므온은 촛불 속에 손가락을 하나씩 집어넣었다. 그 극심한 고통이 욕정에 굴복하는 것을 막아주었다. 성 시므온은 간신히 유혹을 뿌리치는 데 성공했지만, 아침이 되자 남아 있는 손가락이 없었다.[14]

출처가 의심스러운 이 이야기는 성욕이 얼마나 강한지 말해준다. 단순히 시각적 자극만으로 쉽게 끓어오르는 수컷의 성욕은 통제하기가 거의 불가능할 정도로 강하다고 흔히 이야기한다. 이와는 대조적으로 암컷의 성욕은 유동적이고 맥락과 주기에 영향을 받는다고 이야기한다.[15] 수그러들 줄 모르는 수컷의 충동 때문에 어떤 남성들은 자식을 아주 많이 낳는다. 유명한 예로는 몽골의 정복자 칭기즈 칸Chingiz Khan과 '피에 굶주린 괴물'로 불린 모로코의 술탄 물라이 이스마일 이븐 샤리프Moulay Ismail Ibn

Sharif가 있다. 심지어 《남성의 성적 능력을 위한 칭기즈 칸의 방법Genghis Khan Method for Male Potency》이란 제목의 자기 계발서까지 나왔다.

다른 동물들에서도 비슷한 사례를 발견할 수 있다. 갈라파고스코끼리거북 디에고Diego는 혼자서 자기 종을 멸종으로부터 구했다. 자기 종에서 살아남은 극소수 중 하나인 디에고는 번식 계획에 따라 미국의 동물원에서 에콰도르의 갈라파고스 제도로 옮겨졌다. 디에고의 수그러들 줄 모르는 짝짓기 노력 덕분에 이 거북의 수는 불과 15마리에서 2000여 마리로 불어났다. 100세가 되어서도 디에고는 멈출 줄을 몰랐다.

뷔르허르스동물원에서 나는 아침에 침팬지들을 야외 구역으로 풀어주기 전에 종종 그들의 야간 우리를 방문했다. 무리 중에서 생식기가 부풀어오른 암컷이 있으면, 나는 수컷들의 눈에서 반짝이는 빛을 보고 그것을 알아챌 수 있었다. 밤 동안 암컷들과 분리돼 지냈는데도 불구하고, 수컷들은 흥미진진한 일이 기다리고 있다는 사실을 알고 있었고, 온종일 그 암컷 주위에서 서성이기 위해 얼른 실외 구역으로 나가고 싶어 했다. 주변에서 일어나는 일들은 그들의 안중에 없었다. 내가 그들 앞에서 바나나를 들고 흔들어도 눈길도 주지 않았다. 수컷 침팬지는 성적으로 몰입된 상태에 놓이면 며칠이고 아무것도 먹지 않고 지낼 수도 있다. 이들에게는 먹는 것보다 섹스가 우선순위이다. 반면에 암컷은 성행위 도중에도 먹던 것을 계속 씹기도 한다.

수컷 영장류의 정력은 아주 대단할 수 있다. 세계 챔피언은 한 짧은꼬리마카크인데, 여섯 시간 동안 짝짓기를 59번이나 했고 그때마다 사정을 했다. 이 정도까지는 아니지만 수컷 침팬지도 왕성한 정력을 자랑한다. 영국 영장류학자 캐롤라인 튜틴Caroline Tutin은 탄자니아의 야생 자연에서 침팬지의 교미 장면을 1000번 이상 관찰했다. 일부 수컷은 평균적으로 한 시간에 한 번씩 사정을 했는데, 젊은 수컷은 나이 많은 수컷보다 사정 횟수가 더 많았다. 많은 영장류 종에서 수컷은 암컷보다 자위를 더 많이 하며, 언제라도 성관계를 할 준비가 돼 있는 것처럼 보인다.[16]

우리 종의 경우, 자주 인용되는 말 중에 남자는 7초마다 한 번씩 섹스를 생각한다는 말이 있다. 비록 남성은 특히 젊을수록 섹스에 대해 많은 시간 동안 생각하긴 하지만, 이 수치는 터무니없어 보인다. 만약 이것이 사실이라면, 하루에 섹스를 8000번이나 생각한다는 이야기가 된다! 그 출처는 아마도 오래전에 킨제이연구소에서 한 연구일 텐데, 그 연구에 따르면 대다수 남성은 매일 섹스를 생각하는 반면, 대다수 여성은 그러지 않았다.

하지만 남성과 여성 사이에 이렇게 큰 차이가 있다는 사실은 믿기 어렵다. 최근의 연구들은 여성의 성욕이 남성과 비슷하다고 시사하는데, 큰 차이가 있음을 뒷받침하는 실제 증거가 있을까?[17] 2001년, 미국의 세 심리학자가 이 문제를 포괄적으로 검토한 결과를 발표했다. 제1저자인 로이 바우마이스터Roy Baumeister는 증거를 수집하기 전에는 자신과 공동 저자들의 견해가 달랐다고 말한다. 바우마이스터의 표현을 빌리면, 캐슬린 캐터네이지Kathleen Catanese는 페미니스트 '강령'을 고수하면서 아무 차이가 없을 것이라고 예측했다. 캐슬린 보스Kathleen Vohs는 결정을 내리지 못했고, 바우마이스터 자신은 남성의 성욕이 더 강할 것이라고 생각했다. 세 사람은 남성과 여성의 성적 생각과 행동에 관한 데이터를 얻기 위해 수백 편의 과학 보고서를 조사했다. 그들은 성욕이 강하면, 더 에로틱한 환상을 떠올리고, 섹스를 위해 모험을 불사하는 행동을 더 많이 하고, 더 많은 파트너를 추구하고, 섹스를 못 했을 때 더 많은 고통을 받고, 자위를 더 많이 할 것이라고 가정했다. 성과학자들은 흔히 자위 행위를 리비도를 측정하는 가장 순수한 척도로 여기는데, 파트너의 유무나 임신과 질병에 대한 두려움과 상관없이 일어나기 때문이다.[18]

약 열두 가지 척도의 평가에서 단 하나의 예외도 없이 남성의 성욕이 더 강한 것으로 나타났다. 자위에 대한 문화적 반감은 특별히 소년과 남성을 겨냥하지만(눈이 멀거나 정신이 이상해진다고 위협하면서!), 그래도 남성이 여성보다 자위를 더 많이 한다. 또한 남성은 오랫동안 섹스를 하지 않고 지내기가 더 어렵다고 보고한다. 순결을 서약한 사람들(성 시므온처럼) 역시 마찬가지다. 가톨릭교회 신부들은 수녀보다 더 자주 순결 서약을 어긴다. 바우마이스터는 자신의 블로그에서 이 결과를 다음과 같이 유쾌한 듯이 요약했다. "이것은 공식적인 사실이다: 남성은 여성보다 더 호색적이다."[19]

그럼에도 불구하고, 여성의 성욕에 대한 이야기 중 상당수는 수정이 필요할지 모른다. 사회는 젠더에 따라 서로 다른 도덕적 기준을 적용하기 때문에, 바우어마이스터가 검토한 것을 포함해 사람을 대상으로 한 연구 결과는 액면 그대로 받아들일 수 없다. 우리의 이중 기준은 캐주얼 섹스를 하는 여성에게 '잡년slut', '헤픈 여자tramp', '매춘부whore', '걸레floozy'처럼 부정적인 꼬리표를 붙인다. 이러한 명칭은 심한 반감을 표현한다. 이와는 대조적으로 여러 여성과 섹스를 하는 남성은 '바람둥이womanizer'나 '여자 꽁무니를 좇아다니는 남자skirt-chaser'라고 부르며, 그것도 윙크를 곁들여 그렇게 부르는 경우가 많다.

사회의 편견을 피해가길 원하는 연구자들에게 가장 큰 장애물은 사회

과학이 설문 조사에 과도하게 의존하는 관행이다. 특히 섹스처럼 민감한 주제를 다룰 때에는 자기 보고는 곧이곧대로 받아들여서는 안 된다. 변태 성욕자나 얼간이로 비치고 싶은 사람은 없기 때문에, 어떤 종류의 행동은 자동적으로 축소 보고되는 반면, 어떤 종류의 행동은 부풀려진다. 때로는 데이터 자체가 말이 되지 않는 경우도 있다. 예를 들면, 미국의 한 연구에서는 평생 동안 평균 섹스 파트너 수가 남성은 12.3명, 여성은 3.3명으로 나왔다. 다른 나라들에서도 비슷한 수치가 보고되었다. 그런데 이런 결과가 어떻게 가능한가? 남녀 성비가 1:1인 폐쇄 인구 집단에서는 도저히 그런 결과가 나올 수 없다. 남성들은 여분의 파트너들을 어디서 찾는단 말인가? 많은 과학자들은 이 수수께끼를 풀려고 골머리를 앓았지만, 가장 혁신적인 접근법은 가능성이 높은 원인을 파고들었는데, 그것은 바로 부정직한 답변이었다.[20]

미국 중서부의 한 대학에서 미셸 알렉산더Michele Alexander와 테리 피셔Terri Fisher는 학생들을 가짜 거짓말 탐지기에 연결시키고 성생활에 관한 질문을 했다. 거짓말을 하면 들통날 것이라고 착각한 학생들은 이전과는 아주 다른 답변을 했다. 갑자기 여학생들은 더 많은 자위와 섹스 파트너를 기억해냈다. 첫 번째 측정에서는 여성은 남성보다 훨씬 낮은 수치를 보고했지만, 두 번째 측정에서는 그렇지 않았다. 이제 우리는 보고된 섹스 파트너 수가 남성과 여성에 따라 왜 큰 차이가 나는지 이해하게 되었다. 남성은 그것을 밝히는 데 별로 거리낌이 없는 반면, 여성은 가능하면 숨기려고 한다.[21]

베이트먼의
원리가 깨지다

동물 연구에서도 비슷한 논쟁이 벌어졌는데, 이곳에서도 비슷한 편견이 작용했다-비록 다행히도 설문 조사에 의존하기 때문에 그런 것은 아니지만.

이것은 생물학자들이 성을 정의할 때 사용하는 가장 기본적인 성차를 상기시킨다. 우리의 기준은 외모나 생식기 모양이 아니라 배우자配偶子라고 부르는 생식세포의 크기이다. 배우자는 두 종류가 있다. 큰 것을 난자라 부르고, 난자를 만드는 개체를 암컷이라 부른다. 흔히 운동성이 있는 더 작은 배우자를 정자라 부르고, 정자를 만드는 개체를 수컷이라 부른다. 사람의 경우, 난자는 정자보다 약 10만 배나 큰데, 과학자들이 정자를 값싼 것, 난자를 값비싼 것으로 부르는 이유는 이 때문이다.

게다가 암컷 포유류는 임신 기간이 길고 새끼를 키우는 반면, 수컷은 기여하는 것이 훨씬 적고 때로는 전혀 기여하지 않는다. 이러한 양육 투자의 차이 때문에 암컷과 수컷은 자식을 최대한 많이 가지기 위한 규칙이 서로 다르다. 암컷이 가질 수 있는 자식의 수는 자신의 신체가 감당할 수 있는 능력에 제한을 받는다. 반면에 수컷의 신체는 그저 정자를 많이 만들어내기만 하면 된다. 수컷에게 제약 요소는 자신이 수정시킬 수 있는 암컷의 수이다. 따라서 수컷은 암컷보다 훨씬 많은 자식을 낳을 수 있다. 이것을 사람의 상황에 적용해보면, 100명의 여성과 섹스를 하는 남성은 원리적으로 100명의 자식을 가질 수 있다. 반면에 100명의 남성과 섹스를 하는 여성은 드물게 더 많이 낳을 때도 있지만 한 번에 아기를 한 명만 낳을 수 있다. 그래서 평생 동안 낳을 수 있는 아이의 수에 한계가 있다.

진화를 좌우하는 것은 후손의 수이다. 후손을 더 많이 남길수록 더 좋다. 과학자들은 이 사실을 감안하여 위에서 설명한 성차 때문에 진화는 문란한 수컷과 까다로운 암컷을 낳을 것이라고 생각했다. 수컷은 가능하면 많은 암컷을 수정시키려고 시도하면서 적극적으로 문란한 삶을 살려고 할 것이다. 반면에 암컷은 우수한 수컷의 씨를 수태하기 위해 까다롭게 굴면서 조신하게 굴 것이다. 이러한 진화의 규정집을 베이트먼의 원리Bateman's Principle라고 부른다. 이것은 영국의 유전학자이자 식물학자 앵거스 베이트먼Angus Bateman이 1948년에 내놓은 것으로, 그는 이를 뒷받침하는 근거로 초파리 실험 결과를 들었다. 암컷 초파리는 만나는 수컷의 수에 상관없이 동일한 수의 자식을 낳는 반면, 수컷은 암컷을 더 많이 만남으로써 자식의 수를 늘릴 수 있었다. 베이트먼의 원리는 지금도 자연에서 행동의 성차를 설명하는 복음으로 떠받들어지고 있으며, 생물학과 진화심리학을 배우는 수백만 명의 학생들에게 논란의 여지가 없는 진실로 가르치고 있다.[22]

이 개념들은 너무나도 확고하게 뿌리를 내리고 공리적 성격을 띤 것이어서 사람의 진화한 행동에 관한 문헌 도처에서 발견된다. 미국의 유명한 사회생물학자 E. O. 윌슨은 이렇게 말했다. "수컷은 공격적이고 성급하고 변덕스럽고 무차별적으로 행동하는 것이 유리하다. 이론적으로 암컷은 조신하게 굴면서 최고의 유전자를 가진 수컷을 확인할 수 있을 때까지 참는 것이 더 유리하다……. 사람은 이 생물학적 원리를 충실히 따른다."[23]

하지만 두 성의 짝짓기 게임 방법에 이렇게 차이가 있다는 베이트먼의 원리는 지금은 인기가 시들해졌는데, 특히 여성의 경우는 더욱 그렇다. 베이트먼의 원리 중에서 수컷 쪽은 문제가 되지 않는다. 수컷 얼룩말처럼 호전성이 뛰어나면 암컷과 짝짓기하는 데 도움이 된다는 증거가 분명히 있다. 수컷은 서로를 위협하거나, 지위를 놓고 경쟁하거나, 서로를 밀어 내려고 하거나, 세력권을 지키려고 한다. 때로는 서로 죽이기도 하지만, 대개는 그저 승패가 갈릴 뿐이다. 여기에는 물론 예외도 있다. 모든 수컷이 이렇게 행동하지는 않으며, 일부 수컷은 다른 전략을 추구한다. 하지만 전반적으로는 이것이 수컷이 유전자를 퍼뜨리는 방식이다. 어떻게 해서든지 원하는 것을 쟁취하려는 승자의 정신은 자식들에게 전달되며, 자식들은 다시 같은 행동을 후손에게 전파한다. 남성도 이 패턴에서 벗어나지 않는데, 이 패턴은 유성 생식이 존재하는 한 대를 이어가며 계속 반복돼왔다.

하지만 베이트먼의 원리 중 암컷 쪽 기둥은 흔들리기 시작했고 이미 무너지려 하고 있다. 암컷이 까다롭고 순결하고 충실하고 조신하다는 개념은 우리의 문화적 편견과 너무 잘 들어맞는데, 그러한 편견으로는 암컷이 수컷보다 일부일처제에 더 적합하다는 개념처럼 널리 통용되는 견해가 있다. 많은 사람은 이 상투적인 표현을 너무나도 명백하다고 생각해 비판적 검토를 할 필요조차 없다고 여겼다. 그 결과로 우리는 암컷의 패턴에 대한 정보를 수컷의 패턴에 대한 정보만큼 많이 갖고 있지 않다.

그런데 조류학자들이 새가 낳은 알의 수를 세는 대신에 어떤 수컷이 알을 수정했는지 조사하기 시작하자 상황은 변했다. 암컷 새가 성적으로 매우 진취적이라는 사실을 발견한 그들은 일부일처제가 피상적인 실체에 불과하다는 결론을 내렸다. 유전적 일부일처제와 사회적 일부일처제 사이의 구별이 유행하기 시작했는데, 대다수 새들에서는 후자만 발견되었다. 새들의 연구 결과는 일단 베이트먼의 원리에 흠집을 냈고, 고와티가 베이트먼의 초파리 실험 결과를 재현하는 데 실패하면서 큰 타격을 입혔다. 고와티는 개선된 방법을 사용해 실험을 했지만 동일한 결과를 얻지 못했고, 베이트먼의 실험에 심각한 결함이 있다고 주장했다. 그 결과, 그의 유명한 원리는 이제 설득력을 잃게 되었다.[24]

그리고 여기에 영장류가 가세한다. 영장류 역시 암컷이 고정된 패턴에 순응하기를 거부하기 때문이다.

알파 수컷 몰래

내가 구석에 앉아 자신의 일을 생각하면서 이메일을 읽고 있다고 상상해 보라. 그때, 갑자기 한 여자가 내게 달려온다. 그 여자는 눈썹을 치켜올리고 추파를 던진 뒤, 손가락으로 내 가슴을 쿡 찌르거나 내 얼굴을 찰싹 때린다. 그 여자는 정중하지도 섬세하지도 않다. 그렇게 내 주의를 끌고는 서둘러 자리를 뜬다. 그리고 조금 가다가 멈춰서서 눈을 크게 뜨고 어깨 너머로 내가 따라오는지 확인한다.

이것은 암컷 꼬리감는원숭이가 알파 수컷에게 섹스를 조르는 방법이다. 나는 수십 년 동안 약 30마리의 이 작은 원숭이 무리와 함께 연구했다. 우리는 이들의 구애 행동을 보면서 늘 즐거워했다. 그것은 전형적인 역할이 뒤바뀐 장난스런 춤과 같다. 이들은 하루 종일 이렇게 찌르고 달아나는 제스처 놀이를 하는데, 수컷이 죽거나 거의 죽기 직전까지 그렇게 한다. 모든 교미 도중에 암컷과 수컷은 둘 다 흥분하여 휘파람 소리와 찍찍거리고 깍깍거리는 소리를 낸다. 그런데 수컷은 가끔 무관심해 보일 정도로 선뜻 응하려고 하지 않는다. 혹은 바꾸어 말하면, 암컷의 불은 수컷의 불보다 훨씬 뜨겁게 타오르며, 수컷의 불은 그것을 따라가는 데 애를 먹는다고 말할 수 있다.[25]

수컷 침팬지는 섹스를 음식보다 우선시하는 반면, 수컷 꼬리감는원숭이는 그 반대이다. 나는 브라질과 코스타리카의 야외 연구 현장을 방문했을 때 비슷한 장면을 목격했다. 미국 영장류학자 수전 페리Susan Perry는 의지가 확고한 암컷 꼬리감는원숭이를 다음과 같이 묘사했다.

수컷 꼬리감는원숭이는 많은 경우에 섹스보다 먹이에 더 관심이 있는 것처럼 보인다. 우리는 심지어 알파 수컷이 섹스를 하자고 조르는 암컷을 때리는 광경까지 보았다. 좌절한 한 청소년 암컷은 알파 수컷이 자신의 접근에 긍정적으로 반응하는 대신에 계속 먹기만 하자, 수컷의 관심을 끌려는 필사적인 노력으로 그의 꼬리를 물어뜯고 나무에서 밀어 떨어지게 했다.[26]

암컷 꼬리감는원숭이는 분명히 조신하거나 정숙하지는 않지만, 그래도 나름대로 까다롭게 굴면서 수컷을 선택하는 것으로 보인다. 이들의 구애는 대부분 지위가 확고한 알파 수컷을 향하는데, 아마도 주변에서 그가 가장 우수한 수컷이기 때문일 것이다. 암컷들은 무리를 이끌 훌륭한 수컷을 강하게 선호한다. 암컷들은 지나치게 공격적이지 않으면서 자신들을 보호하고 질서를 유지하는 알파 수컷을 지지한다. 더 젊은 수컷들이 주변에 있더라도, 야생 알파 수컷은 놀랍도록 안정적으로 자리를 지키는데, 때로는 최대 17년까지 그 자리를 유지한다. 우리가 관리하는 무리에서 나는 암컷의 역할을 잘 보여주는 사건을 목격했다. 어느 날, 장기간 집권한 알파 수컷이 젊은 수컷에게 밀려났다. 우리는 그 싸움을 목격하지 못했지만, 젊은 수컷은 알파를 공격했거나 알파의 공격을 매우 강력하게 막아냈을 것이다. 알파는 깊이 찢긴 상처(수컷의 송곳니에 물렸음을 알려주는 증거)가 생겼고, 젊은 수컷에게 굴복하는 행동을 보였다. 3일 동안 암컷들은 알파에게 털고르기를 하고 상처를 핥아주었다. 그리고 4일째 되던 날, 알파는 암컷들의 도움으로 압도적인 지지를 얻으며 권좌에 복귀했다. 젊은 도전자에게는 승산이 전혀 없었다.

꼬리감는원숭이는 짝짓기에서 '최상의 수컷' 가설에 들어맞는 것처럼 보이는 반면, 다른 영장류는 '많은 수컷' 가설에 들어맞는다. 이 개념은 또 한 명의 저명한 다윈주의 페미니스트인 미국 인류학자 세라 블래퍼 허디Sarah Blaffer Hrdy에게서 나왔다. 허디는 하누만랑구르(회색랑구르)의 야외 연구에서 영감을 얻어 암컷의 짝짓기에 대한 대안 가설을 만들었다. 힌두교의 원숭이 신 하누만에서 이름을 딴 이 우아한 원숭이는 인도 전역에서 발견된다. 사람들은 하누만랑구르를 붉은털원숭이의 도시 침입을 막는 영장류 경찰로 훈련시키기도 한다. 검은색 얼굴에 위협적으로 이빨을 가는 수컷 하누만랑구르는 매우 무섭게 보인다. 몸 크기가 마카크의 두 배인 하누만랑구르 경찰 팀은 사무실 건물과 정원 부지, 신성한 국회 의사당에서 붉은털원숭이들을 쫓아내는 데 효과적이다.

하누만랑구르는 큰 무리를 지어 살며, 한 수컷 어른이 전체 무리를 지배한다. 암컷들은 이 수컷과 짝짓기를 하지만, 허디가 '불륜성 유혹adulterous solicitation'이라고 부른 행위를 은밀히 저지르기도 한다. 암컷은 세력권 외곽에서 엉덩이를 내밀고 미친 듯이 머리를 흔들면서 수컷을 유혹한다.

이것은 명백히 짝짓기를 간청하는 신호이다. 하지만 이러한 접촉에 위험이 따르지 않는 것은 아니다. 그런 행동이 같은 무리의 수컷에게 발각되면, 수컷은 당장 쫓아가 암컷을 때리면서 무리로 돌아가게 한다. 젊은 암컷의 경우 이러한 불륜은 아비일 수도 있는 알파 수컷과의 짝짓기를 피하는 방법이 될 수 있다. 하지만 이런 행동에는 또 다른 이유가 있는데, 모든 사례를 이런 식으로 설명할 수는 없기 때문이다.[27]

《아부의 랑구르: 암컷과 수컷의 번식 전략The Langurs of Abu: Female and Male Strategies of Reproduction》에서 썼듯이, 허디는 새로운 방향으로 생각하기 시작했다. 암컷에게 짝짓기는 단순히 임신 이상의 의미를 지닐 수 있다. 그것은 새끼의 안전을 보장하는 수단이 될 수도 있다. 수컷은 이 점에서 도움이 될 수도 해가 될 수도 있다. 우리는 당연히 수컷이 자신의 자식을 잘 대해주리라고 기대한다. 하지만 수컷 영장류는 누가 자신의 자식인지 전혀 모른다는 사실을 명심하라. 대신에 자연은 그것을 어렴풋하게 짐작하게 해주는 간단한 실용적 규칙을 수컷의 머릿속에 심어놓았을지 모른다. 이 규칙은 '최근에 성관계를 가진 암컷의 자식을 관대하게 대하고 지원하라'고 이야기한다. 높은 지적 능력이나 생식에 대한 지식이 없어도 이 규칙을 적용할 수 있다. 단지 기억력만 좋으면 된다. 이 규칙을 따르는 수컷은 자동적으로 자식을 얻는다.

랑구르 사이에서는 새끼 양육은 거의 전적으로 암컷이 도맡기 때문에, 수컷의 지원은 주로 보호의 형태로 일어난다. 예를 들면, 허디의 야외 연구 시즌 동안 한 새끼 랑구르가 근처 마을 시장에서 전선에 감전되어 죽는 일이 일어났다. 당시 어미는 그 사건을 목격하지 못했다. 그 무리의 알파 수컷은 어미가 올 때까지 30분 이상 새끼의 시체를 지키면서 어떤 사람도 가까이 오지 못하게 했다. 며칠 뒤, 어미가 잠시 시체를 남겨두고 떠났고, 시체를 살펴보려던 허디에게 알파 수컷이 돌진해왔다. 허디는 알파 수컷에게 공책과 펜을 던지면서 황급히 달아나야 했다. 랑구르를 잡아먹는 포식 동물(표범, 매, 개, 심지어 호랑이까지)이 많은데, 큰 수컷은 암컷보다 더 효과적으로 포식 동물의 공격을 저지할 수 있다.

하지만 훨씬 더 중요한 것은 위의 실용적 규칙의 '관대하게 대하고' 부분이다. 수컷 랑구르는 가끔 새끼에게 해를 가하는데, 그 정도가 사소한 수준에 그치지 않는다. 수컷은 무리를 새로 접수할 때마다 살육적으로 변한다. 외부에서 와 기존의 우두머리를 쫓아낸 수컷은 새끼들에게 큰 위협이 된다. 영아 살해라는 이 현상은 잘 연구돼 있다. 나는 1979년에 인도 벵갈루루에서 열린 영장류학회 국제회의에 참석했는데, 그곳에서 영장류의 영아 살해 현상을 최초로 관찰한 사람 중 한 명이 발견한 내용을 발표했다. 일본의 선구적인 영장류학자 스기야마 유키마루杉山幸丸*는 야생 수컷 랑구르가 어미의 배에서 새끼를 낚아채 송곳니로 꿰뚫는 것을 목격한 적이 있다고 설명했다.[28]

스기야마의 강연은 내가 지금까지 참석했던 강연 중에서 유일하게 박수를 전혀 받지 못한 강연이었다. 강연이 끝나자, 쥐 죽은 듯이 고요한 침묵만 흘렀다. 의장은 생색내는 어조로 우리가 방금 아주 흥미로운 '행동 병리학' 사례를 들었다고 말했다. 스기야마는 "새로운 수컷 지도자가 왜

---

* 원문에는 유키마라Yukimara로 나오는데, 유키마루의 오기이다.-옮긴이

모든 새끼를 물어뜯을까?"라고 궁금해한 반면, 청중은 이 질문을 대할 마음의 준비가 되어 있지 않았다. 영아 살해는 너무 끔찍한 짓이어서 사람들은 그것을 듣고 싶어 하지 않는다. 스기야마가 관찰한 사건이 어쩌다 일어난 일이 아닐 수도 있다고 생각한 사람은 아무도 없었다. 나는 아직도 그의 기념비적인 발견이 그런 반응을 받은 것에 대해 부끄러움을 느끼는데, 현재 우리가 알고 있는 지식을 감안하면 더욱 그렇다.

허디는 비슷한 사건들을 보고했는데, 수컷 랑구르가 새끼를 안고 있는 암컷을 쫓아다니면서 새끼를 집중적으로 노린다고 말했다. 그들은 짧은 헛기침 같은 독특한 소리를 내면서 상어처럼 몇 시간 동안 암컷 주위를 빙빙 돌다가 마침내 공격을 감행한다. 그것은 완전히 의도적인 공격으로 보인다. 이러한 관찰에도 불구하고, 랑구르의 영아 살해 보고는 수십 년 동안 학회에서 논란과 고성이 오가는 대결을 불러일으켰다. 잘 알려진 사자의 예처럼 동물계의 다른 사례들을 우리가 알기 훨씬 이전에 이 일이 일어났다는 사실을 기억할 필요가 있다. 랑구르는 영아 살해를 저지르는 장면이 목격되고 기술된 최초의 종이었다. 대다수 과학자는 그 행동을 도저히 이해할 수 없었으므로 그것이 사실일 리가 없다고 생각했다. 하지만 영아 살해 보고는 점점 늘어나 더 이상 무시할 수 없는 수준에 이르렀다. 곰과 프레리도그에서 돌고래와 올빼미에 이르기까지 다른 종들의 사례도 발견되기 시작했다. 수컷의 영아 살해는 이제 대다수 과학자가 인정한다.

이 충격적인 행동에 대한 진화론적 설명은 새로운 수컷이 전임자의 새끼를 제거함으로써 자기 자식의 번식을 증진시킬 수 있다는 것이다. 젖을 먹이는 새끼나 어린 새끼가 사라지면, 암컷은 금방 다시 새끼를 낳을 수 있게 된다. 그 결과로 새로운 수컷은 가능한 그 밖의 방법보다 더 일찍 자기 자식을 낳을 수 있고, 그런 행동을 하지 않는 수컷보다 우위에 서게 된다. 스기야마는 이 설명을 어렴풋이 알아챘고, 허디는 그것을 더 자세히 설명했다. 하지만 그러면서도 허디는 암컷의 대응 전략을 잊지 않았다. 거기서 수컷이 무엇을 얻건, 영아 살해는 분명히 어미에게는 매우 충격적이고 해로운 일이다. 따라서 암컷은 어떻게든 수컷의 영아 살해를 막으려고 시도할 것으로 예상되는데, 과연 어떻게 그 목적을 이룰 수 있을까?

그 열쇠는 수컷이 따르는 앞의 실용적 규칙에 있을지 모른다. 즉, '최근에 성관계를 가진 암컷의 자식을 관대하게 대하고 지원하라'는 규칙 말이다. 만약 이 규칙이 수컷에게 자신의 자식일지 모를 새끼에게 해를 끼치지 않게 한다면, 그것은 어미에게도 활로를 열어줄 수 있다. 암컷은 그저 많은 수컷과 짝짓기를 하기만 하면 된다. 그 결과로 수컷들이 속아 넘어가 자신의 자식을 잘 대해준다면, 암컷은 해를 막을 수 있다. 예를 들면, 암컷 랑구르는 무리의 가장자리에서 권좌를 탈취할 날을 기다리는 수컷처럼 미래의 위험이 될 수 있는 수컷과 접촉할 수 있다. 다른 종들의 경우에는 암컷이 여러 수컷과 교미하여 동일한 목적을 이룰 수 있다. 이것이 바로 허디가 주장한 '많은 수컷' 가설의 요지이다.

암컷 침팬지는 많은 수컷 전략을 따르는 것처럼 보인다. 암컷이 생식기가 부풀어오른 채 숲에 나타나면, 많은 수컷이 꼬인다. 여러 수컷 어른이 암컷을 따라 다니면서 하루 종일 번갈아가며 짝짓기를 한다. 야생 침팬지의 경우, 동시에 생식기가 부풀어오른 암컷이 여러 마리 있으면, 이러한 모임이 상당히 커질 수 있다. 이러한 축제 같은 '섹스 잼버리'는 큰 경쟁 없이 진행된다. 뷔르허르스동물원에서 나는 '성적 흥정'을 이야기했는데, 그것은 치열한 협상이 벌어지는 분위기였기 때문이다. 수컷들은 암컷 근처에 무리를 지어 모여서 서로 털고르기를 했다. 오랫동안 털고르기를 해주는 대가로 그들 중 한 마리가 방해받지 않고 짝짓기를 할 수 있는 권리를 얻었는데, 특히 알파 수컷에게 털고르기를 해야 효과가 있었다. 모든 짝짓기에는 대가가 따랐다.[29]

암컷 침팬지의 생식기가 최종적으로 부풀어 오르는 단계에 이르면, 수컷들 사이의 경쟁이 치열해진다. 암컷은 이 단계에서 생식 능력이 극대에 이른다. 서열이 높은 수컷은 암컷을 혼자 독차지하기 위해 암컷을 꾀거나 힘으로 그곳에서 멀리 떨어진 곳으로 데려간다. 하지만 여기서 중요한 사실은, 암컷이 오로지 임신만을 목적으로 할 경우에 필요한 것보다 훨씬 더 자주 그리고 더 많은 수컷과 교미를 한다는 것이다. 야생 암컷 침팬지는 평생 동안 12마리 이상의 수컷과 약 6000번의 짝짓기를 하는 것으로 추정된다. 하지만 암컷이 낳은 살아남는 새끼는 겨우 5~6마리에 그친다. 과도하게 많은 섹스처럼 생각되지 않는가? 실제로 과도하게 많은 것이긴 하다―적어도 수정의 관점에서는. 하지만 8개월 후에 새끼가 태어났을 때, 수컷들이 새끼를 해치지 않도록 하기 위해 암컷이 많은 수컷과 섹스를 하려 한다고 가정한다면, 그것은 절대로 과도한 것이 아니다.[30]

수컷 침팬지는 영아 살해를 저지른다. 최근의 집계에 따르면, 네 야생 개체군에서 영아 살해 사건이 30건 이상 관찰되었고, 때로는 심지어 죽인 새끼를 먹기까지 했다.[31] 당연히 사람 관찰자는 이러한 행동을 혐오스럽게 여긴다. 한 일본인 야외 연구자는 자제력을 잃고 개입하고 나서기까지 했다.

하세가와 마리코長谷川眞理子는 바닥을 기면서 새끼를 감추려는 암컷을 여러 수컷이 둘러싼 장면을 관찰했다. 암컷은 그러면서 팬트그런트pant-grunt* 소리를 냈다. 그런데도 악랄한 수컷들은 하나씩 차례로 암컷을 공격하여 새끼를 빼앗아갔다. 이를 본 하세가와는 잠시 연구자라는 자신의 위치를 망각하고서 나무 조각을 휘두르며 어미와 새끼를 구하려고 수컷들과 맞섰다.[32]

이 점에서는 암컷 보노보가 훨씬 유리하다. 암컷 보노보는 성관계를 아주 많이 하는데, 이웃과 인접한 세력권의 모든 수컷을 다 상대할 정도로 많이 한다. 암컷 보노보는 거의 강압적일 정도로 적극적이고 열렬하게 섹스를 추구한다. 이들은 내가 아는 영장류 중에서 성적으로 가장 진보적이다. 수컷의 영아 살해는 지금까지 관찰된 바가 없다. 나는 광범위한 섹스와 자매간의 유대가 두터운 보노보 사회는 영장류 세계에서 수컷의 영아 살해를 저지하는 가장 효과적인 암컷의 대응 전략이라고 생각한다.[33]

영아 살해를 막기 위한 전략

역설적이게도 우리가 자연의 모습에서 가장 감탄하는 것들은 고통과 관

---

* 복종의 의미로 내는 헐떡이며 꿀꿀거리는 소리-옮긴이

264

런이 있는 경우가 많다. 우리는 그들이 무엇을 먹고 살아가는지 잠시 잊어버리고 강한 포식 동물의 모습에 감탄한다. 우리는 황혼녘에 들려오는 사랑스러운 뻐꾸기 울음소리 소리에 귀를 기울이면서 새끼 뻐꾸기가 다른 새의 둥지에서 알을 깨고 나와 다른 새의 새끼들을 잔혹하게 죽이는 행태를 떠올리지 못한다. 자연의 어두운 이면은 대개 눈에 잘 띄지 않는다. 수컷의 잔혹한 행동에 대한 방어 수단으로 진화했을 가능성이 있는 암컷의 활기찬 섹슈얼리티보다 더 좋은 사례가 있을까? 물론 이것은 의식적으로 추구하는 전술은 아니지만, 암컷이 많은 수컷과 섹스를 하려고 노력하는 이유를 여기서 찾을 수 있다. 즉각적인 동기는 매력과 흥분, 모험, 즐거움이다. 하지만 진화의 베일 뒤에는 자식의 장기적 생존 가능성을 높이려는 목적이 숨어 있다.

우리 종도 크게 다르지 않다. 여성도 임신에 꼭 필요한 것보다 훨씬 더 자주 그리고 더 많은 파트너와 섹스를 한다. 즉각적인 동기는 다른 영장류보다 더 풍부하고 다양할 수 있지만, 이것만으로는 여성이 왜 이렇게 행동하는지 제대로 설명할 수 없다. 진화론은 여성을 성적으로 삼가고 무관심하고 냉담하도록 설계할 수도 있었지만, 그렇게 하지 않은 것이 분명하다. 여성은 결혼 서약과 함께 베이트먼의 원리도 자주 위반한다.

허디는 동일한 진화 논리를 사람의 행동에 적용한다. 우리의 경우에 특별히 추가된 조건은 핵가족 구조이다. 남성은 수컷 유인원보다 새끼를 위해 훨씬 더 많이 관여하고 지원을 제공한다. 우리는 양성 사이의 상호 의존도를 높였다. 만약 수렵 채집인 사회에서 한 여성이 남편을 잃으면 아주 큰 어려움에 빠진다. 아이들은 영양 부족 상태에 빠질 위험에 처하게 된다. 따라서 섹스를 통해 남성을 자신에게 묶어두는 것은 해를 피하기 위한 방법일 뿐만 아니라, 음식과 피난처를 보장받기 위한 생존 전술이기도 하다.

위험 측면을 살펴보자면, 우리가 영아 살해에서 완전히 자유롭지 않다는 사실을 알 필요가 있다. 《성경》에는 파라오가 태어난 아기들을 죽이라고 명령한 이야기가 나오는데, 가장 유명한 예로는 헤로데 왕이 "사람들을 보내어, 박사들에게서 정확히 알아낸 시간을 기준으로, 베들레헴과 그 온 일대에 사는 두 살 이하의 사내아이들을 모조리 죽여버렸다."(《마태오 복음서》 2장 16절)라고 묘사된 구절이 있다. 인류학 기록에 따르면, 습격이나 전쟁 후에는 포로가 된 여성의 자녀들이 흔히 죽임을 당했다. 허디는 많은 예를 끔찍할 정도로 자세하게 기록했는데, 나는 굳이 여기서 그것을 반복하지 않겠다. 적어도 수컷의 영아 살해에 대한 논의에 우리 종을 포함시켜야 할 이유가 충분히 있다.

현대 사회에서도 우리는 영아 살해로부터 자유롭지 않다. 예를 들면, 아이들이 생물학적 아버지보다 의붓아버지에게 학대를 받고 살해당할 위험이 훨씬 높다는 것은 잘 알려져 있다. 이것은 남성도 아이 어머니와의 성적 역사를 고려한다는 것을 시사한다. 게다가 남성은 섹스와 친자 관계 사이의 연관성을 잘 안다.[34]

양육 측면을 살펴보자면, 아이에게 아버지가 여럿 있는 인간 사회의 예가 있다. 예를 들면, 남아메리카의 마라카이보 분지에서 사는 바리족 아이들은 첫째 아버지 한 명 외에 둘째 아버지가 여러 명 있는 경우가 많다. 이곳에서는 어머니와 섹스를 한 모든 남성의 정액이 태아의 성장에 기여한다고 간주되며, 이 현상을 '분할 부성partible paternity'이라 부른다. 임신한 여성은 대개 연인이 한 명이거나 그 이상이다. 출산하는 날에 여성은 함께 잔 남성의 이름을 모두 이야기한다. 출산 현장에 동석한 여성은 롱하우스longhouse(일부 아메리카 원주민의 전통 가옥)로 달려가 당사자들을 한 사람씩 붙잡고 "당신에게 아기가 생겼어요."라고 축하를 건넨다. 둘째 아버지들은 어머니와 아기를 도울 의무가 있다. 어른이 될 때까지 살아남을 확률은 아버지가 많은 아이가 그렇지 않은 아이보다 높다.[35]

하지만 대다수 문화에서는 여성은 여러 남성과 섹스를 하더라도 이러한 혜택을 누리지 못한다. 현대 사회에서는 친자 관계를 밝혀 혼란을 방지하기 위해 최선을 다한다. 하지만 우리의 진화 역사가 항상 가부장적이었던 것은 아닐 수도 있다. 오늘날에는 모계 사회와 일처다부제 사회가 드물지만, 과거에는 흔했을 수 있다. 우리 종에서 여성의 성적 모험주의는 비록 대부분의 시간 동안 숨겨진 채 유지돼 왔더라도, 친척 유인원과 같은 이유로 진화했을 수 있다. 그것은 남성의 도움을 확보하고 적대 행위를 피하기 위한 무의식적 자기 보호 전략일 수 있다.

암컷의 성적 선호는 수컷이 선호하는 짝짓기 시스템과 어긋날 때가 많다. 누가 누구와 짝을 짓느냐 하는 문제에서 양성 사이에 분명한 이해 충돌이 존재한다. 허디가 말했듯이, "암거위에게 가장 적합한 번식 시스템은 수거위가 선호하는 것과 다르게 보일 때가 많다."[36]

모든 것을 고려할 때, 수컷이 암컷보다 성욕이 더 강하고 더 난잡하다는 미신을 버릴 때가 되었다. 이 미신은 그것이 정상적이고 자연스러운 것이라고 열광적으로 받아들여졌던 빅토리아 시대에 생물학에까지 스며들었다. 우리는 우리의 도덕적 기준에 맞추기 위해 현실을 왜곡했다. 이 미신은 아직도 생물학 교과서에서 표준적인 내용으로 다루지만, 압도적인 지지를 얻었던 적은 없었다. 암컷의 섹슈얼리티를 뒷받침하는 반대 증거가 우리 종과 다른 종들에서도 축적되어왔다. 암컷의 섹슈얼리티는 비록 진화석 이유는 다르더라도 남성의 섹슈얼리티만큼 능동적이고 진취적인 것처럼 보인다.

암컷의 주도성 문제는 전설적인 성욕을 가진 거북 디에고와 관련해 다시 부각되었다. 앞에서 디에고가 없었더라면, 그의 종은 지금쯤 멸종했을 것이라고 이야기했다. 그런데 번식 계획을 통해 태어난 후손 중에서 40%만 디에고의 친자라는 사실이 나중에 밝혀졌다. E5라는 재미없는 이름을 가진 두 번째 수컷도 그에 못지않게 열심히 노력한 것으로 보인다. 친자 확인 검사를 진행한 미국 생물학자 제임스 깁스James Gibbs에 따르면, 디에고가 관심을 독차지한 이유로 "강한 개성을 지녔기 때문인데, 디에고는 매우 공격적이고 적극적이며 큰 소리를 내는 짝짓기 습성을 보여주었다."고 말했다. 깁스는 E5가 더 조용하면서도 더 큰 성공을 거두었다고 지적하면서 "아마도 E5는 밤에 짝짓기를 더 많이 하는 쪽을 선호하는 것으로 보인다."라고 덧붙였다.

나는 암컷 거북들도 여기에 모종의 역할을 했으리라 추측한다.[37]

제8장

폭력성

강간, 살해,
전쟁의 개들

VIOLENCE

폭력성에 대한
탐구

이 책의 서두에서 소개한 침팬지 라위트의 이야기를 해 보자. 공격이 일어난 뒤, 수의사는 라위트에게 안정제를 투여하고 수술에 들어갔다. 나는 필요한 장비를 건네주는 역할을 맡았고, 수의사는 수백 바늘을 봉합했다. 하지만 우리는 이 절박한 수술 동안 발견한 끔찍한 사실을 마주할 마음의 준비가 되어 있지 않았다.

라위트의 고환이 사라지고 없었다! 피부에 난 구멍은 고환보다 작아 보이는데도 음낭에는 고환이 들어 있지 않았다. 사라진 고환은 나중에 사육사들이 싸움이 일어난 우리 바닥의 짚 속에서 발견했다.

"꽉 눌러서 짜냈군요." 수의사가 냉담하게 결론 내렸다.

라위트는 피를 너무 많이 흘려서 마취에서 깨어나지 못했다. 라위트는 지위가 급상승하면서 좌절을 안겨주었던 두 수컷에게 맞섰다가 아주 값비싼 대가를 치렀다. 두 수컷은 매일 서로 털고르기를 하면서 라위트를 끌어내리기 위해 모의했다. 그들은 잃었던 권력을 되찾았다. 그리고 그렇게 하기 위해 사용한 충격적인 방법은 침팬지가 자신들의 정치를 얼마나 심각하게 여기는지에 대해 내 눈을 뜨게 했다.

사회생활에서 젠더 편향이 강한 한 가지 측면은 물리적 폭력이다. 폭력의 원천은 수컷이 압도적으로 많다. 이것은 사람에게도 보편적으로 적용되며(모든 국가의 살인 통계를 보라) 대부분의 나머지 영장류에게도 동일하게 적용된다. 암컷 영장류가 폭력적으로 변하지 않는 것은 아니지만, 암컷은 피해자가 되는 경우가 더 많다. 수컷도 피해자가 되지만, 일반적으로 가해자는 같은 수컷이다. 수컷의 잔혹성은 지배성과 세력권과 관련이 있거나(폭력이 다른 수컷을 겨냥할 때) 성관계와 관련이 있다(암컷을 겨냥할 때).

진화론적으로 말하자면, 지위와 자원을 둘러싼 경쟁이 수컷의 공격성을 유발하는 근본 원인이다. 인간 사회의 데이터에도 이런 현실이 반영돼 있다. 미국 법무부가 실시한 광범위한 조사에 따르면, 매년 남성 320만 명과 여성 190만 명이 신체적 폭행을 당하는 것으로 추정된다.[1] 말할 필요도 없지만, 이러한 폭행 가해자 중 대부분은 남성이다. 그래서 나는 침팬지들 사이의 치명적인 전투와 인간 전쟁의 끔찍한 참상을 살펴보는 것으로 폭력성에 대한 탐구를 시작하려고 한다. 두 경우 모두 싸움은 대부분 수컷들 사이에서 벌어진다.

그러나 위의 통계 수치가 보여주듯이, 수컷의 공격성은 결코 수컷 적에게만 국한되지 않는다. 남성은 여성에 비해 유리한 신체 크기와 힘을 이용해 여성을 괴롭힐 때가 많다. 우리 사회에서도 여성 살해와 배우자 학대에 대한 인식과 우려가 높아지고 있다. 여성을 겨냥한 폭력은 대부분 친밀한 파트너가 자행한다. 법무부 조사에 따르면, 여성 중 22.1%가 평생 동안 그러한 폭력을 경험하는데, 그에 비해 배우자 폭력을 경험하는 남성의 비율은 7.4%에 불과하다.

이 통계 수치는 분명히 가정 폭력을 과소평가한 것인데, 가정 폭력에는 강간도 포함된다. 미국 여성 6명 중 1명은 강간이나 강간 미수의 피해자가 된 경험이 있다. 나중에 다루겠지만, 양성 사이의 폭력에 대해 우리가 알고 있는 것을 검토할 때, 유독 눈길을 끄는 종은 사람이다. 그러한 폭력의 발생률은 대다수 영장류보다 우리가 더 높다. 생각해볼 수 있는 한 가지 원인은 사람 부부가 상대적 고립 상태로 함께 사는 경향에서 찾을 수 있다. 우리의 가족생활은 자유롭게 돌아다니면서 살아가는 다른 영장류의 생활 방식과 현저하게 다른데, 이런 상황은 수컷의 통제와 학대를 용이하게 한다.

라위트에게 일어난 일처럼 무리 내에서 일어나는 수컷 사이의 경쟁은 침팬지를 대상으로 한 연구에 잘 기록돼 있다. 야생 침팬지들 사이에서도 유사한 살해 사건이 알려져 있다. 그런 공격 행위에는 경쟁자의 음낭을 뜯어내 거세를 하는 짓까지 포함될 때가 많다. 라위트가 입은 부상은 처음에 우리가 생각했던 것처럼 예외적인 것이 아니었다. 수컷 공격자는 종종 다른 수컷의 생식 잠재력에 결정타를 날린다.[2]

나는 탄자니아의 탕가니카 호수 부근에 위치한 마할레산맥에서 지낸 적이 있는데, 지금은 고인이 되었지만 내 동료이자 친구인 니시다 도시사다西田利貞가 이곳에서 1960년대부터 침팬지를 추적했다. 니시다는 침팬지의 폭력성에 대한 단서가 하나도 없던 시절에 연구를 시작했다. 우리의 가까운 친척인 침팬지는 여전히 장 자크 루소 Jean Jacques Rousseau의 고상한 야만인처럼 열매를 먹고 사는 평화로운 동물로 여겨졌다. 우리는 숲에서 혼자 지내거나 또는 늘 구성원이 변하는 소규모 무리를 지어 살아가는 침팬지를 자주 만났기 때문에, 침팬지가 사회적 유대 없이 자급자족 생활을 하며 살아간다고 생각했다. 하지만 니시다는 침팬지가 분명한 공동체를 이루어 살아간다는 사실을 발견했다. 이것은 결코 쉬운 발견이 아니었다. 그들이 모두 같은 공동체에 속한다는 것을 파악하려면, 개별 침팬지를 다 알고 각자의 여행을 추적하는 게 필요했다.

니시다의 획기적인 통찰력은 서양 과학자들의 생각뿐만 아니라 일본인 스승들의 예상도 뒤엎었다. 그들은 원숭이가 사람과 마찬가지로 핵가족을 이루어 살아간다고 확신했다. 자신의 스승인 교수가 그곳을 방문하러 배를 타고 도착했을 때, 니시다는 그가 땅에 발을 디딜 때까지 기다릴 수가 없었다. 물 건너편에서 니시다는 우리의 가장 가까운 친척에게서 핵가족의 흔적을 전혀 찾을 수 없다고 소리쳤다.

니시다는 전설적인 알파 수컷 침팬지 은톨로기 Ntologi를 '유례를 찾기 힘든 지도자'라고 부르면서 매우 높이 평가했다. 은톨로기는 보기 드물게 15년 동안이나 권좌에 머물렀다. 그는 분할 통치의 달인으로, 뇌물을 적절하게 사용했다. 예를 들면, 원숭이 고기를 자신에게 충성하는 수컷들에게는 기꺼이 나눠주면서 경쟁자들에게는 주지 않았다. 하지만 뛰어난 정치 수완에도 불구하고, 이 전설적인 수컷은 결국 권좌에서 밀려나고 추방되었다. 은톨로기는 나무도 기어오를 수 없을 정도로 큰 부상을 입고 공동체의 세력권 주변 지역에서 상처를 핥으면서 홀로 지내야 했다.

은톨로기는 충분히 잘 걸을 수 있을 때까지 다시 얼굴을 보이지 않았다. 그러다가 그는 침팬지들의 사교 모임 한가운데에 나타나 힘과 활력을 뽐내는 과시 행동을 보여주었다. 그것은 그가 우두머리였던 예전 시절의 모습과 거의 비슷했다. 하지만 침팬지들의 시야에서 사라지자마자 그는 절뚝거리고 상처를 핥는 모습으로 되돌아갔다. 그것은 마치 짧은 동안이나마 온몸의 기운을 끌어모아 공개적으로 과시 행동을 함으로써 경쟁자들이 자신의 약한 상태를 알아채지 못하게 하려는 것처럼 보였다. 과거에 소련의 크렘린이 병든 지도자를 일부러 텔레비전에 등장시켜 건재하다는 것을 보여주던 수법과 비슷했다.

여러 번의 복귀 시도 끝에 어느 날 은톨로기는 완전히 쇠약한 수컷의 모습으로 돌아왔다. 그는 전체 위계에서 가장 낮은 지위를 받아들이지 않을 수 없었다. 두 달 후, 한 무리의 수컷들이 그를 공격했다. 과학자들은 심한 상처를 입고 혼수상태에 빠진 그를 발견했다. 니시다와 그의 아내는 캠프에서 밤새도록 은톨로기를 소생시키려고 시도했지만 아무 소용이 없었다. 은톨로기는 새벽에 사망했다.[3]

침팬지들 사이에서는 이러한 무리 내 싸움보다 외부 무리를 향해 상상을 초월하는 잔인성을 보여주는 일이 훨씬 더 자주 일어난다. 침팬지는 공동체를 이루어 살아가며, 공동체들 사이에는 강한 적대감이 형성된다. 수컷 침팬지들은 정기적으로 세력권의 경계 지역을 순찰한다. 이들은 경계를 넘어 이웃 공동체의 침팬지를 몰래 추적하고, 과일나무에서 소리를 죽이고 기다리다가 기습 공격을 한다. 여러 수컷(때로는 최대 12마리까지)이 한 수컷을 상대로 잘 조율된 공격을 가해 완전히 제압한다. 그들은 적을 물고 때려서 완전히 묵사발로 만들고, 무력화될 때까지 팔다리를 비튼 뒤, 이미 죽었거나 죽어가는 상대를 내버려두고 떠난다. 가끔 이들은 며칠 뒤에 정확히 같은 지점으로 되돌아와 적의 시체를 찾는데, 분명히 죽었는지 확인하기 위한 것처럼 보인다.

이러한 종류의 '전쟁'에 대한 최초의 상세한 보고는 1979년에 구달이 발표했는데, 구달은 한 침팬지 무리가 다른 침팬지 무리 전체를 체계적으로 학살했다고 기술했다. 그 사건은 마할레산맥에서 멀지 않은 곰베국립공원에서 일어났고 이 종의 평화로운 이미지를 돌이킬 수 없이 산산조각 냈다. 이것은 이전에 아무도 본 적이 없었던 발견이었으며, '영장류학자들은 오로지 자신의 편견을 확인하기 위해 현장에 간다'는 도나 해러웨이의 모욕적인 주장이 틀렸음을 보여주었다. 만약 해러웨이의 주장이 옳다면, 우리는 여전히 유인원을 고상한 야만인으로 바라보고 있을 것이다. 구달 자신조차 자신이 목격한 사실을 받아들일 마음의 준비가 되어 있지 않아, "그것은 내게 매우 암울한 시간이었다. 나는 그들이 우리와 비슷하지만 더 온순하다고 생각했다."라고 말했다.[4]

확실한 데이터가 수집되기까지는 30년 이상이 걸렸다. 2014년에 〈네이처〉에 실린 한 보고서는 아프리카 전역의 18개 침팬지 공동체에서 목격되거나 추정된 치명적 공격 사례 152건을 열거했다. 가해자는 거의 다 수컷(92%)이었고, 피해자도 대부분 수컷(73%)이었으며, 대다수 사건은 세력권 다툼(66%)이었다. 그러나 대다수 공격은 비교적 소수의 공동체가 감행했다는 사실을 덧붙이고 싶다. 모든 침팬지 집단에서 폭력 발생 건수가 그렇게 높은 것은 아니다.[5]

라위트는 구달의 보고가 나오고 나서 1년 뒤에 살해되었다. 우리는 이 사건에 큰 충격을 받았는데, 그 당시만 해도 이 정도로 심한 폭력은 서로 낯선 침팬지들 사이에서만 벌어진다고 생각했기 때문이다. 이제 우리는 실상을 더 잘 알고 있다. 그 사건은 나와 내 경력에 큰 영향을 미쳤다. 나는 그 순간 그 자리에서 영장류를 서로 함께 살아가게 해주는 요소를 발견하는 데 모든 열정을 쏟아붓기로 결심했다. 그것은 악몽같은 사건을 겪은 내가 감정적으로 대응하는 방식이었다. 나는 영장류가 싸우고 난 뒤에 어떻게 화해하고, 협력하고, 공감하고, 심지어 공정성 감각을 발휘하는지 연구하게 되었다. 유인원이 펼칠 수 있는 공격성 수준에 절망하는 대신에, 그들이 그런 경향을 극복하는 방법에 전문적인 관심을 갖게 되었다. 침팬지를 포함해 모든 영장류는 대부분의 시간 동안 서로 잘 지낸다. 나는 특정 상황에서 폭력이 얼마나 흔하게 발생하는지 안다. 그러나 나는 폭력에 눈을 감은 적이 절대로 없고, 전혀 매력을 느끼지 않는다. 나는 영화와 비디오 게임에서 불필요한 유혈 폭력을 미화하는 장면을 볼 때마다 당혹스러움을 금할 수 없다.

사람의 경우에도 폭력은 젠더 편향이 심하다. 사람과 침팬지의 통계 수치는 놀라울 정도로 비슷하다. 2012년에 전 세계에서 발생한 살인 사건은 약 50만 건이었는데, 그중 79%의 피해자는 남성이었다. 가해자도 대부분 남성이었는데, 여성보다 약 4배나 많았다.[6] 그리고 이 수치에는 전쟁이 포함되지 않았는데, 전쟁은 남성에 치우친 편향을 더욱 증가시킨다. 제2차 세계대전 직후 유럽에서 태어나 전쟁의 파괴적 결과를 잘 아는 나는 늘 전쟁을 남성의 특권을 상쇄하는 주요 요소로 여겼다. 오해하지 말기 바란다. 나는 사회에서 남성의 지위가 감소한다고 염려하는 사람 중 하나가 아니다. 나는 나 자신이 젠더와 배경 때문에 이중의 특권을 누린다고 생각한다. 하지만 나는 운이 좋았다. 나는 평화로운 시기에 태어났고, 기적적으로 평화 상태가 계속 유지되었다. 물론 평화 상태가 완전히 유지되는 것은 아니지만, 무력 충돌이 국가 간 전쟁에서 내전으로 옮겨감에 따라 전 세계에서 전투로 사망하는 사람의 수는 꾸준히 감소해왔다.

남성의 특권은 항상 사회의 상류층에서 가장 두드러지게 나타났다. 하류층에서는 남성과 여성 모두 똑같이 착취와 혹사를 당하고 가난하다. 만약 내가 50년 더 일찍 노동 계급 가정에서 태어났더라면, 내 이야기는 완전히 달라졌을 것이다. 가난한 소년의 삶은 전망이 암울했다. 남성으로 태어나면, 군대에 징집되어 진흙탕 전쟁터에서 총탄에 맞아 죽을 가능성이 높았다. 중세 시대에는 죽음이 화살이나 칼, 창과 함께 찾아왔다. 인류의 역사에서 수천만 젊은이의 운명은 품위 없이 조기에 삶을 마감하는 것으로 끝났다.

소년들은 이 운명을 위해 길들여졌다. 내가 보이스카우트 시절을 돌이켜볼 때 상반된 감정이 교차하는 이유는 이 때문이다. 모든 것은 아무 해도 없는 것처럼 보였지만, 우리는 경례를 하고, 줄을 서서 훈련을 하고, 발을 구르고, 배지를 획득했다. 군인 정신은 소년의 성격 형성에 좋은 것으로 간주되었지만, 그와 동시에 보이스카우트의 구호인 "준비!"는 전쟁과 밀접한 관계가 있다. 규율과 팀워크, 동조를 강조함으로써 보이스카우트는 본질적으로 소년들을 총알받이로 만들었다. 전쟁의 개들은 항상 먹을 것을 달라고 요구했다. 핑크 플로이드Pink Floyd가 노래했듯이, 개들은 협상하지도 않고 항복하지도 않는데, "그들이 가져가려면 당신은 주어야 하고, 그들이 살려면 당신이 죽어야 하기 때문이다."[7]

현대에 와서 우리는 이 슬프고 고통스러운 남성다움의 역사를 잊어버리는 경향이 있다. 모든 소년은 궁극적인 희생을 강요당할 수 있다. 반대는 '남자답지 못할' 뿐만 아니라 형사 범죄였다. 그리고 권력은 항상 나이 든 사람들의 수중에 있었다. 미국 대통령 프랭클린 루스벨트Franklin Roo-sevelt는 이것을 "전쟁은 젊은 남자들이 죽고, 늙은 남자들이 말하는 것"이라고 간단명료하게 표현한 적이 있다. 어느 나라도 적에게 학살당하라고 10만~20만 명의 여성을 진군시키지는 않는다. 그러나 젊은 남성은 별로 가치가 없는 것으로 여겨졌다. 하얀 십자가가 끝없이 줄지어 늘어선 묘지는 대학살을 증언한다. 나이 든 남성의 냉소적인(그리고 다윈주의적인) 관점에서 본다면, 여성은 가까운 곳에 안전하게 보관해야 할 자산인 반면, 젊은 남성은 의심스러운 대의를 위해 먼 나라로 보내 죽어가도록 해도 된다. 그들은 소모품이다.

전쟁은 주로 남성의 일이기 때문에, 그 표적도 남성인 경우가 많다. 1994년 르완다 대학살 때, 적군이 남성과 소년에게 극심한 해를 가하려 하자, 여성들은 투치족 남성들에게 옷을 빌려주어 그들을 숨기려고 했다. 한 투치족 여성은 그 당시의 치명적인 체포 상황에 대해 이렇게 이야기했다. "그들은 두 살 이상의 모든 남성과 소년을 잡아갔어요. 걸을 수 있기만 하면 다 잡아갔지요." 1995년의 스레브레니차 대학살도 분명히 보스니아인 십대 소년들을 표적으로 겨냥해 자행되었다. 약 8000명에 가까운 사람들이 즉결 처형으로 죽어갔다. 일반적으로 전쟁에서는 여성보다 남성의 희생이 훨씬 크다.[8]

여성을 살해하는 것은 남성을 살해하는 것에 비해 실행에 옮기기가 쉽지 않다. 한 실험에서는 미국인과 영국인 피험자들은 여성보다 남성을 희생하거나 처벌하는 쪽을 선호했다. 다른 사람의 생명을 구하기 위해 다가오는 기차 앞에 누구를 밀어넣을 것이냐는 질문을 던졌을 때, 남녀 10명의 피험자 중 9명은 여성보다 남성을 선로로 밀어넣는 쪽을 선호했다. 그들은 "여성은 연약하며, 따라서 여성을 희생시키는 것은 도덕적으로 잘못된 일"이라는 것에서부터 "나는 남성보다 여성과 어린이를 더 가치 있게 생각한다."에 이르기까지 다양한 이유를 댔다.[9]

제한적이긴 하지만 특정 상황에서 여성은 이러한 편향을 이용해 다른 사람을 보호할 수 있다. 2020년 여름에 오리건주 포틀랜드에서 수백 명의 어머니들이 모여 인간 바리케이드를 만들었다. 그들은 시위를 진압하러 온 무장 연방 경찰로부터 시위대를 보호하기 위해 나섰다. 어머니들의 벽-노란 셔츠 차림에 백인이 다수인-은 서로 팔짱을 끼고 시위대 앞에 서서 "연방 경찰은 물러가라! 엄마들이 왔다!"라고 외쳤다.

여성에게 해를 가하길 꺼리는 심리가 우리에게 있음을 보여주는 실제 사례가 제2차 세계 대전 중에 일어났다. 나치 군대는 소년과 남성을 처형하는 데에는 아무 거리낌이 없었지만, 유대인 여성과 어린이에게도 똑같이 하라는 명령을 받자 반항하기 시작했다. 아돌프 아이히만Adolf Eichmann 조차도 그 공포의 깊이를 가늠할 수 없었고, 그것이 군인들을 미치게 만들 것이라고 예측했다. 그래서 해결책을 찾아야 했다. 여기서 그들이 염려한 것이 희생자들의 운명이 아니라, 군인들의 정신 건강이었다는 사실에 유의하라. 가스실이 이상적인 해결 방안으로 고려되었는데, 그러면 가해자가 죽어가는 희생자의 모습을 직접 보지 않을 수 있기 때문이었다. 이 방법은 큰 심리적 장벽을 제거하는 데 도움이 되었다. 많은 역사학자들은 이 괴물 같은 혁신이 없었더라면, 홀로코스트는 여성과 어린이, 노인에게까지 확대되지 못했을 것이라고 생각한다. 그 피해 규모는 실제로 발생한 규모에 훨씬 못 미쳤을 것이다.[10]

전쟁의 성차별적 사망률은 젠더 관계에 장기적 영향을 미쳤다. 예를 들면, 소련은 제2차 세계 대전에서 엄청난 인명 손실을 입었다. 젊은 남성이 대부분을 차지한 약 2600만 명이 사망하면서 결혼 시장이 완전히 붕괴되었다. 혼인 적령기의 남성에 비해 여성의 수가 1000만 명이나 더 많았다. 그 결과, 남성은 전후의 짝짓기 게임에서 갑의 위치에 섰고, 성적으로 방종한 생활에 빠지게 되었다. 많은 아이가 혼외자로 태어났다. 또한, 국가도 아버지들에게 법적 의무를 면제해주었다. 미혼모는 출생증명서에 아이의 아버지 이름을 기재하는 것조차 허용되지 않았다.[11]

이제 세계 대전은 끝난 지 오래되었기 때문에 대다수 서양 국가에서 남녀 비율은 다시 동등한 수준으로 회복되었다. 징집이 중단된 것은 크게 안도할 만한 일이지만, 이것은 의도하지 않은 결과를 가져왔다. 남성의 특권이 더욱 두드러졌다. 모든 젊은 남성의 머리 위에 매달려 있던 무시무시한 다모클레스의 검이 사라지자, 이제 그것을 상쇄할 방법도 사라졌다. 다음 전쟁에 대한 걱정 없이 걸어다닐 수 있게 되자, 일부 남성들이 얼마나 쉽게 특권을 누리는지 더 명확하게 보이기 시작했다. 피임약 덕분에 일어난 가족 크기의 감소와 함께 이러한 변화는 여성에게 새로운 협상력을 가져다주었다. 오늘날 재개된 젠더 논쟁은 이러한 인구통계학적 변화에서 비롯되었다.

못된 침팬지 고블린?

영장류학자 바버라 스머츠는 곰베국립공원에서 침팬지를 추적하다가 고블린Goblin이라는 수컷을 때린 적이 있다. 고블린이 스머츠를 겁주려 했고,

소중한 우의를 훔치려 했다. 고블린은 며칠 동안 스머츠를 따라다니면서 괴롭히자, 스머츠는 더 이상 참을 수 없다고 판단했다. 우의를 놓고 승강이를 하다가 스머츠는 본능적으로 고블린의 코에 분노의 펀치를 날렸다.

> 내가 펀치를 날린 후, 고블린은 흐느끼는 아이처럼 변해 위로를 받기 위해 알파 수컷인 피건 Figan에게 갔다. 피건은 흘끗 쳐다보지도 않고 손을 뻗어 고블린의 머리를 몇 번 쓰다듬었다. 나중에 나는 고블린이 일부 암컷 어른 침팬지를 대하는 것처럼 나를 대했다는 사실을 깨달았다.[12]

청소년인 고블린은 수컷이 그렇듯이, 공동체 내에서 자신의 지위를 내세우기 위해 암컷을 위협하느라 바쁜 나이였다. 그래서 스머츠에게도 똑같은 행동을 보였다. 스머츠는 고블린의 도발을 그냥 넘기려고 했지만, 암컷 침팬지들의 행동을 보고서 "고블린을 무시함으로써 내가 명확한 신호를 보내는 데 실패했다."라는 사실을 알게 되었다. 최선의 반응은 반격이었다. 매서운 펀치를 한번 날린 후, 고블린은 더 이상 스머츠를 괴롭히지 않았다.

수컷 침팬지는 섹스와 더 직접적 관련이 있는 두 번째 형태의 괴롭힘을 보여준다. 이것은 주로 생식 능력이 있는 암컷을 대상으로 일어나며, 난폭한 형태로 나타날 수 있다. 우간다의 키발레국립공원에서는 심지어 침팬지들이 무기를 사용하기도 했다. 수컷은 큰 나무 곤봉으로 암컷을 때렸다. 맨 처음 목격된 사건은 생식기가 부풀어오른 우탐바 Outamba라는 암컷에 대한 공격이었다. 야외 연구자들이 지켜보고 있는 동안, 지위가 높은 수컷 이모소Imoso가 오른손에 막대기를 들고 우탐바를 다섯 번 정도 세게 내렸다. 그러고 나서 지쳤는지 잠시 쉬었다가 다시 때리기 시작했는데, 이번에는 한 손에 하나씩 양손에 막대기를 두 개 들었고, 그러다가 한 번은 암컷 위쪽에 있던 나뭇가지에 매달려 발로 암컷을 찼다. 마침내 우탐바의 어린 딸이 어미를 도우러 달려와 이모소가 구타를 그만둘 때까지 주먹으로 이모소의 등을 때렸다.

이모소가 사용한 기술에 다른 수컷들도 영감을 얻은 것 같았다. 그의 뒤를 따라 다른 수컷들도 똑같이 따라 하기 시작했다. 그들은 항상 나무 무기를 선택했는데, 연구자들은 그것을 자제력의 표현으로 보았다. 수컷들은 대신에 돌을 집어들 수도 있었지만, 그랬다간 상대에게 큰 부상을 입히거나 심지어 상대를 죽일 수도 있었는데, 그것은 그들의 목표가 아니었다. 그들의 목표는 상대를 복종하게 만드는 것이었다.[13]

이런 행동이 수컷의 생식에 도움이 될까? 이것은 모든 전형적인 행동에 대해 진화생물학자들이 던지는 질문이다. 암컷을 괴롭히는 수컷 침팬지가 후손을 더 많이 남긴다는 증거가 실제로 있지만, 그런 연결 관계가 어떻게 성립하는지는 수수께끼로 남아 있다. 수컷이 암컷을 거칠게 다루는 행동이 교미로 이어지는 경우는 거의 없기 때문에, 그 연결 관계는 간접적일 것이다. 공격적인 수컷이 두려움을 심어주어 결정적 순간에 암컷이 마지못해 수컷의 요구에 응할 수도 있고, 아니면 그런 수컷이 생존 가능성이 더 높은 정자를 만드는지도 모른다. 어쨌든 아직까지는 우리는 그 정확한 이유를 모른다.[14]

훨씬 더 직접적인 형태의 강압은 강간rape인데, 인간 사이에 사용되는 용어를 피하기 위해 동물의 경우에는 '강압적 교미forced copulation'라고 부른다. 오랫동안 FBI는 강간을 "여성의 의사에 반하여 강제로 발생한 성교"로 정의했다. 하지만 다소 흐리멍덩한 이 정의는 여성만이 강간 피해자가 될 수 있음을 시사한다. 2013년부터 FBI의 정의에는 동의 없이 일어난 질이나 항문 삽입이 명시되었다.[15] 이 정의를 다른 영장류에게 적용한다면, 암컷이 빠져나가려고 애쓰는데도 수컷이 암컷을 꼼짝 못 하게 억누르고 강제로 삽입하는 행동으로 정의할 수 있다. 하지만 이렇게 정의한 강압적 교미가 일어나는 상황은 목격된 적이 거의 없다. 침팬지 사이에서 아들이나 형제 뻘 수컷이 암컷과 짝짓기를 시도하는 장면은 몇 차례 목격되었다. 그런 관계는 모든 암컷이 격렬하게 반대한다. 한 야생 침팬지는 아들의 성적 접근을 거부했지만, 아들이 계속 지분거리자 굴복하고 교미에 응했다. 하지만 암컷은 비명을 지르며 계속 항의했고, 결국 수컷이 사정하기 전에 몸을 빼 달아났다.[16] 이러한 가족 간 상황을 제외한다면, 침팬지 사이에서 강압적 교미는 극히 드물다. 나는 사육 상태의 침팬지들 사이에서 일어나는 짝짓기를 수천 번 이상 관찰했지만, 암컷의 의사에 반하는 성관계는 단 한 번도 본 적이 없다.

암컷 침팬지가 수컷의 괴롭힘을 무시하거나 저항하는 방법을 알고 있다는 사실은 니시다가 평생 동안 관찰한 야외 연구 결과에서 분명하게 드러난다. "암컷이 수컷의 구애에 응하길 꺼리면, 수컷 어른은 가끔 허세를 부리거나 때리거나 발로 차면서 공격적인 과시 행동을 보인다. 하지만 발정기의 암컷은 그러한 폭력과 간섭에 완강하게 저항하며, 굴복하는 법이 거의 없다. 가장 나이 많은 두 수컷이 암컷의 거부에 대응해 폭력을 행사한 사례 12건 중에서 짝짓기로 이어진 경우는 단 한 건도 없었다."[17]

이것은 침팬지 사회가 암컷, 그중에서도 특히 가임기 암컷을 거칠게 대하고 학대하는 사회라는 인상을 주지만, 성적 강압에 대해서는 여러 가지 의문이 남는다. 생식기가 부풀어오른 암컷은 일반적으로 다양한 수컷과 별 문제 없이 짝짓기를 한다. 배란기의 주기가 정점에 도달했을 때에만 서열이 높은 수컷들이 제약을 가하고 나선다. 이들은 그때까지의 자유연애에 제동을 걸고, 암컷에게 함께 '사파리 여행'에 나서도록 설득한다. 이 목적을 달성하기 위해 암컷을 위협하거나 처벌하기도 한다. 내가 마할레산맥에 있는 동안 알파 수컷 파나나_{Fanana}는 발정기의 암컷과 함께 두 달 동안 모습을 감췄다. 다른 수컷들의 접근을 차단함으로써 파나나는 그 암컷을 독점했다. 친자 확인 검사는 이런 종류의 독점적 관계가 임신으로 이어지는 경우가 많음을 시사한다.[18]

마할레산맥의 침팬지들은 숲 전체에 널리 분산되어 살아간다. 혼자서 또는 작은 무리를 지어 여행하는 침팬지들은 무성한 잎 때문에 대부분의 시간 동안 서로를 보지 못한다. 하지만 이들은 사방에서 들려오는 소리에 장단을 잘 맞추며, 자주 내지르는 침팬지 특유의 크게 짖는 소리로 다른 침팬지들이 어디에 있는지 정확히 아는 것처럼 보인다. 침팬지는 서로의 목소리를 안다. 이들은 멀게는 1.6km 이상 떨어진 곳에서 들려오는 소리에 귀를 기울이기 위해 종종 걸음을 멈추고 머리를 쳐든다.[19]

하지만 파나나가 사파리 여행을 떠난 동안 우리는 파나나의 소리를 전혀 듣지 못했다. 파나나와 그의 짝은 완전한 침묵 속에서 여행을 하고 먹이를 찾은 게 분명한데, 그렇지 않았더라면 그들은 금방 주의를 끌었을 것이다. 파나나는 어떻게 몇 달 동안 계속 울창한 숲 속에서 원하지 않는 암컷을 자기 곁에 붙들어둘 수 있었을까? 암컷은 가끔 날카롭게 비명을 지르며 사파리 여행에 반대하기 때문에, 그렇게 오랫동안 침묵을 지켰다는 것은 암컷이 그 여행에 동의했음을 시사한다. 어쩌면 암컷은 위험한 상황을 초래하지 않으려고 소리를 지르는 행동을 자제했는지도 모른다. 이렇게 단 둘이 사파리 여행을 떠난 쌍은 적대적인 이웃의 세력권 경계 가까이까지 여행할 때도 많다.

파나나는 시끄러운 소리를 지르고 매우 인상적인 돌진 과시 행동을 보이면서 오랜 사파리 여행에서 돌아왔다. 파나나는 몸 상태가 완벽하다는 것을 의심의 여지 없이 보여주었고, 우두머리 자리를 다시 맡을 준비가 되어 있음을 널리 알렸다. 그동안 베타 수컷이 알파 역할을 했지만, 임시 우두머리 자리가 편치만은 않았다. 베타는 파나나의 복귀 때문에 엄청난 불안을 느꼈고, 그래서 우리는 언덕을 오르락내리락하며 뛰어다니는 그를 추격하느라 큰 애를 먹었다. 그날의 소란 때문에 나는 완전히 기진맥진했다.

난폭한 수컷
길들이기

위에서 소개한 침팬지의 행동은 모두 동아프리카에서 일어났다. 서아프리카에서는 암컷 침팬지는 그만큼 거친 대접을 받지 않는다. 이것은 문화적 차이인 것처럼 보인다.

침팬지에 관해 우리가 듣는 이야기는 대부분 동아프리카의 아종과 서식지에서 나온 것인데, 이곳에서는 1960년대에 침팬지를 대상으로 야외 연구가 시작되었다. 이곳에서는 침팬지들이 숲 곳곳에 흩어져 사는데, 세력권 다툼이 자주 심하게 일어나며, 암컷은 거의 힘이 없다. 이런 사실들을 강조하는 것은 안타까운 일인데, 침팬지가 항상 이런 식으로 행동하지는 않기 때문이다. 나는 그렇지 않다는 것을 사육 상태의 침팬지 연구를 통해 너무나도 잘 알고 있다. 침팬지는 더 조화롭고 협력적인 사회를 이루어 살아갈 잠재력을 충분히 가지고 있다. 서아프리카에서 일어난 야외 연구 결과가 이를 뒷받침한다. 이곳에서는 공동체 간의 충돌이 없는 것은 아니지만, 덜 빈번하게 일어나며, 그 양상도 덜 난폭하다. 서아프리카의 침팬지는 이 종의 잔인한 이미지와 들어맞지 않는다. 각 공동체의 사회적 유대는 더 강하고, 양성 간 권력 차이도 더 작다.

동부 침팬지와의 이러한 차이는 스위스 영장류학자 크리스토프 뵈슈Christophe Boesch가 밝혀냈다. 뵈슈는 수십 년 동안 서아프리카 코트디부아르의 타이 숲에 사는 침팬지들을 관찰하며 연구했다. 뵈슈는 자신의 연구 결과를 정리한 책에 《진짜 침팬지The Real Chimpanzee》라는 도발적인 제목을 붙여 아프리카의 다른 곳에서 일하는 침팬지 전문가들을 분노케 했다. 이것은 어떤 인류학자가 '진짜 인류'를 연구하는 사람은 오직 자신뿐이라고 주장하는 것과 비슷하다. 하지만 설령 우리가 침팬지들이 그 진실성에서 차이가 있다는 사실을 받아들이지 않는다 하더라도, 침팬지의 행동을 일반화하는 주장은 신중하게 다루어야 한다.[20]

서부 침팬지들 사이의 더 높은 협력 수준은 숲에 많이 사는 표범이 그 원인일 수 있는데, 이에 대응하려면 집단 방어가 필요하기 때문이다. 침팬지들이 서로 협력해 살아가는 생활은 공동체 내에서 양성 간의 권력 균형을 이동시키는 부수 효과를 낳는다. 암컷들은 서로 함께 많은 시간을 보내면서 공동 이해 집단을 형성한다. 이것은 난폭한 수컷의 전술을 저지하는 결과를 초래한다. 뵈슈에 따르면, 암컷들은 공동체의 일에 더 큰 발언권을 가지며, 성적 파트너 관계를 강요당하지 않고 강압적 짝짓기의 대상이 되지 않는다. 게다가 암컷은 그다지 마음에 들지 않는 수컷과 짝짓기를 하는 경우, 종종 일찍 몸을 빼고 달아나 수정을 피한다. 타이 숲의 암컷들은 자신의 섹슈얼리티와 거기서 더 나아가 자신의 생식에 더 많은 통제력을 행사한다.[21]

사육 상태에서는 수컷 침팬지가 암컷에게 압력을 행사하기가 더 어렵다. 다른 데로 도망갈 기회가 없으니, 수컷이 암컷을 쉽게 위협할 수 있을 것 같지만, 오히려 정반대이다. 암컷들이 집단적으로 발휘하는 힘은 야생에서보다 훨씬 큰데, 집단적으로 사육되는 환경에서 암컷들은 늘 가까이 붙어 지내기 때문이다. 사회생활은 훨씬 엄격하게 규제되며, 불쾌한 행동을 하는 수컷은 무사할 수가 없다. 나는 짝짓기를 꺼리는 암컷에게 수컷이 털을 곤두세우고 위협하는 모습을 보았지만, 결국에는 비명을 지르는 피해자를 구하려고 다른 암컷들이 개입하고 나선다. 그들은 난폭한 수컷을 쫓아가 바르게 처신하는 법을 가르친다.

자매간의 연대를 예술의 경지로 승화시킨 보노보에게서도 같은 패턴이 나타난다. 보노보는 사육 상태에서나 야생에서나 수컷의 폭력을 제어하는데, 이들의 공동체는 놀랍도록 유대가 강하다. 암컷 보노보들은 대부분의 시간 동안 함께 여행하고, 밤에는 높은 나무에 잠자리를 마련하기 전에 서로 소리를 지르며 부른다. 이들은 서로 소리가 들리는 범위 내에서 잠을 잔다. 보노보는 침팬지보다 훨씬 많은 시간을 함께 지내는데, 그 결과로 권력이 암컷 쪽으로 훨씬 더 많이 이동한다. 수컷의 강압적 교미 같은 것은 일어날 수가 없다.

이러한 관찰 사실은 600만~800만 년 전에 살았던 우리와 유인원의 공통 조상에게 어떤 의미를 지닐까? 그 조상이 강간범이었냐고 묻는다면, 나는 아니라고 대답할 것이다. 우리의 가까운 친척 사이에서 강압적 교미가 극히 드물다는 점을 감안하면, 그렇게 생각해야 할 이유가 없다. 그 조상은 적어도 괴롭힘과 협박의 형태로 나타나는 성적 강압을 알고 있었을까? 그것은 그 사회의 유대가 얼마나 긴밀한가에 따라 다르다. 숲 전체에 흩어져 사는 침팬지에게서는 그러한 행동이 일어난다는 증거가 있다. 하지만 같은 종이라도 유대가 더 강한 사회에서는 그러한 행동이 예외적이며, 보노보 사회에서는 전혀 볼 수 없다. 대다수 성행위는 비교적 느긋한 상황에서 일어난다. 우리가 공통 조상에게서 예상할 수 있는 유일한 행동은 가끔 수컷이 암컷을 때리는 일이 일어났다는 것뿐인데, 그것도 수컷이 지배력을 행사한다고 가정할 경우에 그렇다. 우리는 마지막 공통 조상이 침팬지나 보노보와 어느 정도나 비슷했는지 모르기 때문에, 이 문제는 여전히 미해결 상태로 남아 있다.

　불행하게도, 위에서 이야기한 어떤 사실도 우리 종의 행동을 설명하는 데에는 도움이 되지 않는데, 우리 종에서는 대다수 사람들이 인정하고 싶은 것보다 강간이 훨씬 빈번하게 일어난다. 그것은 우리의 친척 영장류에 비해 훨씬 더 많이 일어난다. 앞서 소개한 미국의 대규모 설문 조사에 따르면, 여성 중 17.6%가 살아가다가 언젠가 강간을 당한다.[22] 이렇게 수치가 높은 한 가지 이유는 부부가 다른 사람들과 분리된 거주 공간에서 함께 시간을 보내는 데 있는지도 모른다.

　우리의 친척 유인원들은 수컷과 암컷이 영구적으로 함께 살지 않으며 가끔씩만 만날 뿐이다. 대부분의 시간 동안 암컷들은 자유롭게 돌아다니며, 자신과 자식을 위해 먹이를 구한다. 밤이 되면 나무 위에 잠자리를 만든다. 수컷들은 암컷들이 어떻게 살아가는지에 대해 아무 관심이 없다. 가임기 외에는 수컷과 암컷이 자주 접촉할 이유가 없는데, 특히 수컷의 폭력적인 통제와 질투 때문에 더욱 그렇다. 가족 구조의 부재를 감안하면, 한 성이 다른 성의 활동을 면밀히 관찰할 필요성이 훨씬 적다. 게다가 이들의 접촉은 다른 유인원들이 언제든지 간섭할 수 있는 공개된 장소에서 일어난다.

우리 종은 남성의 관여가 큰 특징인 가족 제도를 진화시켰다. 식량 공급과 보호, 양육 측면에서 이런 가족 제도가 주는 이점은 우리 종이 거둔 성공 이야기에 기여했다. 하지만 이러한 이점을 얻는 대신에 여성은 큰 대가를 치러야 했는데, 강간을 포함해 남성이 여성을 지배하고 통제하려고 시도했기 때문이다. 동거는 여성을 잠재적 위험에 처하게 하는 상황을 만든다. COVID-19로 모든 시민에게 집 안에 머물라는 명령이 내렸던 2020년에 이 효과가 증폭되어 나타났다. 가족들이 평소보다 집 안에 머무는 시간이 늘어나자, 중국 허베이성과 그 밖의 장소들에서 가정 폭력이 3배나 증가했다. 예비 보고서들은 전 세계적으로 가정 폭력이 증가했음을 시사한다.[23]

다른 영장류들은 성적 강압이 드물다는 이 이야기에서 예외적인 종이 하나 있는데, 바로 오랑우탄이다. 동남아시아에 사는 이 붉은 유인원은 유전적으로 우리와 덜 가깝기 때문에 우리 조상과도 침팬지나 보노보에 비해 연관성이 적지만, 오랑우탄을 아는 사람들은 모두 문제의 행동을 목격했다. 수컷은 암컷을 꽉 붙들고 놓아주지 않는다. 수컷은 사실상 4개의 손을 가지고 있으며, 믿을 수 없을 정도로 힘이 세다. 암컷은 빠져나가려고 발버둥치지만, 수컷은 강제로 삽입을 하고 몸을 비벼댄다. 결국 암컷은 도중에 단념하고 행위가 끝나길 기다린다.

수컷이 암컷에 비해 몸집이 상당히 크다는 점이 이런 행동을 하는 데 큰 도움이 된다. 오랑우탄이 홀로 살아가는 생활 방식도 한 가지 원인이다. 오랑우탄은 모여서 무리를 지어 살아가는 대신에 지상에서 아주 높은 임관 사이에서 홀로 돌아다니며 살아간다. 암컷은 대개 딸린 새끼를 데리고 혼자서 살아간다. 동료의 지원을 받을 수 있는 네트워크가 부재한 상황에서는 힘이 더 센 수컷이 우위에 설 수밖에 없다.

오랑우탄은 강제로 교미를 하려는 성향이 너무 강한 나머지 심지어 여성도 표적으로 삼는다고 알려져 있다. 보르네오섬에서 이 종을 수십 년 동안 연구한 캐나다 영장류학자 비루테 갈디카스Biruté Galdikas의 요리사에게 그런 일이 일어났다. 갈디카스가 어릴 때부터 길러온 오랑우탄(이 오랑우탄은 한동안 갈디카스와 그 남편과 함께 같은 침대에서 잠을 잤다)이 있었는데, 어느 날 이 오랑우탄이 갈디카스의 요리사로 일하던 다약족 여성을 붙잡았다. 오랑우탄은 치마를 찢고 그 여성이 "미친 듯이 비명을 지르는" 동안 강제로 삽입을 했다. 갈디카스가 말리려고 노력했지만 아무 소용이 없었는데, 수컷 오랑우탄은 어떤 사람보다 몇 배나 힘이 세기 때문이다. 결국 오랑우탄은 아무 부상도 입히지 않고 그 여성을 놓아주었다.[24]

그러나 모든 수컷 오랑우탄이 이런 식으로 행동하지는 않으며, 암컷이 항상 성행위에 저항하는 것도 아니다. 그것은 수컷의 지위와 몸 크기에 따라 달라진다. 강압적 교미는 대개 몸집이 작은 수컷이 저지르는데, 작은 수컷은 뺨 양편에 두툼하게 생기는 지방 조직인 플랜지flange 같은 2차 성징이 제대로 발달하지 않는다. 이런 수컷들은 종종 완전히 자란 수컷의 세력권에 살면서 설령 암컷이 원하지 않더라도 암컷과 짝짓기를 한다. 암컷은 몸집이 큰 수컷을 선호하는데, 그런 수컷은 일반적으로 몸 크기가 암컷의 두 배이며, 플랜지가 있고, 나무 꼭대기에서 자주 큰 소리를 지른다. 깊고 긴 그 소리는 아주 멀리까지 뻗어나간다. 나는 숲에서 오랑우탄들 아래에 서 있었던 적이 있는데, 자신의 존재를 알리는 그 우렁찬 소리에 소름이 돋았다. 암컷은 이 멋진 수컷과 열렬히 짝짓기를 하고 싶어 한다. 암컷은 적극적으로 그런 수컷을 찾고, 심지어 입으로 발기를 유발하거나 손가락을 사용해 음경의 삽입을 돕는다. 네덜란드의 오랑우탄 전문가 카럴 판 스하이크Carel van Schaik는 그 절차를 다음과 같이 설명한다.

> 만약 젊은 암컷이……덩치가 크고 플랜지가 발달하고 지배적인 수컷에게 억제할 수 없는 매력을 느껴 짝짓기를 하길 원한다면, 반드시 해야 할 일이 있다. 실제로 암컷은 해야 할 일이 많다. 지루한 표정을 짓는 수컷에게 다가가 등을 대고 누워 있는 수컷 위에 올라탄 뒤, 삽입을 성공시키고, 몸을 열심히 비벼대 마침내 수컷에게 사정을 하게 만든다.[25]

암컷 오랑우탄이 짝짓기에서 보통과는 정반대되는 이런 행동을 하는 이유는 완전히 밝혀지지 않았다. 야외 연구자들은 암컷이 새끼가 태어난 뒤 수컷이 제공할 수 있는 보호 수준을 바탕으로 일부 수컷에게는 저항하고 다른 수컷에게는 저항하지 않는 게 아닐까 추측한다. 넓은 숲을 지배하는 가장 큰 수컷은 의심의 여지 없이 더 나은 보호자가 될 수 있다.[26]

하지만 우리는 강제적 접촉이 부상을 초래하는 경우가 아주 드물다는 사실을 알고 있다. 엄청난 몸 크기에도 불구하고, 수컷 오랑우탄은 눈에

띠는 상처를 입히지 않고 이러한 행동을 한다. 무는 행동은 단순히 위협에 불과한 것으로 보인다. 일반적으로 수컷 영장류는 암컷에게 공격성을 억제한다. 이것은 무기 선택(나무 대 돌)과 수컷 침팬지가 암컷을 죽이는 경우가 거의 없다는 사실에서 분명히 드러난다. 심지어 수컷은 숲에서 낯선 암컷을 만나더라도 그냥 내버려두는 경우가 많다. 이들의 세력권 수호 습성은 다른 수컷을 상대로 발휘된다.

고릴라도 사정이 비슷하다. 수컷 고릴라는 영장류 세계에서 가장 강한 전투 기계로, 훨씬 작은 암컷 여럿을 물리치거나 죽일 수 있다. 하지만 심리적 억제 때문에 수컷은 이러한 이점을 충분히 활용하지 못한다. 암컷들

오랑우탄은 성관계를 할 때 힘을 사용해 강압적 교미를 하는 경우가 많다. 강압적 교미는 대부분 아직 완전히 자라지 않은 수컷들이 저지른다. 암컷은 몸집이 큰 수컷과 짝짓기를 하길 선호하는데, 그런 수컷은 암컷보다 두 배나 크다.

과 대치하는 상황에서는 대개 허세를 부리고 자기 가슴을 두드린다. 암컷 고릴라들의 동맹이 요란하게 짖어대면서 거대한 수컷을 쫓는(심지어 때리는) 모습은 매우 인상적이다. 수컷의 양손은 자신의 뇌에 있는 신경세포들에 의해 뒤로 결박된 것처럼 보인다.

이러한 억제는 매우 이치에 닿는다. 만약 공격성의 주목적이 생식이라면, 그것을 암컷에게 치명적으로 사용하는 것은 가장 비생산적인 일이기 때문이다.

잘못된 신념

강간은 수백만 여성에게 치욕과 공포를 주는 무기로 사용되었다. 예를 들면, 1937년 난징 대학살을 일으킨 일본군, 제2차 세계 대전 말에 독일로 진격한 소련의 붉은 군대, 1994년 르완다 대학살 당시의 후투족이 자행한 강간 사례가 있다. 흔히 그렇듯이, 강간은 고문과 살해가 뒤따르면 대량 학살로 이어지거나, 유산이나 에이즈 같은 치명적인 질병 후유증을 낳는다. 역사를 거슬러 더 먼 과거로 가면, 정복군이 항복을 거부한 도시를 처벌하기 위해 강간과 약탈을 자행한 일들이 있었다. 예를 들면, 몽골의 지도자 칭기즈 칸은 포위된 도시에 다음과 같은 최후통첩을 보냈다. "항복하는 자는 살려주겠지만, 저항하는 자는 그 아내와 자녀와 가족과 함께 죽음을 맞이할 것이다."**27**

하지만 오늘날에는 여성을 향한 폭력의 가장 큰 원천은 바로 당사자의 집에 있다. 즉, 남자 친구나 남편, 형제처럼 친밀한 파트너나 가족이 주요

가해자이다. 전 세계에서 일어나는 전체 살인 사건 중 13.5%가 '여성 살해'로 추정되는데, 이것은 성을 기반으로 한 증오 범죄로 정의된다.[28] 강간은 이러한 세계적 패턴의 일부인데, 통계 수치의 신빙성을 놓고 많은 논란이 있긴 하지만, 가해자가 얼마나 많은지는 전혀 알 수가 없다. 남성 5명 중 1명일까? 범행 기록은 강간범이 연쇄 강간범임을 시사하므로, 그 수치는 10명 중 1명일 수도 있다. 아니면, 20명 중 1명일 수도 있다. 이것은 강간을 조장하는 요인을 판단하려고 할 때 아주 중요한 질문이다. 강간은 우리 종의 전형적인 행동일까, 아니면 소수 남성에게서만 나타나는 예외적인 패턴일까?[29]

강간은 가끔 우리 종의 젠더 관계를 압축해 보여주는 것으로 간주된다. 수전 브라운밀러Susan Brownmiller는 1975년에 출간된 책《우리의 의지에 반하여Against Our Will》에서 기억에 남을 만한 구절을 썼다.

> 남성이 자신의 성기가 공포를 유발하는 무기가 될 수 있다는 사실을 발견한 것은 불의 사용과 최초의 조야한 돌도끼와 함께 선사 시대의 가장 중요한 발견 중 하나로 간주해야 한다. 나는 선사 시대부터 현재에 이르기까지 강간이 중요한 기능을 했다고 생각한다. 그것은 바로 모든 남성이 모든 여성을 공포 상태로 몰아넣는 의식적인 위협 과정이다.[30]

'모든' 남성과 여성을 언급하면서 브라운밀러는 철저한 일반화를 시도했고, 그럼으로써 문화와 교육의 역할이 끼어들 여지를 전혀 남기지 않았다. 또한 강간하는 남성과 강간하지 않는 남성을 구별하지도 않았다. 브라운밀러의 요지는 모든 여성이 늘 강간의 공포 속에서 살고 있고 자기 보호 조치를 취하지 않을 수 없기 때문에, 실제로 강간을 저지르는 남성의 수가 얼마인지는 중요하지 않다는 것이다.

얼마나 많은 남성이 강간을 저지르는지 아는 것은 이런 행동을 없애고자 하는 사람들에게 중요하다. 하지만 어떤 사람들은 강간을 없애는 것이 불가능하다고 생각한다. 그들은 강간을 우리 종의 자연스러운 행동이라고 생각한다. 이들은 강간이 폭력적 행동도 문화적 혁신도 아니며, 하나의 적응 전략이라고 주장한다. 2002년에 출간된 《강간의 자연사A Natural History of Rape》에서 미국 과학자 랜디 손힐Randy Thornhill과 크레이그 파머Craig Palmer는 강간이 우리의 진화심리학에서 중요한 일부를 차지한다고 주장했다. 그들은 강간을 남성이 성적으로 호응하지 않는 여성을 다루기 위해 사전 프로그래밍된 해결책으로 간주한다. 여기서 그들이 말한 '적응'이라는 단어는, 그러지 않았더라면 놓쳤을 수정 기회를 얻는 데 강간이 도움을 준다는 뜻으로 사용되었다.[31]

나는 브라운밀러를 충분히 이해하는데, 그녀는 강간이 만연한 상황과 정신적 외상을 초래하는 그 영향에 대한 분노로 한쪽 젠더 전체를 비난하려고 했다. 나는 손힐과 파머가 강간을 생물학화하는 것에 더 큰 문제를 느끼는데, 우리가 동료 영장류에 대해 아는 사실과 우리 종에 관한 증거 부족을 감안한다면 그럴 수밖에 없다. 또한 강간을 '자연스럽다'고 부르는 것은 우리가 강간을 감수하고 살아야 한다는 인상을 준다. 저자들은 그것은 자신들의 의도가 아니라고 강조하지만, 그 말은 그다지 큰 설득력이 없다.

강간이 적응이라는 개념은 믿거나 말거나 밑들이* 연구에서 나왔다. 일부 밑들이 종 수컷은 강제로 암컷과 교미하는 데 도움을 주는 물리적 특징(일종의 클램프)을 가지고 있다. 밑들이 사례를 우리에게 확대 적용하는 것은 지나친 확대 해석이지만, 저자들은 나름대로 최선을 다한다. 남성에게는 분명히 해부학적 강간 도구가 없지만, 저자들은 남성의 심리적 조성이 강간을 촉진할 것이라고 추측한다. 문제는 사람의 심리학은 곤충의 해부학만큼 쉽게 분석할 수 없다는 데 있다. 사람이라는 종은 너무 느슨하게 프로그래밍되어 있어 강간처럼 매우 특수한 행동이 유전되기 어렵다.

강간이 적응이라는 견해를 옹호하는 사람들은 항상 오리나 오랑우탄처럼 강압적 교미를 하는 소수의 동물을 불러낸다. 하지만 진화의 논리를 바탕으로 생각한다면, 강압적 교미를 하는 사례가 왜 이 동물들뿐일까 하는 의문이 든다. 강간이 그토록 훌륭한 수정 기술이라면, 왜 그토록 희귀할까? 강압적 교미가 자연에 만연해야 마땅할 텐데, 실제로는 그렇지 않다.

자연 선택이 강간을 선호하려면, 두 가지 조건이 충족되어야 한다. 첫째, 이러한 행동을 하는 남성은 그를 성적 포식자로 변화시키는 특별한 유전적 조성을 가지고 있어야 한다. 둘째, 강간범은 자신의 유전자를 널리 퍼뜨려야 한다. 하지만 두 가지 조건 모두 충족된다는 증거가 전혀 없다. 게다가 생식이 목적이라면, 남성은 생식 연령 범위에서 벗어나는 소녀나 여성을 강간해서는 안 된다. 또한 동의하에 성관계를 가질 수 있는

---

* 밑들이목 곤충. 밑들이라는 이름은 배 끝이 들려 있는 것
에서 유래했다-옮긴이

연인과 아내를 강간해서도 안 되고, 소년과 남성을 강간해서도 안 된다. 그런데도 그들은 이런 사람들마저 강간한다. 예컨대 미국 법무부 조사에 따르면, 남성 33명 중 1명은 평생을 살아가는 동안 언젠가 강간을 당한다.[32]

나는 이렇게 조잡한 생물학이 광범위한 청중에게 전달될 가능성에 경악했지만, 실제로 그런 일이 일어났다. 《강간의 자연사》는 생겨난 지 얼마 안 된 진화심리학에 큰 골칫거리를 안겨주었다. 그때까지만 해도 진화심리학은 주로 엉덩이와 허리, 얼굴 대칭의 매력에 대해 무해한 추측을 하는 분야로 알려져 있었다. 이 논란은 28명의 학자가 손힐과 파머의 주장을 반박한 책이 나오면서 절정에 이르렀다. 존 러프가든Joan Roughgarden은 손힐과 파머의 주장을 "타락한 행동에 대해 진화가 나를 그렇게 하도록 만들었다는 식의 최신판 변명"이라고 불렀다.[33]

〈뉴욕 타임스〉에 실린 그 책의 비판적 서평에서 나는 다른 문제를 제기했다. 부족 공동체는 그들 사이에 있는 강간범을 어떻게 할까? 나는 작은 집단을 이루어 살아간 우리의 긴 선사 시대를 생각했다.[34] 킴 힐Kim Hill이 이끄는 미국 인류학자들은 파라과이의 아체족 인디언에 대해 아는 지식을 바탕으로 이 질문을 탐구했다. 그들은 이 수렵 채집인 사회에서 강간이 일어났다는 이야기를 들어본 적이 없었지만, 한 남성이 여성을 강간했을 때 부족민들이 어떻게 반응할지 예상되는 상황을 바탕으로 수학적 모형을 만들었다. 그 결과는 결코 좋아 보이지 않았다. 강간범은 친구를 모두 잃거나 피해자 친척에게 살해당할 수 있고, 잠재적 자식은 모두 버림을 받을 수 있었다. 강간 유전자-만약 그런 게 존재한다면-는 아마도 금방 사라지고 말 것이다.[35]

올바른 문화 만들기

가장 가까운 우리 친척 영장류에게서는 강간 적응의 징후를 전혀 찾아볼 수 없으며, 우리 조상이 진화한 조건에서 강간은 절대로 현명한 행동이 될 수 없었다. 오늘날의 거대한 사회에서 익명성은 가해자의 위험을 어느 정도 줄여주지만, 여전히 강간이 일어난다고 해서 강간이 자연스러운 것은 아니다.

스머츠는 인간 사회가 남성의 폭력성과 성적 강압을 형성하는 방식과 이에 대응할 수 있는 방법을 처음으로 추측한 사람이다. 그 과정에서 스머츠는 영장류를 관찰한 결과에서 영감을 얻었다. 앞에서 보았듯이, 암컷 네트워크가 강할수록 수컷의 성희롱을 더 효과적으로 억제할 수 있다. 암컷 영장류는 수컷에 대항해 서로를 방어하는 경향이 있지만, 이것이 효과를 발휘하려면 암컷들이 함께 살고 여행할 때에도 함께 다녀야 한다. 다른 암컷들의 도움을 전혀 받지 못하는 암컷 오랑우탄은 든든한 지원 동맹의 보호를 받는 암컷 보노보에 비해 매우 위험한 상황에 놓여 있다.

스머츠는 남성의 괴롭힘을 방지하기 위해 여성이 사용할 수 있는 주요 선택지가 세 가지 있다고 말한다. 첫 번째는 맞서 싸우는 것이다. 하지만 이 방법은 실행하기가 어렵고 위험한데, 평균적으로 남성이 힘이 더 세기 때문이다. 두 번째는 적절한 남성의 보호를 받는 것이다. 많은 영장류도 이 방법을 사용한다. 개코원숭이의 암수 간 우정과 숲에서 가장 강한 수컷을 선호하는 암컷 오랑우탄을 생각해보라. 하지만 이 전술에는 단점도 있다. 만약 여성이 남성의 힘과 지배성을 바탕으로 짝을 선택한다면, 남성이 바로 그 속성을 여성에게 사용할 위험이 존재한다. 강력한 보호자는 위험한 악당으로 돌변할 잠재성이 있다.

여성의 관점에서 완벽한 남성은 다른 남성을 위압할 만큼 강하지만 자신의 신체적 이점을 여성에게 사용하지 않을 만큼 충분히 온순한 사람이다. 이성애자 여성이 이러한 속성에 끌린다는 사실은 키 큰 남성을 두드러지게 선호하는 경향에서 분명하게 드러난다. 여성이 자신보다 키가 큰 남성을 선호하는 경향이 너무 강해, 키가 작은 남성들은 데이팅 서비스에서 제대로 기회를 잡을 수 없다고 불평한다. 키 큰 남성에 대한 여성의 선호는 자신보다 키가 작은 여성을 원하는 남성의 욕구보다 훨씬 크다. 배우자 선호도를 물었을 때, 남녀 간 키 차이를 중요하게 여기는 비율은 여성이 남성보다 훨씬 높다.[36]

강인함도 또 한 가지 요인이다. 여성은 잘 발달된 복근을 좋아하는 경향이 있다. 〈원스 어폰 타임 인 할리우드Once Upon a Time in Hollywood〉에서 브래드 피트Brad Pitt가 햇살이 내리쬐는 옥상에 서서 셔츠를 벗었을 때, 영화를 보던 관객은 감탄사를 내뱉었다고 한다. 우리는 상반신과 팔을 보고 남성의 힘을 재빨리 간파한다. 우리는 셔츠를 벗은 머리 없는 남성들의 몸 사진을 볼 때, 상체의 힘을 바탕으로 그다지 어려움 없이 순위를 매길 수 있다. 이런 사진들로 테스트할 때, 여성은 근육질 상반신을 선호한다. 미국인 여성 160명을 대상으로 실험했을 때, 이 규칙에서 벗어나는 예외는 단 한 명도 없었다. 다른 연구들에서는 과도한 근육질 몸은 여성이 꺼린다고 보고했지만, 그 연구들에서는 사진에 만화처럼 두드러진 선들을 그려넣었다. 정상적인 범위 내에서는 여성은 잠재적 배우자의 건강과 힘을 압도적으로 선호한다.[37]

불쾌한 남성이 여성을 위협할 때마다 가장 효과적인 도움을 줄 수 있는 사람은 다른 훌륭한 남성이다. 곤경에 처한 숙녀를 남성 영웅이 구해주는 내용은 가장 인기 있는 소설의 소재가 된 것은 우리가 이 해결책을 얼마나 마음에 들어 하는지 말해준다. 하지만 영웅에게는 근력이 필요하다. 온순한 남성은 집에서는 안전하지만, 자유분방하게 돌아다니는 여성은 자신을 지켜줄 수 있는 남성이 곁에 있는 것을 선호한다. 자신이 이 자질로 평가받는 것을 아는 남성은 그것을 널리 알린다. 남성이 경쟁적인 스포츠에 끌리는 이유는 이 때문일지 모른다. 전 세계적으로 남성은 여성보다 스포츠를 더 많이 보고 즐긴다. 그리고 여성도 관심을 기울이는데, 이것은 어떤 스포츠를 즐기는지 설명하는 진술이 딸린 남성들의 사진을 보고 선호하는 남성을 고르는 실험에서 입증되었다. 여성은 같은 남성 사진을 보더라도, 배드민턴처럼 점잖은 스포츠를 하는 남성보다 럭비처럼 거친 스포츠를 하는 남성을 더 선호했다.[38]

여성이 남성에게 성적 괴롭힘을 받을 위험을 줄이는 세 번째 방법은 서로의 도움에 의존하는 것이다. 이들의 지원 네트워크는 혈족을 기반으로 할 수도 있지만(여성이 결혼 후에도 태어난 공동체에서 계속 살아가는 경우), 보노보의 자매애처럼 혈연관계가 아닌 여성들로 이루어질 수도 있다. 미투 운동이 좋은 예이다. 녹색 사리 운동도 좋은 예이다. 인도 북부의 작은 마을 여성들은 술 취한 남편의 잦은 가정 폭력을 오롯이 혼자서 견뎌내며 살아갔다. 그러던 어느 날, 여성들이 무리를 지어 마을의 거리를 배회하기 시작했다. 그들은 매일 저녁마다 녹색 사리 옷을 입고 거리를 배회했다. 그들은 순식간에 무시할 수 없는 힘이 되었고, 밀주가 담긴 술병을 부수고, 아내를 괴롭히는 남성들과 맞섰다.[39]

스머츠는 여성을 보호할 수 있는 상황을 예측해 발표했는데, 여기에는 친족과의 근접성, 남성에 대한 여성의 의존도 감소, 사회에서 남성의 유대를 강조하는 경향 감소 등이 포함돼 있다. 남성 사교 단체에서 또는 형제끼리 많은 시간을 보내는 남성은 우선순위를 여성에게서 다른 데로 옮기고, 여성 친척을 다른 남성으로부터 보호하길 꺼린다. 이러한 예측은 지금까지 인간 문화의 실제 데이터로 검증되지 않았다. 그럼에도 불구하고, 이 예측은 성적 괴롭힘과 강압 문제에 문화적으로 접근하는 좋은 예를 보여준다.[40]

나는 강간이 우리 유전자에 들어 있고, 남성은 기회가 닿을 때마다 강간을 사용할 것이라는 가정보다 이 틀이 훨씬 낫다고 생각한다. 이 가정은 절망감을 안겨줄 정도로 숙명론적인 견해로, 남성이 더 나은 행동을 할 가능성을 부정한다. 이 때문에 나는 남성의 괴롭힘과 강간을 막기 위한 네 번째 선택지를 추가하려고 한다. 그것은 소년과 남성이 그런 행동에 끌리지 않고, 친구들에게도 그런 행동을 용납하지 않는 문화를 만드는 것이다. 여성이 할 수 있는 일에 초점을 맞추는 대신에, 우리가 소년들에게 무엇을 가르쳐야 할지, 그리고 어떤 종류의 모델을 제시해야 할지 고민할 필요가 있다.

내가 묻고 싶은 질문은 이것이다. 왜 대다수 남성은 강간을 하지 않을까? 긍정적인 것에 초점을 맞추고, 어떻게 하면 이 다수를 늘릴 수 있을지 생각하자. 교육이 중요한데, 특히 성차를 인정하는 교육이 중요하다. 아들을 딸처럼 키우라는 미국인 페미니스트 글로리아 스타이넘Gloria Steinem의 권고는 신중하게 생각해야 한다.[41] 우리는 생물학과 아무 상관이 없는 것처럼 행동할 수 없다. 아들은 딸이 아니다.

영장류와 사람의 행동에 관한 위의 설명이 우리에게 가르쳐주는 게 있다면, 그것은 아들은 폭력적 성향이 강한 쪽으로 자라기 쉽다는 사실이다. 아들은 또한 딸보다 훨씬 큰 신체적 힘을 갖게 된다. 모든 사회는 문제를 일으킬 소지가 있는 이 이중적 잠재력을 이해하고, 젊은 남성을 교화할 방법을 찾아야 한다. 소년들은 더 이상 전사가 되는 경우가 거의 없기 때문에, 사회는 그들의 공격적 충동을 건설적으로 배출할 수 있는 방법을 찾아야 할 필요가 어느 때보다 커졌다. 이 충동은 대단한 성취를 낳을 수도 있고 나쁜 행동을 낳을 수도 있다. 소년들을 남용의 원천이 아니라 힘의 원천이 되도록 만들려면, 그들이 자신의 젠더에 맞는 감정적 기술과 태도를 습득하도록 해야 한다. 소년들은 힘에는 책임이 따른다는 사실을 배워야 한다. 우리는 소년들이 자제력과 명예심, 여성에 대한 존중심을 키우길 바란다.

그리고 그것을 작은 일로 취급할 게 아니라, 남성다움의 핵심으로 취급해야 한다.

제9장
알파 수컷과 알파 암컷

지배성과
권력의 차이

ALPHA
(FE)
MALES

알파 암컷
마마

마마Mama는 뷔르허르스동물원의 큰 침팬지 무리에서 중심이자 암반과 같은 존재였다. 마마는 이 무리에서 어머니와 같은 역할을 했다(마마라는 이름도 여기서 유래했다). 마마는 40년 넘게 알파 암컷으로 군림하면서 권좌에 올랐다가 내려간 여러 알파 수컷을 상대했다. 마마는 내가 아는 모든 알파 암컷 침팬지 중에서 최고의 지도력을 가진 암컷이었다. 마마는 위계 구조에서 자신의 특권적 위치뿐만 아니라 무리 전체에도 신경을 썼다.

마마는 상대에게 깊은 존경을 요구했는데, 물이 고인 해자 건너편에서 마마의 눈을 얼굴 높이에서 처음 쳐다보았을 때 나는 기가 꺾였다. 마마는 자신이 상대를 보았다는 사실을 알리기 위해 상대를 쳐다보면서 조용히 고개를 끄덕이는 버릇이 있었다. 나는 우리 종 이외의 다른 종에서 그런 지혜와 침착한 태도를 보여주는 동물을 본 적이 없었다.

훗날 내가 네덜란드를 떠난 후, 마마는 많은 방문객 속에서 내 얼굴을 발견할 때마다 나를 열렬히 환영해주었다. 나는 항상 예기치 못하게 불쑥 찾아갔고, 때로는 몇 년이 지난 뒤에 찾아가기도 했다. 마마는 펄쩍 뛰어오르며 해자 가장자리로 달려와 멀리서 내게 손을 뻗었다. 암컷은 움직이려는 동시에 새끼를 등 위에 태우길 원할 때, "이리 와."라는 이 제스처를 사용하는데, 나는 마마에게 똑같이 우호적인 제스처를 되돌려주었다. 나는 나중에 침팬지에게 먹이를 주기 위해 섬으로 과일을 던지는 관리인을 도우면서, 걸음걸이가 느려 날아오는 오렌지를 다른 침팬지들처럼 공중에서 재빨리 낚아채지 못하는 마마가 과일을 충분히 얻을 수 있도록 신경을 썼다.

어른이 된 마마의 딸 모닉Moniek에게서는 질투도 받았는데, 모닉은 내게 몰래 다가와 멀리서 돌을 던지고는 했다. 이런 종류의 행동에 주의해야 한다는 사실을 어렵게 배우지 않았더라면, 나는 포물선 궤적을 그리며 날아오는 모닉의 돌에 머리를 맞았을 것이다. 나는 날아오는 돌을 공중에서 많이 잡았다! 내가 이 동물원에서 일할 때 태어났지만 나를 기억하지 못하는 모닉은 자신의 어머니가 이 낯선 사람을 오랜 친구처럼 반겨주는 게 싫었다. 그래서 그 낯선 사람에게 뭔가를 던지는 게 좋다고 생각한 것이다! 그때까지 목표물을 조준해서 뭔가를 던지는 것은 사람만의 전문 영역이라고 주장되었기 때문에, 나는 이 이론을 지지하는 사람들을 불러 침팬지의 능력을 보여주었다. 모닉은 12m 이상 떨어진 목표물, 즉 나를 완벽하게 조준해 돌을 던졌다. 그들 중에서 자신들이 선호하는 이론을 검증하기 위해 피험자가 되겠다고 자원하고 나선 사람은 한 명도 없었다.

무리 내에서 마마는 집단 의견의 대변인 역할을 했다. 대표적인 예로는 새로 알파 수컷의 자리에 오른 니키Nikkie와 관련된 일화가 있다. 니키는 최고 우두머리 자리에 올랐지만, 다른 침팬지들은 그의 포악한 행동에 저항했다. 알파 수컷이 되었다고 해서 무슨 행동이건 내키는 대로 다 할 수 있는 것은 아닌데, 특히 니키처럼 나이가 젊은 알파 수컷은 더욱 그렇다. 한번은 불만을 품은 모든 침팬지들이 크게 소리를 지르고 짖으면서 니키를 쫓았다. 젊은 수컷은 당당한 모습을 잃고 높은 나무 위로 올라가 홀로 앉아 공포에 질려 비명을 질렀다. 탈출로는 완전히 막혀 있었다. 나무에서 내려오려고 할 때마다 다른 침팬지들이 그를 쫓아 나무 위로 도로 올려보냈다.

15분쯤 지난 뒤에 마마가 천천히 나무 위로 올라갔다. 마마는 니키를 만지고 키스를 했다. 그런 다음, 마마가 나무를 내려왔고, 바로 그 뒤를 따라 니키도 내려왔다. 마마가 니키를 데려오자, 이제 아무도 니키를 적대하지 않았다. 니키는 여전히 눈에 띄게 불안해하면서 적들과 화해를 했다. 무리 내에서 이렇게 문제를 부드럽게 해결할 수 있는 침팬지는 암수를 통틀어 마마 외에는 아무도 없었다.

마마가 싸운 당사자들을 화해시키거나 당사자들이 도움을 구하기 위해 마마를 찾은 적이 많다. 나는 다 자란 수컷들이 자신들의 싸움을 해결할 수 없자, 마마에게 달려가 마마의 긴 두 팔에 하나씩 앉아 마치 새끼 유인원처럼 서로를 향해 소리를 지르는 장면을 본 적이 있다. 마마는 둘이 다시 싸움을 시작하지 못하게 했다. 또 한번은 마마가 한 수컷에게 싸움을 한 상대방에게 다가가 화해를 하도록 권했다. 이런 행동은 마마를 둘러싼 사회적 역학의 깊은 이해를 반영한 것이다. 마마의 중재는 '공동체의 관심'을 반영해 일어났다. 그들은 자기 이익을 억누르고 무리 내의 평화와 화합을 촉진하는 방향으로 나아갔다.

마마는 항상 자신의 역할을 수행할 준비가 되어 있었기 때문에, 다른 침팬지들은 마마에게 크게 의지했다. 암컷들은 청소년 침팬지들 사이의 소란을 진정시키지 못하면, 마마의 옆구리를 쿡쿡 찔러 잠을 깨웠다. 청소년 침팬지들 사이의 싸움은 자동적으로 자식 편을 드는 어미들 사이의 갈등으로 비화할 위험이 있는데, 그러면 문제가 매우 심각해진다. 해결책은 중립적이면서 논란의 여지가 없는 권위를 지닌 우두머리를 불러오는 것이었다. 마마가 멀리서 화난 목소리를 몇 번 내지르기만 하면, 어린 침팬지들은 싸움을 멈추었다.

권력에 대한 오해

'알파 수컷alpha male'이라는 용어의 기원은 1940년대에 스위스 동물학자 루돌프 셴켈Rudolf Schenkel이 한 늑대 연구로 거슬러 올라간다.[1] 셴켈이 이 용어를 만든 직후, 동물 행동을 연구하는 사람들이 우두머리 수컷을 가리키는 데 이 용어를 사용하기 시작했다. 우두머리 암컷은 알파 암컷으로 불리게 되었다. 수컷과 암컷 모두 알파가 있는데, 각각의 무리에 하나 이상은 존재하지 않는다.

마마는 수컷 어른은 아무도 지배하지 않았다―암컷 침팬지가 수컷을 지배하는 경우는 거의 없다. 대다수 영장류의 위계에서 드러나는 이 단순한 진실은 일부 사람들에게는 눈엣가시처럼 거슬리는 사실이었다. 일부 페미니스트는 사회에서 여성의 위치에 대해 우울한 메시지밖에 전할

게 없다면, 도대체 영장류학에서 배울 게 뭐가 있느냐고 반문한다. 반면에 보수주의자들은 동일한 정보를 "내가 갑이야!"라는 남성의 태도를 정당화하는 증거라면서 반가워한다.

2013년, 미국의 에릭 에릭슨Erick Erickson은 폭스 비즈니스 TV에 출연해 이렇게 선언했다. "생물학으로 사회와 다른 동물들의 역할을 살펴보면, 일반적으로 수컷이 지배적인 역할을 맡는다." 그는 이 사실을 가족을 부양하기 위해 여성이 일하는 것이 천성에 반하는 범죄임을 뒷받침하는 과학적 증거로 보았다. 에릭슨은 여성의 부상이 가져올 수 있는 유일한 결과는 사회 붕괴라고 주장했고, 패널로 참석한 모든 남성은 이에 우울한 표정으로 동의했다.[2]

여성은 자신의 위치를 알 필요가 있다는 메시지를 뒷받침하는 영장류학의 연구는 1920년대에 런던동물원에서 솔리 주커먼Solly Zuckerman의 잘못된 개코원숭이 실험으로 거슬러 올라간다. 주커먼의 견해는 수컷의 잔인성을 정당화하고 심지어 미화하는 데 도움을 주었다. 1960년대에 저널리스트 로버트 아드리Robert Ardrey가 출간해 큰 영향력을 떨친《아프리카 창세기African Genesis》는 그 메시지를 증폭시켰는데, 거기에는 젠더 역할의 변화에 대해 다음과 같은 적대적인(그리고 병적 혐오에 가까운) 말도 포함돼 있었다. "국적을 불문하고 해방된 여성은 영장류 계통에서 7000만 년에 걸쳐 일어난 진화의 산물이다……. 해방된 여성은 지금까지 영장류 세계에서 나타난 암컷 중 가장 불행한 암컷이며, 그 마음속 깊은 곳에 도사리고 있는 가장 소중한 목표는 남편과 아들의 심리적 거세이다."[3]

아드리가 여성의 불행을 염려한 것은 솔직한 마음이 아니다. 그 배후에는 남성과 여성의 지도력은 상호 배타적이며, 전자가 후자보다 더 자연스럽다는 기본 가정이 깔려 있다. 하지만 둘이 공존한다면 어떨까?

다른 영장류에서 암컷의 권력에 관한 이야기를 거의 들을 수 없는 이유는 무엇보다도 눈길을 확 끄는 수컷의 지배적 행동 때문이다. 화려한 모습의 수컷은 으스대는 행동과 과시 행동, 시끄러운 싸움 등으로 모든 주의를 끈다. 수컷은 또한 겁이 적어서 야외 연구자는 암컷보다 수컷을 먼저 접촉하고 알게 된다. 유명한 여성 영장류학자들도 수컷의 매력에서 벗어나지 못하고 카리스마가 넘치는 수컷 유인원과 특별한 관계를 형성했다. 제인 구달은 데이비드 그레이비어드David Greybeard(침팬지)와, 다이앤 포시Dian Fossey는 디지트Digit(고릴라)와, 비루테 갈디카스는 수기토Sugito(오랑우탄)와 그런 관계를 맺었다. 이 수컷들은 애정과 존중이 넘쳐나는 표현으로 묘사되었지만, 암컷 유인원은 적어도 처음에는 관심을 덜 받았다. 평소의 행동이 주목을 덜 끄는 암컷 유인원이 과학 문헌에서 제대로 평가를 받기까지는 수십 년이 걸렸다.

둘째, 수컷의 지배성은 우리의 관심을 끄는 폭력성과 관련이 있다. 우리는 그것을 제쳐놓고 다른 것을 보기가 어렵다. 우리가 매일 뉴스를 보는 방식에서 드러나는 이 편향은 동물의 행동에도 똑같이 적용된다. 텔레비전은 산양보다 상어에 관한 자연 다큐멘터리를 훨씬 더 많이 보여준다. 나는 종종 자연 다큐멘터리 시리즈 제작자에게 왜 침팬지 다큐멘터리는 차고 넘치는데, 보노보 다큐멘터리는 그렇게 적으냐고 묻는다. 그때마다 항상 보노보가 충분히 흥미로운 행동을 보이지 않기 때문이라는 대답을 듣는다. 촬영 팀은 침팬지를 촬영하는 동안에는 극적인 싸움이 벌어지는 장면을 반드시 몇 차례 포착한다. 유혈극과 대결은 시청률을 끌어올린다. 그 프로그램은 피를 흘리는 침팬지가 절뚝거리며 떠나는 모습을 보여줄 수 있으며, 내레이터는 엄숙한 어조로 '정글의 법칙'을 이야기한다. 자연 다큐멘터리를 제공하는 제작사들은 우리에게 이 어두운 메시지를 전하길 좋아한다.

하지만 그들은 깊은 생각을 자극하는 이야기들을 배제함으로써 스스로를 상자 속에 가두었다. 보노보도 비록 대부분 에로틱하긴 하지만 많은 행동을 보여준다. 제작사들은 이것을 다루는 데 어려움을 겪는다. 게다가 보노보에 초점을 맞추면, 수컷의 지배가 불가피하다는 개념이 흔들릴 수 있는데, 이것은 또 다른 문제를 제기한다. 정글의 법칙이 어떻게 암컷에게 책임을 맡길 수 있단 말인가? 프로듀서들은 그것을 설명하기가 너무 어렵다고 내게 말한다.

과학 문헌에서도 비슷한 편향이 도처에서 발견된다. 우리 종의 진화 시나리오는 일반적으로 우리가 타고난 전사이며, 아득한 옛날부터 습격과 약탈과 살육을 저질렀다고 이야기한다. 이 섬뜩한 선사 시대 이야기는 우리가 가장 소중하게 여기는 특성을 설명한다고 받아들여진다. 미국 정치학자 퀸시 라이트Quincy Wright는 이를 "호전적인 사람들로부터 문명이 생겨났고, 평화로운 채집인과 사냥꾼은 세상에서 변두리로 쫓겨났다."라고 요약했다.[4]

전쟁에는 고도의 협력과 상호 도움이 필요하다는 사실을 감안하면, 인간의 이타성마저도 호전성의 부산물로 간주된다. 문명과 권위에 대한 복종은 우리가 적에게 더 효과적으로 맞서기 위해 진화한 것으로 생각된다. 사람의 해부학도 같은 맥락에서 바라본다. 우리의 손이 나뭇가지를 붙잡고 열매를 따기 위해 진화했다고 생각할 수도 있지만, 손을 구부려 주먹을 쥘 수 있기 때문에 우리의 손이 무기로 진화했다는 주장도 최근에 나

왔다.[5]

이러한 견해들은 너폴리언 새그넌Napoleon Chagnon과 리처드 랭엄 같은 인류학자들이 우리 종과 그 친척들의 수컷에 붙인 별명에 반영되어 있는데, 이들을 각각 '잔인한 사람들'과 '악마 같은 수컷'이라고 묘사했다.[6] 과학은 여전히 폭력과 전쟁을 우리 종의 필수적인 유산으로 간주하는데, 선사 시대에 그러한 행동이 만연했다는 증거가 매우 빈약한데도 불구하고 그런 태도를 보인다. 예를 들면, 고고학 기록에는 1만 2000년 전의 농업혁명이 일어나기 이전에 대규모 학살이 일어났다는 증거가 전혀 없다. 따라서 우리 DNA에 전쟁이 들어 있다는 진화 시나리오는 추측에 근거한 것이라고 할 수 있다.[7]

다른 영장류에서 암컷 지도자 이야기를 거의 들을 수 없는 세 번째 이유는 아마도 가장 중요한 이유일 것이다. 우리는 흔히 다른 종의 사회적 지배성을 물리적 지배성으로 축소 해석한다. 물리적 힘이 아니면 어떻게 남을 지배할 수 있겠는가? 물리적 힘에 따라 남을 지배하거나 지배당하거나가 결정된다. 마마가 어떤 수컷 어른도 육체적으로 이길 수 없다면, 왜 마마를 알파 암컷이라고 불러야 하는가? 우리가 이 단순한 논리를 동물에 적용한다는 것은 놀라운 일인데, 같은 논리를 우리 사회에는 결코 적용하지 않기 때문이다. 예를 들어 회사를 방문한 사람은 사무실에서 가장 건장한 남성에게 다가가면서 그가 대표임이 틀림없다고 확신하진 않는다.

이것은 다른 영장류도 마찬가지다. 가장 크고 가장 힘센 수컷이 반드시 우두머리 자리에 앉는 것은 아니다. 네트워크와 성격, 나이, 전략 기술, 가족의 연줄 등이 모두 사회적 사다리를 올라가는 데 도움을 준다. 젠더 측면에서 볼 때, 이것은 근육이 훨씬 발달한 수컷들이 있는데도 불구하고, 어느 암컷 보노보가 자신의 공동체에서 나머지 모든 보노보보다 높은 지위에 오를 수도 있다는 것을 의미한다. 침팬지 사이에서는 심지어 가장 작은 수컷이 알파 수컷이 될 수도 있다. 그렇게 하려면, 다른 침팬지들의 지지를 얻을 필요가 있다. 여기서 문제가 복잡해진다. 그 수컷은 자신의 동맹을 행복하게 해야 하고, 그들이 경쟁자와 공모하지 않도록 해야 하며, 암컷에게 보호를 제공하고 먹이를 관대하게 나누어주어 암컷들의 지지를 확보해야 한다. 야외 연구 결과에 따르면, 알파 수컷 침팬지는 몸집이 작을수록 다른 침팬지들에게 털고르기를 하는 데 더 많은 시간을 쓴다.[8]

원숭이의 엄격한 위계조차도 생각보다 간단하지 않다. 붉은털원숭이 무리의 늙은 우두머리 미스터 스피클스가 알파 암컷 오렌지의 지원에 의존해 권좌를 유지했다는 이야기를 기억하는가?[9] 이 사례는 둘 중에서 누가 큰 권력을 가졌는지 궁금한 생각이 들게 한다. 일본 영장류학의 아버지로 불리는 이마니시 긴지今西錦司는 이미 영장류학의 초기 시절에 "원숭이 사회는 강력한 수컷 원숭이가 독재를 휘두르는 것처럼 보일 수 있지만, 실제로는 암컷이 사회에서 큰 영향력을 행사한다."라고 지적했다.[10]

그러니 사회적 지배성을 따로 분석할 필요가 있다. 그것은 싸움 능력과 공식 서열, 힘, 이렇게 세 가지 요소로 이루어져 있다. 어린 영장류는 항상 레슬링을 하며 놀기 때문에, 누가 강하고 약한지 금방 알아차린다. 상대를 제압하려고 하거나 손아귀에서 벗어나려고 하는 과정에서 그것을 직감적으로 느낀다. 우리와 마찬가지로 상대의 체격과 걸음걸이만 보고서도 그 물리적 힘을 파악하는 전문가가 된다. 암컷 보노보는 수컷들을 지배하려면 자매간의 동맹이 필요하다는 것을 잘 안다. 수컷도 신체적 힘으로 따질 때 자신의 위치가 어디인지 정확히 알지만, 수컷 역시 동맹에 자주 의존하기 때문에, 체질량만으로는 이들의 위계를 정확하게 예측하기 어렵다.

암컷 유인원은 지위를 놓고 물리적 힘으로 경쟁하는 일이 드물다. 사육 환경에서는 다양한 곳에서 온 유인원들을 서로 합칠 때가 가끔 있다. 이때, 암컷들이 얼마나 빨리 서열을 정하는지 보면 실로 놀랍다. 한 암컷이 다른 암컷에게 다가가면, 상대는 절을 하거나 팬트그런트 소리를 내거나 길을 비킴으로써 복종의 의사를 나타낸다. 이게 전부다. 그때부터 첫 번째 암컷이 두 번째 암컷을 지배한다.

이것은 수컷 사이에서 벌어지는 상황과는 아주 대조적이다. 나는 수컷 침팬지들을 섞어놓는 사례를 많이 보았는데, 그때마다 항상 긴장이 넘쳤다. 한 수컷이 다른 수컷을 위협하려고 시도하면서 싸움이 일어날 수 있으며, 아니면 둘이 대결을 며칠, 때로는 몇 주일 동안 연기할 수 있다. 하지만 언젠가는 반드시 힘을 겨루어야 한다. 20세 전후의 가장 활동적인 수컷이 처음에 우두머리 자리를 차지하는 이유는 이 때문이다. 하지만 일단 수컷들이 서로를 알고 나면, 서로 정치적 동맹을 맺기 시작하고, 그에 따라 위계가 다시 짜인다. 그때는 체격이 작고 나이가 많은 수컷이 전면에 나서면서 높은 자리로 올라간다.

암컷들의 서열은 나이에 따라 정해지기 때문에, 나이가 많은 것이 무엇보다 유리하다. 지위를 놓고 벌어지는 경쟁은 드문데, 암컷의 높은 지위는 숲에서 살아가는 데 별로 큰 도움이 되지 않기 때문이다. 숲에서는 어차피 혼자서 여행하고 먹이를 찾아야 한다. 그러니 수컷이 겪는 그 고달픈 과정을 굳이 따라해야 할 가치가 없다. 육체적으로 나이 많은 암컷을 손쉽게 제압할 수 있는 전성기의 암컷이 있더라도, 대개 나이 많은 암컷 중 하나가 알파 암컷의 자리를 차지한다.

우리는 침팬지를 대상으로 실시한 악력 테스트를 통해 암컷 유인원의 육체적 힘을 어느 정도 알고 있다. 사람 여성은 60대가 되어야 악력이 약해지기 시작하지만, 암컷 침팬지는 30대 중반이 지나면 악력이 현저히 떨어진다.[11] 그 나이 무렵부터 암컷은 점점 더 약해지지만, 사회적 사다리에서 자신의 위치를 유지하는 데 아무 어려움이 없다. 오히려 지위가 올라가는 경우가 많다. 예를 들면, 마마는 59세의 나이로 죽을 때까지 알파의 자리를 지켰다. 마마는 거의 시력을 잃었고 걸음걸이도 불안정했지만, 여전히 많은 존경을 받았다. 마마가 수컷이었더라면, 오래전에 알파 자리에서 쫓겨났을 것이다. 야생에서도 암컷 침팬지는 나이가 들수록 지위가 높아진다. 그들은 편안하게 자신의 차례가 오기를 기다리는데, 이 과정을 '줄서기queuing'라고 부른다.[12]

진정한 권력과
지도력

일단 위계가 정해지면, 그것을 알려야 한다. 모든 사회적 포유류는 나름의 복종 의식이 있는데, 등을 대고 누워 다리 사이에 꼬리를 집어넣는 개에서부터 크게 웃으며 이빨을 드러내는 마카크에 이르기까지 다양하다. 침팬지와 보노보는 서열이 높은 상대에게 고개를 숙이면서 꿀꿀거리는 소리를 반복적으로 낸다. 알파 수컷 침팬지는 그저 털을 약간 곤두세우고 어슬렁거리며 돌아다니기만 하면, 모두가 앞으로 달려와 먼지 속에서 굽실거리면서 팬트그런트 소리를 낸다. 알파는 상대의 몸 위로 팔을 움직이거나, 상대를 뛰어넘거나, 전혀 신경 쓰지 않는다는 듯이 인사를 무시함으로써 자신의 지위를 강조한다. 마마는 수컷들보다 복종의 제스처를 훨씬 덜 받았지만, 무리 내의 모든 암컷이 마마에게 복종의 제스처를 보여 준 반면, 마마가 그들에게 그런 제스처를 보인 적은 절대로 없기 때문에, 알파 암컷으로 간주되었다. 이렇게 겉으로 드러나는 지위 신호는 군복의 휘장이 공식적인 계급을 알려주는 것과 마찬가지로 공식적 위계를 표현한다.[13]

권력은 이것과 완전히 다른 성격을 띤다. 권력은 한 개체가 집단에서 일어나는 과정에 행사하는 영향력이다. 권력은 마치 두 번째 층인 것처럼

지위가 낮은 수컷 침팬지(왼쪽)가 지위가 높은 수컷에게 고개를 숙이고 몸을 까닥거리면서 팬트그런트 소리를 낸다. 이 지위 확인 의식을 벌이고 있는 두 수컷의 몸 크기 대비는 인위적으로 강조한 것이다. 실제로는 두 수컷은 체중이 거의 비슷하다.

공식적 위계 뒤에 숨어 있다. 침팬지 무리에서 사회적 과정의 결과는 사회적 유대와 동맹 네트워크에서 누가 가장 중심 위치에 있느냐에 좌우되는 경우가 많다. 마마가 젊은 알파 수컷 니키에 대한 무리의 적대 행위를 끝내야 한다고 결정하는 순간, 마마는 자신이 니키보다 더 큰 권력을 행사한다는 것을 보여주었다.

그럼에도 불구하고, 니키는 공식적인 지도자였고, 나머지 모든 구성원이 그에게 복종했다. 그 사건이 일어나기 몇 달 전에 니키는 나이가 더 많은 친구인 예룬Yeroen의 도움을 받아 이전의 알파 수컷을 권좌에서 끌어내렸다. 예룬은 니키와 함께 소리를 지르고 대결에서 그를 지원함으로써 자신에게 매우 좋은 결과를 가져다주는 상황을 만들었다. 우두머리가 된 니키는 예룬을 아주 조심스럽게 대하고 예룬이 원하는 암컷들과 짝짓기를 마음대로 하도록 허용할 수밖에 없었다. 늙은 수컷인 예룬은 자신이 알파가 될 정도의 활력과 체력은 없었지만, 킹메이커로서 권력과 존경을 다시 거머쥐었다.

이와 비슷한 상황은 야생에서도 알려져 있다. 나는 탄자니아의 마할레 산맥에서 수컷 침팬지 칼룬데를 만나 무척 기뻤는데, 동료인 니시다로부터 그에 대한 이야기를 많이 들었기 때문이다. 실제로 본 칼룬데는 내가 예상했던 것보다 작았다. 니시다는 칼룬데가 나이를 먹으면서 크기가 '줄어들었다고' 설명했다. 칼룬데는 젊은 수컷들을 서로 견제하게 하는 술책으로 침팬지 공동체에서 핵심 지위를 차지했다. 야심만만한 수컷들은 칼룬데의 지원을 구했지만, 그는 불규칙하게 손을 내밀어 모두에게 꼭 필요한 존재가 되었다. 이전에 알파 수컷이었던 칼룬데는 일종의 복귀를 했지만, 예룬과 마찬가지로 우두머리 자리를 원하지는 않았다. 대신에 권좌

뒤에서 막후의 권력을 휘둘렀다. 니시다와 나는 밤에 캠프에서 관찰 기록을 비교하다가 예룬과 칼룬데의 전술이 기묘할 정도로 비슷하다는 사실에 깜짝 놀랐다. 워싱턴의 원로 정치인들처럼 둘 다 전성기를 훌쩍 지난 위치에 있으면서도 이들은 여전히 정치의 중심에 있었다.[14]

그때 우리가 본 것은 사회적 위계였는데, 여기서는 육체적 힘이 수컷에게는 큰 이점이 된다. 그러나 나이와 성격이 더 중요한 암컷에게는 그다지 큰 이점이 되지 않았다. 그리고 지위는 공식적인 신호를 통해 전달되지만, 정치적 권력을 알려주는 가장 좋은 지표는 아니다. 예를 들어 뷔르허르스동물원의 침팬지 무리는 사실상 가장 나이가 많은 수컷과 암컷인 예룬과 마마가 통치했는데, 둘 다 공식 서열은 알파 수컷보다 낮았다. 예룬은 젊은 알파 수컷을 자신의 손아귀에서 조종할 수 있었고, 마마는 모든 암컷을 동원할 수 있는 능력이 있었기 때문에, 아무도 이 둘의 연합 전선을 꺾을 수 없었다.

전성기에 마마는 수컷들의 권력 투쟁에 적극적으로 개입했다. 마마는 특정 수컷에게 모든 암컷의 지지를 몰아주었기 때문에 권좌에 오른 수컷은 마마에게 큰 빚을 진 셈이었다. 만약 마마가 등을 돌리기라도 하면, 그 수컷의 경력은 끝나고 말았다. 마마는 자신이 선호하는 수컷을 대신해 열심히 활동하는 원내 총무 역할을 했고, 감히 경쟁자 편을 드는 암컷이 있으면 가차없이 처벌했다. 마마는 누가 이 규칙을 어기는지 아주 잘 기억했다. 마마는 일단 모든 침팬지가 밤에 야간 우리에 들어갈 때까지 기다렸다가 낮에 '엉뚱한' 수컷 편을 든 암컷을 구석으로 몰아넣고 폭력을 행사했다.

따라서 침팬지는 수컷이 지배하고, 보노보는 암컷이 지배한다고 말할 때에는 덜 지배적인 성이 결코 힘이 없는 게 아니라는 단서를 달 필요가 있다. 사실 세 가지 주요 지위 표지 (싸움 능력, 서열, 권력) 외에 네 번째 표지가 또 있는데, 그것은 바로 '명성'이다. 명성은 우리처럼 지식의 전달에 의존하는 종에게는 아주 중요하다. 문화적 존재인 우리는 자동적으로 가장 경험이 많고 숙련된 사람에게 관심을 기울인다. 우리는 영웅을 우러러보고 모방한다. 십대 청소년은 비욘세처럼 춤추고 싶어 하고, 남자들은 로저 페더러Roger Federer가 찬 것과 같은 손목시계를 원한다. 명성은 존경을 받는 데에서 나오는 일종의 권력이다.[15]

유인원도 서로에게서 많은 것을 배우기 때문에, 같은 경향이 나타날 것이라고 예상할 수 있다. 한 연구에서 우리는 침팬지들에게 우리가 가르친 행동을 보여주는 두 침팬지를 지켜보게 했다. 한 침팬지는 지위가 높은 암컷이었고, 다른 침팬지는 지위가 낮았다. 전체 무리가 지켜보는 가운데 이 두 암컷은 플라스틱 토큰을 상자에 집어넣을 때마다 보상을 받았다. 두 암컷은 각자 다른 표시가 있는 상자를 사용했다. 둘 다 그 행동이 잘 보였고 똑같이 성공을 거두었지만, 침팬지들은 둘 중 한쪽만 본 것처럼 반응했다. 침팬지들은 지위가 높은 암컷의 행동을 모방해 그 암컷의 상자에 토큰을 대량으로 집어넣기 시작했고, 다른 암컷의 상자는 무시했다.[16]

명성은 위에서 강요하는 것이 아니라 아래에서 주어지는 것이기 때문에, 우리가 영장류 사회에서 예상하는 물리적 강요보다 더 복잡한 양상으로 나타난다. 권력 구조도 마찬가지인데, 권력 구조와 싸움 능력은 엄밀하게 일치하지 않는다. 따라서 어떤 젠더가 선천적으로 지배적이라는 사람이 있다면, 우리는 그 말이 정확하게 무슨 뜻인지 물어보아야 한다.

여키스야외연구기지의 알파 수컷 침팬지 아모스Amos는 놀라울 정도로 잘생겼고, 무리의 모든 침팬지에게서 사랑을 받았다. 첫 번째 진술은 사람의 판단을 반영한 것으로, 유인원은 이에 동의하지 않을 수도 있다. 하지만 두 번째 진술은 아모스가 죽어가는 동안 반박할 수 없는 증거로 뒷받침되었다.

우리는 아모스가 죽은 뒤에 부검을 통해 크게 부어오른 간 외에 악성 종양도 여러 개 있었다는 사실을 발견했다. 몇 년 동안 건강 상태가 계속 악화되었을 텐데도 불구하고, 아모스는 몸이 더 이상 버틸 수 없을 때까지 정상인 것처럼 행동했다. 취약성을 조금이라도 내비쳤다간 지위를 상실할 수도 있는데, 수컷이 약점을 숨기고 경쟁자 주위에서는 아무렇지도 않은 양 행동하는 것은 이 때문이다. 우리는 동료들이 밖에서 따뜻한 햇볕을 쬐며 앉아 있는 동안 아모스가 자신의 야간 우리에 머물면서 분당 60회의 속도로 헐떡이고 얼굴에서 땀을 뻘뻘 흘리고 있는 모습을 발견했다. 아모스는 밖으로 나가기를 거부했기 때문에, 우리는 그를 무리와 따로 떼어놓았다. 다른 침팬지들이 계속 실내로 돌아와 그의 상태를 확인하려 했기 때문에, 우리는 접촉을 허용하기 위해 아모스가 앉아 있는 뒤쪽의 문을 열어두었다.

아모스는 열린 문 바로 옆에 자리를 잡았다. 암컷 친구인 데이지Daisy는 아모스의 머리를 부드럽게 잡고 귀 뒤쪽의 약한 부분을 쓰다듬어주었다. 그런 다음, 데이지는 침팬지가 둥지를 만드는 재료로 좋아하는 목모木毛(나무를 깎아 털처럼 가늘게 만든 것)를 틈을 통해 밀어넣기 시작했다. 아모스는 벽에 기댄 채 목모에는 거의 손도 대지 않았다. 데이지는 여러 번 손을 뻗어 목모를 아모스 뒤쪽의 등과 벽 사이에 밀어넣으려고 애썼다. 그것은 우리가 병원에서 환자의 몸 뒤에 베개를 괴는 방식과 정확하게 똑같았다. 다른 침팬지들도 목모를 가져왔다.

다음 날, 우리는 아모스를 잠재웠다. 살아남을 가망이 전혀 없었고, 더 큰 고통만 남아 있을 뿐이었다. 몇몇 사람은 그의 죽음을 슬퍼하며 울었고, 동료 유인원들은 며칠 동안 기괴할 정도로 조용했다. 식욕도 크게 떨어진 것 같았다. 아모스는 내가 아는 한 가장 큰 인기를 누린 알파 수컷 중 하나였다.

아모스의 지위는 《알파 수컷 바이블Alpha Male Bible》(2021)처럼 현대 남성에게 알파 수컷이 되는 방법을 가르치려는 현대 경영서의 흐름에 반기를 든다. 이 책들은 몸짓 언어 기술을 가르치고, 남성들에게 고급 사무실과 매력적인 여성을 얻으려는 목표를 세우고 승자처럼 생각하라고 촉구한다. 하지만 이 책들은 관대함과 공평함처럼 훌륭한 알파 수컷 침팬지의 자질을 언급하지 않는다. 이 책들은 알맹이 없는 비현실적 버전의 알파 개념을 제시하는데, 내가 쓴 《침팬지 폴리틱스》가 알파 수컷의 인기에 기여했다는 점 때문에 나는 이런 상황이 더욱 짜증난다.[17]

나는 두 가지 주요 알파 유형을 안다. 첫 번째 유형은 이러한 경영서에서 추켜세우는 유형에 딱 들어맞는다. 이들은 "둘 다가 될 수 없다면, 사랑받는 존재보다 남들이 두려워하는 존재가 되는 것이 낫다."라는 마키아벨리의 신조에 따라 살아가는 무뢰한이다. 이 수컷들은 모두를 공포에 떨게 하고, 충성심과 복종심을 불어넣는 데 집착한다. 우리는 이런 종류의 수컷을 우리 종뿐만 아니라 침팬지 사이에서도 너무나도 잘 안다. 이들을 보고 있으면, 매우 마음이 불편하다. 예를 들면, 곰베국립공원에서 고블린은 그런 예외적인 알파 수컷이었는데, 어릴 때부터 얼간이처럼 행동했다. 고블린은 아무 이유 없이 새벽부터 다른 침팬지들을 둥지에서 쫓아냈다. 그는 싸움을 걸고 결코 굴복하지 않는 것으로 유명했는데, 심지어 자신의 전 보호자이자 멘토인 알파 수컷에게도 그랬다. 결국 고블린은 이 수컷을 권좌에서 밀어냈다. 그가 가장 좋아한 전술은 친구를 만드는 것이 아니라 신체적 위협을 가하는 것이었다.

인과응보라고나 할까, 어느 날, 고블린은 젊은 도전자에게 예상 밖으로 지고 말았다. 그러자 마치 이때를 기다렸다는 듯이 분노한 침팬지 무리가 그를 공격했다. 덤불 사이에서 일어난 큰 싸움에서 고블린이 비명을 지르며 튀어나왔다. 그렇게 손목과 발, 손, 음낭에 부상을 입은 채 달아났다. 수의사가 항생제를 투여하지 않았더라면, 고블린은 틀림없이 감염으로 죽었을 것이다.[18]

또 다른 유형의 알파는 진정한 지도자이다. 그는 지배적이며 경쟁자의 도전으로부터 자신의 지위를 지키지만, 남을 학대하지도 않고 지나치게 공격적이지도 않다. 그는 약자를 보호하고, 공동체의 평화를 유지하며, 고통을 받거나 곤경에 빠진 동료를 도와주고 안심시킨다. 우리는 싸움에서 진 유인원을 누가 안아주는지 모든 사례를 분석한 결과, 일반적으로 암컷이 수컷보다 남을 더 자주 위로한다는 사실을 발견했다. 여기서 유일하게 눈길을 끄는 예외는 알파 수컷이다. 알파 수컷은 마치 최고의 치유사처럼 행동하면서 고통스러워하는 동료를 어느 누구보다도 더 많이 위로한다. 싸움이 벌어지면, 모두 알파 수컷이 그 사건을 어떻게 처리할지 바라본다. 그는 분쟁의 최종 중재자이다.[19]

예를 들면, 두 암컷 사이의 싸움이 통제 불능 상태로 치달아 털이 휘날리는 난투극으로 번질 때가 있다. 많은 유인원이 이 싸움에 끼어들기 위해 달려온다. 한 무리의 유인원들이 뒤엉켜 한바탕 패싸움이 일어나고,

유인원들이 비명을 지르며 땅 위를 구르는데, 마침내 알파 수컷이 뛰어들어 이들을 두들겨패면서 떼어놓는다. 알파 수컷은 다른 유인원과 달리 어느 편을 들지 않는다. 대신에 계속 싸우는 유인원을 두들겨팬다. 혹은 비명을 질러대는 양편 사이로 성큼성큼 걸어 들어가 털을 곤두세운 채 그곳에 위압적인 자세로 서 있는데, 싸움을 계속하려면 자신을 밀어내야 한다는 사실을 분명히 알린다. 가끔 알파 수컷은 당사자들에게 싸움을 멈추라고 애원하듯이 두 팔을 들어올리기도 한다.

'제어 역할control role'로 알려진 이 건설적인 태도가 모든 영장류에서 나타나는 것은 아니다. 예를 들면, 개코원숭이는 이런 태도를 전혀 보이지 않는다. 케냐의 세렝게티에서 미국 신경과학자이자 영장류학자인 로버트 새폴스키Robert Sapolsky는 혈액에서 스트레스 호르몬을 측정하는 방법으로 개코원숭이의 불안감을 조사했다. 나이가 많은 수컷은 불안감이 줄어들었지만, 젊은 수컷은 끝없는 불안 속에서 살고 있었다. 그는 길고 뾰족한 송곳니로 모두를 두려움에 떨게 한다. 새폴스키는 수컷의 위계질서에는 비열한 행동과 두려움, 무작위적 폭력이 난무한다는 사실을 의심의 여지 없이 보여주었다. 알파 수컷조차도 스트레스에서 벗어나지 못하는데, 자신의 자리를 호시탐탐 노리는 경쟁자들을 경계하느라 하루 종일 신경을 써야 하기 때문이다. 알파 수컷이 약자를 돕기 위해 나서거나 공동체의 화합을 도모하려는 징후는 전혀 찾아볼 수 없다.[20]

하지만 질서를 유지하고 싸움을 말리는 것은 고릴라와 망토개코원숭이처럼 큰 수컷 한 마리가 무리를 지배하는 영장류에서 전형적으로 나타나는 행동이다. 수컷은 암컷들 사이의 평화를 복원하기 위해 자주 개입한다.[21] 수컷 침팬지는 한 발 더 나아가 훨씬 광범위한 내부 분쟁을 제어

한다. 처음에 이 행동은 동물원 환경에서 잘 관찰되고 기록되었지만, 야생에서도 일어난다는 것이 밝혀졌다. 미국 인류학자 크리스토퍼 봄Christo-pher Boehm은 인간 사회를 연구한 뒤 곰베국립공원에서 2년을 보내며 야생 침팬지들도 남들 사이의 싸움을 말린다는 사실을 발견했다. 이들의 모임이 매우 유동적으로 일어난다는 사실을 감안하면, 알파 수컷이 항상 주변에 있는 것은 아니므로, 말리는 역할은 현장에서 가장 서열이 높은 수컷에게 돌아간다. 다음에 소개하는 사례에서 곰베의 베타 수컷인 사탄Satan은 두 청소년 수컷의 대결을 말렸다.

> 사탄은 당사자들을 향해 곧장 돌진했지만, 그들은 서로 붙들고 물려고 하면서 싸움에 너무 몰두하고 있었기 때문에, 이 방법은 별 효과가 없었다. 비정상적으로 몸집이 큰 수컷인 사탄은 먼저 가까이에 서 있던 청소년인 프로도Frodo를 옆으로 밀어냈는데, 프로도가 언제든지 싸움에 말려들 수 있었기 때문이다. 그러고 나서 사탄은 엉킨 두 침팬지의 몸 사이에 자신의 큰 팔을 집어넣어 문자 그대로 둘의 몸을 떼어냈는데, 그러기까지 꼬박 4초가 걸렸다.[22]

영장류는 일반적으로 모든 일에서 친척과 친구와 동맹을 선호하지만, 제어 역할을 할 때에는 다른 행동을 보인다. 제어에 나선 수컷은 다툼에 휘말리지 않고 그것을 초월해야 한다. 이들의 공정한 중재는 친구와 친척을 돕는 것이 아니라 평화 회복을 최우선 목표로 한다. 만약 한쪽을 다른 쪽보다 선호할 경우, 그 선택이 반드시 자신의 사회적 선호와 일치하지는 않는다. 이들은 수컷으로부터 암컷을 보호하거나 어른으로부터 청소년을 보호하는 것처럼 강자로부터 약자를 보호한다. 제어 역할을 맡는 수컷은 그 사회에서 유일하게 공정한 구성원이다.[23]

공동체가 중재자의 권위를 자동적으로 받아들이는 것은 아니다. 니키와 예룬이 힘을 합쳐 뷔르허르스동물원의 침팬지 무리를 지배하는 동안의 일이다. 니키는 분쟁이 발생할 때마다 개입하려고 했지만 그랬다가 수세에 몰린 적이 많았다. 나이 많은 암컷들은 벼락출세한 이 애송이를 꼬마 시절부터 알고 있던 터라, 니키가 끼어들어 자신들의 머리를 때리는 걸 용납하지 않았다. 니키는 또한 공정함과 거리가 멀었다. 누가 먼저 싸움을 시작했는가에 상관없이 자신의 친구 편을 들었다. 이에 반해 예룬의 중재 시도는 모두가 늘 받아들였다. 예룬은 일을 공정하게 처리했고 최소한의 힘만 사용했다. 시간이 지나자 이 늙은 수컷이 젊은 파트너로부터 그 역할을 넘겨받았다. 니키는 싸움이 벌어져도 자리에서 일어나려 하지 않았고, 그 해결을 나이 많은 파트너에게 맡겼다.

위의 이야기는 2인자가 제어 역할을 수행할 수 있고, 그 적임자를 선택하는 데 무리가 영향력을 행사한다는 것을 보여준다. 모두가 가장 효과적인 중재자를 지지한다. 그 결과로 중재자가 된 수컷이나 암컷은 광범위한 권위를 부여받아 법과 질서를 유지하고 강자로부터 약자를 보호한다. 여기에 내가 '암컷'을 포함시킨 이유는, 암컷들 사이에 싸움이 벌어지면 마마가 조금의 망설임도 없이 같은 역할을 수행했기 때문이다. 마마는 큰 존경을 받았기 때문에, 이것이 문제가 된 적은 한 번도 없었다.

마마와 다른 수컷들은 가끔 수컷의 무기를 '압수'하기도 했다. 만약 두 경쟁자가 싸움을 벌이려고 한다면(짖어대고 몸을 흔들고 큰 돌을 모으는 등의 행동을 하면서), 한 암컷이 그중 한 수컷에게 다가가 무기를 내려놓게 한다. 수컷은 암컷이 자신의 손에서 돌을 빼앗아도 저항하지 않는다. 하지만 일단 대결이 시작되면, 암컷이 개입하기에는 상황이 너무 위험해진다. 암컷들은 드물게 상황이 유혈 사태로 확대될 경우에만 집단적으로 개입한다.

중재와 조정을 통해 무리 전체가 얼마나 큰 이익을 얻는지는 돼지꼬리마카크를 대상으로 한 실험에서 입증되었다. 이 영장류 역시 서열이 높은 수컷이 다른 마카크들 사이의 싸움을 중재한다. 나는 대학원생 제시카 플랙Jessica Flack과 함께 여키스야외연구기지의 넓은 실외 구역에서 80마리 이상의 마카크 무리에서 서열이 가장 높은 수컷 세 마리를 나머지 무리와 따로 분리시켰다. 우리는 한 번 실험할 때마다 하루 동안만 그렇게 했다. 그런 날에는 돼지꼬리마카크 사회가 완전히 무너지는 것처럼 보였다. 놀이가 줄어들었고, 마카크들은 평소보다 더 많이 싸웠다. 싸움은 평소보다 오래 지속되었고 폭력적으로 비화되는 경우도 많았다. 우두머리 수컷들이 없는 상태에서 이러한 싸움 뒤에 화해가 찾아오는 경우가 드물었다. 그 결과, 마카크들 사이의 긴장이 염려스러운 수준으로 높아졌다. 안정을 회복하는 유일한 방법은 이 수컷들을 무리에게 돌려보내는 것이었다.[24]

이 실험은 지배적인 개체들이 사회의 화합에 얼마나 크게 기여하는지 보여주었다. 그들은 무리를 안정적으로 유지하는 데 필수적 역할을 한다.

트로피 사냥꾼은 어떤 종에서 가장 훌륭한 표본을 제거함으로써 역선택을 한다. 역선택은 자연 선택과 정반대되는 개념이다. 사냥꾼은 가장 큰 곰이나 가장 어두운 갈기를 가진 사자를 표적으로 삼아 유전자 풀에서 가장 건강하고 적합도가 높은 수컷을 제거한다. 같은 종류의 역선택은 상아 밀렵과 결합하여 코끼리에게 파멸적인 결과를 가져왔다. 많은 개체군에서 큰 엄니를 가진 수컷이 거의 멸종했다. 이것이 가져온 파괴적 부작용 중 하나는 젊은 수컷들이 통제 불능 상태에 빠져 위험하게 변한 것이다.

남아프리카공화국의 필라네스버그국립공원에서 청소년 수컷 코끼리 무리가 광포하게 변한 적이 있다. 마치 유혈 스포츠를 즐기는 것처럼 그들은 흰코뿔소를 쫓아 발로 짓밟고 엄니로 찔러 죽이기 시작했다. 그들은 다른 동물들도 괴롭혔다. 공원 측은 빅 브라더 계획을 실행에 옮겨 이 문제를 해결했다. 공원 직원들은 크루거국립공원에서 완전히 자란 수컷 코끼리 6마리를 공수해 데려왔다. 수컷 코끼리는 평생 동안 몸이 계속 자라며, 가장 나이가 많은 수컷은 더 젊은 수컷들을 뒤에 끌고 돌아다니는 경우가 많다. 젊은 수컷들은 훈련을 받는 전사처럼 멘토를 따르고 지켜본다. 발정하여(이때에는 테스토스테론 수치가 50배나 증가한다) 지나치게 공격적으로 변한 젊은 수컷도 지배적인 수컷 앞에서는 행동을 억제한다. 젊은 수컷은 더 큰 수컷이 나타나면 불과 몇 분 만에 발정 상태의 신체적 징후가 사라질 수 있다. 필라네스버그에서는 위협적인 수컷 어른을 도입하자, 호르몬 분비와 위험한 행동이 감소하면서 큰 차이가 나타났다. 빅 브라더 계획을 실행에 옮긴 후 무작위적 폭력 징후가 사라졌다. 그전 몇 년 동안 코끼리들이 멸종 위기에 처한 흰코뿔소를 40마리 이상 죽였지만 나이 많은 수컷 코끼리의 교화 영향력 덕분에 학살극이 멈춘 것이다.[25]

침팬지 사회에서도 수컷 어른은 사회화를 촉진하는 기능을 한다. 동물원들은 훌륭한 알파가 되려면, 수컷이 특정 나이가 되어야 하고 특정 배경을 가지고 있어야 한다는 사실을 알게 되었다. 사춘기를 막 넘겼거나 나이 많은 수컷들이 없는 환경에서 자란 수컷은 평화와 화합을 가져오는 데 실패하는 경우가 많다. 이들은 너무 변덕스러워서 모두에게 스트레스를 준다. 수컷 어른이 제공하는 훈육과 멘토링은 젊은 수컷이 정서적으로 안정된 지도자로 성숙하는 데 필수적이다.

수컷 어른의 훈육 방식은 특히 눈길을 끄는데, 어린 침팬지는 생후 4년 동안은 무슨 행동을 해도 처벌을 받지 않기 때문이다. 그들은 지배적인 수컷의 등을 트램펄린으로 사용하거나, 어른의 손에서 음식을 빼앗거나, 다른 어린 침팬지를 힘껏 때리는 등 무슨 행동을 해도 용서를 받는다. 모든 갈등은 빠르게 진정되고, 어린 침팬지가 무례한 짓을 저지르려고 할 때마다 어른들은 어린 침팬지의 주의를 딴 데로 돌리려고 한다. 이렇게 어린 시절의 방종을 몇 년 동안 즐기다가 처음으로 처벌을 받을 때 이들이 느끼는 충격과 공포가 얼마나 클지 충분히 상상할 수 있다.

수컷 어른은 적절한 복종을 보여주지 않거나 암컷과 그 새끼를 괴롭히거나 가임기의 암컷에게 미숙한 성행위를 시도하는 젊은 수컷에게 아주 혹독한 벌을 내린다. 대개는 그저 젊은 수컷을 쫓거나 때리는 것에 그치지만, 때로는 부상을 입히기도 한다. 젊은 수컷은 혹독한 훈육을 한두 번 당하면, 그 메시지를 충분히 알아챈다. 그 이후로는 수컷 어른은 그저 한 번 흘끗 쳐다보거나 걸음을 한 발짝 내딛는 것만으로도 젊은 수컷을 암컷에게서 떨어지게 할 수 있다. 이것은 충동 조절을 위한 공개 교육의 일부이다. 젊은 수컷은 허용 범위의 경계를 배우고, 행동하기 전에 신중해지며, 지배적인 수컷을 주시한다. 그들은 또한 어른들을 따라다니면서 행동을 모방한다. 예를 들면, 무리 중의 알파 수컷이 허세를 부리면서 멋진 점프를 추가하면, 모든 젊은 수컷이 곧 그와 비슷한 점프 행동을 한다. 자연 서식지에서도 어린 수컷 침팬지는 나이 든 수컷 침팬지를 롤 모델로 삼는다.[26]

위의 코끼리 이야기가 언론에 소개되었을 때, 해설자들은 당연히 그 이야기를 인간 가족과 연결시켰다. 미국 어린이 중 약 4분의 1은 아버지 없는 가정에서 자란다. 그런 가정에서 자란 아이는 더 많은 행동 문제, 약물 남용, 학업 실패, 자살로 고통받는다. 남자 아이는 문제를 외면화하고 여자 아이는 내면화한다는 개념에 따라 편모 가정에서 자란 아들은 분노를 바깥쪽으로 표출하며, 폭력이나 비행을 저지르는 경우가 많다. 이와는 대조적으로 딸은 낮은 자존감과 우울증으로 고통받으며, 십대 임신의 위험이 높다. 인간 사회의 연구는 인과 관계를 정확히 알아내기 어려운 것으로 악명이 높지만, 통계 자료는 양 부모가 모두 있는 가정은 안정 효과가 높다고 시사한다.[27] 아이들에게는 동성 롤 모델이 필요하기 때문에, 아버지의 존재는 절대적으로 중요하진 않다 하더라도 분명히 도움이 된다. 예를 들면, 레즈비언 부모는 흔히 자녀의 삶에 남성 인물을 관여하게 한다. 그들은 아빠 대역을 집으로 초대하거나 아이들에게 삼촌이나 남성 교사 또는 코치와 교류하도록 권장한다.[28]

오래전부터 아버지의 부재는 주로 가계 소득에 영향을 미치고, 그 연장선상에서 가족의 스트레스 수준에 영향을 미친다고 생각돼왔지만, 호르몬에 영향을 미칠 가능성도 배제할 수 없다. 나이 든 수컷 코끼리가 젊은 코끼리의 발정을 억제하는 것처럼 호르몬 억제는 영장류에서도 알려져 있다. 예를 들면, 젊은 수컷 오랑우탄은 덩치 큰 수컷이 주위에 있는 한, 플랜지 같은 2차 성징이 발달하지 않는다. 2차 성징은 늙은 수컷이 죽거나 다른 곳으로 떠나는 날까지 멈춘다. 수마트라섬의 숲에서 한 수컷 오랑우탄이 몰락하자, 즉각 두 청소년 수컷이 폭풍 성장했다. 동물원에서도 동일한 효과가 잘 알려져 있는데, 때로는 심지어 사람 남성 때문에 그런 효과가 나타날 수도 있다. 한 이야기에 따르면, 성장을 멈춘 수컷 오랑우탄이 몇 년 동안 줄곧 홀쭉하고 미성숙한 상태로 있었다. 동물원의 수의사가 자세히 검사해보았지만, 건강에는 아무 문제도 없었다. 그러던 어느 날, 그곳에서 오래 일한 영장류 사육사가 은퇴를 했다. 그러자 불과 몇 달 만에 젊은 오랑우탄은 플랜지가 완전한 크기로 발달했고, 온몸에 화려한 주황색 털도 자랐다. 사육사에게서 뿜어져 나온 강한 기운이 그동안 오랑우탄의 성장을 억제한 것으로 보인다.[29]

우리 종의 경우에도 가족 중에 남성이 있으면, 아이들의 호르몬 수치가 영향을 받는다. 아버지의 부재는 사춘기를 앞당기는 것으로 보인다. 한 연구에서는 3000명 이상의 미국인 남녀에게 초경(여성) 또는 낮은 목소리(남성)의 징후를 처음 경험한 나이를 물어보았다. 아버지가 없는 가정에서 자라면, 남녀 모두 사춘기가 더 빨리 시작되는 것으로 나타났다. 어머니의 부재는 그런 효과가 없었다. 별거나 이혼 후에는 소득 감소나 다른 곳으로의 이사를 포함해 많은 변화가 일어나는데, 이 때문에 그런 차이를 빚어내는 정확한 원인을 찾기가 어렵다. 하지만 아버지가 매일 집에서 같이 지내는 환경은 아이의 호르몬 발달을 지연시킬 가능성이 있다.[30]

위의 이야기는 마치 모두가 폭군인 양 지배적인 수컷 영장류의 역할을 무시하거나 부정적인 시각으로 바라보아서는 안 된다는 사실을 분명히 알려준다. 모두를 두려움에 떨게 하는 수컷이 실제로 있지만, 늘 그런 것은 아니다. 우리의 가장 가까운 친척 영장류 중에서 내가 아는 알파 수컷은 대부분 같은 무리의 구성원을 괴롭히거나 학대하지 않았다. 그들은 질서를 유지하고 떠오르는 젊은 수컷들의 행동을 견제함으로써 평화와 화합을 보장했다. 공정한 알파 수컷은 자신이 제공하는 안전(특히 가장 취약한 구성원에게) 때문에 큰 인기를 누릴 수 있다. 그래서 도전자가 나타날 때마다 나머지 구성원들로부터 큰 지지를 받는다. 그리고 언젠가 불가피하게 권좌에서 내려와야 할 날이 오더라도, 그저 사회적 사다리에서 몇 단 아래로 내려와 평온하게 살아갈 수 있다.

아모스처럼 마지막 순간까지 사랑과 보살핌을 받을 수도 있다.

암컷의 권력 투쟁

모든 영장류 집단에는 알파 수컷과 알파 암컷이 하나씩 있는 반면, 알파 (성별 불문) 다음에 베타(성별 불문), 감마, 델타가 죽 이어지는 구조로 이루어져 있지는 않다. 그 이유는 간단하다. 위계는 대체로 성별로 나누어져 있다. 어린 영장류와 사람 아이가 동성 구성원과 함께 놀길 선호하는 것과 마찬가지로, 사회적 위계는 대체로 성별에 따라 따로 정해진다.

암컷은 다른 암컷과 비교해 자신의 서열이 어디인지에 신경을 쓰고, 수컷은 다른 수컷과 비교해 똑같은 행동을 한다. 경쟁은 주로 각각의 성별 내에서 일어나며, 위계는 경쟁을 조절하고 억제하는 데 도움을 준다. 수컷은 지위와 암컷과 짝짓기를 할 권리를 놓고 서로 경쟁한다. 반면에 암컷에게는 섹스가 먹이보다 덜 중요하다. 진화의 관점에서 볼 때, 암컷의 성공 비결은 영양에 있다. 암컷은 태아를 키우고, 갓난 새끼에게 젖을 먹이고, 어린 새끼에게 먹이를 주기 위해 먹이를 구하기 가장 좋은 장소에 접근할 필요가 있다. 새끼 유인원은 최소한 10년 동안은 어미 곁에 머물기 때문에, 암컷은 수컷보다 먹이에 대한 수요가 훨씬 많다.

양성 사이에 경쟁이 일어날 이유는 거의 없다. 수컷 침팬지(암컷보다 지위가 높은)와 수컷 보노보(암컷보다 지위가 낮은)는 대개 동료 수컷을 주시하고, 수컷들 사이의 사회적 사다리를 오르기 위해 공격적 에너지를 투자한다. 암컷의 경우에도 암컷들 사이에서 자신의 지위를 유지하는 것이 중요하다. 수컷보다 지위가 높거나 낮은 것은 암컷에게 별로 중요하지 않은데, 암컷은 대부분의 시간 동안 암컷들과 함께 여행하고 먹이를 찾고 사회적 상호 작용을 하기 때문이다. 수컷과 암컷은 각자 다른 세계에서 살아가며, 그 세계들은 각자 나름의 문제들이 있다.

과학은 전통적으로 암컷 세계보다 수컷 세계에 더 초점을 맞추었기 때문에, 알파 암컷의 지도력 형태에 대해서는 알려진 것이 거의 없다. 나는 뷔르허르스동물원의 마마와 롤라야보노보의 미미 공주가 얼마나 정치적으로 명민하고 무리를 확고하게 통제했는지 이미 설명했다. 마마에게는 충실한 암컷 동맹 카위프가 있었고, 카위프는 어떤 일이 있어도 마마 편을 들었다. 그리고 미미는 모든 알파 암컷 보노보처럼 중심적인 암컷들로 이루어진 강력한 파벌에 의존했다. 마마의 장점은 무리 내에서 대결이 끝난 후에 상황을 수습하는 능력이었다. 지위가 높은 수컷은 싸움이 진행되는 도중에 개입하여 싸움을 제어하는 반면, 마마는 싸움이 끝난 뒤에 행동에 나서 상황을 수습하고 당사자들을 화해시켰다.

예를 들어 두 수컷 경쟁자가 화해에 실패하면, 서로의 주위를 어슬렁거릴 때가 많다. 교착 상태에 빠져 있을 때, 이들은 서로 눈을 마주치는 것을 조심스럽게 피하는데, 그것은 술집에서 상대에게 화가 난 두 남성이 하는 행동과 비슷하다. 마마는 둘 중 한 수컷에게 다가가 털고르기를 시작한다. 몇 분 후, 마마는 다른 수컷을 향해 천천히 걸어가는데, 함께 털고르기를 하던 수컷도 그 뒤를 따라갈 때가 많다. 만약 수컷이 따라오지 않으면, 마마는 돌아서서 그의 팔을 잡아당기며 따라오게 한다. 마마를 사이에 두고 셋이 잠시 동안 함께 모여 있다가, 마마가 일어서서 조금 떨어진 곳으로 옮겨간 뒤, 두 수컷이 서로 털고르기를 할 때까지 기다린다.

나는 다른 암컷 침팬지(항상 나이가 많고 높은 권위를 지닌)들이 비슷한 임무를 수행하는 것도 보았다. 예를 들면, 아모스 무리의 알파 암컷인 에리카Ericka는 우리 사이에서 '털고르기 기계'라는 별명으로 알려져 있었다. 모두에게 털고르기를 해주느라 늘 바쁜 에리카는 너무나도 큰 인기를 누려 다른 침팬지들이 에리카의 관심을 받으려고 줄을 설 정도였다. 에리카는 특히 다툼이 일어난 뒤에 털고르기를 자주 했다. 영장류는 남의 행동을 따라 하는 경향이 있기 때문에, 에리카의 털고르기는 전염성이 있었고, 나머지 침팬지들도 에리카를 따라 털고르기를 했다. 에리카는 서로 털고르기를 하는 큰 유인원 무리를 만듦으로써 전체 무리를 진정시켰다.

야생에서는 알파 암컷이 항상 그런 중심적 위치를 차지하는 것은 아니다. 가장 잘 연구된 공동체들(대부분 동아프리카 지역의)에서 침팬지들은 숲 전체에 흩어져 살아간다. 이곳 암컷들은 싸움에서 발을 빼는 경향이 있다. 수컷들이 소란을 피우기 시작하더라도, 암컷을 보호해줄 다른 암컷들이 가까이에 없기 때문이다. 암컷은 가장 어린 새끼를 배에 안거나 등에 업고 다닐 때가 많기 때문에 취약하다. 그래서 불필요한 위험을 감수하는 것을 피한다. 반면에 서아프리카에서는 암컷 침팬지들이 흔히 함께 여행한다. 이들의 긴밀한 사회생활은 사육 환경에서 살아가는 무리와 비슷하다. 암컷들은 연대를 보여주고, 평생 우정을 유지하며, 기회가 닿을 때마다 서로를 지원한다. 알파 암컷은 이러한 야생 공동체에서 더 큰 영향력을 행사하며, 권력 정치에 참여하는 것을 주저하지 않는다.

코트디부아르의 타이 숲에서 크리스토프 뵈슈는 일부 암컷이 어떻게 고기를 나누는 집단에 밀고 들어가 수컷들만큼 식탁에서 좋은 자리를 차지하는지 설명했다. 이 암컷들은 알파 수컷이 고기를 가지고 있는지 확인했다. 고기를 놓고 다툼이 일어나면, 그들은 알파 수컷이 한 조각을 집도록 지지했다. 알파 수컷은 암컷들에게 고기를 후하게 나누어주었기 때문에, 그것은 양쪽 다 수지가 맞는 장사였다. 타이 숲에서 암컷들 사이의 우정은 수 년 이상, 아마도 평생토록 지속되었다. 만약 가장 친한 친구가 사라지면, 암컷은 괴로움에 훌쩍이면서 친구를 찾아다닌다. 서로에 대한 충성은 자식들에게까지 연장되었다. 가장 친한 친구인 카위프가 죽자, 마마가 그 어린 딸을 입양한 것과 마찬가지로, 타이 숲의 암컷들이 죽은 친구의 자녀를 돌본다는 사실이 알려졌다.[31]

암컷 유인원은 자식을 보호하고 잘 먹이려고 만전을 기하지만, 한 번에 새끼를 한 마리만 낳을 수 있어 키울 수 있는 자식의 수에 한계가 있다. 자신의 왕조를 성장시킬 수 있는 또 다른 방법은 아들을 활용하는 것이다. 딸은 사춘기가 되면 자신이 자라난 공동체를 떠나지만, 아들은 계속 남는다. 어미 침팬지는 가끔 자신의 아들이 수컷의 위계에서 위로 올라가도록 돕지만, 이 방면의 챔피언은 단연 보노보이다. 보노보 사회에서는 암컷 사이의 우정과 연대가 훨씬 믿을 만하며, 어미들은 강력한 동맹을 맺는다. 보노보 공동체에서 최악의 싸움은 수컷의 지위 투쟁에 암컷들이 관여할 때 일어난다. 콩고민주공화국 왐바 숲에 사는 알파 암컷 카메Kame에게는 장성한 아들이 적어도 셋이나 있었는데, 그 중 맏이가 알파 수컷이었다. 나이가 들면서 기력이 약해지자 카메는 자식들을 보호하는 일에 나서길 주저하게 되었다. 이 사실을 알아챈 베타 암컷의 아들은 카메의 아들들에게 도전하기 시작했다. 베타 어미도 아들을 지지하며 전형적인 보노보의 방식에 따라 아들을 대신해 우두머리 수컷을 공격하는 것도 두려워하지 않았다. 이 알력은 두 어미가 서로 치고받으면서 땅 위에서 구르는 사태로 비화되었다. 이 싸움에서 카메는 지고 말았다. 카메는 이 굴욕에서 결코 회복하지 못했다. 아들들은 서열이 낮아졌고, 카메가 죽은 뒤에는 주변부로 밀려났다.[32]

친자 확인 검사 데이터에 따르면, 어미가 건강하게 살아 있는 아들 보노보는 어른이 되기 전에 어미가 사망한 아들 보노보보다 자식을 남길 확률이 3배나 높다. 어미는 아들의 구애를 보호하고 경쟁자를 쫓아버리는 일을 도움으로써 아들의 성행위에 적극적으로 개입한다. 스위스의 영장류학자 마르틴 주르베크Martin Surbeck는 콩고민주공화국의 루이코탈레 숲에서 일어난 그러한 사건을 다음과 같이 기술했다.

> 그들 중 둘—암컷 우마Uma와 젊고 지위가 낮은 수컷 아폴로Apollo—이 교미를 하려고 시도했다. 무리 중에서 서열이 가장 높은 카밀로Camillo는 둘의 관계를 눈치채고 둘 사이에 끼어들어 방해하려고 했다. 하지만 아폴로의 어미인 하나Hanna가 급히 달려와 카밀로를 맹렬하게 쫓아보냄으로써 아들과 그 짝이 편안하게 교미를 할 수 있게 했다.[33]

이렇게 아들의 생식을 촉진하는 암컷 영장류와 가장 비슷한 예를 인간 사회에서 찾는다면, 오스만 제국의 하렘에서 벌어진 경쟁과 음모를 들 수 있다. 이 여성들 중 일부는 술탄의 아내에 해당하는 지위를 얻었다. 그중에서 아들을 낳은 여성은 하렘에서 나와 아들을 키우는 데 전념해야 했고, 더 이상 자녀를 낳지 못했다. 어머니들은 자신의 아들을 차기 술탄으로 만들기 위해 치열한 공작을 벌였다. 승리한 아들은 왕위에 오르자마자 이복형제들을 모조리 죽이라고 명령했다. 이렇게 형제 살해를 통해 술탄은 자기 형제들 중에서 유일하게 후손을 남겼다.[34]

우리 인간은 보노보보다 훨씬 철저하게 일을 처리한다.

여성 지도자와
남성 지도자

현대 사회에서 사회적 지위와 생식 사이의 연결 관계는 우리의 번성과 효과적인 피임법 덕분에 사라졌다. 하지만 사람의 심리는 오래된 이 연결 관계의 영향에서 벗어날 수 없다. 우리의 타고난 성향은 그 유전자를 퍼뜨린 조상에게서 유래했기 때문에, 그들에게 사회적 성공을 가져다준 수단은 우리의 심리에 깊이 새겨져 있다. 영장류 수컷이나 암컷, 그리고 남성이나 여성 모두 사회적 사다리에서 위로 올라가길 열망한다. 이것은 항상 승리를 가져다주는 확실한 패였다.

우리에게 남아 있는 영장류의 유산은 남성과 여성 지도자를 평가하는 방식에서 여전히 드러난다. 예를 들면, 우리는 남성의 신체적 크기에 관심을 기울이지만, 여성에게는 그러지 않는다. 우리가 남성의 지성과 경험, 전문 지식에도 최소한 그만큼의 관심을 기울일 것이라고 생각하는 사람도 있겠지만, 우리는 여전히 그의 키에 매우 민감하다. 우리의 이 편향에는 신체적 힘이 더 중요했던 시절이 반영돼 있다.

키는 수입과 양의 상관 관계가 있으며, 심지어 정치 토론에서도 큰 영향을 미친다. 1824년부터 1992년까지 43번의 미국 대통령 선거에서는 상대보다 키가 더 큰 후보가 대통령에 당선된 비율이 두 배나 높았다. 이탈리아의 실비오 베를루스코니Silvio Berlusconi 총리와 프랑스의 니콜라 사르코지Nicolas Sarkozy 대통령처럼 비교적 키가 작은 정치인이 여행에 나설 때마다 사진 촬영에 대비해 올라설 상자를 가지고 다녔던 이유는 이 때문이다. 사르코지는 키가 큰 모델 출신 아내와 동행할 때면 굽이 높은 구두를 신었다.

암스테르담대학교의 심리학자 마르크 판 퓌흐트Mark van Vugt는 피험자들에게 비즈니스 정장을 입은 남성과 여성의 사진을 보여주었다. 그런 배경 요소의 조작을 통해 일부 사진의 후보는 키가 더 커 보인 반면, 다른 사진의 후보는 더 작아 보였다. 피험자들은 키 큰 남성을 지도자로 선호했는데("이 사람은 지도자처럼 보인다."), 물론 그들은 자신이 지각한 지배성과 지능을 바탕으로 그렇게 판단했다고 주장했다. 반면에 여성의 경우에는 키의 영향이 미미했다.[35]

큰 키가 남성의 추정 지위를 끌어올린다면, 여성에게는 나이가 같은 효과를 발휘할까? 만약 그렇다면, 이것은 우리가 친척 영장류에 대해 알고 있는 사실과 일치한다. 골다 메이어Golda Meir, 인디라 간디Indira Gandhi, 마거릿 대처Margaret Thatcher, 그리고 우리 시대에 가장 큰 권력을 지닌 여성인 독일 총리 앙겔라 메르켈Angela Merkel처럼 폐경기가 지난 여성이 국가 원수를 맡은 사례가 제법 있다. 그런데 최근에는 더 젊은 여성 지도자도 등장했다. 뉴질랜드의 저신다 아던Jacinda Ardern 총리처럼 가임기 여성이 최고 지도자 자리에 오른 사례도 있다.

여성 지도자들이 코로나19 팬데믹 기간에 특별히 잘 대처했다는 주장이 제기되었다. 하지만 이 데이터는 최종적인 것은 아니며, 인구 규모와 의료 시스템, GDP 같은 교란 변수 때문에 국가들을 직접 비교하기는 어렵다. 하지만 적어도 몇몇 유명한 남성 지도자들은 참담한 실패를 겪었다고 말할 수 있다. 니컬러스 크리스토프Nicholas Kristof가 〈뉴욕 타임스〉에서 지적했듯이, "바이러스를 가장 잘 관리한 지도자가 모두 여성이었던 것은 아니다. 그러나 대응을 엉망으로 한 사람들은 모두 남성이었고, 대부분 특정 유형의 지도자였다. 그들은 권위주의적이고 자만심이 강하고 난폭했다."[36] 한 이론에 따르면, 여성 지도자는 강하고 결단력 있는 모습을 보여야 한다는 압박을 덜 받는다고 한다. 여성 지도자는 충분히 겸손해 전문가에게 문의하고 그 조언을 따른다. 그들은 또한 바이러스에 감염된 사람들에게 공감을 느끼고, 대중에게 위험을 억제하는 데 동참해달라고 호소한다. 이와는 대조적으로, 일부 남성 지도자들은 바이러스를 거의 개인적 치욕처럼 취급하고, 의학적으로 입증된 대응책 대신에 정치적 수사를 통해 바이러스를 지배하려고 시도했다.

아마도 수컷과 암컷의 지도력에는 서로 다른 강점과 약점이 있을 것이다. 우리의 영장류 배경을 감안하면, 공정한 중재는 수컷이 잘할 것으로 예상된다. 수컷 영장류가 싸움을 멈추기 위해 다툼에 더 자주 개입하는 이유는 두 가지가 있다. 첫째, 더 위협적인 신체적 조건은 즉각적인 주의를 끌고, 싸움을 계속하려는 당사자에게 경고를 보낸다. 둘째, 가까운 친척을 고려할 필요가 없다면, 공정하게 행동하기가 더 쉽다. 수컷은 무리 내에 자신의 자식이 있을 수 있지만, 친자 관계를 모호하게 알거나 아예 모른다. 반면에 암컷은 자식과 손자를 보며, 때로는 자식과 손자가 수십 마리에 이르기도 하는데, 이들을 모두 일일이 안다. 암컷이 자신의 친족을 얼마나 맹렬하게 보호하는지를 감안하면, 암컷은 무리 내 대립에서 중립을 유지하기가 거의 불가능하다.

그렇다고 해서 여성이 제어 역할을 제대로 수행할 수 없다는 말은 아니다. 나는 매디슨의 위스콘신영장류센터에서 동료 빅토르 라인하르트Viktor Reinhardt가 붉은털원숭이 무리를 주의 깊게 살펴보라고 했을 때 이것을 배웠는데, 그 무리는 마고Margo라는 나이 든 암컷이 지배하고 있었다. 우리가 마고에게서 깊은 인상을 느낀 것은 지위가 아니라 평화를 유지하는 능력이었다. 마고는 몸집이 크긴 했지만 예외적으로 크지는 않았다. 나는 알파 암컷으로서 확장된 모계 사회의 가모장을 맡았던 오렌지를 잘 알고 있었으므로, 오렌지가 질서 유지 책임을 미스터 스피클스에게 일임한 것을 충분히 이해할 수 있었다. 오렌지가 다른 마카크 가모장과 마찬가지로 자신의 딸들과 손녀들을 암컷들의 위계에서 상위층에 자리잡도록 노력하는 동안 스피클스는 질서 유지 임무를 아주 잘 수행했다. 하지만 마고는 달랐다. 마고는 무리 중에서 누구보다 서열이 높았을 뿐만 아니라, 자기가 낳은 자식이 하나도 없었다.

빅토르는 이 무리를 연구하여 나머지 원숭이들은 모두 친구와 친척을 돕기 위해 싸움에 개입했지만 마고는 절대로 그러한 편향을 보이지 않았다고 결론 내렸다. 마고는 스피클스 못지않게 제어 역할을 잘했고, 염려해야 할 가족이 없었기 때문에 매우 공정할 수 있었다. 마고는 핍박받는 약자를 체계적으로 옹호했다. 마고는 성별이나 나이를 불문하고 최하층

원숭이들을 보호하기 위해 가끔은 평소의 행동에서 벗어나 맹렬한 공격을 하기도 했다. 약자 원숭이가 공격자가 두려워 마고 앞으로 가 쭈그리고 앉으면, 마고는 그 원숭이에게 손을 얹어 자신이 누구 편인지를 의심의 여지 없이 보여주었다. 제어 역할을 수행하는 수컷과 마찬가지로 마고는 전체 공동체를 생각하면서 행동하는 것처럼 보였다.[37]

이러한 관찰 사실은 성별에 따른 전형적인 행동이 그들의 능력에 대한 모든 것을 말해주지 않는다는 것을 시사한다. 각자는 희귀한 상황에서 발현되는 '잠재력'을 지니고 있다. 암컷 영장류도 친족에 대한 의무만 없다면 제어 역할을 훌륭하게 수행할 잠재력이 있을지 모른다. 이 잠재력은 상사가 친족과 관련된 일을 거의 다룰 필요가 없는 현대 인간 사회의 직장 상황과 관련이 있다. 사실, 우리는 현명하게도 직장에서 족벌주의를 금지하는 규칙을 만들었는데, 이것은 직장 내에서 가족의 유대를 배제하기 위해 만들어진 것이다.

영장류의 사회생활과 대조적으로 현대 사회는 규모가 크고, 우리는 남녀 모두를 하나의 틀에 통합하는 경향이 있다. 이것은 우리의 진화사와 문화사에서 놀랍도록 새로운 상황이다. 인류학자들이 부족 사회를 '수렵채집인' 사회라고 부르는 이유는, 여성은 무리를 지어 과일과 견과류, 채소를 채집하러 다니는 반면, 남성은 사냥에 나서기 때문이다. 여성은 거주지를 떠나 돌아다니는 동안 함께 잡담을 나누면서 수다를 떨고 노래를 부르지만, 사냥에 나선 남성은 주의를 끌지 않기 위해 오랫동안 침묵 속에서 걷는 경우가 많다. 이 역할들은 아마도 흔히 가정되는 것처럼 완전히 분리되지는 않았을 테지만(우리는 여성 사냥꾼과 전사를 알고 있다), 우리의 역사 시대와 선사 시대 대부분에 걸쳐 노동은 젠더에 따라 나누어졌다. 비록 각각의 성은 서로 의지했지만, 여성은 남성의 전형적인 활동에 어깨를 으쓱했고, 남성 역시 여성의 활동에 같은 반응을 보였다. 산업화 시대에 들어선 뒤에야 우리는 두 영역을 합쳐 온갖 일을 뒤섞기 시작했다. 회사에서는 직위에 따라 남성이 여성의 명령을 받거나 여성이 남성의 명령을 받는다. 우리는 남녀 모두에게 상대의 일을 존중하고 서로 의지하라고 요구한다.

남성이 처음에 자신들을 위해 회사 환경을 설계했기 때문에, 젠더 논쟁은 흔히 회사 환경을 여성에게 더 호의적으로 만드는 방법에 초점을 맞춰 진행된다. 예를 들면, 남성이 여성보다 더 위계적이라는 미신이 널리 퍼져 있다. 그렇다면 계층화된 사회 조직 때문에 직장이 여성에게 적대적인 장소가 되지 않을까?

이 주장은 여성을 비위계적이라고 가정하고 있기 때문에, 나는 이 주장에 큰 문제를 느낀다. 거의 모든 사회적 동물에서 각각의 성은 수직 방향으로 서열이 매겨진다. 사실, 우열 순위pecking order(직역하면 '쪼는 순서'란 뜻)라는 용어는 수탉이 아니라 암탉에서 유래했다. 이 문제와 관련해 암컷 개코원숭이나 암컷 보노보를 관찰한 사람이라면, 누구나 암컷 사이의 평등주의라는 미신적 개념에서 금방 깨어날 것이다. 이것은 여학교나 여성 교도소, 페미니스트 단체처럼 여성들끼리 많은 시간을 함께 보내는 곳에도 똑같이 적용된다. 나는 우연히 수녀들과 친하게 지낼 기회가 있었는데, 수녀원장이 반권위주의적이었다고는 결코 말할 수 없다. 사실, 남성이 여성보다 더 위계적임을 입증하는 데이터는 없다. 한 연구에서 보고된 유일한 차이점이라면, 사람들을 동성 집단으로 모아놓았을 때 남성이 여성보다 더 빨리 순위를 정한다는 것뿐이다. 하지만 여성들 사이에서도 결

국에는 항상 위계가 생긴다.**38**

인류학자들이 '평등주의적'이라고 부르는 소규모 사회조차도 그런 상태를 유지하기 위해 열심히 노력해야 한다. 이 사회들에도 남을 지배하려 드는 개인이 반드시 존재한다. 다른 구성원들은 야심이 넘치는 사람을 정신 차리게 하기 위해 조롱과 험담을 사용하며, 때로는 더 가혹한 방법을 사용하기도 한다. 이러한 대응책이 필요하다는 사실은 우리 종에게 위계적 성향이 널리 퍼져 있음을 증언한다. 교육위원회나 가든 클럽 또는 대학교 학과에서 우리가 함께 무언가를 이루려고 할 때마다 우열 순위(비록 모호하게 정의된 것이라 하더라도)가 나타난다. 미국의 경영심리학자 해

한 여성이 알파 여성인 여왕에게 무릎절을 한다. 우리는 위계를 여성보다는 남성과 연관 짓는 경향이 있지만, 사실 위계는 양쪽 젠더 모두에서 나타난다.

럴드 리빗Harold Leavitt은 기업의 해로운 위계를 절대로 죽으려고 하지 않는 공룡에 비유했다. "우리가 위계에 맞서 싸우기 위해 쏟아붓는 많은 노력은 오히려 위계의 내구력을 돋보이게 할 뿐이다. 오늘날에도 거의 모든 대규모 조직은 위계 구조로 이루어져 있다"[39]

현대 사회는 양쪽 젠더를 단일 위계로 통합하려고 시도하면서 각 젠더의 지도력 능력에 의존해 그렇게 하려고 한다. 다른 영장류를 보면, 이러한 능력은 양성 모두에서 발견된다. 양성의 능력은 정확히 동일한 것이 아닐 수도 있지만, 어긋나는 부분보다는 겹치는 부분이 더 많다. 많은 사람들이 그러듯이, 남성이 여성보다 지도자로서의 자질이 더 낫다고 가정할 이유가 전혀 없다. 남성의 체격과 힘이 더 우세하다고 해서 반드시 더 나은 지도자가 되는 것은 아니지만, 이러한 자질은 여전히 무의식적으로 우리의 판단을 편향시킨다. 다른 영장류에서는 양성이 모두 기민하게 권력을 행사하며, 암컷의 지도력을 어렵지 않게 발견할 수 있다. 또한, 수컷이 암컷들 사이의 위계에 관여하는 것처럼 암컷도 수컷들 사이의 위계에 관여한다. 게다가 성별에 관계없이 많은 알파는 서열 이외의 다른 것에도 많이 신경 쓴다. 그들은 약자를 보호하고, 분쟁을 해결하고, 고통받는 당사자를 위로하고, 화해를 돕고, 안정을 촉진한다. 그들은 자신의 지위와 특권을 보호하는 동시에 공동체에 봉사한다.[40]

대다수 알파는 사랑과 공포 사이에서 마키아벨리의 선택을 하는 대신에 두 가지 모두를 보여주고 있다.

제10장
평화 유지

동성 간 경쟁과
우정과 협력

KEEPING
THE
PEACE

경쟁과 협력

늘 남성들로 이루어진 정원 일꾼들이 잔디를 깎거나 조경을 하러 우리 집에 올 때면, 그들은 아내 캐서린 대신에 내게 말을 건다. 둘 다 그들 바로 앞에 나란히 서 있는데도 불구하고 말이다. 그들은 나와 이야기하는 걸 더 편하게 느낀다. 그들은 정원이 내 아내가 애지중지하는 소유물이라는 사실을 알지 못한 채 내게서 무슨 일을 해야 할지 듣길 기대한다. 아내는 정원 구석구석을 샅샅이 알고 있지만, 나는 진달래 덤불 같은 장식물에 불과하다. 그들이 누가 보스인지 알아채기까지는 오랜 시간이 걸리지 않는다.

캐서린은 불쾌한 듯이 눈살을 찌푸린다. 남성은 정치와 자동차 대리점, 철물점을 비롯해 많은 장소에서 여성을 무시한다. 여기에는 물론 일상적인 여성 혐오와 무례함을 포함해 몇 가지 설명이 있다. 많은 남성은 자신들이 남성의 직업이라고 여기는 것에 대해 여성이 뭔가를 안다는 상황을 상상하지 못한다. 하지만 문제는 그렇게 단순하지가 않다. 모든 남성이 여성 혐오 성향을 갖고 있는 것은 아니며, 모든 남성이 자동적으로 여성의 전문 지식을 무시하진 않는다. 남성의 선택적 관심은 여성보다는 다른 남성의 존재와 더 관련이 있을 때가 많다. 이 반응을 이해하려면 더 기본적인 수준에서 살펴볼 필요가 있다.

우리가 다른 사람의 성을 단 1초 만에 알아채는 이유는 우리의 진화사에서 이 정보가 매우 중요했기 때문이다. 모든 동물과 마찬가지로 우리는 동성 간 사회적, 성적 의제가 이성 간의 그것과 다르다. 또한 우리는 성에 따라 두려움의 종류도 다르다. 따라서 밤에 혼자 걷는 여성이 낯선 사람들 무리를 만난다면, 그 무리가 모두 남성인지 아니면 남녀가 섞여 있는지 빠르게 판단해야 한다. 후자라면 훨씬 안심되는 상황이다.[1]

우리의 젠더 레이더는 항상 켜져 있다. 우리가 이러한 진화의 유산에 아무 영향을 받지 않고 현대 사회에 적응한다는 생각은 환상이다. 우리의 사회적 소프트웨어는 수백만 년 전에 만들어졌다. 남성의 경우, 이것은 동료를 주시하는 것으로 나타난다. 남성 간의 싸움은 늘 우리를 포함해 영장류의 역사에서 일부를 차지했기 때문에, 남성은 선택적 주의 레이더를 늘 켜놓고 있다. 이것은 심지어 신뢰가 높고 폭력이 적은 환경에도 적용된다. 사무실이나 대학교에서도 음모와 권력 투쟁이 넘쳐난다. 나는 욕설과 고함, 문 쾅 닫기, 쿠데타, 배신을 목격했다. 이러한 전술은 물론 남성에게만 국한된 것은 아니지만, 말싸움에서 상대를 밀치거나 드잡이를 하거나 그 밖의 물리적 접촉으로 확대되는 일은 여성보다는 남성 사이에서 아주 쉽게 일어난다.

이 늙은 동물행동학자를 미소 짓게 한 흥미로운 사례로는 동료의 연구실 문에 오줌을 눈 혐의로 기소된 캘리포니아대학교의 수학 교수 사건이 있다. 두 남성 교수는 말다툼을 하다가 그것이 '오줌 싸기 경쟁'으로 확대되었다고 한다. 누가 복도에 물이 고인 것을 발견하고 나서 대학교 당국은 카메라를 설치했고, 결국 오줌을 누는 교수를 포착했다.[2]

신체적 싸움에 대비하는 것은 무의식적인 생존 메커니즘이다. 이것이 수컷의 주의를 크게 끄는 것은 위험과 관련된 부정적 이유만이 아니라 긍정적인 이유도 있는데, 갈등을 피하는 가장 좋은 방법은 서로 어울리면서 친구가 되는 것이기 때문이다. 나는 이것을 '수컷 바탕질'이라고 부른다. 수컷은 동성 구성원과 자동적으로 같아지는 배타적 네트워크의 일원이다. 내가 여기서 사용한 '바탕질matrix'이란 용어는 생물학에서 빌려온 것인데, 생물학에서 바탕질*은 세포들 사이의 공간을 채우는 결합 조직으로, 동물의 구조를 지지하는 역할을 한다.

남성이 다른 남성에게 기울이는 선택적 주의는 여성을 배제하기 때문에 여성에게 모욕적인 것이다. 여성은 무시당했다고 느낀다. 나는 이 태도를 옹호하는 것은 아니지만, 그런 태도가 어디에서 유래했고, 다른 영장류의 행동과 어떻게 비교되는지 이해하는 데 방해를 받아서는 안 된다고 생각한다. 어떤 현상을 찬성하지 않더라도 그것을 연구할 수 있다. 그리고 암컷 사이에서도 수컷 바탕질에 해당하는 것이 있다. 여성은 자신의 신체적 힘을 시험하려고 하진 않더라도, 신체의 다른 측면들을 비교한다.

---

* 기질基質이라고도 한다.

경쟁은 젠더에 얽매이지 않으며, 여성도 서로를 주시한다.

모든 영장류에서 수컷은 주로 수컷과 경쟁하고, 암컷은 주로 암컷과 경쟁한다. 이것은 우리에게도 동일하게 적용된다. 대학생들에게 매일 겪는 경쟁적 생각과 만남을 기록해달라고 했을 때, 남녀 모두 비슷한 결과가 나왔다. 남성과 여성은 각자 그들 사이에서 학업 성취도와 원하는 것을 얻으려는 노력에서 거의 동일한 수준으로 경쟁한다. 차이가 있다면, 여성은 외모로 남성은 운동 능력으로 자신을 동료와 비교하는 경향이 강하다는 것이다. 이 두 가지 특성은 이 나이 무렵에 절정에 이르는 짝짓기 경쟁에서 두드러지게 나타난다.[3]

냄새 표지를 연구한 대학 교수가 보여주었듯이, 각 젠더 내의 경쟁은 화학적 감각 커뮤니케이션을 조종한다. 우리는 대개 그것을 알아채지 못하지만, 예외적인 한 사업가는 그것을 믿었다. 나는 도쿄까지 장거리 여행을 하는 비행기에서 그 사람 옆에 앉았는데, 왜 직접 회의에 참석하려고 하느냐고 물어보았다. 가상공간의 회의로 대체할 수도 있지 않은가? 그러자 그는 웃으면서 상대방의 냄새를 맡고 싶다고 말했다. "저는 같은 방에서 그들이 땀 흘리는 모습을 보고, 그들의 냄새를 맡고, 얼굴을 가까이에서 보고 싶어요."

우리는 다른 사람의 냄새에 민감하고, 적극적으로 냄새를 맡으려고 노력한다. 사람들이 악수를 한 뒤에 어떤 행동을 하는지 몰래 촬영한 과학자들은 악수를 한 손이 그 사람의 코로 자주 향한다는 사실을 발견했다. 그리고 손이 코 가까이에서 머문 시간을 측정하고, 심지어 일부 피험자의 코 속으로 들어가는 공기의 흐름도 평가했다. 그리고 사람들이 동성과 상호 작용을 한 뒤에는 잠깐 동안 손 냄새를 맡는다는 사실을 발견했다. 남성과 여성 모두 동일한 행동을 보이는데, 남성은 남성과 악수를 한 뒤에, 여성은 여성과 악수를 한 뒤에 손 냄새를 맡았다. 남성과 여성이 악수를 했을 때에는 그런 행동을 보이지 않는다. 자동적으로 일어나는 것처럼 보이는 제스처(머리를 손질하거나 턱을 긁는 등)를 통해 손이 얼굴 가까이에 가면서 상대방의 냄새 표본을 코로 보낸다. 이러한 냄새 표본 채집을 통해 사람들은 잠재적 경쟁자의 자신감이나 적개심 수준을 평가할 수 있다. 사람은 쥐와 개만큼 서로의 냄새를 맡을 수 있는 기회를 예측 가능한 수준으로 활용하지만, 그런 행동은 대부분 무의식적으로 일어난다.[4]

경쟁에서 양 젠더가 기본적으로 유사한 태도를 보이는데도 불구하고, 심리학자들은 여성의 경쟁은 경시하는 반면 남성의 경쟁은 과장하는 버릇이 있다. 흔히 남성은 좌고우면하지 않고 남보다 우위에 서려고 하는 반면, 여성은 서로 공감하고 지지한다고 이야기한다. 심리학 교과서들은 여전히 여성을 공동체 생활을 더 추구하는 성이라고 부르고, 여성의 사교성과 친밀한 관계에 대한 욕구를 남성의 위계와 거리와 자율성을 추구하는 성향과 대비시킨다. 심리학자들은 여성 간 우정의 깊이에 감탄하고, 남성의 우정을 거의 불쌍하게 여긴다. 리디아 덴워스Lydia Denworth는 자신의 책《우정Friendship》에서 "최근 수십 년 동안 여성은 우정에 뛰어난 반면, 남성은 젬병이라는 견해가 강하게 형성되었다."라고 요약했다.[5]

바로 코앞에 반대 증거가 있는데도 불구하고, 진지한 과학자들이 이러한 대비에 빠진다는 사실은 개탄할 만한 일이다. 매일 우리는 소년들과 남성들이 끼리끼리 어울리고, 어떤 일을 함께 하고, 게임을 함께 하고, 서로 돕고, 서로의 농담에 킬킬대는 것을 본다. 남성들은 동성끼리 어울리는 것을 매우 즐긴다. 만약 동성 간의 상호 작용에서 얻는 것이 스트레스와 경쟁뿐이라면, 어떻게 이런 일이 가능할까? 어린 소년들은 어린 소녀들과 마찬가지로 자신의 동성 놀이 친구에 대해 만족감을 보고하며, 남성도 여성과 마찬가지로 평생 동안 우정을 지속한다.[6] 우리가 회사 생활과 정치에서 '동문 네트워크'를 자주 언급하는 이유는 남성이 자신의 친구에게 호의를 베풀길 좋아하기 때문이다. 그들은 호혜성을 믿는다.

여성은 남성보다 친밀감과 정보 교환을 더 추구하는 반면, 남성은 더 행동 지향적이며, 개인적 일을 자세히 털어놓으려 하지 않는다. 이런 이유 때문에 여성의 우정은 얼굴을 맞대는 우정인 반면, 남성의 우정은 행동을 함께 하는 우정이라 불린다. 남성은 어떤 일을 함께 하길 좋아하며, 친구들의 집단처럼 더 큰 틀에서 모일 때가 많다. 양 젠더 모두 같은 젠더끼리 어울리는 것을 즐기며, 어느 쪽도 자신들의 우정이 다른 젠더의 그것과 비슷해지는 것을 원하지 않는다. 여성 친구들은 함께 모험적이거나 굉장한 일을 많이 하길 원치 않는 반면, 남성 친구들은 개인적인 이야기를 시시콜콜 털어놓길 원치 않는다.[7]

그렇다면 어떻게 이러한 엉터리 젠더 이분법이 생겨나게 되었을까? 관찰 가능한 행동으로 뒷받침되는 증거가 부족한데도 불구하고, 이 이분법은 수십 년 동안 유행했다. 페미니스트 작가 메릴린 프렌치Marilyn French가 1985년에 출판한 책《권력을 넘어Beyond Power》의 중심 주제는 여성의 사회성을 남성의 사회성보다 높게 평가한 것이었다. 프렌치는 가부장제가 지배하기 이전에 존재한 가상의 선사 시대를 다음과 같이 추측했다. "모계 중심의 세계는 우정과 사랑으로 묶인 공동체를 공유하고, 가정과 사람들 사이에서 정서가 중심이 되는 세계였는데, 이 모든 것이 행복으로 이어졌다."[8]

이 구절을 읽으면서 나는 페미니스트 단체에 잠깐 동안 가입했던 시절이 떠올랐다. 다른 젠더에 대해 순진했던 젊은이에게 그것은 눈을 뜨게 하는 경험이었다. 그 경험은 내게 여성이 항상 우정과 사랑에 매여 살아가지 않는다는 것을 가르쳐주었다. 그들은 미국의 자유사상가 페미니스트인 필리스 체슬러Phyllis Chesler가 2001년에 《여성이 여성에게 저지르는 비인도적 행위Women's Inhumanity to Women》에서 자세히 기술한 것과 같은 방식으로 서로에게 자주 해를 가한다. 체슬러는 여성이 서로에게 가하는 험담과 시기, 모욕 주기, 배척 사례를 자세히 기술했다. 그동안 이것이 주목을 받지 못했던 이유는 여성이 자신의 이런 측면을 부정하도록 배웠기 때문이다. 수백 차례의 면담을 통해 체슬러는 대다수 여성이 다른 여성에게 피해를 입었다는 사실은 기억하지만, 자신이 다른 여성에게 피해를 입힌 사실은 부인한다는 것을 발견했다. 물론 그것은 논리적으로 불가능하다.[9]

이 상황은 내가 1960년대의 학생 운동에서 목격한 평등주의 망상과 다르지 않다. 이 운동 조직은 지도자와 추종자, 하수인으로 이루어져 명백한 위계가 있었고, 따라서 절대로 평등주의적이지 않았지만, 모두가 유쾌하게 자신들의 조직이 평등주의를 기반으로 굴러가는 척했다. 이와 비슷하게, 여성은 서로에게 상당히 비열한 행동을 할 수 있는데도 불구하고, '착한 소녀' 망상에 빠져 살아갈 수 있다. 우리는 가끔 자신의 행동에 대해 기묘한 기억 상실에 빠진다.

기묘하게도 다른 학문 분야들은 젠더를 완전히 정반대 시각에서 바라본다. 전통적으로 인류학은 인간 사회를 남성들 사이의 협약으로 묘사했다. 지난 수백 년 동안 인류학 분야에서는 세계 각지에서 남성 간의 유대,

남자들이 함께 모여 사는 집, 남성 성년식, 형제애, 맹수 사냥, 전쟁에 관한 현장 보고서가 쏟아졌다. 여성은 단지 남성의 소유물에 불과했고, 이웃 부족 간의 결혼 교환에 적합한 대상이었다. 비판적인 한 논문은 "인류학은 늘 남성이 남성에 관한 이야기를 남성에게 들려주는 것이었다."라고 지적했다. '남성 간 유대male bonding'라는 용어는 라이오넬 타이거Lionel Tiger가 1969년에 쓴 책《집단 속의 남성Men in Groups》에서 언급하면서 유명해졌다. 그는 남성 간의 동지애를 집단 방어와 사냥을 위해 진화한 성향이라고 보았다. 심지어 오늘날에도 인간 사회의 협동적이고 도덕적인 본성은 종종 집단 간 전쟁에 필요한 높은 수준의 남성 연대에서 비롯되었다고 자주 이야기한다.[10]

이 관점에는 문제점도 있다. 이 관점은 남성의 협력뿐만 아니라 남성의 지배도 강조한다. 현대 여성의 정치적 지위 상승에 대해 타이거가 느끼는 불편함의 원인은 여기에 있는지도 모른다. "많은 여성이 정치에 입문한다면, 그것은 수많은 잠재적 결과를 낳는 혁명적이고 어쩌면 위험한 사회 변화를 촉발할지도 모른다."[11]

나는 타이거의 염려에 동의하지 않으며, 현대 인류학이 남성 중심적 초점에서 벗어난 것을 기쁘게 생각한다. 영장류학과 마찬가지로 이 분야에도 많은 여성이 진출하면서 인류학의 관점을 바꾸어놓았다. 하지만 인류학이 남성 협력의 보편성을 강조한 것은 잘못이 아니다. 그것은 동물계에서 우리를 돋보이게 하는 우리 종의 놀라운 특징이다. 암컷 동물들이 함께 먹이를 찾아다니고, 새끼를 함께 보호하고, 그 밖의 이유로 협응하는 모습은 흔히 볼 수 있다. 함께 생활하는 코끼리 무리나 함께 사냥하는 암사자 무리를 생각해보라. 반면에 수컷들의 협력은 보기가 더 어렵다.

수컷들은 평소에 서로 떨어져 지내면서 싸움을 할 때에만 만나는 경우가 많다. 사자와 돌고래, 침팬지처럼 눈길을 끄는 예외가 일부 있지만, 그중에서 진정한 챔피언은 바로 남성이다. 남성들은 놀라울 정도로 쉽게 협력한다. 그들은 큰 짐승 사냥과 전쟁에 나설 때, 동료의 손에 자신의 목숨을 맡길 정도로 항상 협력한다. 남성의 팀워크는 인간 사회의 한 가지 특징이다.

하지만 협력에 관한 한, 한쪽 젠더를 다른 쪽 젠더보다 더 낫다고 강조할 이유가 없다. 50년간에 걸친 연구와 수백 가지 경제 게임, 수천 명의 사람 참여자를 망라한 최근의 메타 분석 결과에 따르면, 협력에서 남성과 여성 사이의 실질적 차이를 발견할 수 없다.[12] 모든 사람은 젠더에 상관없이 타고난 팀 플레이어라고 불러도 전혀 이상할 게 없다. 따라서 나는 인류학의 형제애 개념과 심리학의 자매애 개념을 결합하자고 제안한다. 둘 다 쉽게 관찰되고 강력한 효과를 발휘한다.

혼동을 초래하는 원인 중 일부는 남성이 경쟁적이고 위계적이라는 평판에서 비롯된다. 그런 경향을 부정하는 사람은 아무도 없지만, 이 때문에 남성이 서로 어울리지 못한다고 생각한다면 오산이다. 남성이 선택할 수 있는 것은 오로지 지위를 놓고 끊임없이 다투는 경쟁자가 되거나 죽어도 좋을 정도로 서로 사랑하는 친구가 되거나 둘 중 하나밖에 없는 것처럼 말이다. 하지만 남성에게서 흥미로운 점은 둘 다가 되는 경우가 흔하다는 사실이다. 그들은 양자 사이를 순탄하게 왔다 갔다 한다. 그들은 동시에 친구와 경쟁자가 될 수 있으며, 그것에 대해 전혀 골치 아프게 생각하지 않는다. 게다가 위계는 협력을 방해하는 대신에 협력을 촉진한다. 여섯 형제가 있는 가정에서 자란 나는 이 역학을 직접 몸으로 경험하여 잘 안다.

한 예로, 2018년에 미국계 캐나다인 코미디언 스티브 마틴Steve Martin 과 마틴 쇼트Martin Short가 출연한 넷플릭스의 한 쇼는 두 남자가 나와 서로에게 독설을 퍼부으면서 시작한다. 두 사람은 수십 년 지기임을 강조하면서 온갖 창의적인 모욕을 대수롭지 않게 웃어넘긴다. 우리는 두 사람의 정감어린 농담을 들으면서 그들에게 매력을 느끼는데, 둘 사이의 관계에 약간 가시 돋친 긴장이 흐른다면, 남성 간의 비非성적인 친밀한 우정, 즉 '브로맨스'가 더욱 믿을 만한 것이 되기 때문이다. 만약 친구가 아니라면, 누가 감히 상대의 가슴에 바늘을 꽂겠는가? 역설적으로 보일 수도 있지만, 남성은 사회적으로 긴밀하면서도 동시에 자기주장을 강하게 내세우는 데 아주 능숙하다.[13]

이것은 남성과 수컷 침팬지가 공유하는 역설이다.

수컷 바탕질

원숭이를 관찰하면, 수컷 바탕질이 작용하는 것을 쉽게 볼 수 있다. 전형적인 마카크 무리는 수컷 어른이 암컷에 비해 그 수가 적어 암컷의 관심을 많이 받는다. 수컷은 암컷들로부터 세심한 털고르기 서비스를 받으며 즐기는데, 겨드랑이와 다리 사이, 특히 어깨와 등처럼 자신의 손이 닿지 않는 곳에 암컷의 손길이 미치도록 이리저리 몸을 돌리기까지 한다. 이 모든 서비스를 즐기는 동안 수컷은 발기가 자주 일어나지만, 암컷은 이를 무심한 듯이 무시한다.

하지만 긴장 신호(소란스러운 싸움, 긴박한 상황을 알리는 경고음)가 나타나자마자 수컷들은 정신을 차리고 서로를 살펴본다. 알파 수컷은 어디에 있는가? 자신의 친구들은 어디에 있는가? 각 수컷은 자신의 안전을 위해, 그리고 필요하면 자신의 지위를 내세우기 위해 수컷들 사이에 벌어진 상황을 재빨리 파악하려고 한다. 이것은 바로 수컷 바탕질이 작용하는 상황이다. 그런 순간이 닥치면, 암컷들은 시야에서 사라진다. 누가 싸울까? 누가 경고음을 울렸을까? 수리와 독수리를 구별하지 못하는 멍청한 청소년이 내지른 소리일까, 아니면 한 동료가 내지른 소리일까? 그런데 왜 한 수컷이 보이지 않을까? 혹시 한 암컷과 몰래 자리를 뜬 것일까? 수컷 원숭이는 이 모든 정보를 한눈에 파악하며, 모든 것이 명확해지면 평온을 되찾는다. 그러고 나서 다시 암컷들의 서비스를 즐긴다.

침팬지의 경우, 수컷은 암컷과 어울리길 좋아할 뿐만 아니라 자기들끼리도 잘 어울린다. 수컷 바탕질은 더 긴밀해지는데, 수컷 침팬지들은 위험이 더 높은 반면 상호 유대도 더 강하기 때문이다. 심지어 이것은 우리가 여키스야외연구기지에서 실시하는 인지 테스트에 침팬지들이 참여하는 태도에도 영향을 미친다. 나는 늘 암컷의 데이터가 더 많은 이유는 수컷이 우리에게 할애할 시간이 없기 때문이고 농담한다. 수컷은 권력과 섹스에 몰두하느라 너무 바쁘다. 우리는 각 침팬지의 이름을 부르면서 작은 건물로 호출해 힘으로 깰 수 없는 유리창을 사이에 두고 그들을 관찰한다. 이곳에서 침팬지들은 컴퓨터 화면을 이리저리 만지면서 음식 공유나 도구 사용 기술을 보여준다. 참여는 자발적이지만, 테스트 시간이 오래 걸리지 않고, 에어컨이 완비된 공간에서 맛있는 간식을 제공하기 때문에, 대다수 침팬지들은 이곳에 오고 싶어 한다.

유일한 예외는 수컷 어른들인데, 이들은 동료들을 뒤에 남겨둔 채 떠나고 싶어 하지 않는다. 우선 생식기가 부풀어오른 암컷이 주위에 있으면, 다른 수컷이 자신의 부재를 틈타 짝짓기를 시도하리란 사실을 안다. 그들은 무슨 수를 써서라도 이 가능성을 차단하려고 한다. 둘째, 성적인 문제가 없더라도 동료들을 뒤에 남겨두고 떠나는 것은 부정적 결과를 초래할 수 있다. 남은 수컷들은 함께 놀고 털고르기를 하면서 우리에게 온 수컷을 배제한 유대가 형성될 수 있다. 수컷 침팬지들은 동료들이 하는 모든 일에 함께 참여하길 원한다. 우리 테스트 시설에 들어오는 수컷은 모두 밖에서 무슨 일이 일어나는지 살피려고 계속해서 문 아래로 들여다보거나, 자신이 아직 살아 있고 건재하다는 것을 모두에게 알리려고 고함을 지르고 문을 쾅쾅 친다. 이런 행동은 테스트를 심하게 방해하기 때문에, 우리는 할 수 없이 수컷을 도로 풀어주는 경우가 많다. 그러면 수컷은 재빨리 밖으로 달려나가 눈길을 끄는 허세 동작을 펼쳐보이면서 자신이 돌아왔음을 모두에게 확실히 알린다.

수컷과 암컷 사이의 몸 크기와 모양의 차이를 가리키는 성적 이형성sexual dimorphism은 수컷 바탕질을 더 강화한다. 수컷 침팬지는 암컷보다 더 크고 무겁고 털이 많다. 털 세움piloerection은 수컷들 사이의 긴장을 전달하는 언어이다. 다른 수컷이 음식이나 암컷에게 접근하거나 동맹을 괴롭힌다든지 기존 질서에 어긋나는 행동을 하는 것을 알아차린 수컷은 온몸의 털을 곤두세우고 상체를 좌우로 천천히 흔들면서 자신의 넓은 어깨를 과시한다. 두 발로 일어서서 막대기를 들고 자신의 의사를 명확하게 표현할 수도 있다. 이렇게 경고 신호를 보냄으로써 상대방에게 선을 넘지 말고 물러서게 한다. 대개는 이 방법이 효과가 있으며, 갈등을 증폭시킬 필요 없이 자신의 의사를 분명히 전달할 수 있다.

우리 종의 이형성도 그 규모가 비슷하다. 우리도 남성의 어깨 너비에 특별한 주의를 기울이는데, 정장에 어깨 패드를 대는 이유는 이 때문이다. 하지만 우리와 같은 두발 보행 동물에서 눈길을 끄는 성차는 키인데, 그래서 남성들은 군중 속에서도 두드러져 보인다. 키가 약 190cm인 나는 대다수 미국 남성보다 키가 크며, 평균적인 여성보다 30cm 더 크다. 사람들이 모인 장소에 갈 때마다 내 키는 나의 지각에 영향을 미친다. 나는 눈높이에 있는 다른 남성에게 즉각적으로 주의가 끌린다. 누구에게나 보폭과 걸음 속도가 비슷한 사람 옆에서 걷는 것이 편한 것처럼 키가 비슷한 사람과 대화를 나누는 것이 신체적으로 더 편하다. 만약 키가 무의식적으로 접촉 선호를 편향시킨다면, 그것은 남성 바탕질을 더욱 강화한다.

많은 연구에 따르면, 사람들은 남성을 키로 판단하지만, 여성은 키로 판단하지 않는다. 이 편향은 우리 종에만 있는 게 아닌데, 그래서 수컷 동물들은 자신의 몸 크기와 신체적 힘을 전달하기 위해 특별한 신호를 사용한다. 고릴라가 가슴을 두드릴 때 텅 빈 곳에서 나는 그 소리는 몸통의 둘레 길이를 전달한다. 혹등고래가 물 위로 뛰어오르는 동작은 다시 바다로 떨어질 때 밀려나는 물의 양을 보여준다. 수컷 코끼리들은 '수컷 전용 클럽'을 만드는데, 여기서 수컷들은 많은 대결을 벌이지 않고도 어울려 지낼 수 있는 위계를 형성한다. 가장 나이가 많고 가장 큰 수컷 코끼리는 아무도 건드리지 않는데, 이 우두머리 코끼리는 늘 머리를 높이 치켜세운 채 걷고 가임기의 암컷들 주변을 지배한다.[14]

동물계 전체에서 수컷들은 어깨를 올리거나 지느러미나 날개를 좍 펼치거나 털이나 깃털을 부풀림으로써 몸을 커 보이게 한다. 뒤뜰에서 수고

양이들이 신체 접촉 없이 천천히 등을 구부리고 몸을 부풀린 채 대치하는 모습을 보라. 마카크 무리의 지배적인 수컷은 꼬리를 늘 하늘로 꼿꼿이 세운 채 거드름을 피우며 걷는데, 이런 모습은 자신의 지위를 여실히 드러낸다. 수컷은 발톱이나 뿔, 송곳니 같은 무기를 자주 과시한다. 우리 종의 수컷도 예외가 아니다. 머리를 위아래로 기울이는 각도만으로도 그 남성이 얼마나 지배적인 사람인지 짐작할 수 있다. 화난 남성은 주먹을 쥐고 가슴 근육을 과시하기 위해 가슴을 앞으로 내민다. 영화를 보면, 앉아 있는 사람이 서 있는 사람에게 모욕을 당하는 장면이 흔히 나온다. 그리고 바로 그다음 장면에 앉아 있던 사람이 벌떡 일어서서 상대방을 굽어보면서 "지금 날 멍청하다고 했나요?"라고 으르렁댄다. 그러면 즉각 상황이 역전된다. 모든 사람은 남성의 신체 크기를 잘 아는데, 허세나 위협적인 자세를 좋아하지 않는 사람들도 마찬가지다. 많은 남성처럼 나도 마초적 행동에 거부감을 느끼지만, 그렇다고 해서 그것에 대해 전혀 생각하지 않는 것은 아니다. 모든 남성은 그것에 맞서 대응하거나 완화시키거나 제거하는 방법을 배운다.[15]

변성기가 시작된 직후에 소년은 자신의 몸에 무슨 일이 일어나는지 거의 알아채지 못할 정도로 근육의 힘이 커지기 시작한다. 그것은 너무나도 빨리 일어나서 몇 달 전에는 생각도 하지 못했던 힘을 발휘할 수도 있다. 대학교 시절에 나보다 키가 컸던 친구와 관련해 재미있는 에피소드가 있다. 어느 날, 우리는 강의실로 걸어가면서 대화를 나누었다. 그리고 자리에 앉자마자 우리는 둘 다 친구의 손에 들려 있는 문고리를 놀란 눈으로 바라보았다. 그는 평소에 문고리를 들고 다니는 버릇이 없었다. 우리가 들어온 문을 뒤돌아보았더니 손잡이가 떨어져 나가고 없었다. 친구는 자신도 모르게 문고리를 잡아뗀 것이었다. 소년들은 이런 식으로 자신의 신체적 힘을 자각하는 경우가 많다.

체질적인 신체적 힘은 젠더 차이가 점진적이고 중첩적으로 나타난다는 일반 규칙에서 확연히 벗어나는 예외이다. 미국의 한 보고서에 따르면, 남성 3명 중 2명 이상이 땅에서 50kg의 역기를 들어올릴 수 있지만, 여성 중에서는 1%만 그렇게 할 수 있다. 독일의 한 연구는 젊은 사람들의 악력을 측정했는데, 여성의 90%가 남성의 95%에 미치지 못한다는 결과가 나왔다. 훈련으로 이 현상을 설명할 수 있을까? 그렇지 않다. 가장 강한 여성 운동선수도 훈련을 받지 않은 평균적인 남성과 비슷한 수준에 그쳤기 때문이다.[16]

힘의 차이는 남성 간 상호 작용에서 중요한 부분을 차지하며, 항상 배경에서, 그리고 때로는 눈앞에서 영향력을 발휘한다. 수컷 영장류는 모두에게 자신의 활력과 힘을 알리기 위해 나무를 흔들거나 물건을 집어던지거나 속이 텅 빈 나무를 두들겨 요란한 소리를 내면서 의도적으로 근육의 힘을 과시한다. 나는 야생에서 알파 수컷 침팬지가 특이한 과시 행동을 하는 것을 본 적이 있는데, 큰 바위들을 집어들어 강바닥을 향해 집어던짐으로써 굴러 내려가는 바위에서 큰 소리가 나게 했다. 그는 그것을 아주 손쉽게 하는 것처럼 보였지만, 바위들은 엄청나게 큰 것이어서 다른 수컷들은 하고 싶어도 똑같이 할 수 없었다. 나는 그들이 그 수컷의 의도를 충분히 알아챘다고 확신한다.

수컷 바탕질은 노년까지 지속되다가 그 성격이 변한다. 알렉산드라 로사티Alexandra Rosati와 동료들은 우간다의 키발레국립공원에서 수집한 20년간의 데이터를 분석하여 야생 침팬지 사이에서 늙은 수컷들의 네트워크를 발견했다. 40세 무렵부터 시작되는 황혼기에 접어들면, 수컷 침팬지들은 갈수록 긴장에서 벗어난 긍정적 관계에만 자신의 행동을 국한한다. 그들은 갈수록 털고르기 상대를 까다롭게 고르면서 자신이 좋아하는 만큼 자신을 좋아해주는 소수의 친구에게만 집중한다. 그들은 가짜 친구에게는 관심을 잃는다. 남은 친구 중 일부는 형제이지만, 나머지는 대부분 친족이 아니다.[17]

이와 비슷한 선별적 태도는 우리 사회에서도 나타나는데, 나이 많은 남성들은 소수의 친구와 점점 더 많은 시간을 보낸다. 나이가 들수록 소셜 서클이 축소되는 현상은 죽음에 대한 우리만의 감각 때문이라고 설명해왔다. 자신의 삶이 끝나가고 있음을 깨달은 남성은 더 의미 있는 접촉에 관심을 돌리고 부정적인 일에 시간을 낭비하지 않으려 한다. 하지만 언제나처럼 이 설명은 인간사에서 인지의 역할을 과대평가한다. 나이 든 수컷 유인원에서도 동일한 경향이 발견되기 때문에 이것은 다시 생각할 필요가 있다. 우리가 아는 한, 수컷 유인원은 삶의 종말이 임박했다는 사실을 인식하지 못한다.

내가 가장 좋아하는 설명은 남성과 수컷 침팬지 모두 나이가 들고 테스토스테론 수치가 낮아지면서 성격이 부드러워진다는 것이다. 경쟁이 치열한 젊은 시절에는 정치적 가치를 위해 우정을 맺는다. 반면에 나이가 들수록 이 가치는 뒤로 밀려나기 시작하고, 이들은 더 이상 효용만으로 동료를 판단하지 않는다. 전성기를 넘긴 수컷들은 순전히 재미와 휴식을 위해 모이는데, 젊은 수컷들은 그저 꿈만 꿀 수 있는 호사스러운 삶이다.

유인원의
갈등과 화해

우리 종에서 고도로 발달한 네 가지 동성 간 경향은 남성 간 유대와 경쟁, 그리고 여성 간 유대와 경쟁인데, 그중에서 우리가 아는 것이 가장 적은 것은 맨 마지막 경향이다. 여성 간 경쟁은 너무나도 과소평가되고 무시된 나머지, 영장류학자 허디는 "자세히 연구된 모든 영장류 종에서 암컷 간 경쟁은 잘 기록돼 있지만, 단 하나의 종만큼은 예외이다. 그것은 바로 우리 자신이다."라고 불만을 털어놓았다.[18]

야생 자연에서는 영양이 충분하지 않으면 자식을 키울 수 없다는 단순한 이유 때문에 먹이를 놓고 암컷 간 경쟁이 광범위하게 나타난다. 암컷 간 경쟁의 두 번째 이유는 우리의 수컷 조상이 가족을 돕기 시작하면서 나타났다. 우리 계통 사이에서 암수 한 쌍 결합이 자리를 잡고 부모의 양육이 시작되자, 암컷들은 시장에서 최선의 짝을 놓고 경쟁하기 시작했다. 그 결과로 비록 젠더에 따라 서로 다른 무기를 사용해 이 전투를 치르긴 하지만, 질투와 짝을 차지하기 위한 경쟁이 소년과 남성에서와 마찬가지로 소녀와 여성에게서도 두드러지게 나타나게 되었다.[19]

여성은 착하고 평화로운 존재라는 착각은 무너지고 있다. 예를 들면, 이제 우리는 학생들 사이의 괴롭힘이 단지 소년들 사이의 문제가 아니라는 점을 안다. 핀란드 심리학자 키르스티 라게르스페츠Kirsti Lagerspetz가 이끈 연구 팀은 학교 운동장에서 일어나는 싸움 건수를 조사한 결과, 소년들보다 소녀들 사이에 싸움이 더 적게 일어난다는 사실을 발견했다. 그런데 하루 일과가 끝난 뒤에 아이들에게 싸움에 대해 질문을 한 라게르스

페츠는 그 결과에 놀라지 않을 수 없었다. 남녀 모두 거의 비슷한 수의 싸움이 일어났다고 보고했기 때문이다. 이것은 소녀들 사이의 갈등은 대부분 눈에 보이지 않게 일어난다는 것을 의미한다. 소년들의 신체적 다툼과 달리 소녀들은 거짓 소문을 퍼뜨리거나 대화를 거부하는 태도를 취하는 방식으로 간접적 공격과 조작을 주로 사용한다. 이러한 전술은 디지털 미디어의 등장과 함께 더욱 강화되었다.[20]

지난 20년 동안 《마음에 안 드는 여자 아이 왕따시키기: 소녀들과 여왕벌들과 워너비들의 숨겨진 공격 문화 Odd Girl Out: Hidden Culture of Aggression in Girls and Queen Bees and Wannabes》와 같은 제목을 단 책들이 나왔다. 이 책들은 소녀들이 친구와 인기를 놓고 치열한 경쟁을 벌이면서 사용하는 무언의 공격, 비난의 말, 경멸적인 표현을 자세히 기술한다.[21] 캐나다 작가 마거릿 애트우드 Margaret Atwood는 소설 형식을 빌려 소녀들이 이런 갈등에서 겪는 고통을 소년들 사이에서 벌어지는 더 직접적인 경쟁과 대비시켰다. 《고양이 눈 Cat's Eye》의 주인공은 다음과 같이 불만을 털어놓는다.

나는 오빠에게 말해서 도움을 청할까도 생각해보았어. 하지만 정확하게 뭐라고 말해야 할까? 나는 눈에 멍이 들지도 않았고 코피를 흘리지도 않았어. 코델리아는 신체적인 해를 전혀 가하지 않아. 만약 사내아이들이 나를 쫓아다니거나 놀린다면, 오빠도 어떻게 해야 할지 알겠지만, 사내아이들은 이런 식으로 날 괴롭히진 않아. 여자 아이들과 그들의 간접적인 괴롭힘과 속삭임 앞에서는 오빠도 어떻게 할 수가 없을 거야.[22]

여기서 내가 흥미를 느낀 것은 소녀들 사이에서도 소년들만큼 갈등이 만연하다는 사실이 아니라, 갈등을 다루는 방식이다. 만약 소년들과 소녀들이 자신과 같은 젠더와 대부분의 시간을 함께 보내면서 유대를 맺는다면, 각자 경쟁에 효과적으로 대처하는 방법이 있어야 한다. 하지만 소녀들은 불화가 더 오래 지속되기 때문에, 갈등에 더 깊은 영향을 받는 것으로 보인다. 화가 나면 얼마나 오래 가느냐고 물었을 때, 소년들은 시간 단위로 생각한 반면, 소녀들은 1분 안에 사라지거나 평생 동안 지속될 수 있다고 믿었다![23]

소년은 무리를 지어 사는 동물처럼 충성심과 결속을 강조하는 반면, 소녀는 일대일 우정을 연쇄적으로 쌓아간다. 이 우정은 소년들 사이에서보다 더 친밀하고 정감이 넘치지만, 한편으로는 더 취약하다. 연구에 따르면, 이 우정은 일반적으로 오래 지속되지 않으며, 우정의 종료는 고통스럽고 가혹할 수 있다. 사회적 배제는 소녀들이 사용하는 전형적인 전술이다. 소년들은 항상 다투지만, 그 때문에 우정이나 게임이 틀어지는 일은 드물다. 소년들은 게임 자체만큼 규칙을 놓고 논쟁을 벌이는 것을 즐긴다. 이와는 대조적으로 소녀들 사이에서는 싸움으로 인해 그들의 게임이 끝나버리는 경향이 있다.[24]

어른들이 경쟁 때문에 관계가 틀어지지 않도록 하는 방법은 알기 어렵다. 우리가 아는 것이라곤 여성이 경쟁 때문에 큰 고통을 받고, 그것을 극복하기가 어려워한다는 것뿐이다. 예를 들어 동성 간 시합(테니스 코트에서 테니스 시합을 하건 실험실에서 게임을 하건 간에)이 끝난 후, 여성은 남성보다 포옹과 악수를 덜 나눈다. 여성은 상대방과 거리를 더 멀리 두려고 한다. "사적인 감정은 전혀 없었다."라는 말은 시합이나 심한 언쟁 뒤에

남성들이 주고받는 전형적인 표현이다.[25]

이 모든 것에도 불구하고, 여성이 남성보다 덜 사회적이거나 덜 협조적인 것은 아니다. 여성은 그저 친밀한 관계가 주는 편익과 갈등으로 인한 비용 사이의 다른 지점에서 균형을 찾는 것일 수도 있다. 남성 사이의 관계는 덜 친밀하기 때문에, 갈등이 발생하더라도 피해를 감당할 수 있는 반면, 여성의 경우에는 관계에 걸려 있는 것이 너무 많아 그 피해가 아주 크다. 이러한 양성의 대비에 대한 나의 견해는 침팬지가 갈등을 관리하는 방법에 대한 연구에서 영감을 얻었으므로, 먼저 그 관찰 결과를 설명한 다음에 사람의 젠더 차이 문제로 돌아가기로 하자.

머리말에서 언급한 뷔르허르스동물원의 유혈 사태 이후 나는 화해 문제를 깊이 파고들기로 결심했다. 화해의 실패가 가져온 그 비극적 결과를 목격한 나는 몇 년 전에 발견한 행동인 화해에 대해 더 자세히 알고 싶었다.

화해는 직관에 반하는 현상으로, 서로 적대적이던 양 당사자를 다시 합치게 한다. 싸움을 한 침팬지들이 가능한 한 멀리 떨어져 지낼 것이라고 예상하기 쉽지만, 실제로는 정반대의 모습이 나타난다. 이전의 적들은 적극적으로 서로를 찾는다. 나는 지금까지 수천 건의 화해 장면을 목격했는데, 그중에서 처음에 목격한 한 화해 장면은 나를 놀라게 했다. 대결 직후에 두 수컷 경쟁자는 똑바로 서서 서로를 향해 걸어갔다. 둘은 털을 완전히 곤두세워 실제보다 훨씬 커 보였다. 서로에게 시선을 고정한 두 수컷은 너무나도 사나워 보였기 때문에, 나는 적대 행위가 곧 다시 시작될 것이라고 확신했다. 하지만 예상을 깨고 둘은 키스를 하고 포옹을 했으며, 서로에게 입힌 상처를 한참 동안 핥았다.[26]

갈등이 있었던 암컷 침팬지(오른쪽)와 알파 수컷이 입에다 키스를 하며 화해하고 있다.

'화해'(싸우고 나서 얼마 지나지 않아 이전의 적들이 우호적인 관계를 회복하는 것)의 정의는 간단하고 현장에서 쉽게 적용할 수 있다. 하지만 화해 행동 뒤에 숨어 있는 감정을 정확히 파악하기는 어렵다. 최소한의 행동(이것만 해도 이미 충분히 놀라운데)은 공격성과 두려움 같은 부정적 감정을 극복하고, 키스 같은 긍정적 상호 작용으로 나아가는 것이다. 침팬지 사이에서는 마치 마음속에서 단순히 감정 조절 손잡이를 적대에서 우호 쪽으로 돌린 것처럼 이러한 반전이 놀랍도록 빨리 일어난다. 사람도 이 감정 조절 손잡이를 조작하는 데 아주 능숙하다. 우리는 갈등이 발생하기 쉬운 환경에서 함께 목표를 달성하려고 노력하면서 매일 그렇게 한다. 우리는 나쁜 감정을 억누르거나 잊어버릴 필요가 있다. 그리고 그런 감정이 분출할 때마다 사후에 문제를 바로잡을 필요가 있다. 우리는 적대감에서 정상화로 전환되는 과정을 용서로 경험한다. 이 감정은 가끔 사람의 전유물로, 심지어는 종교적인 것("다른 뺨마저 내주어라.")으로 칭송하지만, 모든 사회적 동물에게서 자연스럽게 나타나는 것일 수 있다.

영장류학자들이 야생 침팬지에게서 이 현상을 확인하는 데에는 20년이 걸렸다. 비록 사육 상태의 침팬지보다는 덜 보편적이긴 하지만, 화해는 야생에서도 본질적으로 똑같은 모습으로 나타나며 그 효과도 동일하다. 수백 건의 동물 연구를 통해 우리는 화해가 얼마나 널리 퍼져 있는지 알게 되었다. 이 현상은 쥐와 돌고래에서부터 늑대와 코끼리에 이르기까지 모든 사회적 포유류에게서 관찰되었다. 하지만 화해를 하는 방식은 제각각 다르다. 어떤 종은 털고르기를 하면서 가볍게 꿀꿀거리는 소리를 내는 반면, 어떤 종은 서로 생식기를 맞대고 문지른다. 싸움 이후의 화해는 사실 너무나도 보편적이고 그 편익이 너무나도 명백하기 때문에, 이제 우리는 싸우고 나서 화해를 하지 않는 사회적 포유류를 발견하면 크게 놀랄 것이다. 우리는 그들이 화해 없이 어떻게 무리를 유지할 수 있는지 의아해할 것이다.[27]

수컷 침팬지들은 암컷들보다 훨씬 쉽게 화해한다. 뷔르허르스동물원에서는 수컷 간의 싸움 뒤에 화해가 일어난 경우가 47%인 반면, 암컷 간의 싸움 뒤에는 겨우 18%만 화해가 일어났다. 이 비율은 갈등 발생 건수를 감안해 보정한 것인데, 갈등은 수컷들 사이에서 더 빈번하게 일어난다. 암수 사이의 충돌 뒤에 일어나는 화해 비율은 이 둘 사이의 어느 지점에 위치한다. 수컷은 언제 폭발할지 모르는 긴장 속에서 살아간다. 수컷은 동료가 성적 매력이 있는 암컷을 유혹하는 것처럼 자신이 싫어하는 행동을 해 화가 난다면, 즉각 뭔가 잘못되었다는 신호를 보낸다. 상대방이 자신의 뜻에 따르기를 거부하면, 대결이 일어날 수 있다. 하지만 대개 수컷들은 금방 화해한다. 이런 일은 경쟁자 사이에서도 일어난다. 수컷은 기회주의자이며, 동맹을 맺거나 배반하는 일이 자주 일어난다. 즉, 가장 큰 경쟁자도 미래의 동맹이 될 수 있고, 그 반대의 경우도 일어날 수 있다. 그들은 모든 선택의 가능성을 열어둔다.[28]

가끔 수컷 침팬지는 웃는 듯한 얼굴 표정과 쉰 목소리로 헐떡거리며 웃는 소리를 동반한 쾌활한 장난으로 경쟁자의 긴장을 허물어뜨린다. 우리와 마찬가지로 이들 역시 긴장을 완화하기 위해 이런 행동을 한다. 세 수컷 어른이 인상적인 돌진으로 과시 행동을 하는 장면을 흔히 볼 수 있다. 나뭇가지를 붙잡고 몸을 흔들면서 다음 나뭇가지로 옮겨가고, 물건을 이리저리 마구 던지고, 큰 소리가 나는 물체 표면을 세게 친다. 언제라도 폭발할 잠재력이 있는 이 상황에서 이들은 서로의 신경을 건드리며 시험한다. 하지만 이 현장을 떠날 때, 한 수컷이 다른 수컷의 뒤로 몰래 다가가 다리를 잡아당기며 분명히 들리게 웃음소리를 낸다. 그 수컷은 저항하면서 상대의 손아귀에서 다리를 빼려고 하지만, 이제 그 역시 웃고 있다. 세 번째 수컷도 이 장난에 합류하고, 곧 덩치 큰 세 수컷은 언제 그랬냐는 듯이 곤두섰던 털을 가라앉히고 서로의 옆구리를 때리면서 야단법석을 떤다.

이런 장면은 암컷들 사이에서는 상상도 할 수 없는 일이다. 암컷들 사이에 공개적으로 갈등이 발생하는 빈도는 훨씬 적지만, 일단 발생하면 그 강도는 훨씬 센 것처럼 보인다. 암컷 간의 갈등은 더 물리적이거나 더 위험하진 않지만, 아마도 감정적으로 훨씬 큰 부담이 되는 것으로 보인다. 대결 상황이 발생하는 이유는 불분명한 경우가 많다. 두 암컷 침팬지가 만나 아무 일도 없어 보였는데, 갑자기 서로에게 비명을 지르기 시작한다. 관찰자인 나는 무엇이 그 폭발의 원인인지 전혀 알 수가 없다. 그 돌발성으로 미루어보아 아마도 며칠 또는 몇 주일 동안 표면 아래에서 갈등의 원인이 부글부글 끓고 있다가 마침내 화산이 폭발했고, 바로 그 순간 내가 우연히 그 장면을 보게 된 게 아닐까 하고 추측한다. 이러한 종류의 폭발은 수컷 사이에서는 드문데, 수컷은 적대감과 이견을 신호를 통해 공개적으로 내비치며, 털을 곤두세움으로써 그것을 쉽게 전달할 수 있다. 불만은 항상 어떤 식으로든 '대화'를 통해 전달된다. 설령 공격성이 폭발하더라도, 적어도 그것을 통해 상황이 개선된다.

또 다른 차이점은 암컷들 사이에 심한 다툼이 벌어질 경우, 양쪽 다 이빨을 드러내고 비명을 지른다는 점이다. 이 크고 날카로운 소리는 불평에서 항의에 이르기까지 많은 뉘앙스가 있지만, 항상 두려움과 고통을 느낀다는 것을 드러낸다. 그것은 눈물이 나지 않을 뿐 사람의 울음에 해당한다. 수컷에 비하면 두 암컷 모두 이런 행동을 보이는 것은 기묘한데, 수컷의 경우에는 이런 행동은 패배를 자인하는 것이기 때문이다. 우위에 있는 수컷은 몸을 크게 부풀리고 입술을 꽉 무는 반면, 상대는 겁에 질려 비명을 지르며 그 자리에서 벗어나려고 한다. 암컷 간의 싸움에서는 이와 같은 비대칭이 나타나지 않는다. 그래서 누가 이겼는지 알기 어려운 경우가 많으며, 싸움의 결과로 서열이 변하는 경우는 드물다. 암컷 사이의 대결은 지위를 놓고 벌어지는 것이 아니며, 양측 다 괴로워하며 비명을 지른다.

암컷 사이에 벌어지는 갈등 중 5분의 4가 화해 없이 끝난다는 점을 감안하면, 암컷 침팬지는 수컷보다 갈등에서 더 큰 상처를 입으며, 수컷에 비해 갈등을 해소하려는 의지가 약하다고 말할 수 있다. 야생에서도 암컷들은 싸우고 나서 거의 화해를 하지 않는다. 이들은 흩어져서 살아가는 경향이 있는데, 따라서 이 편이 쉬운 해결책이 될 수 있다. 그렇다고 해서 암컷이 화해를 하지 못하는 것은 아니다. 비교적 빽빽하게 모여 살아야 하는 동물원 환경처럼 흩어져 살아갈 수 있는 선택이 차단되면, 암컷들 사이의 화해가 자주 일어날 수 있다. 암컷 침팬지들도 화해를 하지만, 꼭 그래야만 하는 경우에만 화해한다.[29]

반면에 수컷 침팬지의 경우, 야생에서조차 흩어져 살아가는 방법은 선택지에 없다. 수컷들은 이웃 무리에 대해 공동으로 세력권을 지켜야 하므로, 어떤 일이 있더라도 통합을 유지할 필요가 있다. 또, 정치적 동맹과 협력 사냥처럼 공통의 이해가 걸려 있는 다른 문제들도 있다. 일반적으로 화해는 사회적 관계의 중요성과 연결돼 있다. '소중한 관계 가설valuable relationship hypothesis'이라 부르는 이 개념은 반복적으로 검증되었고, 영장류와 그 밖의 동물들 모두에 적용되는 것으로 드러났다. 따라서 화해는 긴장의 지속으로 인해 잃을 것이 많은 당사자들에게 가장 전형적으로 나타나는 행동이다. 수컷 침팬지들은 암컷들에 비해 서로에게 더 많이 의존해 살아가기 때문에, 수컷들은 유대를 회복하고 유지하는 것이 무엇보다 중요하다.[30]

그럼에도 불구하고, 모든 암컷 침팬지는 가족에게 헌신적이며, 몇몇 충성스러운 친구도 있다. 그들은 이러한 관계를 보호할 필요가 있는데, 대개 갈등을 피함으로써 보호한다. 이것이 나의 화해/평화 유지 가설_{peacemaking/peacekeeping hypothesis}이다. 수컷은 갈등이 분출되었을 때 화해를 하는 데 능숙하고, 암컷은 갈등을 억제함으로써 평화를 유지하는 데 능숙하다. 수컷은 싸움과 재결합을 쉽게 넘나들기 때문에, 깊이 생각하지 않고 대결 상황을 만든다. 대개의 경우, 이것은 그다지 큰 문제가 되지 않는다. 반면에 암컷에게는 갈등이 감정적으로 매우 고통스럽고, 그것을 잊어버리기가 거의 불가능하다. 그 피해가 너무 크기 때문에, 암컷은 갈등을 피하기 위해 선제적 태도를 취한다. 암컷은 자신과 가까운 침팬지뿐만 아니라 경쟁자하고도 좋은 관계를 유지하려고 신경을 쓴다. 따라서 사소한 문제를 놓고 다툴 필요가 없다. 하지만 싸움을 피할 수 없다면, 암컷 침팬지의 공격성은 매우 강한 형태로 분출된다.

뷔르허르스동물원에서 나는 마마와 카위프가 마치 시간이 멈춘 듯이 서로 털고르기를 해주는 모습을 자주 보았다. 둘은 거의 40년 동안 가장 친한 친구로 지내왔다. 그 어떤 것도 그들의 유대를 깰 수 없었다. 수컷들 사이에서 권력 투쟁이 일어났을 때, 마마가 한쪽 경쟁자를 지지한 반면, 카위프는 다른 경쟁자를 지지했던 적이 몇 번 있었다. 나는 그들이 상대방의 고통스러운 선택을 알아채지 못한 듯 행동하는 모습을 보고 놀랐다. 마마는 정치적 소동이 진행되는 동안 적 편에 붙은 친구와 마주치지 않으려고 멀리 빙 둘러서 갔다. 마마의 굳건한 알파 지위와 자신의 지시를 따르지 않는 암컷을 혹독하게 대하는 성질을 감안하면, 카위프에게만 보여준 관대함은 아주 놀라운 예외였다. 나는 둘 사이에서 사소한 다툼도 일어나는 것을 본 적이 없다.

암컷의 협력 능력에 관한 한, 영장류 중에서 침팬지보다 더 나은 모습을 보여주는 사례는 아마도 보노보일 것이다. 암컷 보노보들은 과도한 수컷 폭력을 억제하기 위해 자매애를 형성한다. 그 유대는 그들에게 매우 중요한데. 털고르기에 많은 시간을 할애하는 것은 이 때문이다. 이것은 또한 싸움 뒤의 화해에도 반영된다. 보노보 사이에서는 한쪽 성이 다른 쪽 성보다 화해 능력이 더 뛰어나지 않으며, 암컷 간의 갈등 후에도 화해가 일어나는 것이 보편적이다. 암컷들은 흔히 강렬한 성적 접촉을 통해 빠르고 순조롭게 화해한다. 어느 순간에 비명을 지르면서 서로를 때리던 두 암컷이 다음 순간에 GG 러빙을 시작하면서 모든 갈등이 끝난다. 이러한 반전은 싸움 도중에 일어나기도 해, 이들의 적개심이 과연 얼마나 깊었던 것인지 궁금한 생각마저 든다. 암컷 침팬지들이 속에 깊이 간직하는 원한은 보노보에게서는 거의 볼 수 없다.[31]

관계의 가치가 갈등 관리의 필요성을 결정한다. 수컷 간의 유대가 중요한 유인원 사회에서 암컷과 수컷이 갈등을 처리하는 방식이 모계 중심 사회를 이루어 살아가는 유인원과 다른 이유는 이 때문이다. 만약 화해 경향이 생물학적 진화에 의해 형성된다면, 추가적으로 문화적 진화가 어떤 가능성을 가져다줄지 생각해보라. 우리는 호미니드 중에서 수컷 간 유대와 암컷 간 유대가 균형을 이룬 유일한 종이며, 또한 문화적으로 가장 유연한 종이다.

사람의 갈등 관리

화해/평화 유지 가설은 우리에게도 적용될 수 있다. 어쨌든 우리의 갈등 관리 방식은 수컷 유인원과 비슷하다. 사람과 침팬지 모두 수컷이 더 전투적인 성이지만, 갈등을 봉합하는 것도 더 빠른 성처럼 보인다. 그리고 두 종 모두 암컷은 갈등을 싫어한다. 그들은 적개심에 깊은 영향을 받으며, 그것을 잊어버리는 데 어려움을 겪는다. 여성은 남성보다 어려움이 생긴 관계에 대해 더 많이 그리고 더 오래 반추하는 것으로 드러났다.[32]

많은 여성이 직장 내 갈등에 대해 남성보다 더 큰 불안과 불편을 느낀다고 시사하는 단서들이 있다. 여성이 비록 표면적인 것에 그친다 하더라도 화합을 유지하려고 노력하는 이유는 바로 이 때문이다. 그들은 갈등이 생길 가능성이 있는 사람을 멀리하려 하고, 개인 간 의견 충돌을 유발할 수 있는 상황을 피하며, 무슨 문제가 발생하더라도 대단치 않은 것으로 취급하려는 경향이 있다. 만약 그렇게 하기가 불가능하면, 차선책은 비판을 외교적 수사로 포장해 가시를 제거하려고 노력한다. 그러기가 늘 쉬운 것은 아니다. 갈등 회피는 감정 에너지를 소진시킨다. 따라서 특정 상황이나 사람으로부터 벗어날 수 없어 긴장이 심한 환경에 놓인 여성은 남성보다 번아웃과 우울증을 더 많이 겪는다고 알려져 있다.[33]

여성이 평화 유지 전문가가 되어야 한다는 사실은 그들이 즐기는 어머니-유아 모임, 요리 모임, 북클럽, 합창단 같은 우정과 협력적 모임에서 분명히 드러난다. 최고 경영자가 여성이고, 그리고/또는 대다수 직원이 여성인 기업이 점점 늘어나고 있다. 우리 종에서 여성 간 협력은 그 역사가 오래되었다. 수렵 채집인 부족의 경우, 여성들은 작은 집단을 이루어 사바나나 숲에서 열매와 견과를 채집한다. 또한 아이들도 함께 키운다. 신생아의 뇌가 성인의 3분의 1에 불과한 종에서 집단 육아의 중요성은 아무리 강조해도 지나치지 않다. 사람 아기는 예외적으로 취약하고 많은 보살핌이 필요하다. 허디는 아기를 어릴 때부터 많은 사람들이 운반하고 먹이고 즐겁게 해준다는 사실 때문에 우리를 '협동 양육자'라고 부른다. 이 점에서 우리는 어미가 새끼를 훨씬 더 오랫동안 곁에서 돌보는 동료 유인원들과 크게 다르다. 우리 종은 자녀 양육이 사회의 공동 책임이라는 사실을 항상 인식했는데, 그러려면 다세대에 걸친 여성과 소녀, 남성의 네트워크가 필요하다.[34]

개인적으로 여성 간 협력이 시각적으로 아주 잘 드러난 사례라고 생각하는 것은 2019년 여자 월드컵 결승전이다. 미국과 네덜란드가 결승에서 맞붙었기 때문에, 나는 어느 쪽을 응원해야 할지 약간 헷갈리는 상태로 경기를 지켜보았다. 미국 팀이 실력에 걸맞게 이겼지만, 무엇보다 인상 깊었던 것은 양 팀의 단체정신이었다. 나는 여성의 갈등 관리를 더 잘 이해하기 위해 이 강한 팀들이 막후에서 어떻게 돌아가는지 알고 싶었다. 축구에서는 골을 넣는 선수뿐만이 아니라 어시스트를 하는 선수도 중요하다. 팀이 골문 앞에서 패스를 잘하는 능력은 선수들이 개인보다 팀을 얼마나 중요하게 여기는지 보여준다. 선수들이 서로에게 득점 기회를 주려면 관대함과 연대가 필요한데, 두 팀 모두 그것을 최고 수준으로 보여주었다.

병원 같은 일부 직장에서는 여성 인력이 대다수를 차지한다. 나는 사람의 행동에 관한 연구는 지금까지 딱 한 번만 했는데, 그 장소는 바로 압력솥처럼 긴장이 높은 환경이어서 강력한 협응이 필요한 병원 수술실이었다. 나는 《침팬지 폴리틱스》를 읽은 마취과 의사를 통해 이 연구에 참여했다. 그는 수술실에서 일어나는 일도 침팬지 사회와 놀라울 정도로 비슷하다고 하면서 그곳에서 지위를 놓고 경쟁하는 수컷들, 난공불락의 위계질서, 분노 폭발을 포함해 사회적 상호 작용의 교환이 일어나는 소우주를 관찰할 수 있다고 말했다. 수술실에서 일어나는 갈등은 환자의 목숨이 걸려 있으므로 심각한 문제이다. 충격적인 평가에 따르면, 미국에서만 약 10만 명이 피할 수도 있었던 죽음을 의료 과실 때문에 맞이하는 것으로 추정된다. 이 방정식에서 필수 부분인 수술실 팀에 기능 장애가 발생한다는 징후가 도처에 널려 있다.

예를 들면, 미국의 한 병원에서 한 외과의는 기술자가 건네준 도구가 마음에 들지 않자 도구를 내던져 기술자의 손가락을 골절시켰다. 그 외

수술실에서 사람들의 상호 작용을 연구한 결과, 영장류의 행동과 비슷한 방식으로 젠더가 갈등과 협력에 영향을 미친다는 사실이 드러났다.

과의는 분노 조절 교육을 받으라는 명령을 받았다.[35] 또 다른 병원에서는 직원에게 모욕적인 언사를 내뱉는 등 전문가답지 않은 행동을 했다는 이유로 한 의사에게 정직 처분을 내렸다. 또 다른 병원은 '폭군'처럼 행동한 책임자가 직원들이 견디지 못하고 그만둘 정도로 공포 분위기를 조성하는 바람에 수술 부서를 일시적으로 폐쇄해야 했다. 무례하고 오만한 외과의에 대한 불만은 아주 흔하며, 세계 각지에서 충격적인 사건들이 발생한다. 병원들은 당연히 법적 책임 문제를 염려하지 않을 수 없다.

우리가 속한 큰 대학 병원의 행정 부서는 우리 팀에게 수술실 내부에서 일어나는 일을 기록하도록 허락했다. 이전 연구들은 대개 수술 뒤에 병원 직원에게 상황이 어떠했느냐고 설문 조사 형식으로 묻는 것이 고작이었다. 이 방법은 연구자에게는 편리하지만, 잘못된 정보를 얻을 가능성이 높다. 발생한 갈등에 대해 질문을 하면, 응답자는 항상 다른 사람을 그 원인으로 지목하게 마련이다. 공정한 설명은 얻기가 거의 불가능하다. 나는 영장류를 연구하는 방식으로 수술실 사람들을 연구해야 한다고 느꼈다. 즉, 설문 조사 대신에 관찰을 통해 연구해야 한다고 생각했다.

우리에게 촬영은 허용되지 않았다. 만약 관찰을 하면서 내레이션을 곁들였더라면 당연히 주의를 끌었을 것이다. 그래서 매일 아침마다 다년간의 병원 경험이 있는 의료인류학자 로라 존스Laura Jones가 사전에 배정된 수술실로 들어갔다. 로라는 구석에 있는 작은 의자에 조심스럽게 앉아 메모를 했다. 로라는 다양한 행동을 일련의 코드로 나타내는 방법을 개발했는데, 그것을 사용해 관찰한 모든 상호 작용을 태블릿에 입력할 수 있었다. 결국 로라는 200건의 수술 절차 동안 일어난 6000건 이상의 사회적 상호 작용 교환을 기록했다.[36]

비록 수술 팀은 수술을 위해 그곳에 있는데도 불구하고, 때로는 비교적 좁은 방에서 8시간 이상 함께 지내면서 다양한 행동을 보여준다. 사회적 상호 작용 중 대부분은 당면한 의료 절차와 아무 관련이 없는 것이다. 수술실에서는 (외과의가 선택한) 음악을 틀고, 팀원들은 잡담을 하고, 시시덕거리고, 농담을 주고받고, 웃고, 스포츠와 정치 이야기를 하고, 이런저런 소식을 교환하고, 애완동물 사진을 보여주고, 춤을 추고 노래를 부르며, 짜증을 내거나 화를 내기도 한다. 다행히도 환자들은 주변에서 벌어지는 이들의 사회적 행동을 전혀 모른다! 로라는 전체 수술 절차 중 약 3분의 1에서 갈등이 발생하지만, 심각한 충돌(장비를 집어던지거나 폭력적인 분노 폭발이 일어나는)이 발생하는 경우는 그 중 2%에 불과하다는 사실을 발견했다.

비판은 대부분 담당 외과의에서 시작해 마취 담당자, 순환 간호사, 소독 간호사까지 사다리에서 아래로 향한다. 위로 올라가는 경우는 거의 없다. 나는 수술실의 엄격한 위계에 대한 불만을 많이 들었지만, 마땅한 대안이 떠오르지 않는다. 나는 모든 중요한 결정을 내려야 할 때마다 서로 한참 토론하는 민주적인 수술 팀에게 내 몸을 맡기고 싶지 않다. 신속한 행동에는 위계가 잘 확립된 팀이 필요하다. 외과의는 수술실의 알파 개인이다. 일이 잘되었을 때 칭찬받는 사람도, 일이 잘못되었을 때 비난을 받는 사람도 외과의이다.

젠더의 차이를 살펴보자면, 양 젠더 모두 수술실에서는 똑같이 위계적이다. 예를 들면, 우리는 여성 외과의와 남성 외과의 사이의 행동 차이를 발견할 수 없었다. 여성과 남성의 지도력 스타일 차이에 관한 글들을 읽은 우리는 남성이 더 권위적인 반면, 여성은 더 협력적이고 매력적일 것이라고 예상했다. 외과의들도 자신들을 이렇게 평가하고, 다른 사람들도 외과의들을 이렇게 평가할 수 있겠지만, 행동 관찰에 따르면 모든 외과의는 동일하게 행동했다. 양 젠더 모두 똑같이 지도력을 발휘했고, 똑같은 태도를 보였다.

그런데 수술실의 젠더 구성과 관련해 한 가지 차이점이 나타났다. 우호적 상호 작용과 협력 측면에서 본다면, 남성이 다수인 팀이 여성이 다수인 팀보다 점수가 낮았다. 남성들을 모아놓았을 때 나타나는 시끌벅적한 행동이 그 원인일지 모른다. 더욱 흥미로운 것은 알파 개인과 나머지 구성원 사이의 상호 작용이 젠더 구성에 따라 달라진다는 점이다. 남성 외과의와 여성 구성원 수술팀이 남성 외과의와 남성 구성원 수술팀보다 더 높은 수준의 협력이 일어났다. 또한, 여성 외과의와 남성 구성원 수술팀이 여성 외과의와 여성 구성원 수술팀보다 더 높은 수준의 협력이 일어났다. 알파 개인의 젠더가 수술실에서 일하는 다수의 젠더와 일치할 때에는 갈등이 두 배 더 많이 기록되었다. 외과의가 수술실 상호 작용의 분위기를 좌우하기 때문에, 이것은 영장류학자라면 누구나 예측했을 결과이다. 알파라는 위치는 같은 젠더 내에서 항상 가장 중요한 의미를 지닌다. 알파 개인은 특히 젠더가 동일한 구성원과 대면할 때 자신의 지위를 강조할 필요성을 느끼기 때문에, 그들에게 더 가혹하게 굴 수 있다. 또한, 수컷 바탕질과 유사한 암컷 바탕질이 여성의 주의 집중에 영향을 미친다고 시사한다. 내 마취과 의사 친구 말이 옳았다. 수술실은 원숭이 섬과 비슷하다.

생산적인 혼성 팀워크를 위해서는 평등에 대한 문화적 보장이 필요하다. 남성은 직장에서 여성을 존중해야 하고, 사회는 외과의 같은 특수 직종의 경력에 평등한 기회를 제공해야 한다. 우리는 현재의 상태까지 도달하는 데 얼마나 오랜 시간이 걸렸고, 이러한 보장이 얼마나 허약한지 알고 있지만, 남성 외과의가 여성 간호사들로 가득 찬 방을 지배하던 시대는 끝났다. 동성 간 협력을 이어온 우리의 오랜 진화사에도 불구하고, 혼성 팀은 놀라울 정도로 잘 돌아간다.

남녀의 목소리

사람의 젠더 간 상호 작용과 관련해 살펴보아야 할 마지막 성적 이형성은 목소리이다. 우리는 말을 사용하는 종이어서 목소리는 우리에게 매우 중요하다. 여기서 내가 말하고자 하는 것은 말의 내용이 아니라, 말을 하는 방법, 즉 얼마나 큰 소리를 내며, 어떤 음색의 소리를 내는가 하는 것이다.

우리는 목소리에 매우 민감하여, 목소리는 개인을 구별하는 식별자 역할을 한다. 그것은 다른 동물들도 마찬가지다. 나는 텍사스주의 한 영장류 시설을 방문했을 때, 침팬지가 목소리를 얼마나 오래 기억하는지 알고서 크게 놀랐다. 관리자는 그곳에 롤리타Lolita가 있다고 말했는데, 롤리타는 내가 10년도 더 전에 알고 지냈지만, 그 이후로는 한 번도 만난 적이 없는 침팬지였다. 롤리타를 보러 갔을 때, 나는 마스크를 쓰고 있었다. 나는 롤리타가 다른 침팬지들과 놀고 있는 곳으로 다가갔는데, 롤리타는 내 얼굴에서 눈만 볼 수 있어 나를 알아보지 못했다. 그래서 아무런 반응도 보이지 않았다. 하지만 내 목소리를 듣자마자 태도가 싹 달라졌다. 내가 네덜란드어로 안녕이라고 인사를 하자마자, 롤리타는 열광적으로 환영의 꿀꿀거리는 소리를 내며 내게 달려왔다.

나는 많은 남성과 달리 목소리가 낮고 우렁차지 않다. 나의 자연스러운 목소리는 다소 가느다란 고음이다. 하지만 나는 많은 노력을 들이지 않고도 더 낮고 굵은 목소리를 낼 수 있고, 크고 또렷하게 들리게 할 수 있다. 자연은 남성의 후두를 길게 만듦으로써 이러한 이점을 선사했다. 사람들은 목소리의 높낮이에 민감한데, 예컨대 문 뒤에서 개가 짖는 소리를 듣고서 그 개가 시추인지 세인트버나드인지 즉각 알 수 있다. 개는 몸집이 클수록 후두도 더 길고, 따라서 짖는 소리도 더 우렁차다. 앞에서 '자연'이 남성에게 이러한 이점을 주었다고 한 것은 남성의 목소리가 굳이 그렇게 낮고 굵을 필요가 없다는 뜻에서 한 말이다. 소년의 후두는 사춘기 때 테스토스테론에 영향을 받아 아래로 내려가지만, 소녀의 후두에는 그런 변화가 일어나지 않는다. 남성의 변성기를 가져오는 후두의 하강은 신체적 힘의 상승을 알리는 신호이다. 그런데 남성의 후두는 여성의 후두보다 60% 더 긴 반면 평균 키는 겨우 7% 더 크기 때문에, 후두는 상대적으로 지나치게 길어진다. 남성 목소리의 음색은 신체 크기만을 기준으로 예상하는 것보다 훨씬 낮다.[37]

여성은 낮은 목소리가 주는 위협적 효과를 노려 그런 목소리를 내려고 시도할 수 있지만, 자연스럽게 그런 목소리를 소유한 소수를 제외하고는 억지로 꾸민 소리로 들릴 위험이 있다. 미국 기업 테라노스의 CEO를 지내다가 지금은 명예가 크게 실추된 엘리자베스 홈스Elizabeth Holmes에게 바로 그런 일이 일어났는데, 그 기괴한 목소리는 인터넷에서 아주 큰 논란이 되었다. 〈워싱턴 포스트〉가 "서퍼의 억양과 약간의 계절성 알레르기와 로봇의 음색이 약간 가미된, 목 뒤쪽에서 울려나오는 깊은 바리톤의 목소리"로 묘사한 홈스의 목소리는 여성 치고는 터무니없이 낮았다. 홈스가 실리콘밸리의 투자자들을 속인 사기꾼으로 드러난 뒤[*], 많은 사람들은 홈스의 낮은 목소리 역시 자신이 개발했다는 제품과 마찬가지로 가짜라고 믿게 되었다. 아마도 홈스는 주변의 나이 많은 남성 동료들과 어깨를 나란히 하려고 나이와 경험을 강조하기 위해 그런 목소리를 내려고 노력했을 것이다. 그런 동료 중에는 내가 아는 한 가장 걸걸한 목소리를 지닌 전 국무부 장관 헨리 키신저Henry Kissinger도 있었다. 동료들의 말에 따르면, 홈스는 자신이 차용한 목소리를 항상 제대로 유지하지는 못했다고 한다. 술자리에서 실수로 갑자기 날카로운 목소리가 튀어나오곤 했는데, 그것이 더 자연스럽게 들렸다고 한다.[38]

사회가 각각의 센터를 대하는 전형적인 방식을 직접적 경험을 통해 아는 사람들은 오직 한 범주의 사람들뿐이다. 많은 트랜스젠더는 다년간 자신이 동일시하는 것과 다른 젠더로 살아온 경험이 있다. 성전환을 하고 나면, 옷과 머리카락뿐만 아니라, 몸과 목소리도 변한다. 그 결과로 이들은 동전의 양면을 다 안다. 비공식적 개인 계정에 기록된 이들의 경험은 양 젠더의 사회적 위치에 대한 최악의 고정 관념을 확인시켜준다. 그것은 남성으로 살아가는 삶의 장점과 여성으로 살아가는 삶의 장점 사이에 존재하는 트레이드오프와 같다. 트랜스젠더 여성은 이전의 삶에 비해 배려는 더 받지만 존중은 덜 받는다. 이와는 대조적으로, 트랜스젠더 남성은

---

[*] 피 몇 방울로 260여 가지 병을 진단할 수 있다는 일명 '에디슨 키트'를 개발했다고 주장해 전 세계적으로 화제가 되었으나, 나중에 사기극으로 밝혀졌다—옮긴이

존중은 더 받지만 배려는 덜 받는다.

성선환 후에 변한 젠더에 순응하는 트랜스여성은 남성으로 살던 때보다 더 친절한 대우를 받고 도움도 더 받는다. 사람들은 공공장소에서 그들에게 미소를 짓고, 그들을 위해 문을 잡아주고, 비행기에서 머리 위 선반에 여행 가방을 들어 올려준다. 그들이 고통스러워하거나 곤경에 처한 것처럼 보이면, 지나가는 사람들이 관심을 가지고 염려해준다. 사람들은 영장류의 오래된 유화 신호인 미소를 그들에게 이전보다 더 자주 그리고 더 쉽게 보여준다. 그러나 친절한 대우 증가에는 대가가 따른다. 이런 대우는 여성이 취약하고 의존적이라는 견해를 반영한 것인데, 이것은 여성을 덜 중요하게 여긴다는 뜻이다. 회의에서 그들의 목소리는 무시당하고, 그들은 지하철에서 거칠게 떠밀린다. 앞에서 걸어오는 남성은 그들이 옆으로 비켜나길 기대한다. 일부 용감한 여성이 다가오는 남성 앞에서 옆으로 비키지 않으려고 시도함으로써 이러한 역학을 시험했고, 그 결과로 많은 충돌이 일어났다.[39]

트랜스남성은 정반대의 보고를 한다. 갑자기 그들은 여성으로 살아가던 시절에 익숙했던 친절과 미소, 보편적으로 받던 정중한 대접을 박탈당한다. 그들은 스스로를 지킬 수 있는 자율적인 존재로 취급된다. 아무도 그들의 안녕을 염려하지 않으며, 너는 이제 혼자 힘으로 살아가야 한다는 메시지를 받는다. 한 트랜스남성은 남성의 모습으로 처음 집을 나섰을 때 무례한 방식으로 그 사실을 깨달았다. "내 앞에서 백화점에 들어가던 여성이 그냥 문이 닫히도록 손을 놓았고, 뒤따라가던 나는 그만 문에 얼굴을 들이받고 말았다."[40]

반면에 남성의 모습으로 변하는 순간, 즉각적인 권위를 부여받는다.

트랜스남성은 실수는 축소되고 성공은 증폭되는 세계로 들어선다. 갑자기 사람들이 자신의 의견에 귀를 기울인다. 토머스 페이지 맥비 Thomas Page McBee는 수염이 나지 않는 양성구유의 신체를 가져 직장 동료들을 당혹스럽게 했는데, 결국 그들은 맥비에게 혼란을 막기 위해 중요한 고객들에게 다가가지 말라고 요구했다. 그런데 성전환 이후에 모든 것이 확 바뀌었다.

> 테스토스테론은 내 목소리를 낮게 만들었다. 정말로 낮았다. 너무나도 낮아서 시끄러운 술집이나 불협화음이 넘쳐나는 모임에서는 내 목소리가 거의 들리지 않았다……. 하지만 내가 말하면, 사람들은 단지 경청하는 데 그치지 않고 몸을 앞으로 기울였다. 그들은 내 입에 초점을 맞추거나 자신의 손을 내려다보았는데, 마치 나의 강력한 말 외에 다른 데 한눈을 팔지 않으려고 노력하는 것처럼 보였다.[41]

모든 사람들이 자신의 입술을 주시한다는 사실을 처음 알았을 때, 맥비는 너무 놀라 말을 제대로 끝마치지 못했다. 하지만 사람들은 참을성 있게 그가 말을 계속하길 기다렸다. 만약 맥비가 여성이었더라면, 그들은 불쑥 끼어들었을지도 모르지만. 남성은 잠깐 한숨을 돌릴 여유를 얻는다. 그뿐만이 아니라, 남성은 자신의 목소리를 십분 활용해 여성의 머리 위로 서로 큰 소리를 지르며 말한다. 그들은 여성의 말에는 귀를 기울이는 것 같지 않으며, 여성의 말을 중간에 끊기도 한다.

물론 이 모든 일들은 공정하지 않다. 심지어 현명하지도 않다. 만약 목소리의 음색에 따라 의견의 우선순위가 정해진다면, 그것이 과연 건전한 의사 결정에 도움이 될까? 그것은 우리처럼 똑똑한 종에게는 우스꽝스러운 기준이다. 따라서 위에서 소개한 사례들 중 어떤 것도 이러한 태도를 지지하지 않는다는 사실을 다시 한 번 강조하고자 한다. 대신에 그것은 영장류의 성적 이형성이 우리의 잠재의식에 얼마나 깊숙이 박혀 있는지 분명히 보여준다.

과학자들은 목소리의 높낮이를 실험적으로 변형함으로써 목소리의 높낮이가 미치는 영향을 연구했다. 컴퓨터로 만든 남성의 목소리를 들려주자, 청소년 피험자들은 낮은 음색의 목소리를 지위가 더 높은 남성의 목소리로 인식했다. 낮은 목소리를 가진 남성은 싸움에서 이길 가능성이 더 높고(신체적 지배성), 명성이 더 높고, 더 많은 존경을 받고, 귀를 기울일 가치가 더 있는(권위) 사람으로 인식되었다. 네덜란드의 한 연구에서는 많은 여성들이 신체적으로 건강한 남성을 선호하는 것과 마찬가지로 젊은 여성들이 낮고 굵은 목소리를 가진 남성을 더 매력적으로 여기는 것으로 드러났다. 비록 목소리는 체격을 나타내는 표지로 신뢰성이 떨어지지만, 이런 결과는 아마도 남성의 보호 역할과 관련이 있을 것이다. 목소리와 남성의 체격이나 가슴털 같은 신체적 특성의 연관성은 미미한 편이다. 남성의 목소리는 지배성을 나타내는 신호로 낮고 굵은 음색이 진화했을 가능성이 있고, 남녀 모두 그것에 민감한 귀가 발달했다.[42]

대학교 교수로서 나는 젠더타이머GenderTimer(각 젠더가 말하는 시간을 측정하는 스마트폰 앱)를 사용한 적이 없지만, 만약 지난 몇 년 동안 사용했더라면, 교수 회의에서 여성이 발언하는 시간이 꾸준히 증가했다는 사실을 틀림없이 발견했을 것이다……. 한 가지 이유는 여성 교직원 수의 꾸준한 증가에 있지만, 또 다른 이유는 상호 작용의 규칙 변화에 있다. 암묵적인 젠더 편향에 대해 알고 있거나 알아야 하는 집단이 하나 있다면, 그것은 바로 심리학 교수들이다. 그들은 대부분 젠더 편향에 동의하지 않으며, 그것이 담론에 영향을 미친다는 주장을 반박하려고 노력한다. 요즘은 여성이 말하는 도중에 남성 동료가 끼어들면, "이봐요, 아직 제 이야기 안 끝났어요!"와 같은 항의를 받기 십상이다.

그럼에도 불구하고, 연구에 따르면 공식석상에서 여성은 남성이 말할 때 침묵을 지키는 경우가 많다. 예를 들면, 학술 세미나가 끝난 뒤에 남성은 여성보다 질문을 2.5배 더 많이 한다. 청중 가운데 여성이 더 많거나 한 여성이 첫 번째 질문을 하면, 질의응답 시간 동안 젠더 균형이 다소 개선된다.[43] 하지만 남성이 여성의 발언을 짓밟는 장면은 일상적인 광경으로 남아 있다. 얼마 전에 미국 부통령 후보로 나선 카멀라 해리스Kamala Harris와 마이크 펜스Mike Pence의 TV 토론에서 펜스는 반복적으로 해리스의 발언에 끼어들고 웅얼거리는 소리를 냈다. 반면에 해리스는 놀라울 정도로 침착한 태도를 유지하면서 "제 발언 시간입니다."라는 말을 반복했다. 펜스는 여성 사회자의 발언도 자르면서 끼어들었는데, 사회자는 그를 제지하는 데 실패했다.

우리 문명이 지성과 교육, 경험을 중시하는 반면, 우리는 여전히 이러한 요소와 아무 상관 없는 조잡한 신체적 변수에 좌우된다는 사실은 흥미로운 현실이다. 우리는 자연 질서의 바탕을 이룬다고 믿는 폭력을 경시하고, "힘이 정의"인 수준에서 벗어난 것을 자랑스럽게 여기지만, 키와 강건한 근골, 목소리에서 나타나는 우리 종의 성적 이형성에 여전히 매우 민감하다. 이 상황을 바꾸려면, 젠더타이머와 새로운 토론 규칙 이상의 것이 필요하다. 이러한 편향의 진화적 뿌리를 이해하는 것이 좋은 출발점이 될 수 있다. 친척 영장류들이 풍부한 단서를 제공하긴 하지만, 우리 종의 행동 변화 잠재력도 고려할 필요가 있다. 남녀가 평등하게 협력하는 사회를 만들고 싶다면, 그 필요성은 아주 시급하다.

제11장

양육

어미와 아비의
양육 행동

NURTURANCE

새끼에 대한
어미의 애착

유능한 과학자라면 누구나 예상치 못한 것을 좋아한다. 거기에는 새로운 통찰이 숨어 있다. SF 작가 아이작 아시모프Isaac Asimov는 이렇게 말했다. "과학에서 가장 흥분을 불러일으키는 말, 새로운 발견을 알리는 말은 '유레카!'가 아니라, '그것 참 흥미롭군!'이다."

위스콘신영장류센터 소장이자 호르몬과 행동 연구 분야의 선구자인 로버트 고이Robert Goy는 내게 재미있는 이야기를 들려주었다. 좋은 친구이자 멘토였던 고이는 마치 알려줄 작은 비밀이라도 있는 것처럼 반짝이는 눈으로 나를 바라보았다. 그리고 "붉은털원숭이 수컷 어른 한 마리와 암컷 어른 한 마리가 있는 우리에 새끼 한 마리를 추가로 집어넣으면 어떤 일이 일어날까?"라고 물었다. 그러고는 곧 자신의 질문에 스스로 대답했다. 만약 두 어른이 모두 새끼에 익숙하지만 지금 우리에 들어온 이 새끼를 이전에 본 적이 없다면, 새끼를 만지길 꺼릴 것이다. 하지만 처음에 약간 불안한 기색을 보이고 나서 새끼에게 반응하는 쪽은 언제나 암컷이다. 암컷은 새끼를 들어올려 배 위에 올려놓고 새끼를 향해 입술을 쩝쩝댄다 (상대를 안심시키는 제스처). 수컷은 새끼를 거의 쳐다보지도 않는다. 물론 수컷은 새끼를 보고 그 소리를 들었지만, 마치 새끼가 그곳에 없는 것처럼 행동한다. 새끼를 포근하게 안고 앉아 있는 시간이 길어질수록 암컷은 졸음이 더 심해진다. 새끼를 안는 것은 영장류에게 선행이 기쁨을 가져다 준다는 온광溫光 효과를 발휘한다.

여기까지는 좋았다. 그런데 고이가 다음번 질문을 던졌다. 새끼 원숭이를 혼자 있는 수컷 어른의 방에 넣으면 어떻게 될까? 수컷은 처음과 마찬가지로 불편해하고 망설이는 태도를 보일 것이고, 심지어 구석으로 물러날지도 모른다고 고이는 말했다. 하지만 대다수 수컷은 결국 암컷이 한 것과 똑같은 일을 한다. 그들은 새끼를 들어올려 배 위의 올바른 위치에 올려놓으며, 그러면 새끼는 곧 안정을 찾는다. 수컷 역시 새끼를 부드럽게 안고 입술을 쩝쩝대면서 완벽한 아비의 모습을 보여준다.

다시 말해서, 수컷의 반응은 암컷의 존재에 달려 있다. 심지어 그 암컷이 새끼의 어미가 아닐지라도 말이다. 수컷 붉은털원숭이는 그 지배성에도 불구하고, 새끼에 관한 문제는 암컷에게 미룬다. 고이의 요지는 수컷이 새끼를 돌보지 않는다거나 천성적으로 새끼를 돌보는 데 서툴다는 것이 아니라, 양육은 암컷의 일이어서 수컷이 간섭하지 않는다는 것이었다. 더욱이 수컷은 조심하는 법을 배웠다. 수컷은 새끼를 겁먹게 하거나 해를 가하면, 암컷과 문제가 생긴다는 사실을 알고 있다. 수컷은 옹알거리거나 칭얼거리는 새끼와 단 둘이 있을 때에만 적절한 행동을 취하면서 새끼를 편안하게 해준다.

대다수 영장류에게서 암컷과 수컷이 새끼에게 베푸는 돌봄의 양은 큰 차이가 있다. 통상적인 설명에 따르면, 암컷은 새끼에게 헌신적이지만 수컷은 그렇지 않다고 한다. 생물학 용어를 사용해 표현한다면, 암컷은 새끼의 성장과 건강에 투자하는 반면, 수컷은 단 한 차례 유전적 기여만 하고 끝낸다. 실제로 현실에서도 그렇게 보일 때가 많지만, 이 흑백의 대비 뒤에 회색 음영에 더 가까운 경향이 있다면 어떨까? 고이는 현실에서 뚜렷한 역할 구분이 나타난다고 해서 수컷에게 새끼를 돌보는 잠재력이 없는 것은 아니라고 주장했다.

이것은 정의상 암컷과 관련된 '모성 본능'을 탐구할 때 염두에 두어야 할 사항이다. 이 용어에 대해서는 할 말이 많지만 논의할 것도 많다. 불행하게도 '본능'이란 용어를 사용하면, 어미의 보살핌이 미리 프로그래밍된 로봇의 행동인 것처럼 들린다. 마치 모든 암컷이 갓 태어난 새끼를 어떻게 다루어야 하는지 즉각적으로 알고 있고 자동적으로 처리할 수 있는 것처럼 들린다. 이것은 오해의 소지가 큰데, 이 점에 대해서는 나중에 내가 자세히 설명할 것이다. 한편, 어미의 역할이 생물학과 긴밀히 연결되어 있다는 사실은 부정할 수 없다.

포유류는 진화의 무대에서 비교적 늦게 나타났다. 포유류는 약 2억 년 전에 아주 훌륭한 새 번식 방법으로 무장하고서 파충류와 조류 계통에서 갈라져 나왔다. 새끼는 어미의 뱃속에서 안전하게 자라다가 산 채로이긴 하지만 매우 취약한 상태로 태어난다. 새끼는 태어나자마자 따뜻함과 보호와 액체 영양이 필요하다. 출생 후에 새끼의 살과 피에 필요한 것을 공급할 수 있는 후보는 적어도 처음에는 어미밖에 없다. 알을 낳고는 알에서 새끼가 부화하기 전에 버리고 떠나는 수많은 동물과 달리 어미 포유류는 새끼가 세상에 태어났을 때 항상 그 옆에 함께 있다. 수컷도 가까이에 있을 수 있지만, 반드시 그렇다는 보장은 없다. 자식을 돌보는 방법을 마련하기 위해 진화는 암컷을 선택하는 수밖에 없었다. 그래서 암컷은 영양을 공급하는 장비와 자식을 마치 여분의 팔다리처럼 자신의 몸에서 뻗어나온 부분으로 간주하는 뇌를 받았다. 캐나다 출신의 미국 신경철학자 퍼트리샤 처칠랜드Patricia Churchland는 다음과 같이 말했다.

> 포유류 뇌의 진화 과정에서 나 자신의 범위는 자기 새끼까지 포함하도록 확장되었다. 성숙한 쥐가 자신의 먹이와 따뜻함과 안전을 신경 쓰듯이, 어미는 새끼의 먹이와 따뜻함과 안전을 신경 쓴다. 새로운 포유류 유전자는 새끼가 어미에게서 떨어졌을 때 불편과 불안을 느끼는 뇌를 만들었다. 반면에 포유류의 뇌는 새끼가 가까이에 있고 따뜻하고 안전할 때, 평온하고 좋은 기분을 느꼈다.[1]

어미 포유류는 자궁과 태반, 젖샘, 젖꼭지, 호르몬, 그리고 공감과 유대를 위해 설계된 뇌를 갖추고 있다. 하지만 어미 포유류의 양육 경향이 항상 즉각적으로 나타나는 것은 아닌데, 처음 어미가 된 암컷은 특히 그렇다. 그것은 양가감정과 함께 조금씩 나타나다가 후각 신호와 배고픔의 울음소리, 수유를 통해 강화될 수 있다. 대다수 어류와 파충류에게는 이런 것이 전혀 필요하지 않으며, 심지어 갓 태어난 새끼를 먹이로 바라보기도 한다. 그러나 포유류는 암컷이 첫날부터 새끼를 먹지 않으면, 새끼는 금방 죽고 만다. 우리 모두는 태어날 때까지 태아를 뱃속에서 키우고, 영양가 높은 체액을 생산하고, 건강한 성장과 발달을 위해 필요하면 언제든지 새끼를 핥고 마사지하고 안고 흔들고 만지는 어미들에서 유래했다.

어미가 자주 핥아준 새끼 쥐는 덜 핥아준 새끼보다 사회성이 더 높고 호기심도 더 많은 반면, 덜 핥아준 새끼는 아주 예민하고 신경질적으로 자라기 쉽다. 이와 비슷하게, 부모나 유모에게 자주 만지고 안아주는 보살핌을 받지 못하고 자란 아이는 심각한 정서 장애가 나타난다. 우리는 니콜라에 차우셰스쿠Nicolae Ceauşescu가 통치한 루마니아에서 이 슬픈 결과를 목격했다. 그곳 고아원들은 접촉 박탈이 초래한 불행한 결과 때문에 '영혼의 도살장'으로 불렸다.

새끼에게 젖을 먹이는 것은 모든 포유류의 보편적인 특징이다. 이것은 호르몬과 모든 포유류 종에 동일한 뇌화학으로 조절되는 정서적 연결을 촉진한다.

어미가 자식과 유대를 맺는 방식은 흔히 사랑에 빠지는 것에 비유되었다. 하지만 이것은 진화의 순서를 틀리게 기술한 것이므로, 우리는 그것을 뒤집는 것이 좋다. 모성애는 다양한 종류의 낭만적 사랑보다 먼저 나타났다. 생쥐에서 고래에 이르기까지 모든 모양과 크기의 암컷 포유류는 수백만 년 동안 무력한 새끼를 낳아왔다. 임신한 암컷의 몸은 에스트로겐과 프로락틴, 옥시토신으로 이루어진 호르몬 칵테일의 영향을 받으면서 새로운 생명의 탄생을 준비한다. 이들 호르몬은 뇌의 감정 허브인 편도를 확대하고, 보살핌과 보호와 수유를 촉진한다. '포옹 호르몬'이라는 별명이 붙은 옥시토신은 탁월한 모성 호르몬이다. 옥시토신은 분만을 유도하고, 모유 수유 중에 분비되며, 정서적 유대를 촉진한다.

이러한 신체적 변화들은 너무나도 오래된 것이어서 우리처럼 시각이 압도적인 감각인 종에서도 냄새가 중요한 단서로 남아 있다. 자식의 냄새는 어머니의 뇌로 직접 전달되는 경로를 따라가며, 뇌에서 거의 마약처럼 쾌락 중추를 활성화한다. 여성은 아기 냄새에 취한다. 심지어 똥도 귀찮아하지 않는다. 블라인드 테스트를 하면, 어머니들은 자기 아기의 똥이 묻은 기저귀를 다른 아기의 기저귀보다 냄새가 덜 난다고 평가한다.[2]

그 밖의 모든 사회적 유대는 이 오래된 뇌화학을 기반으로 형성된다. 이것은 양육을 제공하는 아비와 우리 같은 일부 종의 암수 한 쌍 결합을 포함해 양쪽 젠더 모두에 적용된다. 젊은이들이 사랑에 빠질 때, 그들은 모자 관계를 되풀이한다. 콩깍지가 씐 눈으로 서로를 바라보면서 '애기', '인형', '자기야' 같은 달콤한 호칭을 사용하고, 고음의 선율로 귀여운 '아기 말투'를 쓰고, 마치 상대가 혼자서는 먹지 못한다는 듯이 서로에게 음식을 먹여준다. 이 행복한 상태는 사랑에 빠진 두 사람의 혈액과 뇌에서

옥시토신 수치가 상승하는 것과 함께 나타난다.[3]

어머니의 애착은 모든 유대의 어머니이다.

사회성과
이타적 행동의 기원

만약 사회성이 어머니의 자식 사랑과 보살핌에서 유래한 부분이 크다면, 우리는 그것을 존중할 필요가 있다. 그러나 진화생물학자들은 포유류의 생식 방식을 당연시하는 경향이 있다. 물론 생식은 필수적인 부분이긴 하지만, 그것은 호흡과 이동도 마찬가지이므로 공연히 그것에 대해 법석을 떨 필요가 없다는 것이다.

하지만 어미 포유류의 보살핌은 도처에 존재하고 필수적이라는 바로 그 이유로 사회적 지능의 진화를 위한 도가니 역할을 했을 수 있다. 우선, 자식의 필요를 알아채고, 자식이 할 수 있는 일과 할 수 없는 일을 안다면, 어미는 필요한 일을 더 잘할 수 있다. 어미는 자식의 작은 발걸음이나 점프에 보조를 맞춰야 하고, 자식의 관점에서 바라볼 수 있어야 한다. 어린 새끼를 데리고 임관에서 여행하는 어미 오랑우탄을 생각해보자. 오랑우탄은 땅으로 내려오지 않고 나무에서 나무로 이동하는 능력이 탁월하다. 하지만 나무들 사이의 틈 때문에 팔이 긴 어른은 새끼보다 훨씬 수월하게 이동한다. 어린 오랑우탄은 종종 넓은 틈을 건너지 못해 어미를 부른다. 어미는 늘 훌쩍이는 새끼에게 돌아간다. 어미는 먼저 새끼가 갇혀 있는 나무를 향해 자신의 나뭇가지를 붙잡고 건너간 다음, 두 나무 사이에 자신의 몸을 다리처럼 놓는다. 어미는 한 손으로 한쪽 나무를 붙잡고 발로 다른 쪽 나무를 붙잡은 뒤, 두 나무를 가까이 끌어당겨 새끼가 자신의 몸 위로 건너가게 한다. 어미는 감정적으로 새끼에게 몰입하며(어미 유인원은 새끼가 훌쩍이는 소리를 들으면 자신도 따라서 훌쩍이는 경우가 많다), 새끼의 능력에 맞는 해결책을 내놓는다.

상대방의 입장에서 생각하는 능력(역지사지易地思之)은 전통적으로 사람만이 가진 독특한 능력으로 일컬어져 왔지만, 지금은 유인원과 뇌가 큰 몇몇 종(까마귓과 같은)에서 관찰되고 잘 기록되어 있다. 최근 연구에서는 유인원이 심지어 자신이 지각하는 현실이 다른 유인원과 다를 수 있다는 것도 이해한다는 사실이 드러났다.[4] 또한 유인원에게 상대방의 곤경에 대한 이해를 바탕으로 일어나는 '맞춤 도움' 능력도 있는 것으로 알려졌다. 오랑우탄이 나무 사이에 다리를 놓는 행동이 그러한 예이지만, 이를 뒷받침하는 실험적 증거도 있다. 일본 영장류연구소에서 영장류학자 야마모토 신야山本真也는 두 침팬지를 서로 분리된 공간에 나란히 두었다. 한 침팬지는 7개의 도구 중 하나를 선택할 수 있는 반면, 다른 침팬지는 간식이나 주스를 얻기 위해 한 가지 특정 도구가 필요했다. 첫 번째 원숭이는 유리창을 통해 상대방이 어떤 상황에 있는지 살펴보아야 가장 적합한 도구를 골라 넘겨줄 수 있었다. 첫 번째 원숭이가 그 대가로 아무것도 받지 못했는데도, 침팬지들이 이 과제를 해결하는 데 성공했다는 사실은 상대방에게 필요한 것이 무엇인지 파악하는 능력과 기꺼이 상대방을 도우려는 의지가 있음을 보여주었다.[5]

콩고공화국의 구알루고 삼각주에 사는 어미 침팬지들은 매일 이 능력을 보여준다. 흰개미를 낚아 올리는 동안 칭얼대는 새끼에게 도구를 건네주거나 자신의 손에서 하나를 가져가게 한다. 모든 막대나 잔가지가 흰개미를 낚아 올리기에 적합한 모양과 길이를 갖고 있지는 않다. 어미가 고른 도구들이 가장 좋다. 그리고 어미는 새끼가 스스로 알아서 낚시질을 하게 내버려두지 않고 방법을 가르쳐준다. 어미는 새끼가 무엇을 요구할지 미리 예상하고서 흰개미 집에 갈 때 여분의 도구를 가져간다. 가르치는 것은 또 다른 형태의 역지사지 능력인데, 유능한 쪽이 상대방의 기술부족을 이해해야 하기 때문이다.[6]

역지사지를 완전히 다른 각도에서 조명한 일화를 하나 더 살펴보자. 여키스야외연구기지에서 나는 인지 테스트의 스타인 암컷 침팬지 롤리타와 특별한 유대를 맺었다. 어느 날, 롤리타가 갓 태어난 새끼를 안고 있었는데, 나는 새끼를 자세히 살펴보고 싶었다. 갓 태어난 유인원은 어미의 어두운 배 위에서 작고 어두운 얼룩에 불과한 모습으로 보이기 때문에, 자세히 관찰하기가 어렵다. 나는 정글짐에서 무리와 함께 털고르기를 하고 있던 롤리타를 불렀다. 롤리타가 내 앞에 앉자마자, 나는 새끼를 가리켰다. 그러자 롤리타는 자신의 오른손으로 새끼의 오른손을, 왼손으로 새끼의 왼손을 잡았다. 이것은 간단한 것처럼 들리지만, 새끼가 자신을 마주 본 채 배에 달라붙어 있었기 때문에, 그렇게 하려면 롤리타는 양팔을 교차시켜야 했다. 그 동작은 사람들이 티셔츠를 벗으려고 단을 잡고 양 팔을 교차시키는 것과 비슷했다. 롤리타는 천천히 새끼를 공중으로 들어올리면서 그 축을 중심으로 빙 돌려 내 눈앞에 보여주었다. 어미의 손에 매달린 새끼는 이제 어미 대신에 나를 마주 보았다. 이 우아한 동작을 통해 롤리타는 내가 새끼의 뒷모습보다 앞모습에 더 관심이 있으리란 사실을 이해하고 있음을 보여주었다.

이 모든 것은 사회적 지능의 엄청난 도약을 나타내는 역지사지 능력이 어미와 자식 간의 관계에서 시작된 것일 수 있음을 말해준다. 이것은 일반적인 사회성과 협력의 진화에도 적용된다. 예를 들면, 나는 과학자들이 어미가 자식을 다루는 방식을 고려했더라면 그동안 '이타주의라는 수수께끼'를 풀기 위해 사용한 잉크의 양이 크게 줄었을 것이라고 확신한다. 이타주의가 수수께끼로 보이는 이유는 동물에게는 남을 염려할 이유가 전혀 없다고 가정하기 때문이다. 이기주의가 남보다 앞서나갈 수 있는 길인데, 왜 동물이 남을 염려하겠는가? 하지만 대다수 동물은 이 조언을 무시한다. 그들은 남에게 포식자의 존재를 경고하고, 배고픈 동료에게 먹이를 나눠주고, 절뚝거리는 동료를 위해 속도를 늦추고, 서로를 지키기 위해 공격자에게 함께 대항한다. 심지어 유인원은 물에 빠진 동료를 구하기 위해 또는 동료를 공격해온 표범 같은 포식자를 쫓아내기 위해 찬물 속으로 뛰어든다는 사실이 알려져 있다. 그러고 나서 이들은 동료의 상처를 핥아주고, 상처에 꼬인 파리를 쫓아보낸다. 이렇게 남을 배려하는 동물의 행동을 어떻게 설명해야 할까?[7]

어미의 보살핌은 가장 눈길을 끌고 가장 흔한 형태의 이타주의인데도 불구하고 이 논쟁에서 조심스럽게 제외되었다. 과학자들은 자식을 위한 희생은 그렇게 의문스러운 것이 아니기 때문에, 그것을 논쟁에 포함시키면 문제의 초점이 흐려진다고 생각했다. 그 결과로 우리는 동물의 친절이라는 기이한 행동이 새끼를 보살피는 행동에 그 뿌리가 있다는 사실을 알아채지 못한 채 그 주위를 빙빙 돌기만 했다. 그 뿌리는 아주 중요한데, 모든 포유류의 구조 활동, 특히 통증과 고통의 징후에 대응한 구조 활동이 부모의 보살핌이라는 신경학적 청사진에서 비롯되기 때문이다.[8]

침팬지와 보노보는 싸움에서 진 동료처럼 기분이 크게 상한 동료를 자발적으로 위로한다. 그들은 상대방이 진정될 때까지 키스와 포옹과 털고르기를 해준다. 이와 비슷하게, 개는 우는 사람을 핥고 몸에다 코를 비비거나 무릎에 머리를 기댄다. 코끼리는 갑작스런 소리에 놀란 구성원이 있으면, 푸르르 소리를 내면서 그 코끼리의 입속에 코를 집어넣는다. 동물의 공감 표현은 점점 더 많이 인정되고 있는데, 그 신경생물학적 특징은 많은 종이 공유하고 있다. 첫 번째 신경과학 연구는 일부일처제를 따르는 작은 설치류인 프레리들쥐의 위로 행동을 조사한 것이었다. 스트레스가 심한 일을 겪고 나면, 한 쌍의 암수 중에서 한쪽이 다른 쪽에게 털고르기를 해준다. 사람의 경우 남성과 여성 모두 콧구멍에 옥시토신을 뿌려주면, 공감 능력이 향상된다. 같은 맥락에서 들쥐가 짝의 괴로움을 완화시키는 행동은 뇌에서 분비되는 옥시토신에 좌우되는 것으로 드러났다. 이 모든 것은 최초로 발달한 공감 형태, 즉 어미 포유류가 겁을 먹거나 다친 새끼에게 제공하는 신체적 위안을 상기시킨다.[9]

어미가 새끼에게 안도감을 주지 못하는 경우는 자신이 불편의 원인이 될 때뿐이다. 이것은 젖떼기를 할 때 불가피하게 일어나는데, 어미 유인원은 새끼를 젖꼭지에서 밀어냄으로써 젖떼기를 시작한다. 4년 동안 새끼는 원할 때마다 젖을 빨 수 있었지만, 이제는 어미의 팔이 젖꼭지를 단단히 가로막고 있다. 물론 새끼가 이에 반발해 심하게 울면 어미도 어쩔 수 없이 잠시 수유를 허용하지만, 새끼가 나이를 먹을수록 거부와 수용 사이의 간격이 길어진다. 어미와 새끼는 이 전투에서 각자 다른 무기를 사용한다. 어미는 신체적 힘이 월등한 반면, 새끼는 잘 발달된 후두(어린 침팬지의 비명 소리는 아기 6명의 울음소리를 가뿐히 능가한다)와 강력한 협박 전술이 있다. 새끼는 뿌루퉁한 표정으로 훌쩍이면서 어미를 구슬리려고 시도하며, 모든 방법이 실패하면 짜증을 낸다. 이 시끄러운 과시 행동이 절정에 이르면, 숨이 막힐 정도로 비명을 지르거나 어미의 발에 구토를 하면서 어미의 투자를 무위로 돌리는 궁극적인 위협을 가한다. 긴 수유 기간 때문에 새끼 보노보와 새끼 침팬지는 우리 종의 '미운 세 살'과 비슷하게 '미운 네 살' 시기를 거친다.

이러한 새끼의 과장된 연기에 대응해 한 야생 어미 침팬지가 내놓은 답은 나무 위로 높이 올라가 아들을 아래로 던지면서 마지막 순간에 발목을 붙잡는 것이었다. 어린 수컷은 15초 동안 거꾸로 매달린 채 머리를 도리도리 흔들며 비명을 질렀다. 그러고 나서 어미는 새끼를 제 위치로 되돌렸다. 어미는 이런 행동을 연속으로 두 번 반복했다. 그날, 새끼는 더 이상 짜증을 부리지 않았다.

그런데 나는 재미있는 타협도 목격했다. 다섯 살 먹은 한 새끼는 어미의 아랫입술을 쪽쪽 빨면서 대용 젖꼭지 빨기에 만족했다. 또 다른 새끼는 젖꼭지에 가까이 위치한 어미의 겨드랑이 아래에 머리를 처박고 피부주름을 빨았다. 하지만 이러한 타협책은 겨우 2주 동안만 지속된다. 얼마 후, 새끼는 결국 단념하고 고형식을 먹고 살아가지만, 오랫동안 엄지손가락을 빠는 버릇이 남는 경우가 많다.[10]

해부학적 구조가 거의 비슷하다는 점 때문이겠지만, 사람과 유인원 모두 어미가 새끼를 안고, 들고 다니고, 젖을 먹이는 방법이 서로 비슷하다. 동물원 측에서 가끔 어머니들을 초대하여 순진한 유인원에게 모유 수유 방법을 보여주는 이유는 바로 이 때문이다. 또, 동물원 관리인들과 동물원을 자주 찾는 사람들이 유인원이 사람의 임신과 갓난아기에 대해 매우 흥미로워한다는 이야기를 자주 하는 이유도 이 때문이다. 유인원은 모유 수유 과정을 자세히 살펴보면서 따라 한다. 한 여성은 아기를 낳은 뒤에 동물원에 고릴라를 보러 간 이야기를 들려주었다. 유모차를 밀고 해자 가 장자리까지 가자, 잘 알고 지내던 고릴라가 자신의 갓난 새끼를 안은 채 인사를 했다. 처음에 둘은 서서 서로를 바라보았지만, 고릴라가 여성을 바라보며 자신의 배를 가볍게 툭툭 쳤다. 그 여성도 답례로 자신의 배를 툭툭 쳤다. 그 여성은 "우리는 둘 다 어머니로서 마음이 통했던 거지요." 라고 말했다.

마지막 유사점은 새끼를 왼팔로 안는 경향이다. 사람의 경우, 어머니 5명 중 4명이 이러한 무의식적 선호를 보인다. 왼쪽 방향 선호는 아기와 인형에만 적용되며, 손으로 드는 나머지 물체들에는 적용되지 않는다. 어미 유인원도 동일한 편향을 보이기 때문에, 이 선호가 문화에서 유래했을 가능성은 낮다. 이를 설명하는 가설이 여러 가지 있는데, 예컨대 아기를 어머니의 심장에 가까이 다가가게 하여 심장 고동 소리를 듣게 하는데 좋다는 주장이 있다. 또, 다른 작업에 주로 사용하는 오른팔을 자유롭게 할 수 있다는 설명도 있다. 하지만 가장 많은 지지를 받는 가설은 시각 교차* 때문에 왼쪽 시야에 있는 물체가 대개 오른쪽 뇌에서 지각된다는 설명이다. 우뇌가 얼굴 감정을 처리한다는 점을 감안하면, 아기를 왼쪽에 안는 것이 감정적 연결을 촉진한다고 볼 수 있다.[11]

＊ 눈의 망막에서 시작되는 좌우의 시각 신경이 뇌에 도달
할 때 좌우가 교차되는 현상

하지만 부모가 이 상황의 주도권을 완전히 쥐고 있는 것은 아니다. 아기는 수동적이지 않으며, 대다수 아기는 왼쪽에서 젖을 빠는 것을 선호한다. 이 왼쪽 젖꼭지 편향도 사람과 유인원 모두에서 공통적으로 나타난다.[12]

아기에게 끌리는 성향

나는 크롬Krom이라는 귀머거리 침팬지가 계속 자신의 새끼를 잃는 것을 보았을 때, 어미 유인원이 새끼의 반응에 얼마나 예민하게 신경을 쓰는지 처음 알았다. 어미 유인원은 만족과 불편을 나타내는 새끼의 소리를 듣고서 새끼의 상태를 파악하는데, 그 소리는 거의 들리지 않을 정도로 작을 수도 있다. 하지만 귀가 먹은 크롬은 이런 소리는 물론이고 더 큰 소리도 들을 수 없었다. 만약 크롬이 새끼를 깔고 앉더라도, 새끼의 비명을 듣지 못해 적절한 반응을 할 수 없었다. 피드백 연결 고리가 끊어진 것이다. 크롬은 새끼를 잘 키우려는 성향이 강한 훌륭한 어미였지만 계속 새끼를 잃었다. 우리는 또다시 슬픈 결말을 맞이하기 전에 크롬이 마지막으로 낳은 새끼를 크롬에게서 떼어냈다.

우리는 로셔라는 이름의 그 새끼를 카위프에게 입양시켰다. 카위프는 새끼를 기르길 간절히 원했지만, 젖이 충분히 나오지 않았다. 우리는 크롬이 아기의 울음소리를 듣지 못해 무시하면, 카위프도 가끔 따라서 운다는 사실을 발견했다. 우리는 카위프에게 젖병으로 우유를 먹이는 방법을 가르칠 수 있었는데, 이것은 침팬지의 모성 행동이 완전히 새로운 기술을 추가할 수 있을 만큼 충분히 유연하다는 것을 보여준다. 심지어 카위프는 로셔가 트림을 하려고 하면 젖병을 떼야 한다는 사실도 스스로 터득했다. 우리는 그것을 가르친 적이 없었다.

모성 행동이 학습될 수 있다는 사실은 왜 본능이라는 용어로 이 행동을 설명하기에 부족한지 잘 보여준다. 심지어 자연적인 수유 행동조차도 겉보기만큼 자명한 것이 아니다. 예를 들면, 사람 아기도 모든 포유류와 동일한 먹이찾기 반사와 빨기 반사를 갖고 태어나는데도 불구하고, 아무 도움 없이 혼자서 젖을 빠는 데 어려움을 겪는다. 아기는 유방 냄새에 이끌려 젖꼭지를 물려고 한다. 젖꼭지가 입천장에 닿으면, 리드미컬한 빨기가 주기적으로 시작된다. 하지만 젖꼭지가 입이 닿지 않는 곳에 있으면, 이런 일이 일어날 수 없다. 사람의 가슴은 상대적으로 크고 부풀어 있어, 젖꼭지는 아기에게 미니 에베레스트산이 된다. 다른 종의 경우에는 새끼가 옆으로 누워 있는 어미에게 걸어가기만 하면 된다. 혹은 새끼의 머리 바로 위에 젖통이 매달려 있다. 사람의 경우에는 어머니가 아기의 위치를 제대로 잡아주어야 한다. 그러지 않으면 수유가 제대로 일어날 수 없다. 게다가 젖이 나오게 하려면 젖꽃판(유륜)을 눌러야 하기 때문에, 아기는 젖꼭지 끝 부분보다 더 많은 면적을 입으로 덮어야 한다. 반사의 역할에도 불구하고, 성공적인 수유를 위해서는 어머니와 아기 둘 다 많은 학습이 필요하다.[13]

아기를 운반하는 방법, 아기의 울음에 반응하는(언제 그리고 어떻게) 방법, 아기를 씻기는 방법, 기분이 상한 아기를 달래는 방법, 그리고 나중에 교육하는 방법을 포함해 아기를 양육하는 데에는 그 밖에도 복잡한 문제가 많다. 자연은 이런 것들 중 어느 것도 가르쳐주지 않는다. 이러한 기술은 유능한 어머니를 관찰하고 모방하고 아기 돌보는 일을 도우면서 어린 시절에 습득된다. 양육의 전통은 대대로 전해진다. 만약 여성이 갓난아기에게 크게 끌리지 않는다면, 애초에 이런 일은 절대로 일어나지 않을 것이다. 마찬가지로 카위프가 로셔에게 무관심했더라면, 우리는 카위프에게 젖병 수유를 가르칠 수 없었을 것이다. 무엇보다도 동기가 중요하다.

어른 사진과 아기 사진을 보여주면서 어린이의 선호를 측정하거나 실제 아기(실험자가 대기실에 혼자 남겨둔 아기)에 대한 반응을 관찰한 연구가 꽤 많다. 취학 전 연령 때부터 여자 아이는 남자 아이에 비해 아기에게 더 많은 관심을 보인다. 여자 아이는 아기에게 말을 하고 키스를 하고 안아주려고 한다. 아기를 돌봐달라는 부탁을 받으면, 여자 아이는 남자 아이보다 더 기꺼이 아기를 돌보려고 한다. 한 연구에서는 어머니가 이러한 차이를 조장하는지 확인하기 위해 5세 어린이들이 새로운 가족 구성원과 상호 작용하는 모습을 관찰했다. 여자 아이는 남자 아이보다 동생을 더 많이 돌보고 양육했다. 하지만 함께 있던 어머니는 딸에게 그렇게 하라고 지시하지 않았다. 어머니는 아기 문제에 대해 아들과 딸에게 똑같이 이야기했다.[14]

아기에게 끌리는 성향은 고고학자들이 아는 가장 오래된 장난감인 인형에 대해서도 나타난다. 남자 아이는 거의 모든 물체를 칼이나 총으로 바꾸며, 부모의 반대에도 불구하고 자주 그렇게 하지만, 상업용 인형을 선물받지 못한 여자 아이는 집에 있는 재료로 창의력을 발휘한다. 그들은 아메리카 원주민의 옥수수 껍질 인형과 동석凍石*과 동물 가죽으로 만든 이

＊ 질이 좋고 모양이 고운 활석의 한 종류

누이트의 인형처럼 오래된 전통을 따라 스스로 인형을 만든다. 러시아의 발달심리학자 레프 비고츠키Lev Vygotsky는 "누더기 다발이나 나무 조각은 놀이에서 작은 아기가 되는데, 그것을 가지고 아기를 안거나 젖을 먹이는 것과 같은 동작을 취할 수 있기 때문이다."라고 말했다.[15]

우리의 가장 가까운 친척에게서 비슷한 종류의 상상 놀이가 관찰되었다. 1장에서 이야기했듯이, 유인원은 자주 무생물을 인형으로 만들어 아기처럼 취급한다. 침팬지 암버르가 부드러운 빗자루를 가지고 논 반면, 우간다의 야생 침팬지들도 그와 비슷하게 숲에서 통나무를 가지고 논다는 보고가 있다. 수컷은 이 통나무를 장난감으로 여기는 반면, 암컷은 그것을 새끼처럼 보살피는 행동을 보인다. 암컷은 통나무를 등에 업고, 꼭 안고 잠을 자거나, 통나무를 위해 안락한 둥지를 짓는다.[16]

어린 암컷은 새끼나 가상의 새끼를 이렇게 다루는 경험을 통해 많은 것을 얻는다. 어린 수컷 영장류는 지위를 놓고 경쟁하는 장래의 삶을 준비하기 위해 시끌벅적한 싸움 놀이를 하는 반면, 어린 암컷은 모성 기술을 습득하느라 바쁘다. 나는 이것이 정형화된 이야기처럼 들리리란 사실을 알지만, 한편으로는 이 용어가 너무 아무렇지도 않게 사용된다는 느낌도 든다. 《메리엄-웹스터 사전》은 '정형화된stereotypical'을 "고정되거나 일반적인 패턴 또는 유형, 특히 지나치게 단순화되거나 편견이 심한 성격을 지닌 패턴 또는 유형을 따르는"으로 정의한다. 어린이의 게임을 이런 식으로 규정짓는다면, 그들이 하는 모든 것은 어떤 사회적 이상을 따르는 것이란 뜻이 된다. 하지만 남성과 여성은 생식을 하는 방법이 각자 다르고, 아이들은 그러한 미래에 대비하는 것이 생물학적 현실이다. 이것은 모든 동물에게서 똑같이 나타난다. 어린 숫염소들이 하루 종일 서로 머리를 들이박으면서 놀고, 암캐들이 솜털로 뒤덮인 장난감을 강아지처럼 끌고 다니고, 어린 수컷 베짜는새가 장난감 둥지를 짓고, 어린 쥐들이 서로의 뒤에 올라타는 이유는 이 때문이다. 이 모든 것은 재미있는 놀이로 일어나지만, 이러한 행동에 장차 자신의 유전자를 퍼뜨릴 수 있느냐 여부가 달려 있다. 어린이의 게임도 동일한 각본을 따른다.

아기와 인형에 대한 여자 아이의 관심이 순전히 문화적인 것이라면, 지역과 시대에 따라 다양한 양상이 나타나야 할 것이다. 하지만 현실은 그렇지 않다. 그러한 경향은 적어도 고대 그리스와 로마 시대부터 알려졌다. 서로 다른 10개 문화권에서 관찰한 결과에 따르면, 여자 아이는 아기를 돌보는 데 더 큰 관심을 보이고 집안일을 더 적극적으로 거드는 반면 남자 아이는 집 밖에서 더 자주 노는 것으로 드러났다. 이러한 연구는 대부분 서양의 텔레비전과 영화가 전 세계를 압도하기 전인 1950년대에 케냐와 멕시코, 필리핀, 인도처럼 다양한 나라들에서 일어났다. 미국 심리학자 캐럴린 에드워즈Carolyn Edwards는 "생계를 근근이 유지하는 사회에서는 바쁜 어머니가 나이든 자식들의 도움을 받아야 하는데, 이런 사회에서는 분명히 여자 아이가 남자 아이보다 아기를 더 많이 돌보고 아기와 더 많은 시간을 보낸다."라고 결론 내렸다. 남성이 집안일에 많이 관여하는 문화에서도 여자 아이는 남자 아이보다 아기를 더 많이 돌본다.[17]

에드워즈는 자기 사회화를 그러한 현상에 대한 설명으로 제안한다. 사회화는 항상 사회를 통해 일어나는 것은 아니며, 아이 자신에게서 스스로 일어날 수도 있다. 남자 아이와 여자 아이 모두 동성 친구를 선호하기 때문에, 여자 아이는 여성 주변에서 더 많은 시간을 보낸다. 이런 상황이 아기에 대한 관심과 결합하여 여자 아이는 자동적으로 육아 활동에 관여하게 된다. 하지만 이것이 다가 아닌데, 에드워즈는 여자 아이는 아기와 관련된 일을 하면서 명백히 즐거움을 얻는다고 지적한다. 여자 아이는 아기를 위해 스스로 자원하고 나선다. 그런 일에 대한 관심은 모든 문화에서 가장 일관되게 나타나는 젠더 차이 중 하나이다.

어린 암컷 영장류는 여자 아이만큼 새끼에게 크게 끌리는 반면, 새끼에 대한 수컷의 관심은 새끼를 돌보는 성향보다는 거의 형식적인 호기심에 가깝다. 새끼 유인원은 좋아하는 상대의 몸에 들러붙길 좋아하지만, 어린 수컷 침팬지는 그것을 허용하지 않고 어색한 자세로 새끼를 들고 다닐 때가 많다. 나는 어린 수컷들이 작은 새끼의 팔다리를 최대한 꽉 잡아늘이고, 자신의 큰 손가락을 새끼의 목구멍 속으로 집어넣거나, 또래 친구와 함께 그것을 서로 잡아당기는 대상으로 삼는 모습을 경악의 눈으로 바라보았다. 이들은 새끼의 비명에도 아랑곳하지 않고 미친 듯이 새끼를 되찾으려는 어미의 시도를 요리조리 피한다. 대다수 어미 영장류가 새끼를 조심스럽게 잘 돌본다는 사실이 증명되지 않은 어린 수컷에게 새끼를 맡기지 않으려고 하는 것은 충분히 이해할 만하다. 새끼를 잘 돌보는 수컷이 있긴 하지만, 그런 수컷은 일반적으로 나이와 경험이 더 많다. 어린 암컷의 경우에는 어미는 적어도 어린 암컷이 새끼를 부드럽게 다루고 잘 보살피며 젖 먹일 시간에 맞춰 돌려줄 것이라고 안심할 수 있다.

우리는 50년 전부터 이 성차를 알았다. 한 야외 연구자의 표현을 빌리면, 어린 암컷 영장류는 "꿈틀거리는 것"을 만지길 좋아한다. 미국 영장류학자 제인 랭커스터Jane Lancaster는 1971년에 발표한 보고서에서 잠비아의 야생 버빗원숭이에 대해 다음과 같이 기술했다. "생후 6~7주가 되면 새끼는 깨어 있는 시간 중 상당 부분을 어린 암컷들과 함께 보낸다. 어미 버빗원숭이는 자주 이 기회를 틈타 자신의 먹이를 찾으러 간다." 랭커스터는 이 반응을 수컷의 반응과 비교했다. "어떤 연령대의 수컷에게서도 갓난 새끼를 안거나 들고 다니거나 털고르기를 하는 것처럼 어미가 새끼를 보살피는 행동을 따라 하는 모습을 본 적이 없다."[18]

연구 대상이 된 원숭이들 대부분에서 미성숙한 암컷은 미성숙한 수컷보다 새끼와 상호 작용하는 빈도가 3~5배 더 많았다. 남의 새끼를 친어미처럼 돌보는 암컷의 이 행동을 알로마더링allomothering이라 부른다. 알로마더링은 모성 기술을 발달시키는 데 도움이 된다. 영장류학자 린 페어뱅크스Lynn Fairbanks는 버빗원숭이를 대상으로 한 연구에서 알로마더링을 조사했다. 처음 어미가 된 버빗원숭이 집단을 관찰했는데, 페어뱅크스는 이들이 태어났을 때부터 지금까지 자라온 역사를 잘 알았다. 페어뱅크스는 태어난 새끼들의 생존율을 파악하길 원했다. 어미가 된 암컷이 어린 시절에 다른 암컷의 새끼를 돌보는 데 시간을 보낸 적이 있다면, 새끼의 생존율을 높이는 데 도움이 될까? 실제로 그랬다. 그런 경험이 있는 어미는 경험이 없는 어미보다 새끼의 사망률이 낮았다.[19]

새끼가 있는 어미들과 떨어져서 자란 암컷 원숭이는 자신이 처음 낳은 새끼를 잘 돌보지 않는다. 무엇을 해야 할지 전혀 모르며, 심지어 새끼를 들어올리지도 않는다. 이것은 모성 훈련 전통이 없는 동물원 유인원 사이에서도 흔히 나타난다. 이런 암컷들에게는 어떻게 해야 하는지 보여주기 위해 새끼를 돌본 경험이 확실히 있는 암컷을 들여보내는 게 중요하다.[20] 많은 포유류에서 이런 식의 모성 훈련이 일어나는데, 코끼리와 돌고래, 고래 무리에서 베이비시터처럼 새끼를 돌보는 많은 '이모'들도 그런 예이다. 그리고 우리는 어미 설치류가 새끼를 돌보는 행동을 선천적이라고 생각하는 경향이 있지만, 설치류도 모성 훈련을 받아야 모성을 제대로 발휘할 수 있다.

생쥐 굴에 설치한 카메라 덕분에 우리는 경험 많은 어미가 어린 암컷들을 가까이에 머물게 하려고 노력한다는 사실을 알게 되었다. 한 암컷이 굴을 떠나면, 어미는 그 암컷을 쫓아가 되돌아오게 한다. 어미는 어린 암컷 앞에서 새끼를 내려놓았다가 다시 들어 올리는 법을 보여줌으로써 새끼를 둥지로 다시 데려오는 방법을 가르친다. 혹은 새끼를 어린 암컷 앞에 놓고는 들어올려 보라고 권하는 것 같은 행동을 보인다. 이런 종류의 경험이 있는 어린 생쥐는 그런 경험이 없는 생쥐보다 새끼를 제대로 다루는 법을 더 빨리 배운다.[21]

따라서 이제 아기와 인형에 대한 여자 아이의 선호를 정형화된 행동이라고 불러서는 안 된다. 전 세계에서 발견되고, 많은 포유류와 공유하는 사람의 행동은 편견과 젠더 기대로 설명되지 않는다-비록 둘 다 어느 정도 그 행동에 기여할 수는 있겠지만 말이다. 여기에는 훨씬 더 깊은 원인이 있다. 여기에는 생물학이 관련되어 있는데, 그럴 만한 이유가 충분히 있다. 새끼를 돌보는 기술은 너무나도 복잡해 본능에만 맡길 수 없기 때문에, 진화는 그 기술이 가장 필요한 젠더에게 그 훈련을 간절히 원하도록 만들었다.

오래된 생식 방식과 기능적으로 연결된 경향은 정형적인 것이 아니라 '원형적'인 것이다.

수컷의 양육 잠재력

이제 수컷 영장류가 새끼에게 전혀 무관심하지 않다는(심지어 아비의 보살핌이 거의 또는 전혀 없는 종에서도) 관찰 사실을 다시 살펴보기로 하자. 어떤 상황에서는 수컷이 새끼를 안고 양육하며, 인상적인 양육 잠재력을 보여준다. 게다가 이 잠재력은 영장류에만 국한된 것이 아니다. 예를 들면, 수컷 쥐는 새끼를 돌보지 않는 것으로 알려져 있지만, 혼자서 새끼와 함께 충분히 지낸다면 결국 새끼를 돌본다. 다윈이 일기에서 언급했듯이, 그것은 닭도 마찬가지다. 다윈은 중성화한 수탉이 "알 위에 앉을 뿐만 아니라, 암컷보다 더 나을 때도 많다."라는 사실을 알아냈다. 다윈은 양육을

솜털머리타마린은 다람쥐만 한 크기의 남아메리카 원숭이인데, 아비에게 새끼를 돌보는 행동이 고도로 발달했다. 이 원숭이들 사이에서 태어난 쌍둥이는 어미보다 아비가 더 많이 데리고 다닌다.

위한 '잠재적 본능'이 수컷의 뇌 속에 숨어 있다고 추측했다.[22]

아비의 이 본능은 새끼를 다정하게 돌보고 맹렬히 보호하는 많은 새뿐만 아니라, 마모셋과 타마린 같은 몇몇 영장류에서도 나타난다. 이 작은 남아메리카 원숭이들의 수컷은 암컷이 낳은 쌍둥이를 운반하고 돌보는 일에 많이 관여한다. 미국 영장류학자 찰스 스노든Charles Snowdon은 평생 동안 솜털머리타마린을 연구했다. 나는 위스콘신영장류센터에서 멀지 않은 곳에 있는 그의 솜털머리타마린 무리를 자주 방문했다. 스노든은 아비 타마린이 매우 유능하고 새끼를 잘 돌본다는 사실을 발견했다. 그 비용은 아주 많이 드는데, 아비 타마린은 새끼를 등에 업고 다니느라 체중이 줄어든다. 어미가 치르는 주요 비용은 임신과 수유이다. 어미는 수유하는 동안만 새끼를 안을 뿐, 나머지 시간에는 아비에게 맡긴다. 아비는 쌍둥이에게 고형식을 아낌없이 나누어주면서 독립적으로 먹이를 찾을 수 있을 때까지 양육한다. 자신의 짝이 임신했을 때 이미 아비는 호르몬 변화가 일어난다. 아비는 유대를 촉진하는 전형적인 암컷 호르몬, 예컨대 에스트로겐과 옥시토신 수치가 증가한다. 또한 곧 다가올 체중 감소에 대한 보상으로 살이 찐다.[23]

하지만 이 원숭이들은 우리와 상당히 관계가 먼 편이어서 사람의 진화와 관련성이 적다. 우리와 더 가까운 종으로는 동남아시아의 긴팔원숭이와 큰긴팔원숭이가 있다. 이들은 높은 나무 꼭대기에서 짝을 지은 한 쌍이 잘 조화된 노래를 아름답게 부르는 것으로 유명하다. 노래는 유대를 맺는 데 도움을 주고, 이웃들을 그들의 세력권에 침범하지 못하게 한다. 수컷과 암컷은 새끼를 돌보는 일을 분담하는데, 새끼를 데리고 다니면서 함께 놀고 음식을 함께 나누어 먹는 일은 수컷이 맡을 때가 많다.[24]

우리의 가장 가까운 친척인 대형 유인원의 경우, 언뜻 보면 수컷은 새끼를 돌보는 일에 관여하지 않는 것처럼 보이지만, 완전히 그런 것은 아니다. 사실, 수컷은 새끼를 데리고 다니거나 새끼가 먹이를 구하는 일은 거의 돕지 않지만, 새끼를 보호한다. 예컨대, 아프리카에서 고릴라나 침팬지가 길을 건널 때면, 덩치 큰 수컷이 길 한가운데에 교통경찰처럼 서서 교통을 통제한다. 수컷은 같은 무리의 구성원이 모두 길을 건널 때까지 참을성 있게 그곳에 서서 무리를 보호한다.[25] 수컷 고릴라는 가족을 과보호하는 경향이 있기 때문에, 옛날에 서양 사냥꾼들은 대개 수컷 어른의 가죽과 머리, 손을 가져왔다. 수컷은 가족에게 탈출할 시간을 벌어주기 위해 사냥꾼에게 허세를 부리며 돌진하다가 총에 맞았다. 요즘은 다행히도 똑같은 보호 행동을 하더라도, 그 결말은 위풍당당하게 가슴을 두드리는 수컷 고릴라의 사진이 많이 찍히는 것으로 끝난다.

내가 목격한 것 중 수컷 침팬지의 가장 놀라운 보호 행동은 카위프와 로셔를 뷔르허르스동물원의 침팬지 무리에 재도입할 때 일어났다. 젖병 수유 훈련을 위해 몇 주일 동안 둘을 무리와 따로 떨어져 지내게 했던 우리는 젊은 알파 수컷 니키의 적대감을 알아챘다. 한번은 카위프가 니키의 야간 우리 옆을 지나갈 때, 니키가 철창 사이로 팔을 뻗어 카위프에게 매달려 있던 로셔를 붙잡았다. 카위프는 꺅 하는 비명과 함께 펄쩍 뛰며 물러났다. 이 짧은 상호 작용을 보고 우리는 걱정이 되었다. 야생에서 보고된 끔찍한 새끼 살해 장면만큼은 우리가 절대로 보고 싶지 않은 것이었다. 로셔는 갈기갈기 찢길 수도 있었다. 카위프가 젖병으로 로셔에게 젖을 먹이도록 돕고 나 스스로도 젖을 먹이면서 몇 주일 동안 로셔를 안았기 때문에, 나는 평소에 좋아하던 냉정한 관찰자와는 거리가 멀었다.

오로지 니키만이 이런 반응을 보였기 때문에, 우리는 도입 과정을 단계적으로 진행하고, 니키를 우리에서 맨 마지막으로 내보내기로 결정했다. 야외에서 대다수 구성원은 카위프를 포옹으로 맞이하면서 새끼를 훔쳐보았다. 니키가 얼른 밖으로 나가려고 열리길 기다리고 있는 문을 모두가 초조하게 지켜보는 것 같았다. 침팬지는 예상되는 상대방의 행동을 사람 관찰자보다 훨씬 잘 안다. 그런 혼란 속에서 우리는 가장 나이 많은 두 수컷이 카위프의 곁을 떠나지 않는다는 사실을 알아챘다.

한 시간쯤 뒤에 우리가 니키를 섬으로 가도록 풀어주었을 때, 이 두 수컷은 카위프와 다가오는 니키 사이의 중간쯤에 자리를 잡고서 서로의 어깨에 팔을 둘렀다. 이 두 수컷이 수년간 큰 적이었다는 사실을 감안하면, 이것은 실로 놀라운 장면이었다. 온몸의 털을 곤두세운 채 매우 위협적인 자세로 다가온 젊은 우두머리에 맞서 둘은 이렇게 단결한 모습을 보여주며 버티고 서 있었다. 니키는 꿈쩍도 하지 않고 버티고 선 둘을 보고서 자세가 무너졌다. 카위프를 수호하는 팀은 우두머리를 내려다보면서 매우 단호한 모습을 보여준 게 분명한데, 니키가 도망갔기 때문이다. 시간이 한참 지난 뒤에 니키는 두 수컷이 지켜보는 가운데 카위프에게 다가갔다. 니키는 친절한 태도만 보였다. 니키의 의도는 영원히 수수께끼에 싸인 채 남겠지만, 관리인과 나는 안도의 한숨을 쉬며 포옹했다.

수컷 침팬지는 가끔 새끼를 보호하는 것을 넘어 그 이상의 일도 한다. 야생에서 수컷의 양육 능력은 비상 상황에서 빛을 발한다. 세네갈의 퐁골리에 사는 야생 암컷 침팬지 티아Tia가 밀렵꾼에게 새끼를 잃은 후, 연구자들은 새끼 유인원을 되찾아와 무리로 돌려보냈다. 새끼의 아비가 되기에는 너무 어리고 아무 혈연관계가 없는 수컷 청소년 침팬지 마이크Mike는 과학자들이 놓고 간 장소에서 새끼를 들어올렸다. 마이크는 그 새끼가 누구의 자식인지 알았던 게 분명한데, 곧장 티아에게 데려다주었기 때문이다. 마이크는 티아가 밀렵꾼의 개들에게 공격받아 상처를 입은 후 움직이는 데 큰 어려움을 겪는다는 사실도 안 게 분명한데, 이틀 동안 무리가 함께 이동할 때마다 마이크가 새끼를 데리고 다녔고, 티아는 뒤에서 절뚝거리며 따라왔기 때문이다.[26]

더욱 놀라운 것은 아무 혈연관계가 없는 새끼를 완전히 입양하는 행동인데, 이것은 유인원에게 가장 큰 투자에 해당한다. 타이 숲에서 30년 동안 관찰한 연구자 뵈슈는 야생 수컷 침팬지가 새끼를 입양하는 사례를 최소한 10건 목격하고 기록했다. 그런 사례는 새끼의 어미가 갑작스럽게 죽거나 실종한 이후에 일어났다. 2012년, 디즈니네이처는 침팬지 무리의 알파 수컷 프레디Fredy가 새끼 오스카Oscar를 보호하며 키우는 과정을 촬영한 영화 〈침팬지Chimpanzee〉를 내놓았다. 이 다큐멘터리는 실제 사건을 바탕으로 제작되었다. 오스카의 어미가 자연사하자, 어린 오스카의 생존 전망이 암울해 보였는데도 카메라 팀은 주변에 머물면서 촬영을 계속했다. 프레디는 새끼를 입양한 다른 수컷들과 같은 패턴을 보였는데, 이 수컷들은 입양한 새끼를 자신의 야간 둥지에서 재우고, 위험으로부터 보호하며, 잃어버렸을 때 부지런히 찾는다. 돌로 견과를 깨면, 그 알맹이를 새끼에게 나누어준다. 어떤 수컷은 최소한 1년 동안 새끼를 보살폈고, 한 수컷은 5년 이상이나 그렇게 했다. DNA 분석에 따르면, 입양을 한 수컷이 반드시 새끼와 혈연관계가 있는 것은 아니었다. 오스카는 운이 좋았다.[27]

우간다 키발레국립공원의 또 다른 장소에서는 호흡기 질환이 크게 번져 최소한 25마리의 침팬지가 죽었다. 그 결과로 고아가 여럿 생겼다. 침팬지는 적어도 10년 동안 어미에게 의존해 살아가기 때문에, 어린 나이에 고아가 된 침팬지는 대개 죽음을 맞이한다. 하지만 그중 넷은 젖을 뗀 이후였고, 운 좋게도 각자 청소년기의 수컷 형제가 있었다. 영장류학자 라크나 레디Rachna Reddy는 1년 넘게 이 형제 쌍들을 추적한 결과, 나이 많은 수컷이 동생을 아주 잘 보호하고 큰 책임감을 발휘한다는 사실을 발견했다. 형제들은 함께 돌아다녔고, 서로 자주 털고르기를 했으며, 누가 겁에 질리면 안심시켜주었다. 나이 많은 수컷은 어린 동생을 공격으로부터 보호했고, 길을 잃은 동생이 있으면 찾으려고 애쓰다가 울기도 했다. 그들은 어미처럼 반드시 동생이 잘 따라오는지 확인한 뒤에야 앞으로 나아갔다. 수컷의 위계 사다리를 올라가기 위해 힘겨운 싸움을 벌여야 하는 수컷 청소년의 고단한 사회생활을 감안하면, 이러한 세심한 배려는 매우 인상적이다.

어린 형제는 위안을 주는 신체 접촉을 자주 원했다. 레디는 7세 수컷인 홀런드Holland가 17세 수컷인 버크너Buckner와 신체 접촉을 한 방법을 다음과 같이 설명한다. "홀런드는 자주 자신의 어깨가 버크너의 어깨에 닿게끔 앉았고, 버크너가 똑바로 앉아 있으면 홀런드는 자신의 등을 버크너의 가슴이나 어깨에 기댔고, 가끔 홀짝이기도 했다. 이런 행동은 그들의 어미가 죽고 나서 적어도 8개월 동안 계속되었다."[28]

수컷 침팬지에게는 겉으로 잘 표출되진 않지만, 잘 발달한 부성 잠재력이 분명히 있다. 우리는 수컷 보노보에 대해 아는 것이 적지만, 나는 수컷 보노보가 새끼와 어린것과 다정하게 노는 모습을 자주 보았기 때문에, 이들에게도 그런 잠재력이 있다는 사실을 의심하지 않는다. 콩고민주공화국에서 일본 영장류학자 이다니 게니치伊谷原-는 수컷 보노보가 새끼를 입양하는 사례를 목격했다. 이다니는 밀렵꾼에게 어미를 잃고 구조된 새끼 보노보 케마Kema를 키웠다. 두 달 동안 매일 이다니는 케마를 숲으로 데려가 야생 무리와 친해지게 했다. 어느 날, 이다니는 케마를 무리와 함께 남겨두고 떠났다. 다음 날 아침에 다시 가보았더니, 케마는 수컷 청소년 보노보의 둥지에 있었다. 수컷은 케마를 꼭 안고 있었고, 케마는 수컷의 배에 들러붙어 있었다. 케마는 이렇게 야생 무리에 성공적으로 합류했다.[29]

수컷 보노보는 동족 보호 성향을 매우 강하게 표출하기도 한다. 매우 인상적인 사례는 샌디에이고동물원에서 일어났다. 그 당시에 보노보 야외 사육장은 물이 채워진 해자로 둘러싸여 있었다. 사육사들은 해자의 물을 빼내고 청소를 한 뒤에 다시 물을 채우려고 급수 밸브를 틀기 위해 부엌으로 갔다. 그런데 밸브를 틀기 전에 알파 수컷인 카코웨트Kakowet가 사육사들을 무례한 방식으로 방해하고 나섰다. 카코웨트는 부엌 창문 앞에 나타나 소리를 지르며 팔을 마구 흔들었다. 나중에 알고 보니, 어린 보노보 여럿이 물을 빼낸 해자 속으로 뛰어들어 아직 나오지 않은 상태였다. 만약 사육사들이 예정대로 물을 흘려보냈더라면, 새끼 보노보들은 모두 익사하고 말았을 것이다.

카코웨트가 새끼들을 염려하여 개입한 이 사건은 카코웨트에게 상대방의 입장에서 상황을 인식하는 능력이 있음을 보여주었다. 하지만 이 사건에서 더 중요한 것은 카코웨트가 물 공급을 누가 제어하는지 알고 있었다는 사실이다. 그의 경보를 알아챈 사육사들은 사다리를 가지고 해자로 내려갔다. 그리고 카코웨트가 직접 끌어올린 가장 작은 보노보를 제외한 나머지 보노보를 모두 해자에서 구출했다.

핵가족과 협동 양육자

사람은 상당히 다르다. 남성은 기본적인 보호와 보살핌의 잠재력을 넘어서서 가족에게 실제적인 지원을 제공하도록 진화했다. 남성은 많은 영장류보다 부성이 훨씬 강하게 발달했다. 이것이 언제 어떻게 시작되었는지는 알 수 없지만, 우리 조상이 숲을 떠나 더 건조하고 탁 트인 지형으로 진출했을 때 시작되었을지 모른다.

    우리 조상이 최고의 포식자로서 사바나를 지배했다는, 로버트 아드리와 다른 사람들의 살육자 유인원 이야기는 믿을 게 못 된다. 우리 조상은 먹잇감이었다. 우리 조상은 무리를 지어 사냥하는 하이에나와 열 종이나 되는 큰 고양잇과 동물, 그리고 그 밖의 위험한 동물들을 늘 두려워하며

사람은 수컷이 직접 양육에 관여한다는 점에서 호미니드 중에서 독특하다.

414

살아갔을 것이다. 그 당시의 사자와 하이에나는 오늘날보다 컸지만, 우리 조상은 우리보다 작았다. 상대적으로 안전한 숲에서 벗어나 사바나로 옮겨가는 전환은 오랜 기간에 걸쳐 점진적으로 일어났을 테고, 극심한 스트레스를 수반했을 것이다. 440만 년 전에 살았던 아르디피테쿠스Ardip-ithecus는 여전히 걷기보다는 나무를 오르기에 더 적합한 발을 가지고 있었다. 이 조상은 아마도 밤에는 땅 위에 머물길 꺼렸을 것이다. 물체를 꽉 붙잡을 수 있는 큰 엄지발가락을 가진 아르디피테쿠스는 우리의 유인원 친척들처럼 나무 위의 안전한 곳에서 잠을 잤다.

이 무서운 장소에서 새끼를 거느린 암컷은 취약했다. 포식자보다 빨리 뛸 수 없었기에 암컷은 수컷의 보호가 없이는 숲에서 멀리 떠날 수 없었다. 아마도 민첩한 수컷들이 무리를 보호하고, 비상 상황이 발생했을 때 어린것들을 안전한 곳으로 옮기는 일을 도왔을 것이다. 하지만 만약 이들의 사회 시스템이 침팬지와 보노보와 같은 것이었다면, 이런 일은 일어나지 않았을 것이다. 문란한 수컷에게 부모의 헌신을 기대할 수는 없다. 수컷을 가족을 돌보는 데 더 많이 관여하게 하고 가까이에 머물게 하려면, 사회가 변해야 했다.

인간 사회의 조직은 (1) 수컷의 유대, (2) 암컷의 유대, (3) 핵가족이라는 세 가지 요소의 조합이 특징이다. 첫 번째는 침팬지와 공유하는 요소이고, 두 번째는 보노보와 공유하는 요소이며, 세 번째는 우리만의 독특한 요소이다. 모든 곳에서 사람들이 사랑에 빠지고, 성적 질투에 사로잡히고, 사생활을 추구하고, 어머니상 또는 아버지상을 찾고, 안정적인 파트너 관계를 중요시하는 것은 결코 우연이 아니다. 이 모든 것에 내포된 친밀한 남녀 관계는 우리의 진화적 유산의 일부이다. 나는 우리를 유인원과 구별하는 특징이 다른 무엇보다도 바로 이 암수 한 쌍 결합의 유대라고 생각한다.

처음에 수컷은 주로 새끼를 보호하고 운반하는 역할을 했을지 모르지만, 언제부턴가 그들은 과거에 짝을 지은 암컷에게 음식을 나누어주기 시작했다. 그 대가로 수컷은 암컷에게 배타적인 충실성을 요구했을 가능성도 있지만, 나는 그것이 더 유동적인 관계였을 거라고 생각한다. 오늘날 우리는 친자 관계와 유전적 혈연관계를 잘 알지만, 이것은 최근에 와서야 알게 된 지식이다. 우리 조상은 이런 식으로 생각하지 않았을 가능성이 높고, 수컷은 보급과 보살핌을 자신의 성적 경험과 막연하게만 연결 지었을 것이다. 심지어 오늘날에도 아마존의 대다수 문화에서는 아이를 어머니와 함께 잔 모든 남자들의 기여가 합쳐진 산물로 간주한다.[30]

부성 인식과 정확한 성적 조합이 어떤 것이었건 간에, 수컷을 가족이라는 울타리 속으로 끌어들인 것은 엄청난 이점이 있었다. 새끼의 보살핌을 오로지 어미의 능력에만 맡기는 대신에 수컷은 귀한 고기를 집으로 가져오고 새끼를 보살피는 일을 돕기 시작했다. 그 덕분에 5~6년인 유인원 친척들의 출산 간격을 현생 수렵 채집인은 3~4년으로 줄일 수 있었다. 인류는 번식 속도가 빨라지기 시작해 일부 가족은 자녀를 10명 이상까지 두게 되었는데, 이것은 유인원에게는 물리적으로 불가능한 일이다. 어미 유인원은 가장 어린 새끼를 안고 나이가 더 많은 새끼를 주시하면서 나무 사이를 이동해야 하기 때문에, 그 가족 규모는 심각한 제약을 받는다. 지구가 현재 인구 과잉 상태에 이른 것을 감안할 때, 인류의 번식 성공은 좋은 점도 있고 나쁜 점도 있지만, 그 뿌리에는 아비의 양육 관여 확대가 있다.

남성 조상이 모든 여성과 아이에게 식량을 똑같이 제공했을 가능성은 거의 없다. 그들은 특정 여성과 자식에게 어떤 의무를 느꼈을 것이다. 자식의 수는 한 명 이상이었을 수도 있지만, 일부 어린이가 그들에게 특별한 존재가 될 만큼 그 수는 충분히 적었다. 모든 영장류와 마찬가지로 아비의 보살핌을 발휘할 잠재력이 있는 수컷은 이 아이들에게 감정적 애착을 느끼고 헌신하게 되었다. 그들이 제공한 보살핌의 양은 그들이 처한 생태학적 환경에 따라 차이가 있었지만, 그렇게 하는 경향과 능력은 우리 종에 뿌리를 내렸다.

이것은 남성이 여성과 같은 방식으로 아이를 보살핀다는 뜻이 아니다. 무엇보다도 공감 능력의 차이가 있다. 이 책은 사람의 공감에 관한 방대한 문헌을 살펴보기에 적절한 곳은 아니지만, 최근에 한 비평은 "많은 연구는 공감 능력에서 여성이 우월하다는 결론에 수렴한다."라고 요약했다. 하지만 이 결론은 주로 공감의 정서적 측면에 적용된다는 점을 덧붙이고 싶다. 공감은 일반적으로 두 층으로 나뉜다. 정서적 공감은 얼굴 표정 같은 몸짓 언어를 읽는 능력과 다른 사람의 감정 상태에 영향을 받는 능력에 의존한다. 이것은 공감에서 가장 오래되고 가장 기본적인 층으로, 우리와 모든 포유류가 공유하는 층이다. 그리고 그 위에서 인지적 측면이 더 강한 두 번째 층이 발달한다. 이것은 상대방의 상황을 상상함으로써 그 사람의 관점에서 생각하는 인지적 공감이다. 일반적으로 여성은 정서적 공감이 뛰어나지만, 인지적 공감은 남성과 비슷하거나 같다.[31]

두 층은 자주 융합되기 때문에, 사람의 공감 능력 연구에서 항상 젠더 차이가 명확하게 나타나는 것은 아니다. 하지만 만약 젠더 차이가 분명히 나타난다면, 공감 능력이 더 뛰어난 쪽은 항상 남성이 아니라 여성이다. 또 한 가지 문제는 현대 심리학이 설문 조사와 자기 보고에 의존하는 경향이다. 이제는 여러분도 내가 실제 행동의 측정을 선호한다는 사실을 분명히 알 것이다. 그런 데이터를 가장 먼저 수집한 사람 중 하나는 미국 심리학자 캐럴린 잔-왁슬러Carolyn Zahn-Waxler이다. 그의 팀은 각 가정을 방문하여 가족 구성원들에게 슬픔(흐느낌)이나 통증("아야!" 하고 소리치기) 또는 고통(기침과 숨 막힘)을 연기하도록 요청했는데, 어린 아이들이 어떤 반응을 보이는지 알아보기 위해서였다. 그들은 한 살에서 두 살 사이의 어린이는 이미 다른 사람들을 위로한다는 사실을 발견했다. 이 발달 단계는 언어 능력보다 먼저 나타나는데, 다른 사람의 불행한 경험을 본 아이는 상대를 쓰다듬고 키스하고 상처를 문지르는 것과 같은 공감 반응을 나타낸다. 이러한 반응은 남자 아이보다 여자 아이에게서 더 일반적으로 나타났다.[32]

어른에 대해서는 이에 상응하는 데이터를 찾기가 어렵지만, 최근에 한 연구는 네덜란드에서 발생한 상점 강도 사건 직후에 찍힌 감시 카메라 영상을 분석했다. 일부 피해자, 특히 상점 직원은 물리적 위해를 당하거나 무기로 위협을 받았다. 그들은 모두 극도의 불안에 사로잡혔다. 영상 분석은 몸을 만지거나 껴안는 등 상점 내에서 상대를 위로하는 신체 접촉에 초점을 맞췄다. 여성 손님은 남성 손님보다 강도 사건의 피해자를 위로하는 비율이 약 3배나 높았다. 여성은 신체 접촉을 하는 것이 더 자유롭다는 것이 한 가지 설명이 될 수 있지만, 다른 설명은 여성이 남성에 비해 타인의 안녕에 더 많은 관심을 보인다는 것이다.[33]

뇌 영상 연구는 공감과 양육 능력의 남녀 차이를 뒷받침한다. 피험자에게 감정적으로 고조된 영상을 보여주고 타인의 상황에 관한 질문을 했을 때, 여성은 자신과 타인 사이의 감정적 경계를 지우는 반면, 남성은 지성을 사용해 상대방의 상황을 파악하려고 한다. 여성의 뇌에서는 편도처럼 감정과 관련이 있는 영역의 활동이 증가하는 반면, 남성은 전전두엽 피질(이마앞엽 겉질)의 활동이 활발해진다.[34]

부모의 보살핌 역시 뇌에서 비슷한 젠더 차이가 나타나지만, 여기서 더 많은 평등을 보길 원하는 사람이라면 흥미를 느낄 만한 반전이 있다. 나 같은 전후 유럽인 세대에게 아버지는 일상적인 육아에 거의 관여하지 않아 정서적으로 자식과 거리가 먼 사람이었다. 아버지는 우리가 길을 건널 때 손을 잡아주거나 잘못을 저질렀을 때 나무라긴 했지만, 그게 다였다. 남성의 가사 분담이 계속 늘어남에 따라 과학은 이것이 남성의 뇌에 미치는 영향을 파악하는 데 관심을 보이게 되었다. 사람의 뇌는 매우 유연한데, 이 특성을 신경 가소성neuroplasticity이라 부른다. 뇌와 행동 사이의 연결은 쌍방향 도로와 같다. 뇌는 우리를 특정 방식으로 행동하게 할 뿐만 아니라, 상황과 행동의 결과에 따라 자신의 배선을 수정하기도 한다. 예를 들면, 택시 기사는 공간 기억에 많이 의존하기 때문에 해마가 커지고, 제2외국어를 배우거나 악기를 다루는 사람은 회백질이 더 많이 생긴다. 뇌는 우리의 요구에 따라 수정된다.

부모의 보살핌이 좋은 예이다. 이스라엘 신경심리학자 루스 펠드면Ruth Feldman은 부모가 자녀를 볼 때 뇌가 젠더에 특유한 방식으로 반응한다는 것을 보여주었다. 어머니는 감정 중추에 더 많이 의존하고, 아버지는 문제 해결과 관련된 인지 영역에 더 많이 의존한다. 그러나 이러한 차이는 결코 고정되어 있는 게 아니다. 남성의 뇌는 육아에 얼마나 많은 책임을 지느냐에 따라 변한다. 아내가 생계를 책임지고, 남편이 주로 가사를 책임지는 부부도 있다. 자녀를 입양한 게이 부부도 있고, 어머니 없이 아버지 혼자서 꾸려가는 가족도 있다. 이런 가족들의 경우, 아버지는 대다수 남성보다 자녀와 훨씬 가깝고 자녀의 일에 더 많이 관여한다. 그들은 매일 자녀를 염려하고, 자녀가 아프거나 곤경에 처했을 때 곁에서 돌본다. 펠드먼은 이 아버지들의 혈액에서 옥시토신 수치 증가와 뇌에서 더 활동적이고 더 잘 연결된 편도를 발견했다. 신경학적으로 그들의 뇌는 어머니의 특성을 지니고 있었다.[35]

하지만 여전히 대다수 아버지의 양육 방식은 어머니와 상당히 다르다. 아버지는 거친 놀이와 싸움 놀이에 더 많이 관여하거나 자녀를 대담한 야외 모험에 데려간다. 남성성은 남성이 훌륭한 양육자가 되는 것을 방해하지 않는다. 오히려 반대로, '남자다움'의 정형화된 정의(모험적이고 지배적이고 경쟁심이 강한 것 등)에 더 부합한 남성일수록 딸이나 아들을 양육하는 행동에서 더 높은 점수를 얻는다.[36]

사람의 부성을 연구하는 인류학자 제임스 릴링James Rilling은 아버지가 자녀의 발달에 특별한 역할을 한다고 믿는다.

> 아버지는 자녀가 가족 밖의 세상에서 잘 살아갈 수 있도록 준비시키는 데 특화된 경향이 있다. 아버지는 아이를 동요시키는 예측 불가능한 행동에 더 많이 관여하며, 아이는 이에 대응하는 방법을 배워야 한다. 이것은 탄력성을 발달시키는 데 도움이 될 수 있는데, 모든 사람이 어머니처럼 아이를 잘 대해주지는 않기 때문에 탄력성은 중요한 특성이다.[37]

릴링은 첫 아이가 태어난 후 아버지의 옥시토신 수치가 증가할 뿐만 아니라 테스토스테론 수치가 감소한다는 사실을 발견했다. 그들은 모험을 추구하고 짝짓기 상대를 물색하느라 혈안이 되어 있던 젊은 남성에서 가족에게 더 헌신적인 남성으로 변해간다. 이러한 호르몬 변화는 남성이 생물학적으로 그것을 위해 '점화'되어 있지 않기 때문에 결코 좋은 양육자가 될 수 없다는 미신을 깨뜨릴 것이다. 아버지를 서툴고 요령이 없는 인물로 조롱하는 시트콤과 코미디 쇼는 이러한 미신을 강화한다. 반면에 펠드먼과 릴링이 한 것과 같은 연구는 아버지가 양육에 감정적으로 완벽하게 관여할 능력이 있다고 묘사한다. 그것은 우리 종의 생물학에서 본질적인 부분이다.[38]

아버지의 양육 행동이 남성의 뇌에 미치는 영향은 수컷 솜털머리타마린을 완벽한 아비로 만든 진화적 변화와 유사하다. 주요 차이점은 모든 타마린이 자식을 이런 식으로 키우는 반면, 사람의 경우 아버지 역할은 선택 사항이라는 점이다. 아버지의 기여는 어머니의 기여와는 매우 대조적으로 문화에 따라 제각각 다른데, 생물학과 밀접한 연관성이 있는 어머니의 기여는 모든 문화에서 똑같이 일정하게 나타난다.

이러한 연관성에도 불구하고, 여성은 아기를 낳고 키우지 않아도 아주 만족스러운 삶을 살 수 있다. 이것은 개인적 경험을 바탕으로 말하는 것인데, 아내와 나는 우리의 선택으로 자식을 가지지 않았기 때문이다. 나는 아이를 갖는 것이 여성의 의무나 운명이라고 보지 않는다. 그럼에도 불구하고, 과거의 대다수 남성 사상가를 포함해 여성이 세상에 존재하는 주된 이유가 아기를 낳는 것이라고 생각하는 사람들이 있다. 남성은 생산을 위해 존재하고, 여성은 생식을 위해 존재한다는 이야기를 가끔 들을 수 있다. 인류학자 마거릿 미드조차 출산을 '거부'하는 여성에게 적대감을 표시했다. 하지만 이것은 경구 피임약이 나오기 훨씬 이전, 젠더 사이의 역할 분담이 여전히 불가피하던 시절의 이야기이다. 가족의 평균 크기가 줄어들기 시작하고 나서야 이 역할 분담이 사회에 미치는 영향력이 사라졌고, 여성은 아기를 낳고 키우는 것을 선택 사항으로 바라보기 시작했다.[39]

하지만 어머니만 유일한 양육자였던 것은 아니다. 아버지의 협력 외에도 우리 종은 다른 '둥지 조력자helpers at the nest'가 있다. 이것은 둥지 주변에 머물면서 부모가 다음번 새끼를 먹이는 것을 돕는 청소년 새처럼 부모가 아니면서 새끼의 양육을 돕는 조력자를 가리키는 생물학 용어이다. 허디는《어머니와 타인들Mothers and Others》에서 사람을 많은 조력자 또는 대리 부모를 거느린 '협동 양육자'라고 주장한다.

> 아이의 생존이 어머니와의 접촉 유지나 아버지의 부양에 달려 있을 뿐만 아니라, 부모 외 다른 양육자들의 조력 가능성과 능력, 의도에 달려 있다는 인식은 우리 조상들 사이의 가족생활에 대해 새로운 사고방식을 도입하고 있다. 대리 부모가 없었더라면, 사람 종은 결코 존재하지 않았을 것이다.[40]

이러한 종류의 협력에 대한 첫 번째 단서는 다른 영장류에서 볼 수 있다. 예를 들면, 침팬지와 보노보는 가끔 임신한 암컷에게 '산파' 역할을 한다. 나는 한 암컷이 특이하게도 한낮에 출산하는 광경을 목격한 적이 있다. 대부분의 출산은 아무도 지켜보지 않는 밤에 일어나지만, 어느 날 침팬지 메이May는 무리 가운데에서 출산했다. 메이는 다리를 쫙 벌리고 반쯤 똑바로 서서 새끼가 나올 때 잡으려고 한쪽 손을 양 다리 사이로 낮추었다. 메이 옆에는 가장 친한 친구 애틀랜타Atlanta가 서 있었는데, 애틀랜타 역시 똑같은 자세를 취했다. 애틀랜타는 임신을 하지 않았지만, 메이의 동작을 똑같이 흉내냈다. 애틀랜타 역시 자신의 양 다리 사이로 손을 뻗었는데, 그 동작은 사실 전혀 쓸데없는 것이었다. 어쩌면 그 반대일지도 모르는데, 애틀랜타는 "이렇게 해야 해!"라고 설명하면서 가르치고 있었는지도 모른다. 다른 암컷들은 출산 과정을 면밀히 관찰하면서 메이의 엉덩이를 깨끗하게 해주었다. 보노보 사이에서도 이와 유사하게 출산을 돕는 사례가 관찰되었다.[41]

게다가 마카크와 개코원숭이처럼 광범위한 암컷 친족 네트워크가 있는 원숭이의 경우, 할머니가 큰 차이를 빚어낸다. 할머니는 딸의 자식을 맹렬하게 보호하고, 같이 놀아주고, 무리 내의 어느 누구보다 털고르기를 많이 해주면서 어미에게 휴식할 시간을 준다. 도움을 주는 할머니가 있는 새끼는 어미에게서 점점 더 멀리 벗어나려는 시도를 많이 하고 더 일찍 독립할 가능성이 크다.[42]

인간 사회에서도 가장 중요한 대리 부모는 할머니, 특히 어머니의 어머니인 외할머니이다. 할머니 가설은 진화가 우리에게 폐경을 가져다준 이유를 설명하기도 한다. 우리는 영장류 중에서 유일하게 암컷의 수명이 가임기를 훌쩍 넘어서는 종이다. 정상 상황에서는 이것은 이치에 닿지 않는다. 왜 마지막 순간까지 계속 아기를 낳지 않는가? 암컷 침팬지는 관찰자인 우리가 불쌍하게 여길 만큼 늙어서도 여전히 새끼를 업고 돌아다닌다. 암컷 침팬지는 새끼의 무게와 수유 부담, 그에 수반되는 짜증을 감당하기 힘들 만큼 점점 약해지고 있는데도, 계속 새끼를 낳는다. 우리 종의 경우, 나이든 여성은 이런 상황에 처하는 일이 결코 없다. 아직 수명이 수십 년이나 남은 시점에서 호르몬 변화는 생식을 억제한다. 이러한 진화적 '혁신' 덕분에 우리는 영장류 중에서 유일하게 전체 성인 여성 중 약 3분의 1이 아이를 가질 수 있는 나이를 넘어서게 되었다.

최근에 범고래와 흰돌고래처럼 수명이 길고 모계 사회를 이루어 사는 일부 고래도 폐경이 일어난다는 사실이 밝혀졌다. 할머니 고래는 갓 잡은 연어를 어린 새끼에게 주고, 어미가 깊은 잠수를 위해 떠나는 동안 수면에서 새끼를 보호함으로써 손자의 생존 확률을 높인다.[43]

할머니 가설은 폐경을 생식 전략이라고 설명한다. 이 가설을 만든 인류학자 크리스튼 호크스Kristen Hawkes는 나이든 여성이 자신의 유전적 유산을 늘리기에 가장 좋은 방법은 딸의 자녀 양육을 돕는 것이라고 믿는다. 이 방법이 직접 자식을 키우는 것보다 낫다. 호크스는 탄자니아의 하드자족 사람들을 연구하면서 가족을 위해 식량을 채집하는 '나이든 여성들'이 얼마나 생산적인지 알게 되었다. 호크스는 그곳에서 그들의 지원 역할에 대한 개념을 발전시켰다. 인류학 연구 결과는 할머니 가설을 지지하며, 산업화 이전에 핀란드와 캐나다 퀘벡주 같은 곳에 존재했던 사회들의 역사적 기록도 이를 지지한다. 이 기록들은 어머니가 곁에 있는 딸이 자녀 양육에서 더 성공적인 결과를 얻는다는 것을 보여준다.[44]

다른 영장류는 지원 네트워크가 덜 광범위할 수 있지만, 더 큰 공동체는 어미가 처한 상황에 결코 무관심하지 않다. 어미의 양육 노력을 모두가 인정하고 존중한다. 어린 암컷 원숭이는 처음 어미가 되는 순간에 지위가 상승한다. 암컷이 어린 시절이나 청소년 시절에는 누구에게도 존중을 받지 못했고, 먹이나 물이 있는 곳에서 쫓겨나는 일이 다반사였다. 하지만 갓난 새끼를 안고 있으면, 즉각 존중과 후한 대접을 받는다. 그 암컷은 적어도 한동안은 자신보다 서열이 훨씬 높은 원숭이 바로 옆에서 먹거나 마실 수 있다. 다른 원숭이들이 새 어미가 가장 인기 있는 원숭이기라도 한 것처럼 옆에 앉아 털고르기를 해주려고 애쓰는 모습도 눈길을 끈다. 나는 과도한 털고르기로 인해 맨살이 드러난 곳을 보고 새 어미를 알아볼 수 있는 보노보 집단을 알고 있다.[45]

다른 구성원들이 모성을 인정하고 존중하는 태도는 새끼의 죽음에 대한 반응에서도 드러난다. 뷔르허르스동물원에서 한 암컷 침팬지가 새끼를 사산했을 때 그런 일이 일어났다. 그 일이 일어난 날, 어미와 친하지 않은 침팬지를 포함해 무리 전체는 새끼를 잃은 어미에게 키스와 포옹을 하면서 동정을 표시했다. 그런데 이러한 변화는 더 오래 지속되었다. 적어도 한 달 동안 무리 전체가 평소보다 더 많은 애정을 어미에게 쏟아 부었다.[46]

사람과 마찬가지로 다른 영장류도 모성에 많은 기대를 한다. 예컨대 어미는 자신의 새끼를 먹이고 보호할 것이라고 기대된다. 곤경에 처한 새끼가 비명을 지르면, 모든 구성원은 일제히 그 어미 쪽으로 향한다. 그 상황에서 행동에 나설 당사자는 바로 어미이기 때문이다. 수컷에게는 이러한 기대를 하지 않는다. 타이 숲에서 수컷 침팬지들이 한 수컷이 역할을 떠맡고 나섰을 때 매우 기분이 상했던 이유는 이 때문이다. 뵈슈는 브루투스Brutus가 알리Ali라는 고아를 입양한 후 어떻게 동료들의 저항에 맞닥뜨렸는지 들려준다. 브루투스는 공동체 내에서 가장 뛰어난 원숭이 사냥꾼이었기 때문에, 원숭이 고기를 손에 쥐고 있을 때가 많았다.

브루투스는 많은 암컷과 일부 수컷에게도 고기를 관대하게 나누어주었지만, 청소년 침팬지에게는 절대로 나누어주지 않았다. 그들에게는 대개 그 어미들이 고기를 나누어주었기 때문이다. 하지만 알리를 입양한 후, 브루투스는 알리에게도 고기를 나누어주었고, 이것은 늘 다툼의 원인이 되었다. 고기를 구걸하는 어른들은 브루투스가 어린 알리에게 그런 특혜를 제공하는 것을 받아들일 수 없었기 때문이다. 하지만 브루투스는 계속해서 알리에게 고기를 나누어주었고, 심지어 가장 맛있는 부분도 일부 건네주었다.[47]

사회적 기대가 그토록 중요하다면, 유인원에게도 젠더 개념을 적용해야 한다. 유인원도 사회 규범을 전혀 모르는 것이 아니다. 어떤 행동 패턴은 용납되는 반면, 어떤 행동 패턴은 규칙에 어긋나 거부감을 불러일으킨다. 브루투스는 그런 역할이 거의 존재하지 않는 사회에서 좋은 아버지처럼 행동함으로써 정상적인 규범에서 벗어났고, 다른 침팬지들은 브루투스에게 그것을 알려주었다. 그들은 전형적인 수컷의 행동에서 벗어나는 브루투스의 행동에 반대했다. 이와 비슷하게, 앞에서 소개한 로버트 고이의 원숭이 사례는 새로운 새끼와 맞닥뜨린 수컷에게 기대되는 것이 무엇인지 잘 보여준다. 비록 그 수컷은 새끼를 제대로 들어올릴 수 있지만, 그것을 암컷이 하는 일로 여긴다.

사회적 처리 방식은 가끔 그 배후에 있는 생물학보다 더 엄격하다. 생물학을 무시하는 것은 언제나 현명한 방법이 아니지만, 기존의 사회적 역할의 원인을 생물학으로 돌리는 것은 지나치게 단순한 생각이다. 동물과 사람의 행동에 대한 현대 지식은 흔히 생각하는 것보다 더 유연한 대응책을 시사한다.

제12장

동성 섹스

무지개 깃발을 든 동물들

SAME-SEX SEX

펭귄의 로맨스

일본 교토수족관에서 살아가는 펭귄들 사이에서는 너무나도 많은 이별
과 새로운 만남이 일어난다. 그 로맨스 관계를 제대로 추적하려면 정교한
관계도가 필요하다.

그 관계도에는 각 펭귄의 사진과 이름이 적혀 있고, 둘 사이의 로맨스
를 나타내는 양방향 화살표와 짝사랑을 나타내는 일방향 화살표가 표시
돼 있다. 빨간색 하트는 행복한 커플을, 파란색 하트는 종료된 관계를 나
타낸다. 이별은 흔한 일이며, 그 결과로 쌍방 모두 식욕 상실을 겪는 경우
가 많다. 또한 삼각관계도 볼 수 있으며, 펭귄이 머리를 극적으로 흔드는
것처럼 추파를 던지는 행동을 특정 직원에게만 보여주는 사례도 있다. 관
계도는 펭귄의 짝짓기 시장에서 일어난 최신 동향을 파악하게 해주기 때
문에 수족관 웹사이트에서 가장 인기 있는 항목 중 하나이다.[1]

대다수 파트너 관계는 이성애이지만, 동성애도 일부 있다. 동성애를 뜻하는 '호모섹슈얼homosexual'이란 단어는 주로 사람에게 사용돼왔기 때문에 동물에게 적용하기에는 이상한 임상 용어로 보일 수 있지만, 그리스어 접두사 'homo(같은)'와 'hetero(다른)'의 편리한 대비 효과 때문에 자주 사용된다. 수족관에서는 늙은 수컷과 젊은 수컷의 낭만적 BL*로 시작했다가 두 수컷 모두 같은 암컷에게 푹 빠지는 상황도 일어날 수 있다. 펭귄의 사랑은 사람만큼이나 복잡하다.

물론 동물 동성애 행위를 언급하는 것이 허용되지 않던 시절도 있었다. 그것은 생각만 해도 너무 충격적이었기 때문이다. 하지만 펭귄 사이에서 동성애 행위가 일어난다는 사실은 1세기 전부터 알려져 있었다. 그것을 최초로 언급한 보고서는 펭귄의 그런 행동을 '타락한' 행동이라고 묘사했으며, 대중에게 알려지는 것을 막기 위해 비공개했다.[2]

그런데 2004년에 〈뉴욕 타임스〉가 뉴욕의 센트럴파크동물원에서 함께 알을 부화시킨 두 수컷 턱끈펭귄을 조명하면서 상황이 확 바뀌었다. 로이Roy와 사일로Silo라는 이름의 두 펭귄은 돌을 마치 알인 것처럼 부화시키려고 시도했다. 그것을 보고 영감을 얻은 사육사들은 그들에게 다른 부부가 낳은 알을 제공했다. 로이와 사일로가 부화시키고 키운 암컷 펭귄의 이름은 탱고Tango였는데, 탱고는 동화책《그리고 탱고가 태어나 셋이 되었어요And Tango Make Three》에 영감을 주었다. 이 책은 어린이가 읽기

---

* 일본에서 'Boys' Love', 즉 남성 간 동성애란 뜻으로 쓰이는 단어.

에 적합하지 않다는 이유로 미국 전역의 공공 도서관에서 금지되었음에도 베스트셀러가 되었다. 그 후 몇 년 동안 펭귄의 성적 지향성은 정치적 논쟁, 심지어 반대 집회의 주제가 되었다.

2005년에 독일의 브레머하펜동물원에서 멸종 위기에 처한 홈볼트펭귄을 번식시키려고 했을 때, 이 문제는 절정에 달했다. 동물원 측은 수컷 쌍들을 떼어놓은 뒤, 이 목적을 위해 들여온 암컷들과 짝을 지어주기로 결정했다. 동물원 측은 수컷 간의 유대가 '너무 강해' 암컷에게 다가가려고 하지 않기 때문에 번식 프로그램에 방해가 된다고 발표했다. 일부 게이 단체는 이 조치를 "유혹하는 암컷을 이용한 조직적이고 강압적인 괴

뉴욕 센트럴파크동물원의 두 수컷 턱끈펭귄은 동물의 동성애 행동과 유대에 대중의 관심을 높이는 데 일조했다. 로이와 사일로는 사육사가 그들의 둥지에 집어넣은 알에서 부화한 새끼를 키웠다.

롭힘"을 통해 펭귄의 성적 지향성을 바꾸려는 시도라고 주장하면서 반대했다.[3]

펭귄의 동성애를 옹호하는 게이 공동체의 열정은 충분히 이해할 수 있다. 하지만 우리에게 생물학을 초월하는 능력이 있다고 칭송하는 주류 젠더 이론을 감안하면, 이것은 다소 놀라운 일이다. 이 이론은 우리에게는 젠더가 있는 반면, 동물에게는 성만 있는 이유가 이 때문이라고 주장한다. 그런데 우리는 젠더를 다룰 때에는 생물학과 거리를 두려고 하지만, 성적 지향성과 트랜스젠더의 정체성을 다룰 때에는 생물학을 적극적으로 수용하려고 할 때가 많다. 그럴 때 우리는 유전적 차이와 호르몬과 뇌의 역할을 열심히 탐구한다. 젠더를 사회적 구성물이라고 부르는 바로 그 미국심리학회가 성적 지향성을 "남성 파트너나 여성 파트너 또는 둘 다에 대한 지속적인 끌림"으로 정의한다. 따라서 평상시에 강조하던 환경의 역할이 '지속적인 끌림'으로 대체되었다. 성적 지향성과 젠더 정체성은 자아가 지닌 불변의 속성으로 간주된다.[4]

나는 이 견해를 전적으로 지지하지만, 젠더와 관련된 '모든' 문제에 생물학을 고려하는 편이 낫지 않을까? 이 애증 관계를 주도하는 것은 이념이다. 젠더 평등을 추구하는 사람들은 생물학에 불편함을 느낄 때가 많다. 그들은 평등에 도달하는 가장 쉬운 방법은 타고난 성차를 무시하는 것이라고 믿는다. 이와는 대조적으로, 동성애 혐오 및 트랜스포비아(트랜스젠더 혐오)와 싸울 때에는 생물학을 강력한 동맹으로 간주한다. 동성애 행위와 트랜스젠더 정체성에 대한 생물학적 근거를 입증할 수 있다면, 그것을 '부자연스러운' 것이라거나 '비정상적'이라고 주장하는 사람들을 침묵시킬 수 있기 때문이다. 동물의 동성애 행위는 그러한 주장을 무력화시킨다.

그래도 나는 우리가 반대 방향으로 나아가길 바란다. 과학보다 이념을 우선시하는 대신에 먼저 젠더의 과학을 제대로 정립할 필요가 있다. 이상적으로는 이데올로기에 아무 영향도 받지 않는 상태에서 이 주제를 연구해야 할 것이다. 그런 다음에야 우리가 생각하는 사회적 목표에 신경을 쓸 수 있고, 우리가 배운 것을 모두 사용해 그 목표를 향해 나아갈 수 있다. 로렌스 대 텍사스주 사건에서 미국 대법원에 제출된 법정 조언자 의견서는 동성애 행위가 "다양한 인간 문화와 역사 시대에, 그리고 다양한 동물 종에서 기록돼왔기 때문에" 인간 섹슈얼리티의 정상적 측면이라고 주장했다. 2003년의 이 판례는 동의하에 일어난 성인 간의 동성 섹스, 남색 및 구강성교를 금지하는 법률들의 대대적인 폐기를 낳았다. 이 문제에 과학이 적용된 사례가 또 하나 있는데, 젠더 정체성을 뇌에서 파악할 수 있다는 사실이 발견되자, 트랜스젠더들은 이를 근거로 출생증명서와 여권에서 젠더를 재배정받기 위한 주장을 펼쳤다.[5]

동성애의 진화를 이해하려면, 당연히 사육 상태의 펭귄 몇 마리의 행동보다 더 많은 증거가 필요하다. 하지만 우리가 아는 한, '게이 펭귄'은 없다는 사실에 주목할 필요가 있다. 이 수생 조류 중 일부가 자신과 같은 성에 배타적 또는 지배적 지향성을 가지고 있다는 증거는 없다. 예를 들면, 사일로와 로이의 관계는 계속 유지되지 않았다. 6년 뒤, 사일로는 자신의 짝을 떠나 캘리포니아주에서 온 암컷 스크래피Scrappy와 어울리기 시작했다. 이 결별은 맨해튼의 게이 집단에 큰 충격을 주었다. 많은 사람들이 실망했는데, 특히 동물원의 고참 펭귄 사육사인 로브 그램제이Rob Gramzay는 두 수컷이 "잘 어울리는 한 쌍처럼 보였다."라고 아쉬워하며 회상했다.[6]

펭귄들 사이에서 파트너 관계와 파트너의 성은 너무 자주 바뀌어서, 펭귄은 동성애자보다는 양성애자로 보는 것이 좋다. 게다가 이러한 변동은 그 원인을 가끔 일어나는 암수의 성비 불균형 탓으로 돌릴 수 있는 동물원에서만 일어나는 게 아니다. 아남극 지역에 위치한 케르겔렌 제도에서 10만 쌍이 넘는 임금펭귄 무리를 관찰한 연구에서는 동성애 행위가, 특히 수컷들 사이에서 동성애가 자주 목격되었다. 프랑스 동물행동학자 그웨나엘 팽스미Gwénaëlle Pincemy는 두 펭귄이 "머리를 하늘을 향해 길게 뻗고 눈을 감은 채 함께 머리를 앞뒤로 돌리다가 머리가 가장 멀어졌을 때 서로를 '흘끗 훔쳐본다.'"라고 묘사했다. 이런 과시 행동을 하는 전체 쌍중 약 4분의 1이 수컷과 수컷의 쌍인 반면, 파트너가 서로의 소리를 알아보는 다음 단계의 결합으로 넘어가는 쌍은 극소수에 불과했다. 다음 단계로 넘어가야만 헤어졌다가도 다시 짝을 찾을 수 있는데, 수천 마리가 모여 있는 무리에서는 이 능력이 아주 중요하다. 비록 이 결합 단계에 도달하는 동성 쌍은 드물긴 하지만, 야생에서도 실제로 그런 쌍이 있다는 사실은 중요하다.[7]

그럼에도 불구하고, 펭귄에 대한 열광과 그 성생활을 정치화하려는 시도는 때로는 백치 수준에 이르기도 한다. 2019년, 시라이프런던수족관은 이 상황에 젠더를 추가함으로써 혼란을 더 부추겼다. 이 수족관은 두 레즈비언 젠투펭귄이 젠더 중립적 새끼를 키우고 있다고 보고하면서 두 어미를 둔 이 새끼는 역사상 "수컷이나 암컷으로 구분할 수 없는" 최초의 젠투펭귄이라고 주장했다. 수족관 관장은 한 발 더 나아가 "펭귄이 성숙한 어른으로 자라면서 젠더리스genderless 정체성이 발달하는 것은 지극히 자연스러운 일"이라고 언급했다. 이것은 모든 생물학자에게 새로운 소식이었다! 새끼의 젠더 대신에 성을 이야기하는 편이 더 낫다는 사실은 별개로 하더라도, 수족관 측은 그 펭귄의 해부학적 특징이나 펭귄이 자신의 성을 어떻게 평가하는가에 관한 정보는 아무것도 제공하지 않았다. 나는 그 펭귄을 자세히 살펴보고 싶지만, 단순히 그 성을 공개하지 않은 평범한 새끼 펭귄일 거라고 확신한다.[8]

이름을 말하지 못한
사랑

내가 헨리빌라스동물원에서 연구한 붉은털원숭이 무리는 매년 짝짓기와 임신과 출산의 계절을 거쳤다. 강인한 이 원숭이는 겨울의 추위 따위야 아랑곳하지 않지만(이들의 원래 서식지에는 히말라야산맥도 포함돼 있다), 성생활은 따뜻한 봄이 시작할 때 새끼들이 한꺼번에 태어날 수 있도록 짜여 있다. 이를 위해 짝짓기 철은 9월 하순부터 시작된다. 이때 암컷들은 함께 어울리면서 섹스를 생각하고 있다는 신호를 보낸다. 수컷들은 준비하는 데 시간이 좀 더 필요한 것처럼 보이지만, 암컷들은 두 달 동안의 짝짓기를 위해 문자 그대로 서로의 몸 위로 올라타면서 워밍업을 한다.

이 성적 광란에서 가장 흥미로운 부분은 암컷 사이의 지위 차이가 사라진다는 사실이다. 붉은털원숭이에게는 공격적이며 엄격한 위계질서가 있다. 하지만 짝짓기 철이 되면, 암컷들은 아주 기묘한 조합으로 서로 어울린다. 그들은 지위 차이에 따른 거리를 아무렇지 않게 무시한다. 가장 서열이 낮은 암컷도 평소에는 조심스럽게 거리를 두는 알파 암컷의 뒤에 올라탈 수 있다. 그것은 정말로 놀라운 광경이다! 올라타기는 다양한 형태로 일어나지만, 가장 전형적인 패턴은 한 암컷이 자신의 몸으로 다른 암컷의 몸을 덮은 채 그 등 위에 거의 매달린 자세이다. 암컷들은 수컷의 완전한 짝짓기 패턴을 그대로 따라하지는 않는데, 수컷은 양 발로 암컷의 발목을 단단히 움켜쥐고 암컷 위에 올라탄다. 발목 잡고 올라타기footclasp mount라고 부르는 이 자세로 수컷은 땅에서 수 센티미터 위에 뜬 채 힘차게 왕복 운동을 한다. 이런 자세를 취하지 않는다고 해서 암컷들이 성적 자극을 추구하지 않는 것은 아닌데, 성기를 서로의 허리에 대고 문지르는 경우가 많기 때문이다.[9]

붉은털원숭이와 가까운 관계에 있는 일본원숭이의 동성애 행동은 야생에서 광범위하게 관찰되고 기록되었다. 일본 미노오 외곽에 있는 공원에서 과학자들은 수컷뿐인 무리에서 성적 배우자 관계를 발견했다. 두 수컷은 한동안 함께 어울려 지내면서 포옹과 털고르기를 번갈아 하면서 발목 잡고 올라타기를 자주 시도했다.[10] 독신인 두 수컷은 아마도 곧 흩어져 더 큰 혼성 무리에 합류하여 그곳에서 암컷과 짝짓기를 할 것이다. 동성을 압도적으로 선호하는 개체는 드물지만, 실제로 그런 개체가 있다. 예를 들면, 여키스영장류센터의 검은머리카푸친* 무리에서 로니Lonnie는 다른 수컷들과 너무 집요하게 성관계를 시도하여 우리는 그를 게이로 여겼다. 우리의 일지에는 로니와 또래의 젊은 수컷 위킷Wicket 사이에 일어난 상호작용이 다음과 같이 기술돼 있다.

---

* 갈색꼬리감는원숭이라고도 한다.

로니와 위킷은 서로 구애를 시작하다가 마침내 올라타기를 시도했다. 그들은 누가 위에 올라가야 할지 결정하지 못했지만, 결국 교대로 올라타는 것으로 결론이 났다. 마침내 로니는 입을 벌리고 혀를 내민 채 위킷에게 다가갔다. 위킷은 상체를 뒤로 젖힌 채 똑바로 앉아 로니가 자신의 성기에 접근하는 걸 허용했다. 위킷은 로니가 약 1분 동안 자기 하고 싶은 대로 하도록 내버려두었다. 그리고 나서 위킷은 로니를 밀어냈다. 하지만 로니는 그 행위를 더 하자고 졸랐고, 결국 둘은 그 행위를 8번 정도 다시 했다.

우리가 잠비아의 침푼시야생동물고아원에서 연구를 했을 때, 수컷 침팬지 사이에 펠라티오가 일어났다. 이 연구에 참여한 영국 대학원생 제이크 브루커Jake Brooker는 공격을 받은 수컷 청소년 침팬지를 촬영했다. 싸움에 진 뒤 매우 화가 나서 비명을 질러대던 그 수컷은 한 수컷 어른에게 다가갔는데, 어른 수컷은 어린 수컷의 사타구니를 쳐다보며 입을 벌렸다. 그러자 어린 수컷은 자신의 음경을 수컷 어른의 입에 집어넣어 열의 없이 기계적으로 펠라티오를 했고, 사정은 일어나지 않았다. 이 짧은 성기 접촉을 통해 어린 수컷은 화를 가라앉혔다.[11]

영장류의 동성 섹스는 오래전부터 알려졌다. 1949년, 미국 동물행동학자 프랭크 비치Frank Beach는 수컷 원숭이가 자주 서로의 뒤에 올라타며, 때로는 항문에 삽입도 하지만, 부근에 있는 암컷들에는 신경을 쓰지 않는다고 언급했다. 나는 행동내분비학의 아버지로 불리는 비치와 함께 성행위에 대해 이야기할 기회가 있었다. 동성애가 합법화된 지 200년이 넘고 전반적으로 게이에게 우호적인 나라에서 온 나는 미국에서 동성애가 계속 박해를 받는 것을 보고 당황했다. 비치는 지구상의 대다수 동물이 가끔씩 보이는 행동을 악마처럼 다루는 도덕적 압력에 머리를 흔들었다. 그는 동성애 행위를 포유류의 기본적인 패턴으로 간주했다.[12]

비치는 그 오명을 벗기기 위해 여러 전선에서 전투를 벌였다. 비치는 한 인류학자와 함께 세계 각지의 성 풍습을 조사하여 많은 문화권이 광범위한 성 관행을 수용한다는 것을 보여주었다. 두 사람이 1951년에 함께 출판한 책《성 행동 패턴 Patterns of Sexual Behavior》은 비교문화 데이터와 광범위한 영장류 비교까지 포함해 포괄적인 관점을 제공했다. 이 책은 동성애를 정신 질환이라고 주장하는 정신과적 견해의 관 뚜껑에 최초로 과학적 못을 박았다. 하지만 이 '질환'이 미국 정신의학계의 성스러운 책인《정신 질환 진단 및 통계 편람 Diagnostic and Statistical Manual of Mental Disorders. DSM》에서 삭제된 것은 1987년에 이르러서였다. 불과 얼마 전까지만 해도 동성애자에게 끔찍한 성전환 요법, 엽 절개술, 화학적 거세를 시도했다. 마침내 동성애가 이렇게 재분류된 사건은 새로운 접근법을 예고했다. 오늘날 추천되는 치료법은 자신의 성적 지향성을 수용하는 동성애자 긍정 요법이다.[13]

동물의 섹슈얼리티는 감히 그 이름을 말하지 못한 사랑을 정상화하는 데 놀라운 역할을 했다. 그것은 동성애가 자연의 법칙을 거역한다는 엉터리 주장이 틀렸음을 드러내는 데 도움을 주었다. 그 엉터리 주장은 만약 이성애가 자연스러운 것이라면, 동성애는 비정상적인 것이 틀림없다는 논리를 펼쳤다. 마치 둘은 양립할 수 없다는 듯이! 이 주장은 1999년에 450종의 동성 간 성 행동 사례를 자세히 관찰 기록한 두꺼운 책이 나오면서 마침내 설 자리를 잃었다. 캐나다의 생물학자이자 언어학자 브루스 바게밀Bruce Bagemihl은《생물학적 풍부성: 동물의 동성애와 자연의 다양성Biological Exuberance: Animal Homosexuality and Natural Diversity》에서 이런 사례들을 검토했다. 그는 생식은 섹스의 많은 기능 중 하나일 뿐이라고 주장했다. 전문가들은 바게밀이 제시한 모든 기술이나 해석에 동의하지는 않았지만, 그의 책은 동물계에 동성애 행동이 널리 퍼져 있다는 사실에 대해 남아 있던 모든 의심을 제거했다.[14]

바게밀은 자신의 주장을 널리 알리려고 애썼다. 과학자와 일반인 모두 동물의 동성애 행동을 다른 것으로, 즉 섹스와 상관이 없는 것으로 설명하려고 노력했다. 그들은 눈에 보이는 것을 액면 그대로 믿을 수 없다고 생각했다. 이 행동에 관한 야외 연구 보고서를 최초로 발표한 사람 중 하나인 영장류학자 린다 울프Linda Wolfe도 이 전술에 대해 언급했다. 다른 연구자들은 울프의 관찰 결과를 의심하면서 울프가 원숭이들의 사진을 조작하고 이야기를 꾸며냈다고 비난했다. 울프는 "그들은 암컷들이 실수로 서로에게 올라탄다고 말했다. 자신들이 무엇을 하는지 모르면서 그런 행동을 한다고 말이다."라고 불만을 털어놓았다.[15]

이것을 혼동에 빠진 원숭이 가설confused-monkey hypothesis이라고 부르기로 하자. 이와 마찬가지로 말도 안 되는 개념들이 많이 떠돌았는데, 예컨대 동성애 행동이 진정한 성행위가 아니라, '가짜' 섹스나 '흉내' 섹스 또는 '유사' 섹스에 불과하다는 주장도 있었다. 혹은 그저 지배성을 표현하는(암컷 역할은 복종의 표현) 한 가지 방법이라는 주장도 있었다. 또, 그런 행동은 절대로 자발적으로 일어나지 않는다거나, 사육 상태에서 나타나는 인위적인 산물이라거나, 수컷이나 암컷이 과잉일 경우에만 일어난다는 주장도 있었다. 이 주장들 중에는 일말의 진실을 포함한 것도 있다. 앞에서 소개했듯이, 모두 수컷으로만 이루어진 일본원숭이 무리처럼 암컷이 없이 수컷들끼리 오랜 시간을 함께 보내면, 동성애 행동으로 성적 충동의 배출구를 찾는 경우가 많다. 이것은 양성 모두에 적용되며, 배의 선원들이나 수녀원의 수녀들처럼 우리 종에서도 일어난다. 하지만 이 반론들 중에서 바게밀이 검토한 성적 행동의 엄청난 다양성을 설명할 수 있는 것은 하나도 없다. 바게밀은 자신의 좌절감을 다음과 같이 요약했다.

올라타기나 발기, 삽입, 사정 없이 암컷의 뒷부분을 킁킁거리는 수컷은 암컷에게 성적 관심이 있다고 묘사되며, 그 행동은 완전히는 아니지만 대체로 성적인 것으로 분류된다. 그러나 수컷 기린이 다른 수컷의 성기를 킁킁거리고 음경이 발기된 채 올라타고 사정을 하면, 그 수컷은 '공격적' 행동이나 '지배성' 행동을 하고 있는 것이며, 그의 행동은 기껏해야 부차적인 또는 표면적인 성적 행동으로 간주될 뿐이다.[16]

로마의 한 레스토랑에서 저녁 식사를 하는 일상적인 상황이었다. 한 남성이 자신의 여자 친구 앞에서 다른 남성에게 도전했다. 내 글의 요지를 알고 있던 그 남성은 나를 도발하려고 "사람과 동물을 구분하기 어려운 영역을 하나만 말해보시오!"라고 요구했다.

맛있는 파스타를 두 번 씹는 사이에 나는 엉겁결에 "성 행동이지요."라고 대답했다.

이 말에 그는 조금 당황한 듯 보였지만, 그것은 잠시였다. 그는 최근에 생겨난 낭만적 사랑과 그것에 수반되는 시와 세레나데를 사람에게만 특유한 특성이라고 열정적으로 옹호하는 한편, 사람과 햄스터와 구피에게도 동일하게 나타나는 사랑의 해부학적 특성을 비웃었다.(수컷 구피는 페니스처럼 생긴 변형된 지느러미가 있다.) 그는 이러한 일상적인 역학에 역겹다는 표정을 지었다.

하지만 그의 여자 친구인 내 동료가 동물의 섹스에 관해 더 많은 사례를 들면서, 우리는 영장류학자들은 기뻐할 테지만 대다수 사람들은 당황해할 종류의 식탁 대화를 나누게 되었다.

사람들은 항상 동물의 섹슈얼리티를 '번식 행동'이라고 부르면서 순전히 기능적 관점에서 바라본다. 재미도 사랑도 만족도 변화도 없고, 그것은 오로지 성숙한 수컷과 가임기의 암컷 사이에서만 일어날 수 있다. 어쩌면 우리는 우리가 '실천해야' 한다고 믿는 성생활을 동물에게 투영한 것인지도 모른다. 섹스의 목적은 단 하나밖에 없는데, 왜 다른 용도로 사용한단 말인가? 기다란 성적인 죄 목록에 자위와 동성애, 항문 섹스, 심지어는 산아 제한까지 포함되는 이유는 이 때문이다. 우리는 도덕적으로 허용된 길에서 늘 벗어나고 그것에 대해 죄책감을 느끼기 때문에, 동물은 순전히 새끼를 만드는 데에만 전념해야 한다고 주장함으로써 동물에게 더 혹독한 기준을 강요하려고 한다. 보노보 같은 일부 종에서는 전체 성적 행동 중 4분의 3이 생식과 아무 관계 없이 일어난다는 사실 따위에는 신경도 쓰지 않는다. 섹스는 생식이 성공할 수 없는 조합으로 일어나기도 하고, 정자를 난자에 가까이 보낼 수 없는 형태로 일어나기도 한다.

보노보는 영장류 세계의 히피족으로 알려져 있다. 우리는 많은 대도시에서 '보노보 바'를 발견할 수 있고, "당신 내면의 보노보를 해방시켜" 준다고 약속하는 성 요법도 가끔 듣는다. 이 유인원은 LGBTQ 커뮤니티에서 가장 좋아하는 동물이 되었지만, 나는 아직까지 거의 전적으로 동성애자인 보노보를 만난 적이 없다. 사람의 범주들은 그대로 보노보에 적용되지 않는다. 앨프리드 킨제이Alfred Kinsey의 유명한 킨제이 척도는 배타적 이성애를 가리키는 0에서부터 배타적 동성애를 가리키는 6까지 있는데, 대다수 사람들은 이성애 끝 부분에 있겠지만, 모든 보노보는 완전한 양성애자로, 킨제이 척도 3에 해당하는 지점에 있다.

매우 다양한 자세로 일어나는 수컷과 암컷의 교미 외에 가장 특징적인 패턴은 암컷 사이의 GG 러빙이다. 서로 배를 맞댄 이 자세(한 암컷이 다른 암컷을 땅에서 들어올리고, 두 번째 암컷은 마치 아기가 어미에게 들러붙듯이 첫 번째 암컷에게 들러붙는)로 두 암컷은 빠르게 좌우로 움직일 수 있다. 두 암컷은 충혈된 음핵을 좌우로 초당 평균 2.2회 움직이면서 서로 비비는데, 이것은 수컷이 음경을 넣었다 뺐다 하는 것과 같은 리듬이다. 사육 상태의 보노보이건 야생에 사는 보노보이건, 보노보의 행동을 조사한 학생은 모두 GG 러빙을 관찰했다.[17]

보노보는 수정이 일어날 가능성이 없는 상태에서 즐거움을 얻을 수 있는 다른 자세와 패턴도 보여준다. 예를 들면, 수컷들끼리는 둘 다 네 발로 서서 잠시 동안 엉덩이와 음낭을 함께 비빈다. 지금까지 왐바 야외 연구 장소에서만 관찰된 음경 펜싱penis fencing은 두 수컷이 나뭇가지에 매달린 채 서로 마주 보고서 마치 레이피어rapier(찌르기에 특화된 검)를 부딪치듯이 서로의 음경을 비빌 때 일어난다.[18]

자주 일어나는 성애 패턴은 입을 벌리고 하는 키스인데, 한쪽이 입으로 다른 쪽의 입을 덮는 동작으로, 혀와 혀의 광범위한 접촉을 수반하는 경우가 많다. 이러한 '프렌치 키스'는 보노보의 전형적인 행동이지만, 침팬지를 비롯해 대다수 영장류에게서는 볼 수 없는데, 이들은 더 플라토닉

한 키스를 많이 한다. 보노보에 익숙하지 않은 한 사육사가 보노보의 키스를 받아들였던 것은 이 때문이다. 그랬다가 갑자기 보노보의 혀가 입속으로 쑥 들어오는 바람에 그는 크게 당황했다!

수컷들은 서로의 성기를 손으로 자극한다. 한 수컷은 등을 곧게 펴고 다리를 좍 벌린 채 발기한 음경을 드러내고, 다른 수컷은 손으로 그 음경을 느슨하게 감싼 뒤 위아래 방향으로 움직이면서 애무한다. 이 마사지는 일반적으로 사정으로 이어지지 않는다. 암컷들 역시 서로의 성기를 만지거나 찌르지만, 성적 관심이 고조되자마자 GG 러빙으로 전환한다. 암컷들은 더 대칭적인 상호 작용을 선호한다.

섹스 파트너들은 종종 서로를 가까이에서 대면하기 때문에, 얼굴 표정과 소리가 이들의 상호 작용을 강렬하고 친밀하게 해준다. 우리는 이탈리아 영장류학자 엘리사베타 팔라지Elisabetta Palagi의 자세한 비디오 분석으

암컷 보노보들은 잦은 GG 러빙을 통해 관계를 부드럽게 한다. 한 암컷이 다른 암컷에게 들러붙은 채 둘 다 빠른 리듬으로 음핵을 좌우 방향으로 움직이면서 비빈다.

로부터 파트너들 사이에 많은 눈맞춤과 협응과 동기화가 일어난다는 사실을 알고 있다. 암컷은 GG 러빙을 하는 동안 큰 소리로 꽥꽥거리고, 만약 한 파트너가 흥분하여 이빨을 드러내면, 상대방은 즉시 그 표정을 함께 따라 한다. 표정 모방은 사람의 경우와 마찬가지로 공감 능력을 나타내는 척도인데, 이성과의 섹스보다 암컷끼리의 섹스에서 더 자주 나타난다. 야외 연구자도 그런 사례를 관찰했는데, 이성 간 섹스에서는 관찰하지 못했다. 이것은 암컷이 이성보다는 동성과의 접촉에서 감정적으로 더 큰 영향을 받는다는 것을 의미한다.[19]

이 발견은 이성 간 접촉이 성 행동의 정점이라는 개념과 상반된다. 암컷들이 수컷과 짝짓기하기보다 동성을 섹스 파트너로 선호하고, 감정적으로도 거기에 더 많은 투자를 하는 현상은 긴밀한 자매애를 바탕으로 돌아가는 사회 구조와 잘 들어맞는다. 암컷 보노보는 갈등을 해결하고 협력을 촉진해야 할 필요가 있다. 이들에게 섹스는 사회적 접착제이다.[20]

이 간략한 소개만 보고서 보노보가 성욕이 과도하게 넘치는 종이라는 인상을 받지 않도록 하기 위해 이들의 에로틱한 행동이 완전히 무심하고 태평하게 일어난다는 점을 덧붙이고 싶다. 우리는 인간의 강박증 때문에 이것을 이해하기 어려울 수 있다. 우리는 금기가 너무 많고, 특정 신체 부위를 드러내지 않으려고 열심히 노력한다. 이 정신적 구속복을 입지 않은 우리 자신의 모습을 상상할 수 없을 만큼, 우리는 섹스를 결코 편안하게 대하지 못한다. 우리는 누드를 검열하며, 학교에서 치마 길이를 재고, 성적인 생각을 억압하고, 섹스나 신체 기능의 언급을 피하기 위해 다양한 완곡어법을 사용한다. 낯선 사람의 가슴이나 엉덩이, 성기를 우연히 살짝 스치는 것조차 잘못으로 비쳐질 수 있다. 섹슈얼리티는 만약 우리가 다른 영역에서 그런다면 우스꽝스러운 꼴이 될 일을 헌신과 분노로 열렬히 지키는 금단의 열매이다.

반면에 보노보에게는 그 열매가 낮게 매달려 있어 원할 때마다 얼마든지 딸 수 있다. 보노보가 이 영역에서 '해방'되었다고 말할 수는 없는데, 그들은 처음부터 억압된 적이 없기 때문이다. 우리가 얽매인 종류의 억제와 고착은 그들에게는 낯선 것이다. 그들에게 섹스는 큰 문제가 아니다. 섹스는 그들의 삶에서 너무나 자연스럽고 자발적인 부분이어서, 사회적 문제와 성적 문제 사이의 경계선을 찾기 어렵다.

보노보는 "살아 있는 영장류 중 가장 섹시한 종"이라는 타이틀에 도전할 유력한 후보이지만, 그렇다고 해서 보노보가 다른 일을 하지 않는 것은 아니다. 사람과 마찬가지로 보노보는 섹스를 끊임없이 계속 하는 게 아니라 가끔 한다. 보노보는 섹스를 하루에 여러 번 시작하지만, 하루 종일 하지는 않는다. 대부분의 접촉, 특히 어린것과의 접촉이나 어린것들 사이의 접촉은 절정의 지점까지 이어지지 않는다. 파트너들은 그저 성기에 집중하면서 서로를 어루만지고 애무할 뿐이다. 어른들 사이의 평균 교미 시간은 사람의 기준으로 보면 아주 짧은 편으로, 대개 15초를 넘기지 않는다. 보노보들 사이에서 우리는 끝없는 난교 대신에 짧은 순간의 성적 즐거움이 넘쳐나는 사회생활을 본다. 우리가 악수하거나 서로의 등을 두드리는 것처럼 보노보는 관계를 수립하고 좋은 의도를 전달하기 위해 '성기 악수'를 한다.

게이 뇌?

1990년대 초에 남성과 여성의 뇌 차이와 함께 '게이 뇌'의 존재 가능성을 다룬 첫 번째 보고서가 나왔다. 이 발견은 네덜란드에서 큰 소란을 야기했다. 한 게이 지도자는 성적 지향성을 뇌와 연결 짓는 것은 동성애를 의학적 문제로 만들 위험이 있다고 주장했다. 분노의 초점이 된 신경과학자 딕 스바프Dick Swaab는 살아 있는 수감자들을 생체 실험했던 나치 의사 멩겔레Mengele에 비유되었다. 그를 향한 의심과 비난이 너무 커진 나머지 스바프는 익명의 인물들로부터 살해 위협과 폭탄 테러 위협까지 받았다.[21]

생물학에 대한 저항은 대서양 양쪽의 사회 개혁가들이 느끼는 더 광범위한 두려움의 일부였다. 그들은 뇌와 유전자를 언급하는 것이 사회를 변화시키려는 그들의 야망을 좌절시킬 수 있다고 우려했다. 미국의 사회생물학자이자 곤충학자인 E. O. 윌슨은 그것을 "유전자는 문화를 목줄에 묶어둔다."라고 자극적으로 표현했다. 윌슨이 그 목줄이 '매우 길다고' 안심시킨 것은 중요하지 않았다. 윌슨 역시 파시스트라는 낙인이 찍혔다.[22]

오늘날 우리는 생물학의 역할을 다르게 바라보는데, 젠더 정체성과 성적 지향성과 관련해서는 분명히 그렇다. LGBTQ 커뮤니티는 자신들의 삶을 단순한 '선택'이나 '선호' 또는 '생활 방식'으로 규정하는 방법이 유전적, 신경학적 또는 호르몬적 요인을 뒷받침하는 증거 앞에서 맥없이 무너진다는 사실을 알고 있다. 이 증거들은 선택이라는 요소를 배제한다. 그러나 이 분야의 연구가 예전과 같은 적대감에 맞닥뜨리지는 않지만, 논란이 전혀 없는 것은 아니다. 미국 신경과학자 사이먼 르베이Simon LeVay가 특정 뇌 영역을 성적 지향성의 표지라고 딱 집어서 주장했을 때, 이성애자 남성과 동성애자 남성을 너무 이분법적으로 구분한다는 비판이 빗발치듯 쏟아졌다. 이들 집단은 실제 생활에서 겹치지 않는가? 그리고 르베이의 데이터에서도 겹치지 않는가? 이성애자의 뇌에서 시상하부의 한 영역은 남성이 여성보다 평균적으로 2배 정도 크다. 이와는 대조적으로 게이 남성은 이 영역이 여성과 크기가 비슷하다. 르베이는 게이 남성이 중간 젠더인 '여성적인' 남성이라고 주장한 것일까? 비록 자신도 게이임을 공개적으로 밝히긴 했지만, 르베이는 "섹슈얼리티를 심각하게 단순화"하고 "사람의 가능성 범위"를 잘못 표현했다는 비난을 받았다.[23]

이 작은 뇌 영역(쌀알만 한 크기)에 모든 답이 담겨 있는지는 불분명하다. 후속 연구는 이전의 발견에 의문을 제기했다. 게다가 닭이 먼저냐 달걀이 먼저냐 하는 문제도 있다. 즉, 뇌가 행동을 특정 방향으로 나아가게 하는 것일까, 아니면 그 반대일까? 르베이의 연구에서 살펴본 신경 조직에 사망한 사람의 삶이 '반영'된 것은 아닐까?[24]

스웨덴 스톡홀름뇌연구소에서 이방카 사비크Ivanka Savic와 페르 린스트룀Per Lindström이 이 난제를 해결하기까지는 거의 20년이 걸렸다. 그들은 르베이와 동일한 뇌 영역을 검사하지 않았다. 대신에 뇌의 비대칭성처럼 특정 행동과 직접적 관련이 없고 훨씬 더 일반적인 신경 특성에 초점을 맞추었다. 이러한 뇌의 특성은 태어날 때부터 고정되어 있으며, 경험에 따라 변하지 않는다. 그럼에도 불구하고, 이런 특성에는 젠더와 성적 지향성이 반영된다. 남성 동성애자의 뇌는 여성 이성애자의 뇌와 구조적으로 비슷하지만, 여성 동성애자의 뇌는 남성 이성애자의 뇌와 비슷하다. 사비크는 "이러한 차이는 자궁 속에서 또는 초기 유아기에 생겨났을 가능성이 높다."라고 결론지었다.[25]

성적 지향성은 또한 남성의 겨드랑이 땀에서 분비되거나 애프터셰이브와 헤어젤에 포함된 화학 물질인 안드로스타디에논에 대한 반응을 좌우할 수 있다. 비록 우리는 코의 힘을 과소평가하지만, 냄새는 우리를 낭만적 잠재력을 지닌 사람을 향해 다가가도록 이끈다. 안드로스타디에논 냄새는 남성 이성애자에게는 거의 아무 영향도 미치지 않지만, 여성 이성애자와 남성 동성애자의 시상하부를 자극한다. 질문을 했을 때, 피험자들은 이 물질이 특별히 매력적이지 않다고 말하지만, 페로몬과 마찬가지로 안드로스타디에논은 의식하지 못하는 사이에 작용한다.[26]

위 연구의 예상치 못한 '파생 연구'에서 비슷한 차이는 가축인 양에서 발견되었다. 일부 건강한 숫양은 발정기의 암양에게 올라타지 않는다. 이 숫양들은 '고장난'이나 '무성애자' 또는 '억제된' 숫양이라고 불렸다. 하지만 미국 신경내분비학자 찰스 로셀리Charles Roselli는 이제 이를 잘못된 묘사라고 생각한다. 숫양 12마리 중 1마리는 강한 동성애 취향이 있다. 이 숫양들은 무성애자이기는커녕 근처에 있는 암양을 무시하면서 동성인 숫양에게 올라타려고 열심히 시도한다. 그것은 견고한 개인적 특성이다. 양은 우리 뒤를 이어 배타적 동성애 지향성이 발견된 두 번째 포유류일 뿐이다.

야생 큰뿔양과 돌산양에서도 비슷한 특성이 관찰되었다. 심지어 암양은 가끔 어린 수컷의 행동을 흉내냄으로써 어른 숫양의 성적 관심을 자극하려 한다고 한다. 숫양들은 서로 음경을 핥고, 몸을 비비고, 잘근잘근 씹고, 코를 비비고, 항문 삽입과 골반 왕복 운동과 사정을 하기도 한다. 우리와 마찬가지로 이들의 성적 지향성은 시상하부에 반영돼 있는 것처럼 보이는데, 암컷 성향이 강한 숫양은 암양보다 시상하부에 더 큰 핵이 들어

있다. 반면에 수컷 성향이 강한 숫양은 그 크기가 둘 사이의 중간이다.[27]

요컨대, 뇌는 어떤 개체의 성적 지향성이 무엇인지 확실하게 알려주지는 않지만, 몇 가지 표지는 담고 있는 것처럼 보인다. 젠더 정체성과 마찬가지로 성적 지향성은 태어날 때부터 존재하거나 그 직후에 발달하는 것으로 보인다. 따라서 그것은 우리가 어떤 존재인지를 결정하는 중요한 부분이다. 이것은 LGBTQ 커뮤니티의 구성원뿐만 아니라 모든 사람(그리고 아마도 양)에게 적용된다. 일반적인 젠더 정체성과 일반적인 성적 지향성은 모든 사람의 양도할 수 없고 변경할 수 없는 측면이다.

그렇다고 해서 상황이 그렇게 단순한 것은 아니다. 우선, 이러한 발견은 성적 지향성이 어디에서 유래하는지 알려주지 않는다. 유전적 요인을 시사하는 증거는 있지만, 단일 동성애자 유전자가(심지어 몇몇 동성애자 유전자조차) 있다는 증거는 없다. 관련 유전자들은 종류가 많으며 분산되어 있다. 게이 또는 레즈비언은 가족 내력이며, 일란성 쌍둥이는 이란성 쌍둥이나 다른 형제보다 성적 지향성을 공유하는 경우가 많다는 사실이 오래전부터 알려져 있었다. 하지만 이것이 다가 아니다. 일란성 쌍둥이도 서로 다를 때가 많다. 같은 DNA를 가지고 있는데도, 한 명은 동성애자인 반면 다른 한 명은 이성애자일 수 있다. 지금까지 이루어진 가장 큰 규모의 쌍둥이 연구에는 스웨덴쌍둥이등록소에 등록된 약 4000쌍이 참여했다. 여기서 나온 결론은 성적 지향성에는 가족 내력과 환경이 모두 영향을 미친다는 것이다. 개인의 유전체만으로는 그 사람의 성적 지향성을 알 수 없다.[28]

두 번째 문제는 대다수 연구의 바탕에 깔려 있는 이분법이다. 성적 지향성을 단 두 가지 범주로 나누는 것은 인간 행동의 실체를 간과한 지나친 단순화처럼 보인다. 흔히 여성은 지향성의 전체 스펙트럼에서 골고루 분포한 반면, 남성은 양 극단에 몰려 있다고 생각해왔다. 남성은 동성에 끌리거나 이성에 끌릴 뿐, 양쪽 다에는 절대로 끌리지 않는다고 생각했다. 양성애자는 이성애자와 동성애자 모두에게서 차별을 받는다. 그들은 마음을 정할 수 없을까? 그들은 지나치게 난잡한 것일까? 사람들은 그들에게 "스리섬을 자주 하나요?"라고 묻는다. 오랫동안 과학은 양성애를 실험의 한 단계나 한 형태로 일축했다.

양성애를 둘러싼 의심이 너무 크자, 미국의 성과학 개척자 킨제이는 남성에게도 중간 범주가 존재한다는 것을 보여주기 위해 0~6등급으로 분류된 킨제이 척도를 만들었다. 킨제이 자신은 양성애자라고 밝혔다. 최근에 이전 연구들을 재분석한 결과, 스스로 양성애자라고 주장한 남성은 정말로 양쪽 젠더 모두에 성적 관심을 나타낸다는 사실이 확인되었다. 그것은 계략도 아니고 거쳐 가는 단계도 아니다. 음경 발기 측정 결과는 이들이 야한 동영상을 보면 출연자가 남성이건 여성이건 상관없이 흥분하는 것으로 드러났다. 아마도 과학은 양성애자들이 줄곧 해온 말을 마침내 믿게 될 것이다.

우리가 사람들에게 바라는 행동 방식과 실제로 나타나는 성 행동 사이의 엄청난 괴리를 지적하여 명성과 악명을 동시에 떨친 킨제이는 동성애와 이성애 지향성이 쉽게 분리되지 않는다고 지적했다. 많은 남성은 자신이 둘 중 하나라고 주장하지만, 사실은 둘 다이다. 대다수 남성은 배타적 이성애자라기보다는 '주로 이성애자'인 것처럼 보인다.[29] 아이러니하게도 우리가 양과 염소의 성생활에 대해 많이 알기 전에 킨제이는 다음과 같은 유명한 충고를 했다.

남성은 이성애자와 동성애자라는 별개의 두 집단을 대표하지 않는다. 세상은 양과 염소로 나뉘지 않는다. 모든 것이 검은색 아니면 흰색은 아니다. 자연은 서로 분리된 별개의 범주들을 다루는 일이 드물다는 것이 분류학의 기본 원칙이다. 오직 사람의 마음만이 범주를 만들어내고, 사실들을 서로 분리된 제각각의 비둘기 구멍으로 집어넣으려고 한다. 생물계는 각각의 모든 측면에서 연속체이다. 사람의 성 행동에 관한 이 사실을 더 빨리 배울수록 성의 실체를 더 빨리 건전하게 이해하게 될 것이다.[30]

사람의 마음에 관한 킨제이의 생각은 옳았다. 우리는 기호를 사용하는 종이어서 모든 것을 나타내는 단어가 있다. 언어는 우리에게 세계를 깔끔한 범주들로 자르고 쪼개게 해주는 반면, 가능한 범주들의 혼합에는 눈을 감게 만든다. 그것은 자연이 실제로 작동하는 방식과 정반대이다. 미국 생식생물학자 밀턴 다이아몬드Milton Diamond는 "자연은 다양성을 사랑한다. 불행히도 사회는 그것을 싫어한다."라는 말을 자주 했다.[31]

나는 인종적 맥락에서 이 문제를 생각해본 적이 많다. 우리는 인종을 흑인, 백인, 갈인, 황인으로 구분하면서 피부색 아래에 숨어 있는 엄청난 유전적 다양성과 중첩을 무시한다. 유전적으로 인종은 구별하기 어렵고, 모든 사람은 오래전부터 아주 먼 곳에서 온 온갖 유전자의 혼합물을 가지고 있다. 우리가 모든 사람을 이런저런 범주에 집어넣으려고 아무리 애를 쓰더라도, 이 세상에 순혈 종족은 없다.[32] 우리는 모든 인종에 라벨을 붙였고, 때로는 특정 인종을 욕하거나 한 인종이 다른 인종보다 우월한 것처럼 행동한다. 하지만 많은 종에서 색의 다양성이 보편적인데도 불구하고, 나는 이와 조금이라도 비슷한 것을 동물 세계에서 본 적이 없다. 만약 알비노로 태어나거나 질병으로 기형이 되어 외모가 크게 다를 경우, 그 개체는 경계심이나 적대감에 맞닥뜨릴 수 있다. 하지만 덜 극적인 변화는 별다른 반응을 유발하지 않는다. 예를 들면, 거의 모든 침팬지와 보노보는 검은색이다. 하지만 보기 드문 갈색 침팬지나 보노보가 태어나더라도, 긍정적이건 부정적이건 특별한 대접을 받는 일은 거의 없다.

갈색거미원숭이가 또 하나의 좋은 예이다. 이 영장류는 거의 검은색에 가까운 암갈색에서부터 황갈색과 밝은 황갈색에 이르기까지 다양한 털색 때문에 잡색거미원숭이라고도 불린다. 나는 사육 상태에서 온갖 다양한 색의 갈색거미원숭이들이 행복하게 잘 섞여 지내는 것을 보았다. 하지만 그들에게 선택권이 없었다는 점을 감안하면, 이것은 그다지 놀라운 일이 아니다. 그래서 나는 다양한 색이 잘 섞이는 야생에서 이 원숭이를 연구하는 콜롬비아인 동료인 안드레스 링크Andrés Link에게 이것에 대해 물어보았다. 링크는 자신이 관찰하는 개체군에서 색이 더 밝거나 더 어두운 개체에 대한 행동적 편향을 본 적이 전혀 없으며, 심지어 색소 결핍증을 가진 새끼가 두 마리 태어난 뒤에도 그런 일은 없었다고 말했다. 두 원숭이는 알비노는 아니지만, 색이 있는 몇몇 부위와 검은 눈을 제외한 나머지 부분은 모두 흰색에 가깝다. 링크의 표현을 빌리면, "이 개체들은 무리의 다른 구성원들과 완전히 정상적으로 상호 작용한다."

사람은 다르다. 인종과 마찬가지로 젠더 특성과 성적 취향에도 우리가 붙이는 라벨이 너무 많다. 우리는 종종 이러한 라벨을 사용하여 승인이나 반감을 전달한다. 라벨을 사용한 비극적이고 극단적인 낙인찍기 사례는 나치가 동성애자 수감자들에게 부착시킨 분홍 삼각형인데, 이들은 추가로 잔혹 행위를 당했다. 이러한 어두운 배경에도 불구하고, 이 삼각형은 최근에 게이 프라이드 행사에서 명예의 배지로 등장했다. 더 일반적으로, 우리는 인류의 풍부한 섹슈얼리티를 언어학적으로 킨제이가 '양과 염소'라고 부른 것으로 구분하면서 본질적으로 연속체인 것을 불과 두세 개의 범주로 나눈다. 그렇다고 라벨을 사용한 낙인찍기가 트랜스포비아transphobia(성전환과 트랜스젠더에 대한 적대감)나 동성애 혐오homophobia의 '근원'이라는 뜻은 아닌데, 라벨은 더 관용적인 방식으로 사용될 수 있기 때문이다. 많은 언어에는 제3의 성을 나타내는 단어가 있다. 또한 그 사회에는 제3의 성을 허용할 여지가 있다. 하지만 라벨이 공포증을 가진 사람들에게 강력한 무기를 쥐어주는 것은 사실이다. 라벨은 기술적인 것에서 상처와 모욕을 주는 것으로 쉽게 옮겨갈 수 있다. 기호를 사용하는 종이 되는 것은 그 나름의 장점이 있지만, 다른 한편으로는 끔찍한 단점도 있다.

　나는 '공포증'(극도의 두려움 또는 비합리적인 두려움)이 인간의 성적 편견을 나타내는 데 올바른 단어인지 잘 모르겠다. 두려움과 불안, 억압된 성 충동이 불관용의 이면에 숨어 있을 가능성이 매우 높지만, 더 적대적인 다른 감정들도 작용하는 것처럼 보인다. 하지만 그것이 무엇이건, 다른 영장류에서는 그런 것이 관찰되지 않는다. 사람과 동물의 섹슈얼리티가 놀랍도록 비슷한데도 불구하고, 성적 지향성이나 표현을 바탕으로 한 거부는 다른 영장류에서 단 한 번도 보고되지 않았다. 젠더에 순응하지 않은 침팬지 도나가 무리에 얼마나 잘 통합되어 지냈는지 떠올려보라. '게이' 꼬리감는원숭이 로니도 마찬가지다. 영장류 사이에서 일어나는 거부 사례는 평화를 해치거나 다른 구성원의 삶에 간섭하는 당사자를 겨냥한 것밖에 떠오르지 않는데, 동성애 경향이 표출되는 방식은 그런 것과는 거리가 멀다. 사실, 여러분은 그 반대라고 생각할지도 모른다. 진화의 관점에서 본다면, 이성애자 남성이 게이에게 나타내는 증오는, 르베이의 표현을 빌리면, "도저히 이해할 수 없는" 것이다. 남성 이성애자는 다른 성적 취향을 가진 남성에게 반대할 게 아니라, 다른 남성이 여성을 둘러싼 경쟁에 뛰어드는 대신에 서로에게 자신의 씨를 낭비하는 것을 보고 기뻐해야 할 것이다.[33]

하지만 사람들에게, 특히 남성에게, 이성애와 동성애 사이에서 선택하도록 강요하는 온갖 라벨과 사회적 압력이 있다 하더라도, 이것이 얼마나 최근에 생겨난 현상인지 알 필요가 있다. 동성애자를 가리키는 '호모섹슈얼homosexual'이라는 용어는 19세기 이전에는 존재하지 않았다. 그전에도 동성애 행위는 많았지만, 동성애자라는 정체성은 없었다. 남성 사이에서 동성 섹스는 대개 나이를 기반으로 일어났는데, 전쟁에 나가기 전에 사기를 끌어올리기 위해 고대 그리스 병사들이 한 것처럼 나이 많은 남성이 더 어린 남성에게 삽입을 했다. 특정 시대에는 남색이 거의 보편적으로 일어난 반면, 레즈비언 관계는 대체로 레이더망 아래에 숨어 있었지만 아마도 비슷하게 만연했을 것이다. 1869년, 오스트리아 출신의 헝가리 작가 카를-마리아 케르트베니Karl-Maria Kertbeny는 자신이 경멸한 비하적 라벨을 대체하기 위해 동성애자를 '호모섹슈얼homosexual', 이성애자를 '헤테로섹슈얼heterosexual'이라 칭하는 용어를 만들었다. 그 후로 적어도 서양에서는 언어가 이전에는 알려지지 않았던 이분법을 조장하기 시작했다. 한때 동성애 활동은 이성애 활동의 보충적 역할을 해서 기혼 남성, 기혼 여성이 동성애를 했다. 지금도 여전히 그럴지 모르지만, 그런 관행은 우리에

게 익숙해진 낙인 효과 때문에 수면 위에서는 사라졌다.[34]

성적 지향성의 비배타성은 중요한데, 생물학자들이 죽어라고 논쟁을 벌인 한 가지 쟁점을 꼽으라면, 그것은 바로 동성애가 어떻게 생겨났을까 하는 것이기 때문이다. 어떤 사람들은 그것을 진화의 수수께끼라고 부른다. 다른 사람들은 그것은 존재해서는 안 되는 것이라고 말한다. 예를 들면, 《아담과 이브 이후: 인간 섹슈얼리티의 진화Ever Since Adam and Eve: The Evolution of Human Sexuality》에서 맬컴 포츠Malcolm Potts와 로저 쇼트Roger Short는 "동성애 행동은 생식 성공의 안티테제"라고 직설적으로 이야기했다.[35]

이것은 논리적으로 들릴지 모르지만, 만약 배타적 성적 지향성이 드물다면 그렇지 않다. 일부 개인이 동성과 섹스를 추구한다고 해서 생식이 위험에 처할 가능성은 거의 없다. 자신을 레즈비언이나 게이라고 부르는 많은 사람들은 인생의 어느 시점에서 아이를 낳았다. 유전적 특성의 수학적 모형은 동성애 지향성이 개체군 내에서 쉽게 나타날 수 있음을 보여주었다. 이 모형들에 따르면, 동성애는 상당히 보편적이어야 하며, 아마도 실제로도 그럴 것이다.[36]

그러니 위의 질문을 바꾸어 말해보자. 동성애 행동이 어떻게 진화할 수 있었는지 궁금해하는 것은 잘못된 접근법이다. 그런 접근법은 우리가 사람의 실제 행동뿐만 아니라 유전학에 대해 우리가 알고 있는 지식으로 뒷받침되지 않는 의심스러운 이분법을 옳다고 받아들이는 것이다. 내가 생각하기에 더 나은 질문은, 사람과 다른 동물이 생식으로 이어지지 않는 성적 활동을 자주 한다는 사실에 놀랄 필요가 있는가 하는 것이다. 진화론은 그런 성적 가능성을 허용할까?

물론 당연히 허용한다. 동물계에는 한 가지 이유 때문에 진화했지만 다른 이유로도 쓰이는 특성이 차고 넘친다. 유제류의 발굽은 딱딱한 표면 위를 달리도록 적응한 것이지만, 추격자에게 따끔한 발차기를 선사하기도 한다. 영장류의 손은 나뭇가지를 붙잡도록 진화했지만, 그 손은 새끼가 어미에게 들러붙게도 해주는데, 높은 나무 위에서는 그렇게 하는 것이 현명하다. 물고기의 입은 먹이를 먹기 위한 것이지만, 입속에서 새끼를 키우는 시클리드에게는 어린 새끼를 가둬두는 우리 역할도 한다. 색각은 우리 조상 영장류가 과일이 얼마나 익었는지 판단하는 데 필요해 진화한 것으로 추정된다. 하지만 일단 우리가 색을 지각하게 되자, 이 능력은 지도를 읽거나 상대방의 얼굴이 붉어지는 것을 알아차리거나 블라우스에 어울리는 신발을 찾는 데 사용할 수 있게 되었다.[37]

신체와 감각이 다목적용으로 쓰이는 경우가 많다면, 행동 역시 그럴 것이다. 그 원래 기능은 그것이 일상생활에서 어떻게 쓰일지 늘 알려주는 것은 아닌데, 행동은 '동기의 자율성'을 즐기기 때문이다.

동기의 자율성

행동 이면의 동기에 그 행동이 진화한 목적이 포함돼 있는 경우는 드물다. 그 목적은 진화의 베일 뒤에 숨어 있다. 예를 들면, 우리의 양육 경향은 생물학적 자녀를 키우기 위해 진화했지만, 귀여운 강아지에게도 향할 수 있다. 생식은 양육의 진화적 목적이지만 동기는 아니다.

어미가 죽고 나서 홀로 남은 새끼를 다른 어른 영장류가 돌보는 경우가 많다. 사람 역시 대규모 입양을 하며, 자녀를 자기 가족에 추가하기 위해 매우 복잡한 행정 절차를 거칠 때도 많다. 더 기묘한 것은 케냐의 데이비드셸드릭야생동물재단이 구조한 타조 피Pea처럼 이종 간 입양이다. 피는 이 재단에서 고아가 된 모든 새끼 코끼리의 사랑을 받았다. 피는 조토Jotto라는 새끼 코끼리를 특별히 돌보았는데, 조토는 늘 피 곁에 머물면서 부드러운 깃털로 덮인 피의 몸에 머리를 기대고 잠을 잤다. 모성 본능은 놀랍도록 관대하다.[38]

일부 생물학적 순수주의자들은 그런 행동을 '실수'라고 부른다. 적응적 목표가 척도라면, 피는 엄청난 실수를 저지른 셈이다. 하지만 생물학에서 심리학으로 옮겨가면, 관점이 변한다. 취약한 어린이를 돌보려는 우리의 충동은 실제적이고 압도적인데, 심지어 가족을 벗어나서도 작동한다. 이와 비슷하게 자원 봉사자들이 육지로 밀려온 고래를 바다로 다시 밀어넣을 때, 그들은 공감적 충동에 이끌려 그런 행동을 한다. 단언컨대 그 충동은 해양 포유류를 돌보기 위해 진화한 것이 아니다. 사람의 공감은 가족과 친구를 위해 생겨난 것이다. 하지만 일단 어떤 능력이 생기면, 그것은 그 자신의 삶을 살아간다. 고래를 구하는 것을 실수라고 부르는 대신에 공감이 진화의 의도에만 좌우되지 않는다는 사실에 기뻐해야 한다. 그 때문에 우리의 행동이 이렇게 풍부하게 발현되는 것이다.

이런 맥락의 생각은 섹스에도 적용할 수 있다. 생식기의 해부학적 구조와 성적 충동이 수정을 위해 생겨났다 하더라도, 대다수 사람들은 그 결과를 깊이 생각하지 않고 섹스를 한다. 나는 항상 섹스의 주된 추동력이 즐거움이어야 한다고 생각해왔지만, 미국 심리학자 신디 메스턴Cindy Meston과 데이비드 버스David Buss가 실시한 설문 조사에서 사람들은 섹스를 하는 이유를 놀랍도록 다양하게 제시했다. 답변들에는 "남자 친구를 즐겁게 해주고 싶었다."라거나 "달리 할 일이 없었다.", "상대가 침대에서 어떤 행동을 할지 궁금했다."와 같은 이유도 있었다. 만약 사람들이 사랑을 나누면서 수정에 대해 그다지 깊이 생각하지 않는다면, 그 연결 관계를 모르는 동물들은 훨씬 더 적게 생각할 것이다. 적어도 나는 동물이 수정에 대해 생각한다는 증거를 본 적이 없다. 동물이 짝짓기를 하는 이유는 서로에게 끌리기 때문이거나, 아니면 그것이 즐거움을 준다는 것을 배웠기 때문이지, 생식을 원해서가 아니다. 모르는 것을 원할 수는 없으니까.[39]

동기의 자율성은 성 충동을 생식 능력이 없는 젠더 조합에도 적용할 수 있게 해준다. 그것은 사회생활의 다른 실체와 자유롭게 짝을 맺을 수도 있는데, 그 짝은 바로 동성 간 유대이다. 모든 영장류에서 젊은 수컷은 놀이 상대로 수컷을 찾고, 젊은 암컷은 암컷을 찾는다. 이렇게 성적으로 분리된 사회적 영역들이 생겨나 어른이 될 때까지 지속된다. 이 영역들은 큰 만족과 즐거움을 주며, 가끔은 섹슈얼리티로 흘러가기도 한다. 인간 사회에서 선명하게 구별되는 사회적 영역과 성적 영역의 경계는 인위적인 것이다. 그것은 문화적 발명품이며, 도덕적, 종교적 경고에도 불구하고 쉽게 허물어진다.

이런 식으로 바라보면, 동성애 행동은 전혀 특이한 것이 아니다. 동성애의 진화에 관한 기존 이론들을 검토한 존 러프가든은 "쾌감 감지 신경 세포가 가득 찬 생식기를 우연히 갖게 되고, 이성애적 짝짓기에서 배우자配偶子(반수체 생식세포) 교환 외에 신호 전달과 사회적 목적을 위해 그 생식기를 우연히 사용하는" 포유류에서 일어난 신체적 친밀감을 통한 만족이 그 답이라는 결론을 내렸다. 이것은 여전히 동성 섹스를 바라보는 가장 좋은 방법일지 모른다. 즉, 동성 섹스는 이성애 행동과 완전히 대비되는, 특별히 진화한 특성이 아니라, 강한 성 충동과 쾌락 추구 경향이 동성에 대해 느끼는 매력과 혼합된 결과이다.[40]

사람과 다른 동물의 동성 섹스는 많은 유사점이 있음에도 불구하고, 가장 큰 차이점은 성적 행동과 지향성을 나누고 라벨을 사용해 낙인을 찍는 우리의 경향이다. 동성애에 대한 불관용은 이러한 낙인찍기에서 비롯된다. 나는 다른 영장류들이 구성원을 다수에 순응하는지 살피지 않고 있는 그대로 받아들이는 태도가 마음에 든다.

제13장

이원론 문제

마음과
뇌와 몸은
하나다

THE
TROUBLE
WITH
DUALISM

복잡한 문제

자녀가 성장하는 방식을 제어할 수 있다는 환상에서 깨어나게 하는 완벽한 해독제는 두 번째 자녀를 갖는 일이다. 부모는 첫째 아이를 마음대로 빚을 수 있는, 손 안에 든 반죽처럼 여겼을지 모른다. 하지만 둘째 아이는 같은 양육 방식을 쓰더라도 불가피하게 다른 결과를 맞이하게 된다. 메리 미즐리Mary Midgley는《야수와 인간Beast and Man》헌정사에서 "내 아들들에게, 사람 아기는 백지가 아니라는 사실을 분명히 알려준 데 대해 많은 고마움과 함께."라고 썼다.[1]

아들 다음에 딸을 낳거나 딸 다음에 아들을 낳을 경우, 이 깨달음은 더욱 증폭된다. 이제는 개인의 기질만이 문제가 아니다. 젠더가 그 위력을 발휘한다. 이런 경험을 한 뒤에도 여전히 양육을 자연보다 더 중요하다고 생각하는 부모는 드물다.

하지만 학문적 담론에서는 여전히 양육을 유일한 메시지로 주장하는 경우가 많다. 나는 그 영문을 알 수 없었고, 우리의 가까운 친척에서 수컷과 암컷의 행동 방식을 설명함으로써 이 견해의 허점을 지적하려고 노력해왔다. 그 결론이 명명백백한 것은 아니지만, 적어도 지식이 제한적이었던 시대에 우리가 들은 수컷 원숭이 지배자라는 상투적인 표현보다는 훨씬 풍부하다. 우리가 진화의 힘에서 벗어나지 못했다는 것을 분명히 보여줄 만큼 사람의 젠더 차이와 영장류의 성차는 공통되는 부분이 충분히 많다.

그리고 나는 호르몬과 뇌의 역할에 대해서는 전혀 언급하지 않았는데, 이것은 완전히 다른 생물학적 차원을 추가했을 것이다. 내가 언급을 주저한 이유는 비록 평생 동안 내 주위에 이 분야의 전문가 동료들이 있긴 했지만, 나 자신은 이 분야의 전문가가 아니기 때문이다. 그들의 연구를 어깨 너머로 본 나는 세상에 단순한 것은 아무것도 없다는 것을 배웠다. 테스토스테론이 폭력을 유발한다는 주장처럼 틀에 박힌 것처럼 들리는 이야기조차도 결코 간단한 것이 아니다. 우리는 이 호르몬을 남성다움의 본질로 여기고, 거들먹거리는 남자를 보면 테스토스테론이 넘쳐난다고 이야기한다. 하지만 넘쳐나는 호르몬에 모든 비난을 돌리면 안 된다. 우선, 여성의 몸에서도 낮은 수준이긴 하지만 테스토스테론이 만들어진다. 그리고 공격적 행동에는 테스토스테론이 필요하긴 하지만(그래서 거세를 하면 공격성을 누그러뜨릴 수 있다), 그렇다고 단순한 일대일 대응 관계가 성립하지는 않는다. 수컷 원숭이들을 함께 사육할 때, 테스토스테론 수치만으로는 어떤 원숭이가 가장 공격적일지 제대로 예측하지 못한다. 반대로, 각자가 내비치는 공격성 수준은 그 후의 호르몬 수치를 예측하게 해준다. 호르몬과 행동은 서로 영향을 미친다.[2]

뇌와 관련해서도 우리는 비슷한 문제에 맞닥뜨린다. 남성의 뇌와 여성의 뇌는 태어날 때부터 다를까, 아니면 각자 다른 사회적 압력을 받아 서로 다르게 성장하는 것일까? 영국 신경과학자 지나 리펀Gina Rippon은《젠더가 구분된 뇌Gendered Brain》에서 후자의 견해를 지지하는데, 뇌의 성차가 삶의 경험에서 비롯된다고 주장한다. 리펀은 사람의 뇌가 간이나 심장처럼 젠더 중립적 상태로 시작한다고 주장한다.[3] 하지만 간이나 심장도 젠더 중립적이지 않으며, 다른 신경과학자들은 뇌가 자궁 속에서 호르몬의 영향으로 뇌가 남성화되거나 여성화된다고 주장한다. 리펀의 책은 잘 알려진 뇌의 차이를 무시한다고 비판받았다. 예를 들면, 영국 심리학자 사이먼 배런-코언Simon Baron-Cohen은 자폐 스펙트럼 장애(여자 아이보다 남자 아이에게 3~4배 더 많이 나타나는)는 전형적인 남성 뇌가 극단적으로 표출되는 형태라고 믿는다.[4]

논쟁은 복잡하고 뜨거운데, 특히 '뇌 성차별neurosexism'이라는 비난이 쏟아지고 있기 때문에 더욱 그렇다. 양측의 의견이 유일하게 일치하는 지점은 남성과 여성의 뇌가 공통점이 더 많다는 것이다.

이 논쟁에서는 동물의 뇌도 중요한 역할을 한다. 동물의 뇌는 인간의 문화적 환경과 독립적으로 발달하기 때문이다. 만약 동물의 뇌가 성에 따라 다르다면(실제로 그렇다), 왜 사람의 뇌만이 젠더 중립적이어야 하는가? 예를 들면, 최근에 꼬리감는원숭이를 대상으로 한 연구는 수컷과 암컷의 뇌 사이에 고차원 기능과 관련된 피질 영역들에서 현저한 차이가 있다고 보고했다. 이 영역들은 암컷이 수컷보다 더 정교하다. 하지만 여기서도 수컷과 암컷 꼬리감는원숭이의 삶이 얼마나 다른지 고려한다면, 경험으로 인한 뇌의 변화 가능성을 배제할 수 없다.[5]

신창조론을
넘어서기

이러한 논란 때문에 뇌의 성차에 관한 논문이 2만 편 이상이나 나왔다. 이 논문들이 얼마나 실질적인 내용을 다루는지에 대한 판단은 기꺼이 전문가에게 맡기고자 한다. 이 책에서 나의 목표는 사람의 행동을 다른 영장류의 행동과 비교하는 것이었다.

나는 많은 사람들이 동물과 어느 정도 거리를 유지하는 쪽을 선호한다는 사실을 알고 있다. 리펀은 "그 잔인한 원숭이들은 다시 언급하지 마라!"라고 했다. 과학계 밖에서, 그리고 때로는 내부에서 '우리 몸은 진화의 산물이더라도 우리 마음은 우리만의 것'이 공통된 믿음처럼 보인다. 사람은 동물과 동일한 자연 법칙에 구속되지 않으며, 우리가 지금 이렇게 느끼고 생각하는 것은 우리가 자유롭게 선택했기 때문이다. 나는 이 견해를 신창조론의 한 형태라고 생각한다. 그것은 진화를 부정하지도 않고 완전히 받아들이지도 않는다. 마치 진화가 오직 사람의 목에 이르렀을 때 급정거하면서 우리의 고상한 머리는 따로 내버려두었다는 듯이 말이다!

그것은 모두 자만심에서 나온 생각이다. 우리 종은 언어와 함께 지적으로 유리한 점 몇 가지 있지만, 사회 정서적으로 우리는 하나부터 열까지 완전한 영장류이다. 우리는 큰 원숭이 뇌와 이에 수반되는 심리를 갖고 있는데, (주로) 두 가지 성性으로 이루어진 세계에 대처하는 방법도 거기에 포함된다. 성을 '젠더'라고 부른다고 해서 달라질 것은 별로 없다. 우리의 수사가 아무리 고상해진다 하더라도, 문화적 범주인 젠더를 생물학적 범주인 '성'과 그에 수반되는 신체와 생식기, 뇌, 호르몬과 완전히 분리할 수 없다. 그것은 마치 중세 귀족이 스스로를 '파란 피를 가진 blue-blooded'* 혈통이라고 자부한 것과 비슷하다. 하지만 그들 역시 창에 찔리면 빨간색 피가 나온다는 사실을 모두가 알고 있다. 기본적인 인간 생물학은 가리려고 한다고 해서 가려지는 게 아니다.

하지만 우리가 원래 젠더가 구분된 채 태어난다고 해서 젠더 개념의 가치가 감소하는 것은 아니다. 그것이 문화적 오버레이, 학습된 역할, 사회가 각각의 성에 부과하는 기대에 관심을 끄는 한, 논의에 큰 도움을 준다. 젠더와 성의 병치는 우리가 하는 모든 일에는 항상 두 가지가 큰 영향을 미친다는 사실을 강조하는데, 그 두 가지는 바로 생물학과 환경이다. 이 두 가지 영향을 고려하지 않고서는 남성과 여성의 차이점을 제대로 논의할 수 없다. 이것은 또한 이 책의 핵심인 삼각형 틀(사람, 침팬지, 보노보) 내에서 성차를 탐구하는 것이 유익한 이유이기도 한데, 우리 자신과 다른 영장류의 비교를 통해 진화의 역할을 추가할 수 있기 때문이다.

하지만 여기서 나타나는 그림은 결코 간단하지 않다. 문제는 이 세 호미니드 사이의 차이에 있다. 우리와 가장 가까운 두 친척은 완전히 다른 성격을 지니고 있다. 침팬지는 보노보보다 훨씬 호전적이며, 두 종은 양성 사이의 역학이 극단적으로 다르다. 이 사실만으로도 단순한 진화 시나리오를 배제하기에 충분하다. 비록 일부 과학자들은 보노보를 우리 가족 중에서 검은 양에 해당한다고 내침으로써 그런 시나리오를 만들려고 시

---

* blue-blooded는 명문가 출신을 가리키는 뜻으로 쓰인다-옮긴이

도하긴 하지만 말이다. 천성적으로 관찰자인 나는 토론 중에 보노보가 거론될 때마다 동료들이 종종 자리에서 불안하게 몸을 움직이고, 당황하여 억지로 웃고, 머리를 긁적이면서 일반적으로 불편한 기색을 보인다는 사실을 놓치지 않는다. 보노보는 사냥과 전쟁처럼 남성의 전문 분야를 중심으로 진화 이야기를 짜는 사람들에게 매우 불편한 존재이다. 침팬지는 그들이 생각하는 개념에 훨씬 잘 들어맞는다. 하지만 최근의 유전학과 해부학 지식에 따르면, 우리의 공통 조상 모형으로 보노보보다 침팬지를 선호해야 할 이유는 전혀 없다.

하지만 이 세 호미니드의 차이점들이 모자이크처럼 뒤섞여 있는 가운데에도 몇 가지 보편적인 특성은 숨길 수 없다. 수컷은 지위를 추구하는 경향이 강하고, 암컷은 취약한 어린것에게 끌리는 경향이 강하다. 수컷은 신체적으로(비록 사회적으로도 항상 그런 것은 아니지만) 지배적이고 노골적인 대립과 폭력으로 치닫는 경향이 있는 반면, 암컷은 자식을 돌보고 자식에게 헌신하는 경향이 강하다. 어린 수컷의 넘쳐나는 에너지와 싸움 놀이, 그리고 어린 암컷의 인형과 새끼에 대한 관심과 아기 돌보기 행동에서 볼 수 있듯이 이런 경향은 아주 어린 시절부터 나타난다. 이러한 원형적 성차는 쥐에서부터 개, 코끼리, 고래에 이르기까지 대다수 포유류에서 나타난다. 그것은 각각의 성이 자신의 유전자를 다음 세대에 전달하는 독특한 방식 덕분에 진화했다.

하지만 이 뚜렷한 성차조차 절대적인 것은 아니다. 그것은 중복되는 부분과 예외의 여지가 있는 일반적인 쌍봉 분포를 따른다. 각 종 내에서 모든 수컷과 암컷이 똑같지는 않으며, 우리가 보는 차이점은 규범적인 것이 아니라 기술적인 것이다. 수컷은 이렇게 행동해야 하고 암컷은 저렇게 행동해야 한다는 믿음은 없다. 다만 각각의 성은 일반적으로 서로 다른 의제를 따르고, 그 결과로 서로 다르게 행동한다.

존재한다고 주장된 그 밖의 젠더 차이들은 확인하기 어려운 것으로 드러났다. 예를 들면, 흔히 수컷은 더 위계적이고 나은 지도자가 되는 반면, 암컷은 평화를 더 사랑한다고 이야기되었다. 또한 암컷은 수컷보다 사교성이 좋고 성적으로 덜 문란하다고 이야기되었다. 내가 조사한 바에 따르면, 이 모든 영역에서 그 차이는 사소하거나 전혀 존재하지 않았다. 암컷사이의 경쟁은 물리적 충돌은 덜한 편이지만, 보편적이고 격렬하게 일어난다. 암컷의 성생활은 수컷의 성생활에 못지않게 모험적인 것으로 보인다. 세부 내용은 차이가 있더라도, 양성에는 모두 사회적 위계질서가 있고, 평생 동안 우정을 유지한다.

그리고 늘 그렇듯이 규칙에는 예외가 있는데, 이것은 우리뿐만 아니라 동료 호미니드의 행동에 유연성이 있을 가능성을 암시한다. 예를 들면, 수컷 유인원도 놀랍도록 새끼를 잘 양육할 수 있고, 암컷도 훌륭한 지도자가 될 수 있다. 후자는 보노보처럼 암컷이 지배하는 종뿐만 아니라, 침팬지처럼 수컷이 지배하는 종에게도 해당한다. 수컷이 지닌 신체적 힘이라는 이점을 넘어서서 집단에서 일어나는 일을 누가 결정하는가에 초점을 맞춰 바라보면, 수컷과 암컷 모두 권력과 지도력을 행사한다는 걸 알수 있다.

사람 영장류의 가장 예외적인 사회적 특징은 남성과 여성을 함께 묶는 가족 구조이다. 그 결과로 우리의 양 젠더는 가장 가까운 친척 영장류보다 더 상호 의존적 양상을 보인다. 가족뿐만 아니라 직장에서도 함께 일할 것을 요구하는 현대 사회에 들어와 젠더의 통합은 더욱 증폭되었다.

이것은 소규모 인간 사회의 역할 분담에서 크게 벗어난 발전이다. 하지만 여성의 공공 영역 진출을 환영하고 완전한 참여를 보장하려면, 가족 차원에서의 업무 분담 재조정이 필요하다. 젠더별 업무량의 균형을 맞추기 위해 남성은 집안일에 더 많이 관여할 필요가 있다. 우리의 몸에 흐르는 영장류 배경이 이러한 변화에 저항할 수 있지만, 아마도 우리 경제의 구조가 더 큰 장애물이 될 것이다. 전통적으로 남성은 집 밖에서 일하면서 봉급을 받은 반면, 여성은 집 안에서 일하고 밖에서 돈을 벌어오지 않았다. 비록 이 이상한 방식을 정당화하기 위해 생물학을 소환하기도 했지만, 사람 남성의 본성에서 다른 가사 활동은 물론이고 자녀 양육 행동을 못 하게 하는 것은 아무것도 없다.

우리의 생물학은 사람들이 생각하는 것보다 더 유연하다. 우리의 동료 호미니드들도 동일한 유연성을 보인다. 그동안 우리는 동물이 사전에 프로그래밍된 기계라는 식으로 주입식 교육을 받아왔기 때문에, 이것은 아주 놀랍게 들릴 수 있다. 아직도 동물의 행동은 본능에 의존한다고 이야기하는 경우가 많은 반면, 사람의 행동은 문화적 산물로 간주한다. 지난 수십 년 동안 동물의 인지와 행동에 대해 우리가 알아낸 것에 비추어 보면, 이러한 이분법은 시대에 뒤떨어진 것이다. 적어도 4년 동안 수유를 하고 성숙하는 데 우리만큼 오랜 시간이 걸리는 동물에게 그것을 적용하는 것은 특히 이상하다.

생존에 꼭 필요한 경우가 아니라면, 어떤 종도 생식을 지연시켜서는 안 된다. 유인원의 발달이 왜 그토록 느릴까? 유일하게 그럴듯한 설명은 새끼가 유능한 어른으로 성장하려면 다년간의 학습과 가르침이 필요하다는 것이다. 사람의 미성숙한 시기가 그토록 긴 이유는 바로 이것으로 설명하는데, 발달 과정이 느린 다른 종에게도 이 설명을 똑같이 적용할 수 있다. 그들의 사회는 복잡하며, 성공하려면 많은 지식과 기술이 필요하다. 따라서 유인원이 우리보다 더 또는 덜 본능적으로 행동한다고 생각해야 할 이유가 없다.

유인원도 환경의 산물이다. 그들은 주변 동료들의 버릇을 따라 하고 흉내내고 채택한다. 우리 연구 팀은 유인원이 서로에게서 어떻게 배우는지 알기 위해 많은 연구를 했는데, 나는 단지 영어 동사 'to ape'('흉내내다'란 뜻)와 이에 상응하는 다른 언어의 단어가 아주 적절하다는 점을 지적하고 싶다. 유인원은 보고 배우는 재능이 있다. 어린 유인원은 어린아이처럼 자신이 동일시하는 성의 어른 모델을 찾는다. 암컷은 일반적으로 어미를 따라 하는 반면, 수컷은 지위가 높은 수컷을 따른다. 그 결과로 양성은 연장자로부터 각 성에 특유한 행동 중 일부를 배운다.[6]

이 때문에 유인원도 각자의 젠더가 발달하게 된다.

마음과 뇌와 몸은 하나다

서양 종교와 철학은 전통적으로 우리를 자연과 연결시키는 대신에 자연과 대척점에 서 있는 존재로 정의했다. 우리는 자신의 위치를 짐승보다 높고 천사와 가까운 곳에 놓길 좋아하기 때문에, 자신의 신체를 매우 억울하게 여긴다. 신체는 우리의 비천한 기원을 너무 많이 상기시키고, 제어할 수 없는 성욕과 필요, 질병, 감정으로 날마다 우리를 귀찮게 한다.

어떻게 하여 고상한 인간의 영혼이 이렇게 결함이 많은 그릇에 갇히게 되었을까? 도마 복음서에서는 이를 "이 엄청난 부 $_富$ 가 어떻게 이 가난 속에 자리를 잡았는지 놀랍다."[7]라고 한탄한다.

　마음은 신성하지만, 몸은 그렇지 않다. 이 이원론은 본질적으로 남성적이며, 주요 관심은 사람의 마음보다는 남성의 마음에 있다. 자신의 지성이 생물학보다 높은 수준에 있다고 굳게 믿으려 한 사람들은 항상 남성이었다. 이러한 견해는 신체가 호르몬 주기를 겪지 않는다면 주장하기가 더 쉽다. 여성의 몸은 피를 흘리는데, 남성은 전통적으로 이를 혐오스럽고 '불순한' 것으로 묘사해왔다. 대대로 남성은 육체(약함)와 감정(비합리적), 여성(유치함), 동물(멍청함)과 거리를 두려고 노력했다.

　남성이 여성과 동물만큼 자신의 몸과 긴밀하게 연결돼 있다는 점을 감안하면, 이러한 대비는 완전한 착각이다. 그것은 순전히 남성의 상상력이 만들어낸 허구이다. 마음과 뇌와 몸은 하나다. 비물질적인 마음은 존재하지 않는다. 포르투갈 출신의 미국 신경과학자 안토니오 다마지오 $_{Antonio}$ $_{Damasio}$ 는 "몸이 없으면, 마음도 없다."라고 썼다. "마음은 몸에 의해 매우 면밀하게 형성되고 몸을 위해 일하도록 정해져 있어, 몸속에서는 오직 하나의 마음만이 생겨날 수 있다."[8]

　무엇보다 이해하기 어려운 것은 현대 페미니즘이 몸을 부정하는 것을 특징으로 하는 이 오래된 이원론을 수용했다는 점이다. 이 견해에 따르면, 사람 아기는 젠더가 없이 태어나며, 환경의 지시를 기다리는 젠더 중립적 뇌를 가지고 있다. 우리는 우리가 되고 싶은 존재 또는 적어도 사회가 원하는 존재이며, 우리를 담은 채 세상을 돌아다니는 그릇으로부터는 그다지 많은 압력을 받지 않는다. 이 그릇은 걷고 말하고 먹고 싸고 생식을 하고 그 밖의 일상적인 생존 과제를 수행하지만, 그 젠더는 오로지 마음에 달려 있다.

심신 이원론은 영원한 철학적 주제로, 그것에 관해 쓴 글은 내가 지금까지 읽을 수 있었던 것보다 훨씬 많다. 나의 주요 관심은 항상 이원론을 동물에 적용하는 것과 동물에게 영혼이 없다는 데카르트의 모욕적인 개념이었지만, 젠더와 관련된 이원론을 간단히(그리고 분명히 피상적으로) 언급하려고 한다. 그 개념의 뿌리는 적어도 플라톤까지, 그리고 아마도 그보다 더 이전까지 거슬러 올라간다. 플라톤의《공화국 Politeia》은 남녀평등을 주장한 것으로 유명하지만, 플라톤의《대화편》*에는 남성 우월주의적 발언이 곳곳에 널려 있다. 몸은 성가신 장애물로 간주된다. 몸은 무덤이나 감옥에 비교되며, 몸에 너무 많은 관심을 기울이는 사람은 자신의 정신을 제대로 단련하지 못한다. 여성은 이러한 불균형의 본보기인데, 몸과 너무 밀접한 관계에 있어 몸이 불러일으키는 감정에 휘둘리기 쉽기 때문이다. 여성은 육체가 정신을 망치도록 내버려두므로 완전한 지혜를 얻을 능력이 부족하다. 플라톤은 남성에게 '여성 같은' 삶을 살지 말라고 충고한다.[9]

남성이 압도적인 다수였던 중세의 은둔자들이 몸을 부정하려 했던 것도 바로 플라톤과 동일하게 몸을 경멸했기 때문이다. 그들은 육체의 모든 유혹에서 벗어나기 위해 사막이나 근처의 동굴로 갔지만, 풍성한 음식과 육감적인 여성의 환상에 고통을 받았다. 또한 부자들(이들도 대부분 남성

* 소크라테스가 제자들과 나눈 대화 형식으로 쓴 플라톤의 여러 저서-옮긴이

이다)이 사후에 자신의 뇌를 극저온으로 냉동시켜 달라고 줄을 서는 것도 이 때문이다. 그들은 몸이 없어도 마음이 얼마든지 존재할 수 있다고 확신한 나머지, 디지털적으로 불사의 삶을 살 수 있는 미래를 위해 많은 돈을 지불한다. 그들은 현재 그들의 머릿속에 있는 모든 것이 기계로 '업로드'될 때 그런 일이 일어날 것이라고 믿는다.[10]

몸보다 마음을 우선시하는 견해는 제2차 세계 대전 이후 제2세대 페미니즘이 등장하기 전까지는 여성 사이에서 인기를 끈 적이 없다. 이 여성들은 만약 몸이 우리 모욕의 원천이라면, 몸은 무의미한 것이고, 다리 사이에 있는 것을 제외하고는 남성과 똑같다고 선언하자고 결론을 내린 것처럼 보인다. 몸을 멀리하고 대신에 마음을 강조하는 이러한 경향은 세월이 흐르면서 강해지기도 하고 약해지기도 했으며, 이 견해는 페미니스트 운동에서 만장일치는 아니지만 오늘날에도 여전히 그 목소리를 들을 수 있다.

미국 철학자 엘리자베스 스펠먼Elizabeth Spelman은 〈몸으로서의 여성 Woman as Body〉이라는 통찰력이 넘치는 논문에서 다음과 같이 경고했다. "일부 페미니스트들은 정신·육체의 구분과 정신과 육체에 부여된 상대적 가치를 모두 만족스럽게 받아들였다. 그러나 그렇게 함으로써 그들은 자신들이 더 의식적인 수준에서 주장하는 것에 반하는 입장을 채택할 수 있다."[11]

스펠먼은 시몬 드 보부아르와 베티 프리던Betty Friedan을 포함하여 그 시대의 저명한 페미니스트들의 발언을 검토했는데, 이들은 육체적 활동보다 정신적 활동을 더 중요시했다. 그들은 여성에게 초월의 영역에서 남성과 합류할 수 있도록 '더 높은' 지적 창의성을 발휘하라고 촉구했다. 출산과 관련된 것과 같은 여성의 신체 기능은 끔찍하고 야만적인 것으로 폄하되었다. 모성은 강점으로 떠받들어지지 않았다. 오히려 한 페미니스트는 임신을 '변형'이라고 부르면서 언젠가 여성이 임신에서 해방될 수 있으면 좋을 것이라고 주장했다. 스펠먼은 "여성의 해방이 궁극적으로 의미하는 것은 우리 몸으로부터의 해방"이라고 결론지었다.[12]

모든 페미니스트가 남성을 모방하는 것을 평등에 이르는 길로 보는 것은 아니다. 오늘날 그들 중 많은 사람들은 여성의 몸과 출산에서 담당하는 그 독특한 역할, 여성의 몸이 주는 즐거움과 권한 강화를 수용하고 찬양한다. 하지만 늘 그렇듯이 성차가 무시되거나 의문시될 때마다 여전히 이원론이 담론에 슬그머니 끼어든다. 사회적 구성물로서의 젠더 개념이 더 급진적일수록 몸이 설 자리가 더 줄어든다.

사랑과 존중으로
가는 길

나는 젠더나 성의 구분이 없는 세상에서 절대로 살고 싶지 않다. 그런 세상은 엄청나게 따분한 장소가 될 것이다. 모든 사람이 나처럼 생겼다고 상상해보라. 이는 사방에 백인 노인만 수백만 명 널려 있다는 뜻이다. 설령 모든 연령과 인종의 남성을 포함시킨다 하더라도, 인류는 여전히 크게 빈약할 것이다. 나는 남성에게 반감이 전혀 없으며, 그들 중 일부는 아주 친한 친구이지만, 인생이 재미있고 흥분이 넘치고 정서적으로 만족스러우려면 언어와 민족, 나이, 젠더 등이 제각각 다른 다양한 사람들이 만나 함께 일하고 살아가야 한다. 호모 사피엔스의 수컷 버전과 암컷 버전은 서로를 보완하며, 대다수 사람들의 경우, 성적 끌림은 반대쪽 젠더를 향해 강하게 나타난다.

다양한 배경을 가진 여성과 남성, 아이들의 이러한 혼합은 적어도 삶을 흥미롭게 만든다. 하지만 나는 또한 우리가 여기서 큰 즐거움을 얻는다고 믿는다. 내가 항상 생물학적 성이 별로 중요하지 않은 젠더 중립적 사회를 요구하는 목소리에 놀라는 이유는 이 때문이다. 이 주장의 기본 개념은 다른 성이 없거나 적어도 그것에 관심을 덜 기울이면 더 나은 세상이 되리란 것이다. 이 목표는 비현실적일 뿐만 아니라 잘못된 이해를 바탕으로 하고 있다. 이러한 주장들이 성이나 젠더에 무슨 문제가 있는지 거의 설명하지 않는다는 것이 놀랍다. 문제는 성이나 젠더의 존재가 아니라, 그와 관련된 편견과 불평등, 그리고 우리 사이에서 일부 사람들을 배제하는 전통적 이분법의 한계에 있다. 사회는 모든 젠더 표현을 인정하지 않고, 모든 성적 지향성을 받아들이지 않으며, 모든 젠더를 동등하게 대우하지 않는다. 나는 이러한 문제들은 매우 심각하고 부인할 수 없는 것이며, 우리가 해결하기 위해 노력해야 한다는 데 동의한다. 하지만 오래된 성 구분 자체를 비난하기보다는 더 깊은 문제인 사회적 편견과 불공정을 해결하는 데 더 힘을 기울여야 한다.

이런 태도를 바꾸길 원하는 사람에게 좋은 출발점은 심신 이원론에서 벗어나는 것일 수 있다. 이 교리는 2000년 동안 수많은 남성 사상가들이 자신의 정신이 여성을 포함한 나머지 피조물보다 높은 수준에 있음을 강조하려던 것으로, 젠더 편견을 무너뜨리는 데 도움이 될 가능성이 적다. 게다가 심신 이원론은 현대 심리학과 신경과학이 알려주는 모든 지식과 어긋난다. 뇌를 포함한 몸은 우리가 누구이며 어떤 존재인지를 알려주는 핵심이다. 우리의 몸에서 도망치는 것은 곧 우리 자신에게서 도망치는 것이다.

몸이 우리에게 미치는 큰 영향은 최신 연구들에서 명백하게 드러났다. 성 정체성과 성적 지향성이 변화에 매우 강하게 저항한다는 사실을 바탕으로 대다수 신경과학자들은 이 특성들이 사람의 뇌에 고정되어 있다고 믿는다. 우리는 그 정체성과 지향성이 기대에 어긋나는 LGBTQ 어린이들에게서 이것을 배웠다. 사회는 이 아이들의 의욕을 꺾고 처벌할 수 있지만, 내면의 신념까지 잠재울 수는 없다. 이런 신념은 외부가 아니라 몸 내부에서 나온다. 이것은 대다수의 이성애자에게도 동일하게 적용된다. 그들의 성적 지향성과 젠더 정체성 역시 그들의 존재에서 변하지 않는 일부이다. 존 머니가 시도한 것처럼 남자 아이에게 다년간 여성의 사회화 과정을 밟게 한다고 하더라도, 남자 아이를 여자 아이로 만들 수는 없다.

분명히 사회적 환경이 모든 패를 다 쥐고 있는 것은 아니다. 사회화의 한계는 세계 각지에서 관찰되는 성차에서도 분명하게 드러난다. 문화적 보편성에는 우리 종의 생물학적 배경이 반영돼 있다. 같은 차이가 동료 영장류에게서도 나타난다면, 이 주장의 신빙성은 더욱 높아진다. 수컷과 암컷 유인원의 상호 작용을 지켜보면, 우리 자신의 행동과 매우 유사한 점들을 알아채지 못할 수 없다.

하지만 가끔 자연이 양육보다 우선한다는 증거에도 불구하고, 우리는 둘 중에서 하나를 선택할 필요가 없다. 가장 생산적인 접근법은 둘 다 고려하는 것이다. 우리가 하는 모든 일에는 유전자와 환경 사이의 상호 작용이 반영돼 있다. 생물학은 방정식의 절반에 불과하기 때문에, 언제든지 변화가 일어날 수 있다. 사람의 행동 중에서 엄밀하게 사전 프로그래밍된 것은 거의 없다.

나는 생물학자이지만 인간 문화의 힘을 굳게 믿는다. 나는 젠더 관계가 나라마다 얼마나 다른지 직접 경험했다. 일정한 한계 내에서 젠더 관계는 교육과 사회적 압력, 관습, 본보기에 영향을 받는다. 심지어 변하지 않을 것처럼 보이는 젠더의 몇몇 측면조차도, 한 젠더에게서 다른 젠더와 동일한 권리와 기회를 박탈할 핑계가 되지 않는다. 나는 젠더 사이에 정신적 우월성이나 선천적 지배성이 있다는 개념을 참을 수가 없으며, 그런 개념을 버리길 희망한다.

이 모든 것은 결국 상호 사랑과 존중, 사람은 평등하기 위해 똑같을 필요가 없다는 사실의 이해에 달려 있다.

감사의 말

나는 공개 강연을 통해 사람들이 젠더생물학에 관한 지식을 얼마나 갈구하는지 알게 되었다. 아무리 무심코 또는 간략하게 영장류의 성차를 언급하더라도, 청중은 바로 그것에 관심을 집중한다. 그들은 이러한 차이가 인간 사회에 무엇을 의미하는지 듣고 싶어 한다. 내 답변에 청중은 동의의 끄덕임이나 놀랍다는 웃음 또는 믿지 못하겠다는 투의 찡그림으로 반응하지만, 내 답변에 실망하는 사람은 아무도 없다.

젠더는 여전히 아주 민감하고 큰 논란이 되는 주제이다. 이 주제는 이념적 지뢰밭과도 같아서 뭔가를 잘못 말하거나 오해받는 일이 너무나도 쉽게 일어난다. 이 주제에 대한 질문을 받았을 때, 대다수 사람들이 모호한 답변으로 어물쩍 넘어가려고 하는 것은 놀라운 일이 아니다. 그것을 주제로 책을 쓰는 것은 나의 가장 어리석은 결정 중 하나로 판명될지도 모른다.

이 책을 쓰면서 나는 대체로 내 전문 분야, 즉 유인원의 사회적 행동과 그것을 우리 종의 사회적 행동과 비교하는 이야기에 초점을 맞추려고 했다. 이를 위해 참고할 연구 논문과 자료는 전혀 부족하지 않았다. 또한 나는 많은 개개 영장류와 개인적으로 친하게 지내왔으며, 영장류들이 내게 가르쳐준 것에 대해 크게 고마워한다. 내 책은 주제를 생생하게 다루기 위해 그들의 성격과 행동을 자세히 소개했다. 나는 진행 중인 젠더 논쟁에서 영장류들의 행동이 무엇을 의미하는지 설명하는 한편으로 동료 영장류에 대해 사람들이 잘못 알고 있는 개념을 바로잡으려고 노력했다.

이 책의 각 장들을 읽거나 소중한 정보를 제공한 동료들의 피드백은 내게 큰 도움을 주었다. 여기에는 동료 영장류학자와 같은 팀에서 일한 연구자들뿐만 아니라, 인간 심리학이나 생물학 분야의 전문가들도 포함돼 있다. 그들 중 여성도 많다는 사실은 내게서 불가피하게 표출되었을 남성적 편향을 피하는 데 도움이 되었을 것이다. 하지만 이 책에 표현된 모든 주장 또는 견해에 대한 궁극적 책임은 나에게 있다는 점을 강조하고 싶다.

원고를 읽고 의견을 제시하거나 그 밖의 도움을 준 사람들은 다음과 같다. 안드레스 링크 오스피나Andrés Link Ospina, 앤서니 펠레그리니Anthony Pellegrini, 바버라 스머츠Barbara Smuts*, 크리스틴 웹Christine Webb*, 클로딘 앙드레Claudine André, 다비 프록터Darby Proctor*, 데빈 카터Devyn Carter*, 딕 스바프Dick Swaab*, 도나 매니Donna Maney, 엘리사베타 팔라지Elisabetta Palagi, 필리포 아우렐리Filippo Aureli, 존 러프가든Joan Roughgarden*, 존 미타니John Mitani, 조이스 베넨슨Joyce Benenson, 킴 월런Kim Wallen, 로라 존스Laura Jones, 리스베트 파이케마Liesbeth Feikema, 린 페어뱅크스Lynn Fairbanks, 마리스카 크렛Mariska Kret, 매슈 캠벨Matthew Campbell, 멜러니 킬런Melanie Killen, 퍼트리셔 고와티Patricia Gowaty, 로버트 마틴Robert Martin, 로버트 새폴스키Robert Sapolsky, 루스 펠드먼Ruth Feldman, 세라 브로스넌Sarah Brosnan*, 세라 블래퍼 허디Sarah Blaffer

Hrdy*, 야마모토 신야, 후루이치 다케시, 팀 에플리Tim Eppley, 빅토리아 호너Victoria Horner, 재나 클레이Zanna Clay. (여러 장을 읽어준 사람은 특별히 *로 표시했다.) 또한 나는 벨라 레이시Bella Lacey와 밀레니얼 세대 일반 독자인 시드니 아헌Sydney Ahearn과 루커 더 발Loeke de Waal로부터 전체 원고에 대한 피드백을 받았고, 많은 것을 배웠다. 모든 분에게 진심으로 감사드린다.

연구를 할 기회를 제공한 왕립뷔르허르스동물원, 여키스국립영장류연구센터, 위스콘신국립영장류연구센터, 샌디에이고동물원, 콩고민주공화국의 롤라야보노보보호구역에 감사드린다. 탄자니아의 마할레산맥국립공원에 나를 초대해준 니시다 도시사, 그리고 이러한 종류의 연구를 가능케 한 학문적 환경과 기반 시설을 제공해준 에머리대학교와 위트레흐트대학교에도 감사드린다. 그들의 사진을 쓰게 해준 요코야마 다쿠마横山拓真, 크리스틴 도틸Christine d'Hauthuille, 빅토리아 호너Victoria Horner, 데즈먼드 모리스Desmond Morris, 케빈 리Kevin Lee에게도 감사드린다. 에이전트 미셸 테슬러Michelle Tessler와 노턴출판사의 편집자 존 글러스먼John Glusman을 만난 것은 내게 정말로 행운이었다. 두 사람은 항상 나를 믿어주었고, 이 책의 작업 과정을 열정적으로 격려하고 지원해주었다.

2020년에 코로나19 위기와 자가 격리 때문에 나는 계획에 없던 '작가의 휴양지'에서 지내게 되었는데, 조지아주의 편안한 집에서 소울메이트인 캐서린 마린Catherine Marin과 함께 시간을 보냈다. 우리는 둘 다 항상 학계에서 일했지만, 지금은 은퇴를 즐긴다. 우리는 바이러스를 피할 수 있었고, 조지아주가 결정적 역할을 한 격동의 총선에서도 살아남았으며, 정기적으로 근처의 스톤마운틴공원을 지나 즐거운 하이킹도 자주 했다. 캐서린은 내가 매일 쓰는 원고의 첫 번째 독자이자 가장 신랄한 비평가였고, 문체를 다듬는 데에도 큰 도움을 주었다. 함께 지낸 50년 동안 캐서린의 사랑과 지원은 내게 아주 큰 차이를 만들어냈다(지금도 마찬가지로 계속되고 있다).

주

머리말

1 Jacob Shell (2019).

2 Kings 3:16 – 28; Agatha Christie (1933).

3 *APA Guidelines for Psychological Practice with Boys and Men* (American Psychological Association, 2018), p. 3; Pamela Paresky (2019).

4 Hegel, "The Family," in *Philosophy of Right* (1821), www.marxists.org/reference/archive/hegel/works/pr/prfamily.htm.

5 Mary Midgley in Gregory McElwain (2020), p. 108.

6 Charles Darwin to C. A. Kennard, January 9, 1882, Darwin Correspondence Project, darwinproject.ac.uk/letter/DCP-LETT-13607.xml.

7 Janet Shibley Hyde et al. (2008).

8 On Solly Zuckerman's baboon study, see Chapter 4.

9 Arnold Ludwig (2002), p. 9.

10 Patrik Lindenfors et al. (2007).

11 Packer quoted in Erin Biba (2019).

12 Frans de Waal (2019); Chapter 9.

13 Christophe Boesch et al. (2010); Chapter 11.

14 C. Shoard, Meryl Streep: "We hurt our boys by calling something 'toxic masculinity,'" *Guardian*, May 31, 2019.

15 Frans de Waal (1995).

16 David Attenborough narrates a night out in Banff, May 15, 2015, www.youtube.com/watch?v=HbxYvYxSSDA.

17 Judith Butler (1988), p. 522.

18 Vera Regitz-Zagrosek (2012); Larry Cahill, ed., An issue whose time has come: Sex/gender influences on nervous system function, *Journal of Neuroscience Research*, 95, nos. 1 – 2 (2017).

19 Robert Mayhew (2004), p. 56.

20 Jason Forman et al. (2019).

21 *NIH Policy on Sex as a Biological Variable*, n.d., https://orwh.od.nih.gov/sex-gender/nih-policy-sex-biological-variable; Rhonda Voskuhl and Sabra Klein (2019); Jean-François Lemaître et al. (2020).

22 Roy Baumeister et al. (2007).

제1장 장난감

1 Marilyn Matevia et al. (2002).

2 Roger Fouts (1997).

3 Judith Harris (1998), p. 219.

4 Gerianne Alexander and Melissa Hines (2002).

5 Janice Hassett et al. (2008).

6 Christina Williams and Kristen Pleil (2008).

7 Christina Hof Sommers (2012).

8 Patricia Turner and Judith Gervai (1995); Anders Nelson (2005).

9 Deborah Blum (1997), p. 145.

10 Sonya Kahlenberg and Richard Wrangham (2010). Also see the interview with Wrangham in Melissa Hogenboom and Pierangelo Pirak, The young chimpanzees that play with dolls, BBC, April 7, 2019, www.bbc.com/reel/playlist/a-fairer-world?vpid=p03rw3rw.

11 Tetsuro Matsuzawa (1997).

12 Carolyn Edwards (1993); Chapter 11.

13 Margaret Mead (2001, orig. 1949), pp. 97, 145–48.

14 Shalom Schwartz and Tammy Rubel (2005).

15 Margaret Mead (2001, orig. 1949), p. xxxi.

16 Jennifer Connellan et al. (2000); Svetlana Lutchmaya and Simon BaronCohen (2002).

17 Brenda Todd et al. (2018).

18 Vasanti Jadva et al. (2010); Jeanne Maglaty (2011).

19 Anthony Pellegrini (1989); Robert Fagen (1993); Pellegrini and Peter Smith (1998).

20 Jennifer Sauver et al. (2004).

21 Janet DiPietro (1981); Peter Lafreniere (2011).

22 Stewart Trost et al. (2002).

23 Maïté Verloigne et al. (2012).

24 Pedro Hallal et al. (2012).

25 Anthony Pellegrini (2010).

26 Eleanor Maccoby (1998).

27 Carol Martin and Richard Fabes (2001), p. 443.

28 U.S. Government Accountability Office, GAO-18-258, March 2018.

29 Marek Spinka et al. (2001).

30 Dieter Leyk et al. (2007).

31 Kevin MacDonald and Ross Parke (1986); Michael Lamb and David Oppenheim (1989), p. 13.

32 *Toledo Blade*, November 13, 1987; Anthony Volk (2009).

33 Rebecca Herman et al. (2003).

34 Lynn Fairbanks (1990).

35 Elizabeth Warren, April 25, 2019, twitter.com/ewarren.

36 Cathy Hayes (1951); Robert Mitchell (2002).

제2장 젠더

1 John Money et al. (1955).

2 The sexes: biological imperatives, *Time*, January 8, 1973, p. 34.

3 Milton Diamond and Keith Sigmundson (1997); John Colapinto (2000).

4 Heino Meyer-Bahlburg (2005).

5 Siegbert Merkle (1989); David Haig (2004); Robert Martin (2019); Caroline Barton, How to identify a puppy's gender, TheNest.com, n.d., pets.thenest.com/identify-puppys-gender-5254.html.

6 Gender and health, World Health Organization, www.who.int/health-topics/gender.

7 Elizabeth Wilson (1998).

8 Alice O'Toole et al. (1996) and (1998); Alessandro Cellerino et al. (2004).

9 Clayton Robarchek (1997); Douglas Fry (2006).

10 Nicky Staes et al. (2017).

11 Elizabeth Reynolds Losin et al. (2012).

12 Ronald Slaby and Karin Frey (1975), p. 854.

13 Carolyn Edwards (1993), p. 327.

14 William McGrew (1992); Elizabeth Lonsdorf et al. (2004); Stephanie Musgrave et al. (2020).

15 Beatrice Ehmann et al. (2021).

16 Suzan Perry (2009).

17 Frans de Waal (2001); Frans de Waal and Kristin Bonnie (2009).

18 Axelle Bono et al. (2018).

19 Aaron Sandel et al. (2020).

20 Ashley Montagu (1962) and (1973); Nadine Weidman (2019).

21 Melvin Konner (2015), p. 206.
22 Richard Lerner (1978).
23 Hans Kummer (1971), pp. 11 – 12.
24 Frans de Waal (1999); Carl Zimmer (2018).
25 Ronald Nadler et al. (1985).
26 Robert Martin (2019).
27 Anne Fausto-Sterling (1993).
28 Expert Q&A: Gender dysphoria, American Psychiatric Association, n.d., www.psychiatry.org/patients-families/gender-dysphoria/expert-q-and-a.
29 Rachel Alsop, Annette Fitzsimons, and Kathleen Lennon (2002), p. 86.
30 Andrew Flores et al. (2016).
31 Jan Morris (1974), p. 3.
32 Devon Price (2018).
33 Selin Gülgöz et al. (2019).
34 Selin Gülgöz et al. (2019), p. 24484.
35 Jiang-Ning Zhou et al. (1995); Alicia Garcia-Falgueras and Dick Swaab (2008); Swaab (2010); Between the (gender) lines: the science of transgender identity, *Science in the News*, October 25, 2016, sitn.hms.harvard.edu/flash/2016/gender-lines-science-transgender-identity.
36 Ai-Min Bao and Dick Swaab (2011); Melissa Hines (2011).
37 Joan Roughgarden (2017), p. 502.

제3장 여섯 남자 아이

1 José Carreras, interview (2016), smarttalks.co/jose-carreras-pavarotti-was-a-good-friend-and-a-great-poker-player.
2 Tara Westover (2018), p. 43.
3 Martin Petr et al. (2019).
4 Nora Bouazzouni (2017).
5 Bonnie Spear (2002).
6 Nikolaus Troje (2002); video of human locomotion at Bio Motion Lab,n.d., www.biomotionlab.ca/Demos/BMLwalker.html.
7 Jeffrey Black (1996).
8 Ashley Montagu (1962); Melvin Konner (2015), p. 8.
9 Frans de Waal (2019).
10 Martha Nussbaum (2001).

11 Lisa Feldman Barrett et al. (1998); David Schmitt (2015); Terri Simpkin (2020).

12 Saba Safdar et al. (2009); Jessica Salerno and Liana Peter-Hagene (2015).

13 George Bernard Shaw (1894); Antonio Damasio (1999); Daniel Kahneman (2013).

14 Simone de Beauvoir (1973), p. 301; Judith Butler (1986); Elaine Stavro (1999).

15 Adolescent pregnancy and its outcomes across countries (fact sheet), Guttmacher Institute, August 2015, www.guttmacher.org/fact-sheet/adolescent-pregnancy-and-its-outcomes-across-countries.

16 On Dutch sexual education, see Saskia de Melker, The case for starting sex education in kindergarten, PBS, May 27, 2015, www.pbs.org/newshour/health/spring-fever.

17 Belle Derks et al. (2018); World Bank open data, data.worldbank.org

18 Nathan McAlone (2015).

19 A Disney dress code chafes in the land of haute couture, *New York Times*, December 25, 1991.

20 Dutchman Ruud Lubbers in 2004; Frenchman Dominique Strauss-Kahn in 2011.

21 Public opinions about breastfeeding, Centers for Disease Control and Prevention, December 28, 2019, www.cdc.gov/breastfeeding/data/health styles_survey.

22 Tanya Smith et al. (2017).

23 James Flanagan (1989), p. 261.

24 Frans de Waal (1982); John Carlin (1995).

25 Dominic Mann (2017).

26 Frans de Waal, The surprising science of alpha males, TEDMED 2017, ted.com/talks/frans_de_waal_the_surprising_science_of_alpha_males.

27 Frans de Waal et al. (2008); Jorg Massen et al. (2010); Victoria Horner et al. (2011).

28 John Gray (1992).

제4장 잘못된 비유

1 Frans de Waal (1989); Ben Christopher (2016).

2 Solly Zuckerman (1932), p. 303.

3 Kenneth Oakley (1950).

4 Jan van Hooff (2019), p. 77.

5 Lord Zuckerman (1991).

6 Richard Dawkins (1976), p. 3.

7 Frans de Waal (2013).

8 Mary Midgley (1995) and (2010); Gregory McElwain (2020).

9 Frans de Waal (2006).

10 Inbal Ben-Ami Bartal et al. (2011).

11 Melanie Killen and Elliot Turiel (1991); Cary Roseth (2018).

12 Rutger Bregman (2019).

13 Toni Morrisson (2019).

14 Henry Nicholls (2014).

15 Hans Kummer (1995), p. xviii.

16 Hans Kummer (1995), p. 193; Christian Bachmann and Hans Kummer (1980).

17 Jared Diamond (1992).

18 K.R.L. Hall and Irven DeVore (1965).

19 Thelma Rowell (1974), p. 44.

20 Curt Busse (1980).

21 Vinciane Despret (2009).

22 Barbara Smuts (1985).

23 Robert Seyfarth and Dorothy Cheney (2012); Lydia Denworth (2019).

24 Nga Nguyen et al. (2009).

25 Donna Haraway (1989), pp. 150, 154.

26 Matt Cartmill (1991).

27 Jeanne Altmann (1974).

28 Alison Jolly (1999), p. 146.

29 Linda Marie Fedigan (1994).

30 Shirley Strum (2012).

제5장 보노보의 자매애

1 Lola ya Bonobo website: www.bonobos.org.

2 Nahoko Tokuyama et al. (2019).

3 Claudine André (2006), pp.167–74.

4 For Mimi's introduction, see L'ange des bonobos, August 13, 2019, youtube. com/watch?v=VedUkzx7YOk.

5 Eva Maria Luef et al. (2016).

6 Robert Yerkes (1925), p. 244.

7 Adrienne Zihlman et al. (1978).

8 Jacques Vauclair and Kim Bard (1983).

9 Stephen Jay Gould (1977); Robert Bednarik (2011).

10 Frans de Waal (1989).

11 Elisabetta Palagi and Elisa Demuru (2017).

12 Sven Grawunder et al. (2018).

13 Eduard Tratz and Heinz Heck (1954), p. 99 (translated from German).

14 Kay Prüfer et al. (2012).

15 Nick Patterson et al. (2006); but see Masato Yamamichi et al. (2012).

16 Harold Coolidge (1933), p. 56; Rui Diogo et al. (2017).

17 Takayoshi Kano (1992); Frans de Waal (1987).

18 Zanna Clay and Frans de Waal (2013).

19 Robert Ardrey (1961).

20 Matt Cartmill (1993).

21 Gen'ichi Idani (1990); Takayoshi Kano (1992).

22 Steven Pinker (2011), p. 39; Richard Wrangham (2019), p. 98.

23 Adam Rutherford (2018), p. 105; Craig Stanford (1998).

24 Frans de Waal (1997), with Frans Lanting's photography.

25 Amy Parish (1993).

26 Takayoshi Kano (1998), p. 410.

27 Takeshi Furuichi (2019).

28 Martin Surbeck and Gottfried Hohmann (2013).

29 Takeshi Furuichi et al. (2014).

30 Frans de Waal (2016).

31 Natalie Angier (1997).

32 Martin Surbeck et al. (2017).

33 Gottfried Hohmann and Barbara Fruth (2011); Nahoko Tokuyama and Takeshi Furuichi (2017); Tokuyama et al. (2019).

34 Takeshi Furuichi (2019), p. 62.

35 Benjamin Beck (2019).

36 Sydney Richards, Primate heroes: PASA's amazing women leaders, Pan African Sanctuary Alliance, n.d., pasa.org/awareness/primate-heroes-pasas-amazing-women-leaders.

제6장 성적 신호

1 Desmond Morris (1967), p. 5.

2 Detlev Ploog and Paul MacLean (1963).

3 Wolfgang Wickler (1969); Desmond Morris (1977).

4 Tanya Vacharkulksemsuka et al. (2016).

5 For more about female choice, see Chapter 7.

6 Edgar Berman (1982).

7 Richard Harlan (1827); Anna Maerker (2005).

8 Emmanuele Jannini et al. (2014); Rachel Pauls (2015); Nicole Prause et al. (2016).

9 Thomas Laqueur (1990), p. 236.

10 Natalie Angier (2000).

11 Elisabeth Lloyd (2005); The ideas interview: Elisabeth Lloyd, *Guardian*, September 26, 2005, www.theguardian.com/science/2005/sep/26/genderissues.technology.

12 Steven Jay Gould (1993).

13 Helen O'Connell et al. (2005); Vincenzo Puppo (2013).

14 Dara Orbach and Patricia Brennan (2021).

15 David Goldfoot et al. (1980).

16 Sue Savage-Rumbaugh and Beverly Wilkerson (1978); Frans de Waal (1987).

17 Anne Pusey (1980); Elisa Demuru et al. (2020).

18 Frans de Waal and Jennifer Pokorny (2008).

19 Willemijn van Woerkom and Mariska Kret (2015); Mariska Kret and Masaki Tomonaga (2016).

20 Richard Prum (2017).

21 Elizabeth Cashdan (1998); Rebecca Nash et al. (2006).

22 Karl Grammer et al. (2005); Martie Haselton et al. (2007).

23 Wolfgang Köhler (1925), p. 84.

24 Robert Yerkes (1925), p. 67.

25 Edwin van Leeuwen et al. (2014).

26 Warren Roberts and Mark Krause (2002).

27 My translation of Jürgen Lethmate and Gerti Dücker (1973), p. 254.

28 Vernon Reynolds (1967).

29 William McGrew and Linda Marchant (1998).

30 Robert Yerkes (1941).

31 Ruth Herschberger (1948), p. 10.

32 Jane Goodall (1986), p. 483.

33 Kimberly Hockings et al. (2007).

34 Vicky Bruce and Andrew Young (1998); Alessandro Cellerino et al. (2004); Richard Russell (2009).

제7장 짝짓기 게임

1 Abraham Maslow (1936); Dallas Cullen (1997).

2 Frans de Waal and Lesleigh Luttrell (1985).

3 Martin Curie-Cohen et al. (1983); Bonnie Stern and David Glenn Smith (1984); John Berard et al. (1994); Susan Alberts et al. (2006).

4 Simon Townsend et al. (2008).

5 St. George Mivart (1871), in Richard Prum (2015).

6 Claude Lévi-Strauss (1949).

7 Olin Bray et al. (1975).

8 Tim Birkhead and John Biggins (1987); Bridget Stutchbury et al. (1997); David Westneat and Ian Stewart (2003); Kathi Borgmann (2019).

9 Nicholas Davies (1992); Steve Connor (1995).

10 Steven Verseput, New Kim, de duif die voor 1,6 miljoen euro naar China ging, NRC, November 20, 2020 (Dutch).

11 Patricia Gowaty (1997).

12 In biology, immediate motives are called "proximate" causation of behavior, and evolutionary reasons "ultimate" causation; Ernst Mayr (1982).

13 Gregor Mendel's results, first published in 1865, were rediscovered in 1900.

14 Malcolm Potts and Roger Short (1999), p. 319.

15 Heather Rupp and Kim Wallen (2008); Ruben Arslan et al. (2018).

16 Caroline Tutin (1979); Kees Nieuwenhuijsen (1985).

17 Janet Hyde and John DeLamater (1997).

18 Roy Baumeister et al. (2001).

19 Sheila Murphy (1992); Roy Baumeister (2010).

20 Tom Smith (1991); Michael Wiederman (1997).

21 Michele Alexander and Terri Fisher (2003).

22 Angus Bateman (1948); Robert Trivers (1972).

23 E. O. Wilson (1978), p. 125.

24 Patricia Gowaty et al. (2012); Thierry Hoquet et al. (2020).

25 Monica Carosi and Elisabetta Visalberghi (2002).

26 Susan Perry (2008), p. 166.

27 Sarah Blaffer Hrdy (1977).

28 Yukimaru Sugiyama (1967).

29 Frans de Waal (1982); Jane Goodall (1986).

30 Sarah Blaffer Hrdy (2000).

31 Carson Murray et al. (2007).

32 Takayoshi Kano (1992), p. 208.

33 Frans de Waal (1997); Amy Parish and Frans de Waal (2000).

34 Martin Daly and Margo Wilson (1988).

35 Stephen Beckerman et al. (1998).

36 Meredith Small (1989); Sarah Blaffer Hrdy (1999), p. 251.

37 Aimee Ortiz (2020).

제8장 폭력

1 Patricia Tjaden and Nancy Thoennes (2000).

2 David Watts et al. (2006).

3 Toshisada Nishida (1996) and (2012).

4 Jane Goodall (1979); Richard Wrangham and Dale Peterson (1996); Warren Manger, Jane Goodall: I thought chimps were like us only nicer, but we inherited our dark evil side from them, *Mirror* (UK), March 12, 2018, www.mirror.co.uk/news/world-news/jane-goodall-chimpanzees-evil-apes-12170154.

5 Michael Wilson et al. (2014).

6 Global data for 2012 in "Homicide and Gender," 2015 report by UN Office on Drugs and Crime, https://heuni.fi/documents/47074104/49490570/Homicide_and_Gender.pdf.

7 Pink Floyd's 1987 album, *A Momentary Lapse of Reason.*

8 Joshua Goldstein (2001); Adam Jones (2002).

9 Oriel FeldmanHall et al. (2016).

10 Hannah Arendt (1984); Daniel Goldhagen (1996); Jonathan Harrison (2011); Nestar Russell (2019).

11 Elizabeth Brainerd (2016).

12 Barbara Smuts (2001), p. 298.

13 Eugene Linden (2002).

14 Martin Muller et al. (2009) and (2011); Joseph Feldblum et al. (2014).

15 Rape addendum, FBI's Uniform Crime Reporting (2013), https://ucr.fbi.gov/crime-in-the-u.s/2013/crime-in-the-u.s.-2013/rape-addendum/rape_addendum_final.

16 Jane Goodall (1986).

17 Shiho Fujita and Eiji Inoue (2015), p. 487.

18 Julie Constable et al. (2001).

19 John Mitani and Toshisada Nishida (1993).

20 Christophe Boesch (2009).

21 Christophe Boesch and Hedwige Boesch-Achermann (2000); Rebecca Stumpf and Christophe Boesch (2010).

22 Patricia Tjaden and Nancy Thoennes (2000).

23 Brad Boserup et al. (2020).

24 Biruté Galdikas (1995).

25 Carel van Schaik (2004), p. 76.

26 Cheryl Knott and Sonya Kahlenberg (2007).

27 Jack Weatherford (2004), p. 111.

28 Heidi Stöckl et al. (2013).

29 Preventing sexual violence, Centers for Disease Control and Prevention, n.d., www.cdc.gov/violenceprevention/sexualviolence/fastfact.html.

30 Susan Brownmiller (1975), p. 14.

31 Randy Thornhill and Craig Palmer (2000).

32 Patricia Tjaden and Nancy Thoennes (2000).

33 Cheryl Brown Travis (2003); Joan Roughgarden (2004).

34 Frans de Waal (2000).

35 Eric Smith et al. (2001).

36 Gert Stulp et al. (2013); George Yancey and Michael Emerson (2016).

37 Aaron Sell et al. (2017).

38 Gayle Brewer and Sharon Howarth (2012); Robert Deaner et al. (2015).

39 Siobhan Heanue, Indian women form a gang and roam their village, punishing men for their bad behaviour, ABC News, August 3, 2019, www.abc.net.au/news/2019-08-04/indian-women-get-together-to-punish-men-who-wrong-them/11369326.

40 Barbara Smuts (1992); Barbara Smuts and Robert Smuts (1993).

41 Marianne Schnall, Interview with Gloria Steinem on equality, her new memoir, and more, Feminist.com, c. 2016, www.feminist.com/resources/artspeech/interviews/gloriasteineminterview.

제9장 알파 수컷과 알파 암컷

1 Rudolf Schenkel (1947).

2 Elspeth Reeve (2013).

3 On Solly Zuckerman, see Chapter 4; Robert Ardrey (1961), p. 144.

4 Quincy Wright (1965), p. 100.

5 Samuel Bowles and Herbert Gintis (2003); Michael Morgan and David Carrier (2013).

6 Napoleon Chagnon (1968); Richard Wrangham and Dale Peterson (1996).

7 Doug Fry (2013).

8 Mark Foster et al. (2009).

9 For the rhesus monkeys Spickles and Orange, see Chapter 7.

10 Kinji Imanishi (1960), quoted in Linda Fedigan (1982), p. 91.

11 Christina Cloutier Barbour, unpublished data.

12 Steffen Foerster et al. (2016).

13 Frans de Waal (1986).

14 Toshisada Nishida and Kazuhiko Hosaka (1996).

15 Joseph Henrich and Francisco Gil-White (2001).

16 Victoria Horner et al. (2010).

17 Sean Wayne (2021).

18 Jane Goodall (1990).

19 Teresa Romero et al. (2010).

20 Robert Sapolsky (1994).

21 David Watts et al. (2000).

22 Christopher Boehm (1999), p. 27.

23 Frans de Waal (1984); Christopher Boehm (1994); Claudia von Rohr et al. (2012).

24 Jessica Flack et al. (2005).

25 Rob Slotow et al. (2000); Caitlin O'Connell (2015).

26 Aaron Sandel et al. (2020).

27 Nancy Vaden-Kierman et al. (1995); Stephen Demuth and Susan Brown (2004); Sarah Hill et al. (2016); The proof is in: Father absence harms children, National Fatherhood Initiative, n.d., www.fatherhood.org/father-absence-statistic.

28 Martha Kirkpatrick (1987).

29 Terry Maple (1980); S. Utami Atmoko (2000); Anne Maggioncalda et al. (2002); Carel van Schaik (2004).

30 Sarah Romans et al. (2003); Bruce Ellis et al. (2003); Anthony Bogaert (2005); James Chisholm et al. (2005); Julianna Deardorff et al. (2010).

31 Christophe Boesch (2009).

32 Takeshi Furuichi (1997).

33 Martin Surbeck et al. (2019); Ed Yong (2019).

34 Leslie Peirce (1993).

35 Stewart McCann (2001); Nancy Blaker et al. (2013).

36 Nicholas Kristof, What the pandemic reveals about the male ego, *New York Times*, June 13, 2020.

37 Viktor Reinhardt et al. (1986).

38 Marianne Schmid Mast (2002) and (2004).

39 Christopher Boehm (1993) and (1999); Harold Leavitt (2003).

40 Barbara Smuts (1987); Rebecca Lewis (2018).

제10장 평화 유지

1 Alessandro Cellerino et al. (2004).

2 Cal State Northridge professor charged with peeing on colleague's door, Associated Press, January 27, 2011, https://www.scpr.org/news/2011/01/27/23415/cal-state-northridge-professor-charged-peeing-coll/.

3 Elizabeth Cashdan (1998).

4 Idan Frumin et al. (2015).

5 Shelley Taylor (2002); Lydia Denworth (2020), p.157.

6 Amanda Rose and Karen Rudolph (2006).

7 Jeffrey Hall (2011); Lydia Denworth (2020).

8 Marilyn French (1985), p. 271.

9 Phyllis Chesler (2002).

10 Matthew Gutmann (1997), p. 385; Samuel Bowles (2009).

11 Lionel Tiger (1969), p. 259.

12 Daniel Balliet et al. (2011).

13 *Steve Martin and Martin Short: An Evening You Will Forget for the Rest of Your Life* (Netflix, 2018).

14 Gregory Silber (1986); Caitlin O'Connell (2015).

15 Peter Marshall et al. (2020).

16 Joshua Goldstein (2001); Dieter Leyk et al. (2007).

17 Alexandra Rosati et al. (2020).

18 Sarah Blaffer Hrdy (1981), p. 129.

19 Anne Campbell (2004).

20 Kirsti Lagerspetz et al. (1988).

21 Rachel Simmons (2002); Emily White (2002); Rosalind Wiseman (2016).

22 Margaret Atwood (1989), p. 166.

23 Kai Björkqvist et al. (1992).

24 Janet Lever (1976); Zick Rubin (1980); Joyce Benenson and Athena Christakos

(2003).

25 Joyce Benenson and Richard Wrangham (2016); Joyce Benenson et al. (2018).

26 Frans de Waal and Angeline van Roosmalen (1979).

27 Filippo Aureli and Frans de Waal (2000); Frans de Waal (2000); Kate Arnold and Andrew Whiten (2001); Roman Wittig and Christophe Boesch (2005).

28 Frans de Waal (1993); Sonja Koski et al. (2007).

29 Orlaith Fraser and Filippo Aureli (2008).

30 Filippo Aureli and Frans de Waal (2000).

31 Elisabetta Palagi et al. (2004); Zanna Clay and Frans de Waal (2015).

32 Susan Nolen-Hoeksema et al. (2008).

33 Neil Brewer et al. (2002); Julia Bear et al. (2014).

34 Sarah Blaffer Hrdy (2009).

35 Sandra Boodman (2013).

36 Laura Jones et al. (2018).

37 Ingo Titze and Daniel Martin (1998).

38 Monica Hesse (2019); David Moye (2019).

39 Charlotte Riley (2019).

40 Deirdre McCloskey (1999); Tara Bahrampour (2018); Charlotte Alter (2020).

41 Thomas Page McBee (2016).

42 Sarah Collins (2000); David Andrew Puts et al. (2007); Casey Klofstad et al. (2012).

43 Alecia Carter et al. (2018).

제11장 양육

1 Patricia Churchland (2019), p. 22.

2 Trevor Case et al. (2006); Johan Lundström et al. (2013).

3 Inna Schneiderman et al. (2012); Sara Algoe et al. (2017).

4 Christopher Krupenye et al. (2016).

5 Frans de Waal (1996a); Shinya Yamamoto et al. (2009).

6 Stephanie Musgrave et al. (2016).

7 Christophe Boesch and Hedwige Boesch-Achermann (2000); Frans de Waal (2009).

8 Frans de Waal (2008).

9 James Burkett et al. (2016); Frans de Waal and Stephanie Preston (2017).

10 Frans de Waal (1996b).

11 William Hopkins (2004); Brenda Todd and Robin Banerjee (2018); Gillian Forrester et al. (2019).

12 William Hopkins and Mieke de Lathouwers (2006).

13 Anthony Volk (2009).

14 Judith Blakemore (1990) and (1998); Dario Maestripieri and Suzanne Pelka (2002).

15 Lev Vygotsky (1935) quoted in Anna Chernaya (2014), p. 186.

16 Chapter 1 and Sonya Kahlenberg and Richard Wrangham (2010).

17 Melvin Konner (1976); Carolyn Edwards (1993), p. 331, and (2005).

18 Jane Lancaster (1971), p. 170.

19 Lynn Fairbanks (1990) and (1993); Joan Silk (1999); Rebecca Hermann et al. (2003); Ulia Bădescu et al. (2015).

20 Herman Dienske et al. (1980).

21 Alison Flemming et al. (2002); Ioana Carcea et al. (2020).

22 Charles Darwin, Notebook D (1838), https://tinyurl.com/2xbmfjsd, p. 154; Joseph Lonstein and Geert de Vries (2000).

23 Charles Snowdon and Toni Ziegler (2007).

24 Susan Lappan (2008).

25 Kimberley Hockings et al. (2006).

26 Jill Pruetz (2011).

27 Christophe Boesch et al. (2010).

28 Rachna Reddy and John Mitani (2019).

29 Gen'ichi Idani (1993).

30 For partible paternity, see Chapter 7.

31 Bhismadev Chakrabarti and Simon Baron-Cohen (2006), p. 408; Linda Rueckert et al. (2011); Frans de Waal and Stephanie Preston (2017).

32 Carolyn Zahn-Waxler et al. (1992).

33 Marie Lindegaard et al. (2017).

34 Martin Schulte-Rüther et al. (2008); Birgit Derntl et al. (2010).

35 Shir Atzil et al. (2012); Ruth Feldman et al. (2019).

36 Sarah Schoppe-Sullivan et al. (2021).

37 Carol Clark, Five surprising facts about fathers, Emory University, http:/news.emory.edu/features/2019/06/five-facts-fathers.

38 James Rilling and Jennifer Mascaro (2017).

39 Margaret Mead (1949), p. 145.

40 Sarah Blaffer Hrdy (2009), p. 109.

41 Frans de Waal (2013), p. 139; Elisa Demuru et al. (2018).

42 Lynn Fairbanks (2000).

43 Darren Croft et al. (2017).

44 Kristen Hawkes and James Coxworth (2013); Simon Chapman et al. (2019).

45 Charles Weisbard and Robert Goy (1976).

46 Zoë Goldsborough et al. (2020).

47 Christophe Boesch (2009), p. 48.

제12장 동성 섹스

1 Maggie Hiufu Wong, Incest and affairs of Japan's scandalous penguins, CNN, December 5, 2019, www.cnn.com/travel/article/aquarium-penguins-japan.

2 Douglas Russell et al. (2012).

3 Pinguin-Damen sollen schwule Artgenossen bezirzen, *Kölner StadtAnzeiger*, August 1, 2005 (German).

4 *APA Dictionary of Psychology*, 2nd ed. (Washington, DC: American Psychological Association, 2015).

5 *Lawrence v. Texas*, 539 U.S. 558, 2003; Dick Swaab (2010).

6 Jonathan Miller, New love breaks up a 6-year relationship at the zoo, *New York Times*, September 24, 2005.

7 Gwénaëlle Pincemy et al. (2010), p. 1211.

8 Quinn Gawronski, Gay penguins at London aquarium are raising "genderless" chick, September 10, 2019, https://tinyurl.com/car3ce8x.

9 Paul Vasey (1995).

10 Jean-Baptiste Leca et al. (2014).

11 Jake Brooker et al. (2021).

12 Frank Beach (1949).

13 Clellan Ford and Frank Beach (1951); Neel Burton (2015).

14 Bruce Bagemihl (1999); Alan Dixon (2010).

15 Linda Wolfe (1979); Gail Vines (1999).

16 Bruce Bagemihl (1999), p. 117.

17 Frans de Waal (1987) (1997).

18 Takayoshi Kano (1992).

19 Liza Moscovice et al. (2019); Elisabetta Palagi et al. (2020).

20 Zanna Clay and Frans de Waal (2015).

21 Dick Swaab and Michel Hofman (1990); Dick Swaab (2010).

22 E. O. Wilson (1978), p. 167.

23 Simon LeVay (1991); Janet Halley (1994); Elizabeth Wilson (2000).

24 William Byne et al. (2001).

25 Ivanka Savic and Per Lindström (2008); Andy Coghlan (2008).

26 Ivanka Savic et al. (2005); Wen Zhou et al. (2014).

27 Bruce Bagemihl (1999); Charles Roselli et al. (2004).

28 Niklas Långström et al. (2010); Andrea Ganna et al. (2019).

29 Ritch Savin-Williams and Zhana Vrangalova (2013); Jeremy Jabbour et al. (2020).

30 Alfred Kinsey et al. (1948), p. 639.

31 Milton Diamond, Nature loves variety, society hates it, interview, December 24, 2013, www.youtube.com/watch?v=6MvNisJ7FoQ.

32 Adam Rutherford (2020).

33 Simon LeVay (1996), p. 209.

34 David Greenberg (1988); Pieter Adriaens and Andreas de Block (2006).

35 Malcolm Potts and Roger Short (1999), p. 74.

36 Sergey Gavrilets and William Rice (2006).

37 Benedict Regan et al. (2001).

38 Frans de Waal (2009); Cammie Finch (2016).

39 Cindy Meston and David Buss (2007).

40 Joan Roughgarden (2017), p. 512.

제13장 이원론 문제

1 Mary Midgley (1995).

2 Robert Sapolsky (1997); Rebecca Jordan-Young and Katrina Karkazis (2019).

3 Gina Rippon (2019).

4 Simon Baron-Cohen in The gendered brain debate (podcast), How To Academy, n.d., howtoacademy.com/podcasts/the-gendered-brain-debate.

5 Margaret McCarthy (2016); Erin Hecht et al. (2020).

6 Frans de Waal (2001); Victoria Horner and Frans de Waal (2009).

7 The gospel of Thomas, Sacred-Texts.com, www.sacred-texts.com/chr/thomas.htm.

8 Antonio Damasio (1999), p. 143.

9 Brian Calvert (1975); Elizabeth Spelman (1982).

10 Mark O'Connell (2017).

11 Elizabeth Spelman (1982), p. 120.

12 Elizabeth Wilson (1998).

부록

사진으로 보는
암컷 유인원과
수컷 유인원의 삶

위: 영장류는 털고르기에 많은
시간과 주의를 기울이는데, 털
고르기는 그들 사회의 접착제
와 같다. 수컷 청소년 보노보가
암컷 어른에게 털고르기를 해
주고 있다.

왼쪽: 암컷 유인원은 외모를 꾸
미려는 경향이 있다. 어린 보노
보가 바나나 잎을 어깨 주위에
두름으로써 스스로를 치장하고
있다.

왼쪽: 청소년 보노보가 장난기 섞인 에로틱한 접촉에서 혀를 사용해 키스를 하고 있다.

오른쪽: 암컷 보노보가 풍선처럼 크게 부풀어오른 생식기 팽대부를 과시함으로써 자신의 생식 능력을 광고하고 있다. 생식기 팽대부는 외부 생식기에 물이 가득 차 부어오른 부종이다. 눈길을 끄는 이 분홍색 신호는 수컷의 관심을 끈다.

더 어린 수컷 보노보가 발기한 음경을 노출한 채 누워 있고, 수컷 어른(왼쪽)이 손으로 그것을 자극하고 있다.

별개의 세 보노보 공동체에서 온 야생 암컷들과 그 새끼들이 함께 모여 있는 광경. 콩고민주공화국의 왐바 야외 연구 장소에서 이렇게 서로 다른 집단 구성원들이 평화롭게 모여 섞이는 광경을 흔히 볼 수 있다. (사진 제공: 요코야마 다쿠마와 후루이치 다케시)

킨샤샤 부근에 있는 롤라야보노보의 첫 번째 보노보 집단에서 알파 암컷이었던 미미 공주와 함께 있는 클로딘 앙드레. 세계 유일의 보노보 보호 구역을 만든 앙드레는 많은 고아 보노보를 구조해 어른이 될 때까지 기른 다음, 야생으로 돌려보내는 데 성공했다. (사진 제공: 크리스틴 도틸 [Comité OKA-ABE])

보노보는 종종 배를 맞댄 자세로 짝짓기를 하기 때문에, 다른 종보다 얼굴 표정을 통한 의사소통이 중요한 역할을 한다. 이 사진에서는 수컷 어른이 암컷 위에 올라탄 자세를 하고 있지만, 그 반대 자세가 일어날 때도 있다.

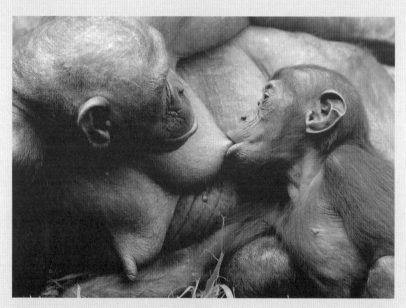

어미 보노보는 새끼를 4~5년 동안 젖을 먹이며 키운다.

부록

야생 암컷 개코원숭이는 자신을 보호해줄 수컷 친구를 둘 때가 많다. 오른쪽의 암컷은 공격적인 젊은 수컷 어른이 다가오자 뒤로 물러나 자신의 수컷 친구 등 뒤에 들러붙었고, 그 수컷은 자신의 친구를 괴롭힌 젊은 수컷을 노려보고 있다.

암컷 영장류는 갓난 새끼에게 큰 관심을 보인다. 어미 짧은꼬리마카크(젖꼭지를 돌출한 채 가운데에 있는 암컷) 주위를 어리거나 늙은 여러 암컷이 둘러싼 채 새끼가 놀라운 행동(발을 자기 입에 집어넣는 것과 같은)을 할 때마다 새로운 생명의 경이에 대해 평하는 듯 꿀꿀거리는 소리를 낸다.

평생 동안 지속되기도 하는 암컷 침팬지들 사이의 우정은 오랜 시간의 털고르기를 수반한다. 오른쪽 암컷은 마마의 절친이자 로셔를 입양해 키운 카위프이다.

왼쪽: 뷔르허르스동물원에서 카위프가 입양하기 전에 내가 새끼 침팬지 로셔를 안고 있는 모습. (사진 제공: 1979년, 데즈먼드 모리스)

오른쪽: 카위프는 로셔를 젖병 수유로 키우는 데 아주 능숙해져서 나중에 같은 방법으로 자신의 새끼도 키웠다.

왼쪽: 라위트는 내가 본 가장 훌륭한 알파 수컷 중 하나였다. 라위트의 비극적인 최후는 수컷 침팬지들 사이의 치열한 지위 경쟁을 잘 보여준다.

오른쪽: 수컷이 지배하는 사회에서도 알파 암컷이 강력한 지도자가 될 수 있다. 위엄이 넘치는 개성적인 마마는 침팬지 공동체에서 막강한 권위를 행사했다.

성적 이형성은 양성 사이의 몸 크기와 모양 차이를 가리킨다. 사진에서 수컷 어른 침팬지(왼쪽)가 암컷 청소년(오른쪽) 옆에 앉아 있다. 수컷은 암컷보다 털이 더 많고 몸무게가 더 많이 나가긴 하지만, 몸 크기에서 나타나는 침팬지의 성적 이형성은 사람에 비해 아주 약간 더 클 뿐이다.

504

위: 싸우고 난 뒤 나무 위에서 일어나는 두 수컷 어른 침팬지 사이의 화해 제의. 한 수컷이 좍 편 손을 경쟁자에게 내민다. 얼마 후, 두 수컷은 키스와 포옹을 하고, 함께 나무에서 내려와 땅 위에서 털고르기를 하는 것으로 화해를 마무리짓는다.

왼쪽: 어미 침팬지가 딸을 움직이지 못하게 꽉 붙들고 머리 부분의 털고르기를 열심히 해주고 있다.

위: 어미 침팬지와 네 살 아들 사이에 젖떼기를 놓고 벌어지는 타협. 젖 먹기를 놓고 어미와 반복적인 갈등을 겪은 뒤에 아들은 어미의 젖꼭지 외에 다른 신체 부위를 빨아도 된다는 허락을 받았다. 이 단계는 불과 몇 주일 동안 지속될 뿐이며, 아들은 금방 관심이 시들해진다.

왼쪽: 새끼 곁에는 항상 어미가 도움을 주려고 대기하고 있다. 나무에서 내려오는 데 어려움을 겪는 아들에게 암컷이 손을 내뻗고 있다.

도나는 암컷의 성에 수컷의 몸과 습성을 지닌 젠더 비순응 침팬지이다. 도나는 수컷 어른들과 함께 털을 곤두세운 채 과시 행동을 자주 한다. 하지만 도나는 공격적이지 않으며, 사회적으로 다른 침팬지들과 잘 지낸다. (사진 제공: 빅토리아 호너)

왼쪽: 수컷 침팬지는 어린 수컷의 무모한 성적 장난을 용납하지 않는다. 수컷 어른이 생식기가 부풀어오른 암컷 곁에 너무 가까이 다가간 청소년을 혼내고 있다. 비행을 저지른 청소년을 빙 돌리면서 그 발을 물고 있는 모습.

오른쪽: 유인원은 놀이를 하면서 웃음으로 선의를 내비친다. 그 얼굴 표정은 사람이 웃는 표정과 비슷하며, 웃음소리 또한 비슷하다.

우간다의 키발레국립공원에서 어린 침팬지들이 호흡기 질환으로 어미를 잃자, 그중 몇몇을 형들이 입양했다. 오른쪽은 7세(아직 사춘기가 되기 전)인 홀런드인데, 왼쪽의 17세(어른이 되기 직전의 청소년)인 버크너가 보살피면서 보호해주었다. (사진 제공: 케빈 리와 존 미타니)

508

암컷 청소년 유인원은 다른 암컷의 새끼를 대상으로 새끼를 보살피는 기술을 연습한다. 암버르(가운데)가 마마의 딸을 안고 있고, 그 절친(왼쪽)은 어린 수컷을 돌본다(오른쪽). 둘 다 자신의 새끼를 낳고 기르기에 는 너무 어린 나이이다.

참고문헌

Adriaens, P. R., and A. de Block. 2006. The evolution of a social construction: The case of male homosexuality. *Perspectives in Biology and Medicine* 49:570–85.

Alberts, S. C., J. C. Buchan, and J. Altmann. 2006. Sexual selection in wild baboons: From mating opportunities to paternity success. *Animal Behaviour* 72:1177–96.

Alexander, G. M., and M. Hines. 2002. Sex differences in response to children's toys in nonhuman primates. *Evolution and Human Behavior* 23:467–79.

Algoe, S. B., L. E. Kurtz, and K. Grewen. 2017. Oxytocin and social bonds: The role of oxytocin in perceptions of romantic partners' bonding behavior. *Psychological Science* 28:1763–72.

Alsop, R., A. Fitzsimons, and K. Lennon. 2002. The social construction of gender. In *Theorizing Gender*, ed. R. Alsop, A. Fitzsimons and K. Lennon, pp. 64–93. Malden, MA: Blackwell.

Alter, C. 2020. "Cultural sexism in the world is very real when you've lived on both sides of the coin." *Time*, n.d., time.com/transgender-men-sexism

Altmann, J. 1974. Observational study of behavior. *Behaviour* 49:227–65.

André, C. 2006. *Une Tendresse Sauvage*. Paris: Calmann-Lévy (French).

Angier, N. 1997. Bonobo society: Amicable, amorous and run by females. *New York Times*, April 11, 1997, p. C4.

———. 2000. *Woman: An Intimate Geography*. New York: Anchor Books.

Ardrey, R. 2014 (orig. 1961). *African Genesis: A Personal Investigation into the Animal Origins and Nature of Man*. N.p.: StoryDesign.

Arendt, H. 1984. *Eichmann in Jerusalem: A Report on the Banality of Evil*. New York: Penguin.

Arnold, K., and A. Whiten. 2001. Post-conflict behaviour of wild chimpanzee in the Budongo Forest, Uganda. *Behaviour* 138:649–90.

Arslan, R. C., et al. 2018. Using 26,000 diary entries to show ovulatory changes in sexual desire and behavior. *Journal of Personality and Social Psychology*. Advance online publication.

Atwood, M. E. 1989. *Cat's Eye.* New York: Doubleday.

Atzil, S., et al. 2012. Synchrony and specificity in the maternal and the paternal brain: Relations to oxytocin and vasopressin. *Journal of the American Academy of Child and Adolescent Psychiatry* 51:798–811.

Aureli, F., and F. B. M. de Waal. 2000. *Natural Conflict Resolution.* Berkeley: University of California Press.

Bachmann, C., and H. Kummer. 1980. Male assessment of female choice in hamadryas baboons. *Behavioral Ecology and Sociobiology* 6:315–21.

Bădescu, J., et al. 2015. Female parity, maternal kinship, infant age and sex influence natal attraction and infant handling in a wild colobine. *American Journal of Primatology* 77:376–87.

Bagemihl, B. 1999. *Biological Exuberance: Animal Homosexuality and Natural Diversity.* New York: St. Martin's.

Bahrampour, T. 2018. Crossing the divide. *Washington Post,* July 20, 2018.

Balliet, D., et al. 2011. Sex differences in cooperation: A meta-analytic review of social dilemmas. *Psychological Bulletin* 137:881–909.

Bao, A.-M., and D. F. Swaab. 2011. Sexual differentiation of the human brain: Relation to gender identity, sexual orientation and neuropsychiatric disorders. *Frontiers in Neuroendocrinology* 32:214–26.

Barrett, L. F., L. Robin, and P. R. Pietromonaco. 1998. Are women the more emotional sex? Evidence from emotional experiences in social context. *Cognition and Emotion* 12:555–78.

Bartal, I. B-A., J. Decety, and P. Mason. 2011. Empathy and pro-social behavior in rats. *Science* 334:1427–30.

Bateman, A. J. 1948. Intra-sexual selection in Drosophila. *Heredity* 2:349–68.

Baumeister, R. F. 2010. The reality of the male sex drive. *Psychology Today*, December 10, 2018.

Baumeister, R. F., K. R. Catanese, and K. D. Vohs. 2001. Is there a gender difference in strength of sex drive? Theoretical views, conceptual distinctions, and a review of relevant evidence. *Personality and Social Psychology Review* 5:242–73.

Baumeister, R. F., K. D. Vohs, and D. C. Funder. 2007. Psychology as the science of self-reports and finger movements: Whatever happened to actual behavior? *Perspectives on Psychological Science* 2:396–403.

Beach, F. A. 1949. A cross-species survey of mammalian sexual behavior. In *Psychosexual Development in Health and Disease*, ed. P. H. Hoch and J. Zubin, pp. 52–78. New York: Grune and Stratton.

Bear, J. B., L. R. Weingart, and G. Todorova. 2014. Gender and the emotional experience of relationship conflict: The differential effectiveness of avoidant conflict management. *Negotiation and Conflict Management Research* 7:213–31.

Beck, B. B. 2019. *Unwitting Travelers: A History of Primate Reintroduction*. Berlin, MD: Salt Water Media.

Beckerman, S., et al. 1998. The Barí Partible Paternity Project: Preliminary results. *Current Anthropology* 39:164–68.

Bednarik, R. G. 2011. *The Human Condition*. New York: Springer.

Benenson, J. F., and A. Christakos. 2003. The greater fragility of females' versus males' closest same-sex friendships. *Child Development* 74:1123–29.

Benenson, J. F., and R. W. Wrangham. 2016. Differences in post-conflict affiliation following sports matches. *Current Biology* 26:2208–12.

Benenson, J. F., et al. 2018. Competition elicits more physical affiliation between male than female friends. *Scientific Reports* 8:8380.

Berard, J. D., P. Nurnberg, J. T. Epplen, and J. Schmidtke. 1994. Alternative reproductive tactics and reproductive success in male rhesus macaques. *Behaviour* 129:177–200.

Berman, E. 1982. *The Compleat Chauvinist: A Survival Guide for the Bedeviled Male*. New York: Macmillan.

Biba, E. 2019. In real life, Simba's mom would be running the pride. *National Geographic*, July 8, 2019.

Birkhead, T. R., and J. D. Biggins. 1987. Reproductive synchrony and extrapair copulation in birds. *Ethology* 74:320–34.

Björkqvist, K., et al. 1992. Do girls manipulate and boys fight? Developmental trends in regard to direct and indirect aggression. *Aggressive Behavior* 18:117–27.

Black, J. M. 1996. *Partnerships in Birds: The Study of Monogamy*. Oxford: Oxford University Press.

Blakemore, J. E. O. 1990. Children's nurturant interactions with their infant siblings: An exploration of gender differences and maternal socialization. *Sex Roles* 22:43–57.

———. 1998. The influence of gender and parental attitudes on preschool children's interest in babies: Observations in natural settings. *Sex Roles* 38:73–94.

Blaker, N. M., et al. 2013. The height leadership advantage in men and women: Testing evolutionary psychology predictions about the perceptions of tall leaders. *Group Processes and Intergroup Relations* 16:17–27.

Boehm, C. 1993. Egalitarian behavior and reverse dominance hierarchy. *Current Anthropology* 34:227–54.

———. 1994. Pacifying interventions at Arnhem Zoo and Gombe. In *Chimpanzee Cultures*, ed. R. W. Wrangham et al., pp. 211–26. Cambridge, MA: Harvard University Press.

———. 1999. *Hierarchy in the Forest: The Evolution of Egalitarian Behavior.* Cambridge, MA: Harvard University Press.

Boesch, C. 2009. *The Real Chimpanzee: Sex Strategies in the Forest.* Cambridge, UK: Cambridge University Press.

Boesch, C., and H. Boesch-Achermann. 2000. *The Chimpanzees of the Taï Forest: Behavioural Ecology and Evolution.* Oxford: Oxford University Press.

Boesch, C., et al. 2010. Altruism in forest chimpanzees: The case of adoption. *PLoS ONE* 5:e8901.

Bogaert, A. F. 2005. Age at puberty and father absence in a national probability sample. *Journal of Adolescence* 28:541–46.

Bono, A. E. J., et al. 2018. Payoff- and sex-biased social learning interact in a wild primate population. *Current Biology* 28:2800–5.

Boodman, S. G. 2013. Anger management courses are a new tool for dealing with out-of-control doctors. *Washington Post*, March 4, 2013.

Borgmann, K. 2019. The forgotten female: How a generation of women scientists changed our view of evolution. *All About Birds*, June 17, 2019.

Boserup, B., et al. 2020. Alarming trends in US domestic violence during the COVID-19 pandemic. *American Journal of Emergency Medicine* 38:2753–55.

Bouazzouni, N. 2017. *Faiminisme: Quand le sexisme passe à table.* Paris: Nouriturfu (French).

Bowles, S. 2009. Did warfare among ancestral hunter-gatherers affect the evolution of human social behaviors? *Science* 324:1293–98.

Bowles, S., and H. Gintis. 2003. The origins of human cooperation. In *The Genetic and*

Cultural Origins of Cooperation, ed. P. Hammerstein, pp. 429–44. Cambridge, MA: MIT Press.

Brainerd, E. 2016. *The Lasting Effect of Sex Ratio Imbalance on Marriage and Family: Evidence from World War II in Russia*. IZA Discussion Paper no. 10130.

Bray, O. E., J. J. Kennelly, and J. L. Guarino. 1975. Fertility of eggs produced on territories of vasectomized red-winged blackbirds. *Wilson Bulletin* 87:187–95.

Bregman, R. 2019. *De Meeste Mensen Deugen: Een Nieuwe Geschiedenis van de Mens*. Amsterdam: De Correspondent (Dutch).

Brewer, G., and S. Howarth. 2012. Sport, attractiveness, and aggression. *Personality and Individual Differences* 53:640–43.

Brewer, N., P. Mitchell, and N. Weber. 2002. Gender role, organizational status, and conflict management styles. *International Journal of Conflict Management* 13:78–94.

Brooker, J. S., C. E. Webb, and Z. Clay. 2021. Fellatio among male sanctuary-living chimpanzees during a period of social tension. *Behaviour* 158:77–87.

Brownmiller, S. 1975. *Against Our Will: Men, Women and Rape*. New York: Simon and Schuster.

Bruce, V., and A. Young 1998. *In the Eye of the Beholder: The Science of Face Perception*. Oxford: Oxford University Press.

Burkett, J. P., et al. 2016. Oxytocin-dependent consolation behavior in rodents. *Science* 351:375–78.

Burton, N. 2015. When homosexuality stopped being a mental disorder. *Psychology Today*, September 18, 2015.

Busse, C. 1980. Leopard and lion predation upon chacma baboons living in the Moremi Wildlife Reserve. *Botswana Notes and Records* 12:15–21.

Butler, J. 1986. Sex and gender in Simone de Beauvoir's *Second Sex*. *Yale French Studies* 72:35–49.

———. 1988. Performative acts and gender constitution: An essay in phenomenology and feminist theory. *Theatre Journal* 40:519–31.

Byne, W., et al. 2001. The interstitial nuclei of the human anterior hypothalamus: An investigation of variation within sex, sexual orientation and HIV status. *Hormones and Behavior* 40:86–92.

Calvert, B. 1975. Plato and the equality of women. *Phoenix* 29:231–43.

Campbell, A. 2004. Female competition: Causes, constraints, content, and contexts. *Journal of Sex Research* 41:16 – 26.

Carcea, I., et al. 2020. Oxytocin neurons enable social transmission of maternal behavior. *BioRxiv*, www.biorxiv.org/content/10.1101/845495v1.

Carlin, J. 1995. How Newt aped his way to the top. *Independent*, May 30, 1995.

Carosi, M., and E. Visalberghi. 2002. Analysis of tufted capuchin courtship and sexual behavior repertoire: Changes throughout the female cycle and female interindividual differences. *American Journal of Physical Anthropology* 118:11 – 24.

Carson, R. 1962. *Silent Spring*. New York: Houghton Mifflin.

Carter, A. J., et al. 2018. Women's visibility in academic seminars: Women ask fewer questions than men. *PLoS ONE* 13:e0202743.

Cartmill, M. 1991. Review of *Primate Visions*, by Donna Haraway. *International Journal of Primatology* 12:67 – 75.

———. 1993. *A View to a Death in the Morning*. Cambridge, MA: Harvard University Press.

Case, T. I., B. M. Repacholi, and R. J. Stevenson. 2006. My baby doesn't smell as bad as yours: The plasticity of disgust. *Evolution and Human Behavior* 27:357 – 65.

Cashdan, E. 1998. Are men more competitive than women? *British Journal of Social Psychology* 37:213 – 29.

Cellerino, A., D. Borghetti, and F. Sartucci. 2004. Sex differences in face gender recognition in humans. *Brain Research Bulletin* 63:443 – 49.

Chagnon, N. A. 1968. *Yanomamö: The Fierce People*. New York: Holt, Rinehart and Winston.

Chakrabarti, B., and S. Baron-Cohen. 2006. Empathizing: Neurocognitive developmental mechanisms and individual differences. *Progress in Brain Research* 156:403 – 17.

Chapman, S. N., et al. 2019. Limits to fitness benefits of prolonged postreproductive lifespan in women. *Current Biology* 29:645 – 50.

Chernaya, A. 2014. Girls' plays with dolls and doll-houses in various cultures. In *Proceedings from the 21st Congress of the International Association for CrossCultural Psychology*, ed. L. T. B. Jackson et al.

Chesler, P. 2002. *Woman's Inhumanity to Woman*. New York: Nation Books.

Chisholm, J. S., et al. 2005. Early stress predicts age at menarche and first birth, adult attachment, and expected lifespan. *Human Nature* 16:233–65.

Christie, A. 1933. *The Hound of Death and Other Stories.* London: Odhams Press.

Christopher, B. 2016. The massacre at Monkey Hill. *Priceonomics*, n.d., priceonomics. com/the-massacre-at-monkey-hill.

Churchland, P. S. 2019. *Conscience: The Origins of Moral Intuition.* New York:Norton.

Clay, Z., and F. B. M. de Waal. 2013. Development of socio-emotional competence in bonobos. *Proceedings of the National Academy of Sciences USA* 110:18121–26.

———. 2015. Sex and strife: Post-conflict sexual contacts in bonobos. *Behaviour* 152:313–34.

Coghlan, A. 2008. Gay brains structured like those of the opposite sex. *New Scientist,* June 16, 2008.

Colapinto, J. 2000. *As Nature Made Him: The Boy Who Was Raised as a Girl.* New York: Harper.

Collins, S. A. 2000. Men's voices and women's choices. *Animal Behaviour* 60:773–80.

Connellan, J., et al. 2000. Sex differences in human neonatal social perception. *Infant Behavior and Development* 23:113–18.

Connor, S. 1995. Reflection: Why bishops are like apes. *Independent,* May 18, 1995.

Constable, J. L., et al. 2001. Noninvasive paternity assignment in Gombe chimpanzees. *Molecular Ecology* 10:1279–300.

Coolidge, H. J. 1933. *Pan paniscus:* Pygmy chimpanzee from south of the Congo River. *American Journal of Physical Anthropology* 18:1–57.

Croft, D. P., et al. 2017. Reproductive conflict and the evolution of menopause in killer whales. *Current Biology* 27:298–304.

Cullen, D. 1997. Maslow, monkeys, and motivation theory. *Organization* 4:355–73.

Curie-Cohen, M., et al. 1983. The effects of dominance on mating behavior and paternity in a captive troop of rhesus monkeys. *American Journal of Primatology* 5:127–38.

Daly, M., and M. Wilson. 1988. *Homicide.* Hawthorne, NY: Aldine de Gruyter.

Damasio, A. R. 1999. *The Feeling of What Happens: Body and Emotion in the Making of Consciousness.* New York: Harcourt.

Davies, N. B. 1992. *Dunnock Behaviour and Social Evolution.* Oxford: Oxford University

Press.

Dawkins, R. 1976. *The Selfish Gene*. Oxford: Oxford University Press.

de Beauvoir, S. 1973 (orig. 1949). *The Second Sex*. New York: Vintage Books.

de Waal, F. B. M. 1984. Sex differences in the formation of coalitions among chimpanzees. *Ethology and Sociobiology* 5:239‒55.

———. 1986. Integration of dominance and social bonding in primates. *Quarterly Review of Biology* 61:459‒79.

———. 1987. Tension regulation and nonreproductive functions of sex in captive bonobos. *National Geographic Research* 3:318‒35.

———. 1989. *Peacemaking among Primates*, Cambridge, MA: Harvard University Press.

———. 1993. Sex differences in chimpanzee (and human) behavior: A matter of social values? In *The Origin of Values*, ed. M. Hechter et al., pp. 285‒303. New York: Aldine de Gruyter.

———. 1995. Bonobo sex and society. *Scientific American* 272:82‒88.

———. 1996a. *Good Natured: The Origins of Right and Wrong in Humans and Other Animals*. Cambridge, MA: Harvard University Press.

———. 1996b. Conflict as negotiation. In *Great Ape Societies*, ed. W. C. McGrew, et al., pp. 159‒72. Cambridge, UK: Cambridge University Press.

———. 1997. *Bonobo: The Forgotten Ape*. Berkeley: University of California Press.

———. 1999. The end of nature versus nurture. *Scientific American* 281:94‒99.

———. 2000. Primates: A natural heritage of conflict resolution. *Science* 289:586‒90.

———. 2000. Survival of the Rapist. *New York Times*, April 2, 2000.

———. 2001. *The Ape and the Sushi Master: Cultural Reflections by a Primatologist*. New York: Basic Books.

———. 2006. *Primates and Philosophers: How Morality Evolved*, ed. S. Macedo and J. Ober. Princeton, NJ: Princeton University Press.

———. 2007 (orig. 1982). *Chimpanzee Politics: Power and Sex among Apes*. Baltimore, MD: Johns Hopkins University Press.

———. 2008. Putting the altruism back into altruism: The evolution of empathy. *Annual Review of Psychology* 59:279‒300.

———. 2009. *The Age of Empathy: Nature's Lessons for a Kinder Society*. New York: Harmony.

————. 2013. *The Bonobo and the Atheist: In Search of Humanism among the Primates.* New York: Norton.

————. 2016. *Are We Smart Enough to Know How Smart Animals Are?* New York: Norton.

————. 2019. *Mama's Last Hug: Animal Emotions and What They Tell Us About Ourselves.* New York: Norton.

de Waal, F. B. M., and K. E. Bonnie. 2009. In tune with others: The social side of primate culture. In *The Question of Animal Culture*, ed. K. Laland and G. Galef, pp. 19–39. Cambridge, MA: Harvard University Press.

de Waal, F. B. M., K. Leimgruber, and A. R. Greenberg. 2008. Giving is selfrewarding for monkeys. *Proceedings of the National Academy of Sciences USA* 105:13685–89.

de Waal, F. B. M., and L. M. Luttrell. 1985. The formal hierarchy of rhesus monkeys: An investigation of the bared-teeth display. *American Journal of Primatology* 9:73–85.

de Waal, F. B. M., and J. J. Pokorny. 2008. Faces and behinds: Chimpanzee sex perception. *Advanced Science Letters* 1:99–103.

de Waal, F. B. M., and S. D. Preston. 2017. Mammalian empathy: Behavioral manifestations and neural basis. *Nature Reviews: Neuroscience* 18:498–509.

de Waal, F. B. M., and A. van Roosmalen. 1979. Reconciliation and consolation among chimpanzees. *Behavioral Ecology and Sociobiology* 5:55–66.

Deaner, R. O., S. M. Balish, and M. P. Lombardo. 2015. Sex differences in sports interest and motivation: An evolutionary perspective. *Evolutionary Behavioral Sciences* 10:73–97.

Deardorff, J., et al. 2010. Father absence, body mass index, and pubertal timing in girls: Differential effects by family income and ethnicity. *Journal of Adolescent Health* 48:441–47.

Demuru, E., et al. 2020. Foraging postures are a potential communicative signal in female bonobos. *Scientific Reports* 10:15431.

Demuru, E., P. F. Ferrari, and E. Palagi. 2018. Is birth attendance a uniquely human feature? New evidence suggests that bonobo females protect and support the parturient. *Evolution and Human Behavior* 39:502–10.

Demuth, S., and S. L. Brown. 2004. Family structure, family processes, and adolescent delinquency: The significance of parental absence versus parental gender. *Journal of Research in Crime and Delinquency* 41:58–81.

Denworth, L. 2020. *Friendship: The Evolution, Biology, and Extraordinary Power of Life's*

Fundamental Bond. New York: Norton.

Derks, B., et al. 2018. De keuze van vrouwen voor deeltijd is minder vrij dan we denken. *Sociale Vraagstukken*, November 23, 2018 (Dutch).

Derntl, B., et al. 2010. Multidimensional assessment of empathic abilities: Neural correlates and gender differences. *Psychoneuroendocrinology* 35:67–82.

Despret, V. 2009. Culture and gender do not dissolve into how scientists "read" nature: Thelma Rowell's heterodoxy. In *Rebels of Life: Iconoclastic Biologists in the Twentieth Century*, ed. O. Harman and M. Friedrich, pp. 340–55. New Haven, CT: Yale University Press.

Diamond, J. 1992. *The Third Chimpanzee: The Evolution and Future of the Human Animal*. New York: HarperCollins.

Diamond, M., and H. K. Sigmundson. 1997. Sex reassignment at birth: Longterm review and clinical implications. *Archives of Pediatrics and Adolescent Medicine* 151:298–304.

Dienske, H., W. van Vreeswijk, and H. Koning. 1980. Adequate mothering by partially isolated rhesus monkeys after observation of maternal care. *Journal of Abnormal Psychology* 89:489–92.

Diogo, R., J. L. Molnar, and B. Wood. 2017. Bonobo anatomy reveals stasis and mosaicism in chimpanzee evolution, and supports bonobos as the most appropriate extant model for the common ancestor of chimpanzees and humans. *Scientific Reports* 7:608.

DiPietro, J. A. 1981. Rough and tumble play: A function of gender. *Developmental Psychology*, 17:50–58.

Dixon, A. 2010. Homosexual behaviour in primates. In *Animal Homosexuality: A Biosocial Perspective*, ed. A. Poiani, pp. 381–99. Cambridge, UK: Cambridge University Press.

Eckes, T., and H. M. Trautner, eds. 2000. *The Developmental Social Psychology of Gender*. New York: Psychology Press.

Edwards, C. P. 1993. Behavioral sex differences in children of diverse cultures: The case of nurturance to infants. In *Juvenile Primates: Life History, Development, and Behavior*, ed. M. E. Pereira and L. A. Fairbanks, pp. 327–38. New York: Oxford University Press.

Edwards, C. P. 2005. Children's play in cross-cultural perspective: A new look at the six cultures study. *Cross-Cultural Research* 34:318 – 38.

Ehmann, B., et al. 2021. Sex-specific social learning biases and learning outcomes in wild orangutans. *PLOS* 19: e3001173.

Ellis, B. J., et al. 2003. Does father absence place daughters at special risk for early sexual activity and teenage pregnancy? *Child Development* 74:801 – 21.

Fagen, R. 1993. Primate juveniles and primate play. In *Primate Juveniles: Life History, Development, and Behavior*, ed. M. E. Pereira and J. A. Fairbanks, pp. 182 – 96. New York: Oxford University Press.

Fairbanks, L. 2000. Maternal investment throughout the life span in Old World monkeys. In *Old World Monkeys*, ed. P. F. Whitehead and C. J. Jolly, pp. 341 – 67. Cambridge, UK: Cambridge University Press.

Fairbanks, L. A. 1990. Reciprocal benefits of allomothering for female vervet monkeys. *Animal Behaviour* 40:553 – 62.

———. 1993. Juvenile vervet monkeys: Establishing relationships and practicing skills for the future. In *Juvenile Primates: Life History, Development, and Behavior*, ed. M. E. Pereira and L. A. Fairbanks, pp. 211 – 27. New York: Oxford University Press.

Fausto-Sterling, A. 1993. The five sexes: Why male and female are not enough. *The Sciences* 33:20 – 24.

Fedigan, L. M. 1982. *Primate Paradigms: Sex Roles and Social Bonds*. Montreal: Eden Press.

———. 1994. Science and the successful female: Why there are so many women primatologists. *American Anthropologist* 96:529 – 40.

Feldblum, J. T., et al. 2014. Sexually coercive male chimpanzees sire more offspring. *Current Biology* 24:2855 – 60.

Feldman, R., K. Braun, and F. A. Champagne. 2019. The neural mechanisms and consequences of paternal caregiving. *Nature Reviews Neuroscience* 20:205 – 24.

FeldmanHall, O., et al. 2016. Moral chivalry: Gender and harm sensitivity predict costly altruism. *Social Psychological and Personality Science* 7:542 – 51.

Finch, C. 2016. Compassionate ostrich offers comfort to baby elephants at orphaned animal sanctuary. *My Modern Met*, October 8, 2016.

Flack, J. C., D. C. Krakauer, and F. B. M. de Waal. 2005. Robustness mechanisms in primate societies: A perturbation study. *Proceedings of the Royal Society London B* 272:1091 – 99.

Flanagan, J. 1989. Hierarchy in simple "egalitarian" societies. *Annual Review of Anthro-*

pology 18:245 – 66.

Flemming, A. S., et al. 2002. Mothering begets mothering: The transmission of behavior and its neurobiology across generations. *Pharmacology, Biochemistry and Behavior* 73:61 – 75.

Flores, A. R., et al. 2016. *How Many Adults Identify as Transgender in the United States?* Los Angeles: UCLA Williams Institute.

Foerster, S., et al. 2016. Chimpanzee females queue but males compete for social status. *Scientific Reports* 6:35404.

Ford, C. S., and F. A. Beach. 1951. *Patterns of Sexual Behavior*. New York: Harper and Brothers.

Forman, J., et al. 2019. Automobile injury trends in the contemporary fleet: Belted occupants in frontal collisions. *Traffic Injury Prevention* 20:607 – 12.

Forrester, G. S., et al. 2019. The left cradling bias: An evolutionary facilitator of social cognition? *Cortex* 118:116 – 31.

Foster, M. W., et al. 2009. Alpha male chimpanzee grooming patterns: Implications for dominance "style." *American Journal of Primatology* 71:136 – 44.

Fraser, O. N., and F. Aureli. 2008. Reconciliation, consolation and postconflict behavioral specificity in chimpanzees. *American Journal of Primatology* 70:1114 – 23.

French, M. 1985. *Beyond Power: On Women, Men, and Morals*. New York: Ballantine Books.

Frumin, I., et al. 2015. A social chemosignaling function for human handshaking. *eLife* 4:e05154.

Fry, D. P. 2006. *The Human Potential for Peace*. New York: Oxford University Press.

————. 2013. *War, Peace, and Human Nature: The Convergence of Evolutionary and Cultural Views*. Oxford: Oxford University Press.

Fujita, S., and E. Inoue. 2015. Sexual behavior and mating strategies. In *Mahale Chimpanzees: 50 Years of Research*, ed. M. Nakamura et al. Cambridge, UK: Cambridge University Press.

Furuichi, T. 2019. *Bonobo and Chimpanzee: The Lessons of Social Coexistence*. Singapore: Springer Nature.

Furuichi, T., et al. 2014. Why do wild bonobos not use tools like chimpanzees do? *Behaviour* 152:425 – 60.

Galdikas, B. M. F. 1995. *Reflections of Eden: My Years with the Orangutans of Borneo*. Boston: Little, Brown.

Ganna, A., et al. 2019. Large-scale GWAS reveals insights into the genetic architecture of same-sex sexual behavior. *Science* 365:eaat7693.

Garcia-Falgueras, A., and D. F. Swaab. 2008. A sex difference in the hypothalamic uncinate nucleus: Relationship to gender identity. *Brain* 131:3132–46.

Gavrilets, S., and W. R. Rice. 2006. Genetic models of homosexuality: Generating testable predictions. *Proceedings of the Royal Society B* 273:3031–38.

Ghiselin, M. 1974. *The Economy of Nature and the Evolution of Sex*. Berkeley: University of California Press.

Goldfoot, D. A., et al. 1980. Behavioral and physiological evidence of sexual climax in the female stump-tailed macaque. *Science* 208:1477–79.

Goldhagen, D. J. 1996. *Hitler's Willing Executioners: Ordinary Germans and the Holocaust*. New York: Knopf.

Goldsborough, Z., et al. 2020. Do chimpanzees console a bereaved mother? *Primates* 61:93–102.

Goldstein, J. S. 2001. *War and Gender: How Gender Shapes the War System and Vice Versa*. Cambridge, UK: Cambridge University Press.

Goodall, J. 1979. Life and death at Gombe. *National Geographic* 155:592–621.

———. 1986. *The Chimpanzees of Gombe: Patterns of Behavior*. Cambridge, MA: Belknap Press.

Gould, S. J. 1977. *Ontogeny and Phylogeny*. Cambridge, MA: Belknap Press.

———. 1993. Male nipples and clitoral ripples. *Columbia: Journal of Literature and Art* 20:80–96.

Gowaty, P. A. 1997. Introduction: Darwinian Feminists and Feminist Evolutionists. In *Feminism and Evolutionary Biology*, ed. P. A. Gowaty, pp. 1–17. New York: Chapman and Hall.

Gowaty, P. A., Y.-K. Kim, and W. W. Anderson. 2012. No evidence of sexual selection in a repetition of Bateman's classic study of *Drosophila melanogaster*. *Proceedings of the National Aacademy of Sciences USA* 109:11740–45.

Grammer, K., L. Renninger, and B. Fischer. 2005. Disco clothing, female sexual motivation, and relationship status: Is she dressed to impress? *Journal of Sex Research* 41:66–74.

Grawunder, S., et al. 2018. Higher fundamental frequency in bonobos is explained by larynx morphology. *Current Biology* 28:R1188–89.

Gray, J. 1992. *Men Are from Mars, Women Are from Venus: A Practical Guide for Improving Communication and Getting What You Want in Your Relationships.* New York: Harper-Collins.

Greenberg, D. 1988. *The Construction of Homosexuality.* Chicago: University of Chicago Press.

Gülgöz, S., et al. 2019. Similarity in transgender and cisgender children's gender development. *Proceedings of the National Academy of Sciences USA* 116:24480–85.

Gutmann, M. C. 1997. Trafficking in men: The anthropology of masculinity. *Annual Review of Anthropology* 26:385–409.

Haig, D. 2004. The inexorable rise of gender and the decline of sex: Social change in academic titles, 1945–2001. *Archives of Sexual Behavior* 33:87–96.

Hall, J. A. 2011. Sex differences in friendship expectations: A meta-analysis. *Journal of Social and Personal Relationships* 28:723–47.

Hall, K. R. L., and I. DeVore. 1965. Baboon social behavior. In *Primate Behavior: Field Studies of Monkeys and Apes*, ed. I. DeVore, pp. 53–110. New York: Holt, Rinehart and Winston.

Hallal, P. C., et al. 2012. Global physical activity levels: Surveillance progress, pitfalls, and prospects. *Lancet* 380:247–57.

Halley, J. E. 1994. Sexual orientation and the politics of biology: A critique of the argument from immutability. *Stanford Law Review* 46:503–68.

Haraway, D. 1989. *Primate Visions: Gender, Race, and Nature in the World of Modern Science.* New York: Routledge.

Harlan, R. 1827. Description of a hermaphrodite orang outang. *Proceedings of the Academy of Natural Sciences Philadelphia* 5:229–36.

Harris, J. R. 1998. *The Nurture Assumption: Why Children Turn Out the Way They Do.* London: Bloomsbury.

Harrison, J., et al. 2011. Belzec, Sobibor, Treblinka: Holocaust Denial and Operation Reinhard. *Holocaust Controversies*, http://holocaustcontroversies.blogspot.com/2011/12/belzec-sobibor-treblinka-holocaust.html.

Haselton, M. G., et al. 2007. Ovulatory shifts in human female ornamentation: Near ovulation, women dress to impress. *Hormones and Behavior* 51:40–45.

Hassett, J. M., E. R. Siebert, and K. Wallen. 2008. Sex differences in rhesus monkey toy preferences parallel those of children. *Hormones and Behavior* 54:359 – 64.

Hawkes, K., and J. E. Coxworth. 2013. Grandmothers and the evolution of human longevity: A review of findings and future directions. *Evolutionary Anthropology* 22:294 – 302.

Hayes, C. 1951. *The Ape in Our House*. New York: Harper.

Hecht, E. E., et al. 2021. Sex differences in the brains of capuchin monkeys. *Journal of Comparative Neurology* 2:327 – 39.

Henrich, J., and F. J. Gil-White. 2001. The evolution of prestige: Freely conferred deference as a mechanism for enhancing the benefits of cultural transmission. *Evolution and Human Behavior* 22:165 – 96.

Herman, R. A., M. A. Measday, and K. Wallen. 2003. Sex differences in interest in infants in juvenile rhesus monkeys: Relationship to prenatal androgen. *Hormones and Behavior* 43:573 – 83.

Herschberger, R. 1948. *Adam's Rib*. New York: Harper and Row.

Hesse, M. 2019. Elizabeth Holmes's weird, possibly fake baritone is actually her least baffling quality. *Washington Post*, March 21, 2019.

Hill, S. E., R. P. Proffitt Levya, and D. J. DelPriore. 2016. Absent fathers and sexual strategies. *Psychologist* 29:436 – 39.

Hines, M. 2011. Gender development and the human brain. *Annual Review of Neuroscience* 34:69 – 88.

Hockings, K. J., J. R. Anderson, and T. Matsuzawa. 2006. Road crossing in chimpanzees: A risky business. *Current Biology* 16:668 – 70.

Hockings, K. J., et al. 2007. Chimpanzees share forbidden fruit. *PLoS ONE* 9:e886.

Hohmann, G., and B. Fruth. 2011. Is blood thicker than water? In *Among African Apes*, ed. M. M. Robbins and C. Boesch, pp. 61 – 76. Berkeley: University of California Press.

Hopkins, W. D. 2004. Laterality in maternal cradling and infant positional biases: Implications for the development and evolution of hand preferences in nonhuman primates. *International Journal of Primatology* 25:1243 – 65.

Hopkins, W. D., and M. de Lathouwers. 2006. Left nipple preferences in infant *Pan paniscus* and *P. troglodytes*. *International Journal of Primatology* 27:1653 – 62.

Hoquet, T., et al. 2020. Bateman's data: Inconsistent with "Bateman's Principles."

Ecology and Evolution 10:10325 – 42.

Horner, V., and F. B. M. de Waal. 2009. Controlled studies of chimpanzee cultural transmission. *Progress in Brain Research* 178:3 – 15.

Horner, V., D. J. Carter, M. Suchak, and F. B. M. de Waal. 2011. Spontaneous prosocial choice by chimpanzees. *Proceedings of the Academy of Sciences USA* 108:13847 – 51.

Horner, V., et al. 2010. Prestige affects cultural learning in chimpanzees. *PLoS ONE* 5:e10625.

Hrdy, S. B. 1977. *The Langurs of Abu: Female and Male Strategies of Reproduction*. Cambridge, MA: Harvard University Press.

——. 1981. *The Woman That Never Evolved*. Cambridge, MA: Harvard University Press.

——. 1999. *Mother Nature: A History of Mothers, Infants, and Natural Selection*. New York: Pantheon.

——. 2000. The optimal number of fathers: Evolution, demography, and history in the shaping of female mate preferences. *Annals of the New York Academy of Sciences* 907:75 – 96.

——. 2009. *Mothers and Others: The Evolutionary Origins of Mutual Understanding*. Cambridge, MA: Belknap Press.

Hyde, J. S., and J. DeLamater. 1997. *Understanding Human Sexuality*. New York: McGraw-Hill.

Hyde, J. S., et al. 2008. Gender similarities characterize math performance. *Science* 321:494 – 95.

Idani, G. 1990. Relations between unit-groups of bonobos at Wamba, Zaire: Encounters and temporary fusions. *African Study Monographs* 11:153 – 86.

——. 1993. A bonobo orphan who became a member of the wild group. *Primate Research* 9:97 – 105.

Jabbour, J., et al. 2020. Robust evidence for bisexual orientation among men. *Proceedings of the National Academy of Sciences USA* 117:18369 – 77.

Jadva, V., M. Hines, and S. Golombok. 2010. Infants' preferences for toys, colors, and shapes: Sex differences and similarities. *Archives of Sexual Behavior* 39:1261 – 73.

Jannini, E. A., O. Buisson, and A. Rubio-Casillas. 2014. Beyond the G-spot: Clitourethrovaginal complex anatomy in female orgasm. *Nature Reviews Urology* 11:531 – 38.

Jolly, A. 1999. *Lucy's Legacy: Sex and Intelligence in Human Evolution*. Cambridge, MA:

Harvard University Press.

Jones, A. 2002. Gender and genocide in Rwanda. *Journal of Genocide Research* 4:65 –94.

Jones, L. K., B. M. Jennings, M. Higgins, and F. B. M. de Waal. 2018. Ethological observations of social behavior in the operating room. *Proceedings of the National Academy of Sciences USA* 115:7575 –80.

Jordan-Young, R. M., and K. Karkazis. 2019. *Testosterone: An Unauthorized Biography.* Cambridge, MA: Harvard University Press.

Kahlenberg, S. M., and R. W. Wrangham. 2010. Sex differences in chimpanzees' use of sticks as play objects resemble those of children. *Current Biology* 20:R1067 –68.

Kahneman, D. 2013. *Thinking, Fast and Slow.* New York: Farrar, Straus and Giroux.

Kano, T. 1992. *The Last Ape: Pygmy Chimpanzee Behavior and Ecology.* Stanford, CA: Stanford University Press.

———. 1998. Comments on C. B. Stanford. *Current Anthropology* 39:410 –11.

Killen, M., and E. Turiel. 1991. Conflict resolution in preschool social interactions. *Early Education and Development* 2:240 –55.

Kinsey, A. C., W. R. Pomeroy, and C. E. Martin. 1948. *Sexual Behavior in the Human Male.* Philadelphia: Saunders.

Kirkpatrick, M. 1987. Clinical implications of lesbian mother studies. *Journal of Homosexuality* 14:201 –11.

Klofstad, C. A., R. C. Anderson, and S. Peters. 2012. Sounds like a winner: Voice pitch influences perception of leadership capacity in both men and women. *Proceedings of the Royal Society* B 279:2698 –704.

Knott, C. D., and S. Kahlenberg. 2007. Orangutans in perspective: Forced copulations and female mating resistance. In *Primates in Perspective*, ed. S. Bearder et al., pp. 290 –305. New York: Oxford University Press.

Köhler, W. 1925. *The Mentality of Apes.* New York: Vintage.

Konner, M. J. 1976. Maternal care, infant behavior, and development among the !Kung. In *Kalahari Hunter Gatherers*, ed. R. B. Lee and I. DeVore, pp. 218 –45. Cambridge, MA: Harvard University Press.

Konner, M. J. 2015. *Women After All: Sex, Evolution, and the End of Male Supremacy.* New York: Norton.

Koski, S. E., K. Koops, and E. H. M. Sterck. 2007. Reconciliation, relationship quality, and postconflict anxiety: Testing the integrated hypothesis in captive chimpanzees. *American Journal of Primatology* 69:158–72.

Kret, M. E., and M. Tomonaga. 2016. Getting to the bottom of face processing: Species-specific inversion effects for faces and behinds in humans and chimpanzees (*Pan troglodytes*). *PLoS ONE* 11:e0165357.

Krupenye, C., et al. 2016. Great apes anticipate that other individuals will act according to false beliefs. *Science* 354:110–14.

Kummer, H. 1971. *Primate Societies: Group Techniques of Ecological Adaptation*. Chicago: Aldine.

———. 1995. *In Quest of the Sacred Baboon: A Scientist's Journey*. Princeton, NJ: Princeton University Press.

Lafreniere, P. 2011. Evolutionary functions of social play: Life histories, sex differences, and emotion regulation. *American Journal of Play* 3:464–88.

Lagerspetz, K. M., et al. 1988. Is indirect aggression typical of females? *Aggressive Behavior* 14:403–14.

Lamb, M. E., and D. Oppenheim. 1989. Fatherhood and father-child relationships: Five years of research. In *Fathers and Their Families*, ed. S. H. Cath et al., pp. 11–26. Hillsdale, NJ: Analytic Press.

Lancaster, J. B. 1971. Play-mothering: The relations between juvenile females and young infants among free-ranging vervet monkeys (*Cercopithecus aethiops*). *Folia primatologica* 15:161–82.

Långström, N., et al. 2010. Genetic and environmental effects on same-sex sexual behavior: A population study of twins in Sweden. *Archives of Sexual Behavior* 39:75–80.

Lappan, S. 2008. Male care of infants in a siamang population including socially monogamous and polyandrous groups. *Behavioral Ecology and Sociobiology* 62:1307–17.

Laqueur, T. W. 1990. *Making Sex: Body and Gender from the Greeks to Freud*. Cambridge, MA: Harvard University Press.

Leavitt, H. J. 2003. Why hierarchies thrive. *Harvard Business Review*, March 2003.

Leca, J.-B., N. Gunst, and P. L. Vasey. 2014. Male homosexual behavior in a free-ranging all-male group of Japanese macaques at Minoo, Japan. *Archives of Sexual Behavior* 43:853–61.

Lemaître, J.-F., et al. 2020. Sex differences in adult lifespan and aging rates of mortality across wild mammals. *Proceedings of the National Academy of Sciences USA* 117:8546–53

Lerner, R. M. 1978. Nature, nurture, and dynamic interactionism. *Human Development* 21:1–20.

Lethmate, J., and G. Dücker. 1973. Untersuchungen zum Selbsterkennen im Spiegel bei Orang-Utans und einigen anderen Affenarten. *Zeitschrift für Tierpsychologie* 33:248–69 (German).

LeVay, S. 1991. A difference in hypothalamic structure between homosexual and heterosexual men. *Science* 253:1034–37.

———. 1996. *Queer Science: The Use and Abuse of Research into Homosexuality*. Cambridge, MA: MIT Press.

Lever, J. 1976. Sex differences in the games children play. *Social Problems* 23:478–87.

Lévi-Strauss, C. 1969 (orig. 1949). *The Elementary Structures of Kinship*. Boston: Beacon Press.

Lewis, R. J. 2018. Female power in primates and the phenomenon of female dominance. *Annual Review of Anthropology* 47:533–51.

Leyk, D., et al. 2007. Hand-grip strength of young men, women and highly trained female athletes. *European Journal of Applied Physiology* 99:415–21.

Lindegaard, M. R., et al. 2017. Consolation in the aftermath of robberies resembles post-aggression consolation in chimpanzees. *PLoS ONE* 12:e0177725.

Linden, E. 2002. The wife beaters of Kibale. *Time* 160:56–57.

Lindenfors, P., J. L. Gittleman, and K. E. Jones. 2007. Sexual size dimorphism in mammals. In *Evolutionary Studies of Sexual Size Dimorphism*, ed. D. J. Fairbairn, W. U. Blanckenhorn, and T. Szekely, pp. 16–26. Oxford: Oxford University Press.

Lloyd, E. A. 2005. *The Case of the Female Orgasm: Bias in the Science of Evolution*. Cambridge, MA: Harvard University Press.

Lonsdorf, E. V., L. E. Eberly, and A. E. Pusey. 2004. Sex differences in learning in chimpanzees. *Nature* 428:715–16.

Lonstein, J. S., and G. J. de Vries. 2000. Sex differences in the parental behavior of rodents. *Neuroscience and Biobehavioral Reviews* 24:669–86.

Losin, E. A., et al. 2012. Own-gender imitation activates the brain's reward circuitry. *Social Cognitive and Affective Neuroscience* 7:804–10.

Ludwig, A. M. 2002. *King of the Mountain: The Nature of Political Leadership*. Lexington: University Press of Kentucky.

Luef, E. M., T. Breuer, and S. Pika. 2016. Food-associated calling in gorillas (*Gorilla g. gorilla*) in the wild. *PLoS ONE* 11:e0144197.

Lundström, J. N., et al. 2013. Maternal status regulates cortical responses to the body odor of newborns. *Frontiers in Psychology* 4:597.

Lutchmaya, S., and S. Baron-Cohen. 2002. Human sex differences in social and non-social looking preferences, at 12 months of age. *Infant Behavior and Development* 25:319 – 25.

Maccoby, E. E. 1998. *The Two Sexes: Growing up Apart, Coming Together*. Cambridge, MA: Belknap Press.

MacDonald, K., and R. D. Parke. 1986. Parent-child physical play: The effects of sex and age of children and parents. *Sex Roles* 15:367 – 78.

Maerker, A. 2005. Scenes from the museum: The hermaphrodite monkey and stage management at La Specola. *Endeavour* 29:104 – 8.

Maestripieri, D., and S. Pelka. 2002. Sex differences in interest in infants across the lifespan: A biological adaptation for parenting? *Human Nature* 13:327 – 44.

Maggioncalda, A. N., N. M. Czekala, and R. M. Sapolsky. 2002. Male orangutan subadulthood: A new twist on the relationship between chronic stress and developmental arrest. *American Journal of Physical Anthropology* 118:25 – 32.

Maglaty, J. 2011. When did girls start wearing pink? Smithsonian, April 7, 2011.

Mann, D. 2017. *Become the Alpha Male: How to Be an Alpha Male, Dominate in Both the Boardroom and Bedroom, and Live the Life of a Complete Badass*. Independently published.

Maple, T. 1980. *Orangutan Behavior*. New York: Van Nostrand Reinhold.

Marshall, P., A. Bartolacci, and D. Burke. 2020. Human face tilt is a dynamic social signal that affects perceptions of dimorphism, attractiveness, and dominance. *Evolutionary Psychology* 18:1 – 15.

Martin, C. L., and R. A. Fabes. 2001. The stability and consequences of young children's same-sex peer interactions. *Developmental Psychology* 37:431 – 46.

Martin, R. D. 2019. No substitute for sex: "Gender" and "sex" have very different meanings. *Psychology Today*, August 20, 2019.

Maslow, A. 1936. The role of dominance in the social and sexual behavior of infra-human primates. *Journal of Genetic Psychology* 48:261–338 and 49:161–98.

Massen, J. J. M., et al. 2010. Generous leaders and selfish underdogs: Prosociality in despotic macaques. *PLoS ONE* 5:e9734.

Mast, M. S. 2002. Female dominance hierarchies: Are they any different from males'? *Personality and Social Psychology Bulletin* 28:29–39.

———. 2004. Men are hierarchical, women are egalitarian: An implicit gender stereotype. *Swiss Journal of Psychology* 62:107–11.

Matevia, M. L., F. G. P. Patterson, and W. A. Hillix. 2002. Pretend play in a signing gorilla. In *Pretending and Imagination in Animals and Children*, ed. R. W. Mitchell, pp. 285–306. Cambridge, UK: Cambridge University Press.

Matsuzawa, T. 1997. The death of an infant chimpanzee at Bossou, Guinea. *Pan Africa News* 4:4–6.

Mayhew, R. 2004. *The Female in Aristotle's Biology: Reason or Rationalization*. Chicago: University of Chicago Press.

Mayr, E. 1982. *The Growth of Biological Thought*. Cambridge, MA: Harvard University Press.

McAlone, N. 2015. Here's how Janet Jackson's infamous "nipplegate" inspired the creation of YouTube. *Business Insider*, October 3, 2015.

McBee, T. P. 2016. Until I was a man, I had no idea how good men had it at work. *Quartz*, May 13, 2016.

McCann, S. J. H. 2001. Height, social threat, and victory margin in presidential elections (1894–1992). *Psychological Reports* 88:741–42.

McCarthy, M. M. 2016. Multifaceted origins of sex differences in the brain. *Philosophical Transactions of the Royal Society B* 371:20150106.

McCloskey, D. N. 1999. *Crossing: A Memoir*. Chicago: University of Chicago Press.

McElwain, G. S. 2020. *Mary Midgley: An Introduction*. London: Bloomsbury.

McGrew, W. C. 1992. *Chimpanzee Material Culture*. Cambridge, UK: Cambridge University Press.

McGrew, W. C., and L. F. Marchant. 1998. Chimpanzee wears a knotted skin "necklace." *Pan African News* 5:8–9.

Mead, M. 2001 (orig. 1949). *Male and Female*. New York: Perennial.

Merkle, S. 1989. Sexual differences as adaptation to the different gender roles in the frog *Xenopus laevis Daudin. Journal of Comparative Physiology B* 159:473 – 80.

Meston, C. M., and D. M. Buss. 2007. Why humans have sex. *Archives of Sexual Behavior* 36:477 – 507.

Meyer-Bahlburg, H. F. L. 2005. Gender identity outcome in female-raised 46,XY persons with penile agenesis, cloacal exstrophy of the bladder, or penile abla-tion. *Archives of Sexual Behavior* 34:423 – 38.

Michele, A., and T. Fisher. 2003. Truth and consequences: Using the bogus pipe-line to examine sex differences in self-reported sexuality. *Journal of Sex Research* 40:27 – 35.

Midgley, M. 1995. *Beast and Man: The Roots of Human Nature.* London: Routledge.

———. 2010. *The Solitary Self: Darwin and the Selfish Gene.* Durham, UK: Acumen.

Mitani, J. C., and T. Nishida. 1993. Contexts and social correlates of longdistance calling by male chimpanzees. *Animal Behaviour* 45:735 – 46.

Mitchell, R. W., ed. 2002. *Pretending and Imagination in Animals and Children.* Cambridge, UK: Cambridge University Press.

Money, J., J. G. Hampson, and J. Hampson. 1955. An examination of some basic sex-ual concepts: The evidence of human hermaphroditism. *Bulletin of Johns Hopkins Hospital* 97:301 – 19.

Montagu, M. F. A. 1962. *The Natural Superiority of Women.* New York: Macmillan.

———, ed. 1973. *Man and Aggression.* New York: Oxford University Press.

Morgan, M. H., and D. R. Carrier. 2013. Protective buttressing of the human fist and the evolution of hominin hands. *Journal of Experimental Biology* 216:236 – 44.

Morris, D. 1977. *Manwatching: A Field Guide to Human Behavior.* London: Jonathan Cape.

———. 2017 (orig. 1967). *The Naked Ape: A Zoologist's Study of the Human Animal.* London: Penguin.

Morris, J. 1974. *Conundrum.* New York: New York Review of Books,

Morrison, T. 2019. Goodness. *New York Times Book Review*, September 8, 2019, pp. 16 – 17.

Moscovice, L. R., et al. 2019. The cooperative sex: Sexual interactions among female bonobos are linked to increases in oxytocin, proximity, and coalitions. *Hormones and Behavior* 116:104581.

Moye, D. 2019. Speech coach has a theory on Theranos CEO Elizabeth Holmes and her deep voice. *Huffington Post*, April 11, 2019.

Muller, M. N., et al. 2011. Sexual coercion by male chimpanzees shows that female choice may be more apparent than real. *Behavioral Ecology and Sociobiology* 65:921 – 33.

Muller, M. N., S. M. Kahlenberg, and R. W. Wrangham. 2009. Male Aggression against females and sexual coercion in chimpanzees. In *Sexual Coercion in Primates and Humans: An Evolutionary Perspective on Male Aggression Against Females*, ed. M. N. Muller and R. W. Wrangham, pp. 184 – 217. Cambridge, MA: Harvard University Press.

Murphy, S. M. 1992. *A Delicate Dance: Sexuality, Celibacy, and Relationships Among Catholic Clergy and Religious*. New York: Crossroad.

Murray, C. M., E. Wroblewski, and A. E. Pusey. 2007. New case of intragroup infanticide in the chimpanzees of Gombe National Park. *International Journal of Primatology* 28:23 – 37.

Musgrave, S., et al. 2016. Tool transfers are a form of teaching among chimpanzees. *Scientific Reports* 6:34783.

Musgrave, S., et al. 2020. Teaching varies with task complexity in wild chimpanzees. *Proceedings of the National Academy of Sciences USA* 117:969 – 76.

Nadler, R. D., et al. 1985. Serum levels of gonadotropins and gonadal steroids, including testosterone, during the menstrual cycle of the chimpanzee. *American Journal of Primatology* 9:273 – 84.

Nash, R., et al. 2006. Cosmetics: They influence more than Caucasian female facial attractiveness. *Journal of Applied Social Psychology* 36:493 – 504.

Nelson, A. 2005. Children's toy collections in Sweden: A less gender-typed country? *Sex Roles* 52:93 – 102.

Nguyen, N., R. C. van Horn, S. C. Alberts, and J. Altmann. 2009. "Friendships" between new mothers and adult males: Adaptive benefits and determinants in wild baboons (*Papio cynocephalus*). *Behavioral Ecology and Sociobiology* 63:1331 – 44.

Nicholls, H. 2014. In conversation with Jane Goodall. *Mosaic Science*, March 31, 2014, mosaicscience.com/story/conversation-with-jane-goodall.

Nieuwenhuijsen, K. 1985. *Geslachtshormonen en Gedrag bij de Beermakaak*. Ph.D. thesis, Erasmus University, Rotterdam (Dutch).

Nishida, T. 1996. The death of Ntologi: The unparalleled leader of M Group. *Pan Af-*

rica News 3:4.

Nishida, T. 2012. *Chimpanzees of the Lakeshore*. Cambridge, UK: Cambridge University Press.

Nishida, T., and K. Hosaka. 1996. Coalition strategies among adult male chimpanzees of the Mahale Mountains, Tanzania. In *Great Ape Societies*, ed. W. C. McGrew et al., pp. 114–34. Cambridge, UK: Cambridge University Press.

Nolen-Hoeksema, S., B. E. Wisco, and S. Lyubomirsky. 2008. Rethinking rumination. *Perspectives on Psychological Science* 3:400–24.

Nussbaum, M. 2001. *Upheavals of Thought: The Intelligence of Emotions*. Cambridge, UK: Cambridge University Press.

O'Connell, C. 2015. *Elephant Don: The Politics of a Pachyderm Posse*. Chicago: University of Chicago Press.

O'Connell, H. E., K. V. Sanjeevan, and J. M. Hutson. 2005. Anatomy of the clitoris. *Journal of Urology* 174:1189–95.

O'Connell, M. 2017. *To Be a Machine*. London: Granta.

O'Toole, A. J., et al. 1998. The perception of face gender: The role of stimulus structure in recognition and classification. *Memory and Cognition* 26:146–60.

O'Toole, A. J., J. Peterson, and K. A. Deffenbacher. 1996. An "other-race effect" for classifying faces by gender. *Perception* 25:669–76.

Oakley, K. 1950. *Man the Tool Maker*. London: Trustees of the British Museum.

Orbach, D., and P. Brennan. 2019. Functional morphology of the dolphin clitoris. Presented at Experimental Biology Conference, Orlando, FL.

Ortiz, A. 2020. Diego, the tortoise whose high sex drive helped save his species, retires. *New York Times*, January 12, 2020.

Palagi, E., and E. Demuru. 2017. *Pan paniscus or Pan ludens?* Bonobos, playful attitude and social tolerance. In *Bonobos: Unique in Mind and Behavior*, ed. B. Hare and S. Yamamoto, pp. 65–77. Oxford: Oxford University Press.

Palagi, E., et al. 2020. Mirror replication of sexual facial expressions increases the success of sexual contacts in bonobos. *Scientific Reports* 10:18979.

Palagi, E., T. Paoli, and S. Borgognini. 2004. Reconciliation and consolation in captive bonobos (*Pan paniscus*). *American Journal of Primatology* 62:15–30.

Paresky, P. B. 2019. What's the problem with "traditional masculinity"? The frenzy about the APA guidelines has died down. What have we learned? *Psychology Today*, March 10, 2019.

Parish, A. R. 1993. Sex and food control in the "uncommon chimpanzee": How bonobo females overcome a phylogenetic legacy of male dominance. *Ethology and Sociobiology* 15:157–79.

Parish, A. R., and F. B. M. de Waal. 2000. The other "closest living relative": How bonobos (*Pan paniscus*) challenge traditional assumptions about females, dominance, intra- and inter-sexual interactions, and hominid evolution. *Annals of the New York Academy of Sciences* 907:97–113.

Patterson, N., et al. 2006. Genetic evidence for complex speciation of humans and chimpanzees. *Nature* 441:1103–8.

Pauls, R. N. 2015. Anatomy of the clitoris and the female sexual response. *Clinical Anatomy* 28:376–84.

Peirce, L. P. 1993. *The Imperial Harem: Women and Sovereignty in the Ottoman Empire*. Oxford: Oxford University Press.

Pellegrini, A. D. 1989. Elementary school children's rough-and-tumble play. *Early Childhood Research Quarterly* 4:245–60.

Pellegrini, A. D. 2010. The role of physical activity in the development and function of human juveniles' sex segregation. *Behaviour* 147:1633–56.

Pellegrini, A. D., and P. K. Smith. 1998. Physical activity play: The nature and function of a neglected aspect of play. *Child Development* 69:577–98.

Perry, S. 2008. *Manipulative Monkeys: The Capuchins of Lomas Barbudal*. Cambridge, MA: Harvard University Press.

———. 2009. Conformism in the food processing techniques of white-faced capuchin monkeys (*Cebus capucinus*). *Animal Cognition* 12:705–16.

Petr, M., S. Pääbo, J. Kelso, and B. Vernot. 2019. Limits of long-term selection against Neanderthal introgression. *Proceedings of the National Academy of Sciences USA* 116:1639–44.

Pincemy, G., F. S. Dobson, and P. Jouventin. 2010. Homosexual mating displays in penguins. *Ethology* 116:1210–16.

Pinker, S. 2011. *The Better Angels of Our Nature: Why Violence Has Declined*. New York: Viking.

Ploog, D. W., and P. D. MacLean. 1963. Display of penile erection in squirrel monkey *(Saimiri sciureus)*. *Animal Behaviour* 32:33‒39.

Potts, M., and R. Short. 1999. *Ever Since Adam and Eve: The Evolution of Human Sexuality.* Cambridge, UK: Cambridge University Press.

Prause, N., et al. 2016. Clitorally stimulated orgasms are associated with better control of sexual desire, and not associated with depression or anxiety, compared with vaginally stimulated orgasms. *Journal of Sexual Medicine* 13:1676‒85.

Price, D. 2018. Gender socialization is real (complex). *Devon Price*, November 5, 2018 medium.com/@devonprice/gender-socialization-is-real-complex-348f56146925.

Pruetz, J. D. 2011. Targeted helping by a wild adolescent male chimpanzee *(Pan troglodytes verus)*: Evidence for empathy? *Journal of Ethology* 29:365‒68.

Prüfer, K., et al. 2012. The bonobo genome compared with the chimpanzee and human genomes. *Nature* 486:527‒31.

Prum, R. O. 2015. The role of sexual autonomy in evolution by mate choice. In *Current Perspectives on Sexual Selection: What's Left after Darwin?* ed. T. Hoquet, pp. 237‒62. Dordrecht: Springer.

Prum, R. O. 2017. *The Evolution of Beauty: How Darwin's Forgotten Theory of Mate Choice Shapes the Animal World.* New York: Doubleday.

Puppo, V. 2013. Anatomy and physiology of the clitoris, vestibular bulbs, and labia minora with a review of the female orgasm and the prevention of female sexual dysfunction. *Clinical Anatomy* 26:134‒52.

Pusey, A. E. 1980. Inbreeding avoidance in chimpanzees. *Animal Behaviour* 28:543‒52.

Puts, D. A., C. R. Hodges, R. A. Cárdenas, and S. J. C. Gaulin. 2007. Men's voices as dominance signals: Vocal fundamental and formant frequencies influence dominance attributions among men. *Evolution and Human Behavior* 28:340‒44.

Reddy, R. B., and J. C. Mitani. 2019. Social relationships and caregiving behavior between recently orphaned chimpanzee siblings. *Primates* 60:389‒400.

Reeve, E. 2013. Male pundits fear the natural selection of Fox's female breadwinners. *Atlantic*, May 30, 2013.

Regan, B. C., et al. 2001. Fruits, foliage and the evolution of primate colour vision. *Philosophical Transactions of the Royal Society B* 356:229‒83.

Regitz-Zagrosek, V. 2012. Sex and gender differences in health. *EMBO Reports* 13:596‒603.

Reinhardt, V., et al. 1986. Altruistic interference shown by the alpha-female of a captive troop of rhesus monkeys. *Folia primatologica* 46:44 – 50.

Reynolds, V. 1967. *The Apes*. New York: Dutton.

Riley, C. 2019. How to play Patriarchy Chicken: Why I refuse to move out of the way for men. *New Statesman*, February 22, 2019.

Rilling, J. K., and J. S. Mascaro. 2017. The neurobiology of fatherhood. *Current Opinion in Psychology* 15:26 – 32.

Rippon, G. 2019. *The Gendered Brain: The New Neuroscience that Shatters the Myth of the Female Brain*. New York: Random House.

Robarchek, C. A. 1997. A community of interests: Semai conflict resolution. In *Cultural Variation in Conflict Resolution: Alternatives to Violence*, ed. D. P. Fry and K. Björkqvist, pp. 51 – 58. Mahwah, NJ: Erlbaum.

Roberts, W. P., and M. Krause. 2002. Pretending culture: Social and cognitive features of pretense in apes and humans. In *Pretending and Imagination in Animals and Children*, ed. R. W. Mitchell, pp. 269 – 79. Cambridge, UK: Cambridge University Press.

Romans, S., et al. 2003. Age of menarche: The role of some psychosocial factors. *Psychological Medicine* 33:933 – 39.

Romero, M. T., M. A. Castellanos, and F. B. M. de Waal. 2010. Consolation as possible expression of sympathetic concern among chimpanzees. *Proceedings of the National Academy of Sciences USA* 107:12110 – 15.

Rosati, A. G., et al. 2020. Social selectivity in aging wild chimpanzees. *Science* 370:473 – 76.

Rose, A. J., and K. D. Rudolph. 2006. A review of sex differences in peer relationship processes: Potential trade-offs for the emotional and behavioral development of girls and boys. *Psychological Bulletin* 132:98 – 131.

Roselli, C. E., et al. 2004. The volume of a sexually dimorphic nucleus in the ovine medial preoptic area/anterior hypothalamus varies with sexual partner preference. *Endocrinology* 145:478 – 83.

Roseth, C. 2018. Children's peacekeeping and peacemaking. In *Peace Ethology: Behavioral Processes and Systems of Peace*, ed. P. Verbeek and B. A. Peters, pp.113 – 32. Hoboken, NJ: Wiley.

Roughgarden, J. 2004. Review of "Evolution, Gender, and Rape." *Ethology* 110:76.

———. 2017. Homosexuality and evolution: A critical appraisal. In *On Human Nature: Biology, Psychology, Ethics, Politics, and Religion*, ed. M. Tibayrenc and F. J. Ayala, pp. 495–516. New York: Academic Press.

Rowell, T. E. 1974. *The Social Behavior of Monkeys*. New York: Penguin.

Rubin, Z. 1980. *Children's Friendships*. Cambridge, MA: Harvard University Press.

Rueckert, L., et al. 2011. Are gender differences in empathy due to differences in emotional reactivity? *Psychology* 2:574–78.

Rupp, H. A., and K. Wallen. 2008. Sex differences in response to visual sexual stimuli: A review. *Archives of Sexual Behavior* 37:206–18.

Russell, D. G. D., et al. 2012. Dr. George Murray Levick (1876–1956): Unpublished notes on the sexual habits of the Adélie penguin. *Polar Record* 48:387–93.

Russell, N. 2019. The Nazi's pursuit for a "humane" method of killing. In *Understanding Willing Participants*, vol. 2. Cham, Switzerland: Palgrave Macmillan.

Russell, R. 2009. A sex difference in facial contrast and its exaggeration by cosmetics. *Perception* 38:1211–19.

Rutherford, A. 2018. *Humanimal: How Homo sapiens Became Nature's Most Paradoxical Creature*. New York: Experiment.

Rutherford, A. 2020. *How to Argue with a Racist: What Our Genes Do (and Don't) Say About Human Difference*. New York: Experiment.

Safdar, S., et al. 2009. Variations of emotional display rules within and across cultures: A comparison between Canada, USA, and Japan. *Canadian Journal of Behavioural Science* 41:1–10.

Salerno, J., and L. C. Peter-Hagene. 2015. One angry woman: Anger expression increases influence for men, but decreases influence for women, during group deliberation. *Law and Human Behavior* 39:581–92.

Sandel, A. A., K. E. Langergraber, and J. C. Mitani. 2020. Adolescent male chimpanzees (*Pan troglodytes*) form social bonds with their brothers and others during the transition to adulthood. *American Journal of Primatology* 82:e23091.

Sapolsky, R. 1994. *Why Zebras Don't Get Ulcers: A Guide to Stress, Stress-Related Diseases and Coping*. New York: W. H. Freeman.

Sapolsky, R. M. 1997. *The Trouble with Testosterone*. New York: Scribner.

Sauver, J. L. S., et al. 2004. Early life risk factors for Attention-Deficit/Hyperactivity Disorder: A population-based cohort study. *Mayo Clinic Proceedings* 79:1124–31.

Savage-Rumbaugh, S., and B. Wilkerson. 1978. Socio-sexual behavior in *Pan paniscus* and *Pan troglodytes:* A comparative study. *Journal of Human Evolution* 7:327 44.

Savic, I., and P. Lindström. 2008. PET and MRI show differences in cerebral asymmetry and functional connectivity between homo- and heterosexual subjects. *Proceedings of the National Academy of Sciences USA* 105:9403-8.

Savic, I., H. Berglund, and P. Lindström. 2005. Brain response to putative pheromones in homosexual men. *Proceedings of the National Academy of Sciences USA* 102:7356-61.

Savin-Williams, R. C., and Z. Vrangalova. 2013. Mostly heterosexual as a distinct sexual orientation group: A systematic review of the empirical evidence. *Developmental Review* 33:58-88.

Schenkel, R. 1947. Ausdrucks-Studien an Wölfen: GefangenschaftsBeobachtungen. *Behaviour* 1:81-129 (German).

Schmitt, D. P. 2015. Are women more emotional than men? *Psychology Today*, April 10, 2015.

Schneiderman, I., et al. 2012. Oxytocin during the initial stages of romantic attachment: Relations to couples' interactive reciprocity. *Psychoneuroendocrinology* 37:1277-85.

Schoppe-Sullivan, S. J., et al. 2021. Fathers' parenting and coparenting behavior in dual-earner families: Contributions of traditional masculinity, father nurturing role beliefs, and maternal gate closing. *Psychology of Men and Masculinities*, advance online at doi.org/10.1037/men0000336.

Schulte-Rüther, M., et al. 2008. Gender differences in brain networks supporting empathy. *NeuroImage* 42:393-403.

Schwartz, S. H., and T. Rubel. 2005. Sex differences in value priorities: Crosscultural and multimethod studies. *Journal of Personality and Social Psychology* 89:1010-28.

Sell, A., A. W. Lukazsweski, and M. Townsley. 2017. Cues of upper body strength account for most of the variance in men's bodily attractiveness. *Proceedings of the Royal Society B* 284:20171819.

Seyfarth, R. M., and D. L. Cheney. 2012. The evolutionary origins of friendship. *Annual Review of Psychology* 63:153-77.

Shaw, G. B. 1894. The religion of the pianoforte. *Fortnightly Review* 55 (326): 255-66.

Shell, J. 2019. *Giants of the Monsoon Forest: Living and Working with Elephants*. New York:

Norton.

Silber, G. K. 1986. The relationship of social vocalizations to surface behavior and aggression in the Hawaiian humpback whale (*Megaptera novaeangliae*). *Canadian Journal of Zoology* 64:2075 – 80.

Silk, J. B. 1999. Why are infants so attractive to others? The form and function of infant handling in bonnet macaques. *Animal Behaviour* 57:1021 – 32.

Simmons, R. 2002. *Odd Girl Out: The Hidden Culture of Aggression in Girls*. New York: Harcourt.

Simpkin, T. 2020. Mixed feelings: How to deal with emotions at work. Totaljobs. com, January 8, 2020.

Slaby, R. G., and K. S. Frey. 1975. Development of gender constancy and selective attention to same-sex models. *Child Development* 46:849 – 56.

Slotow, R., et al. 2000. Older bull elephants control young males. *Nature* 408:425 – 26.

Small, M. F. 1989. Female choice in nonhuman primates. *Yearbook of Physical Anthropology* 32:103 – 27.

Smith, E. A., M. B. Mulder, and K. Hill. 2001. Controversies in the evolutionary social sciences: A guide for the perplexed. *Trends in Ecology and Evolution* 16:128 – 35.

Smith, T. M., et al. 2017. Cyclical nursing patterns in wild orangutans. *Science Advances* 3:e1601517.

Smith, T. W. 1991. Adult sexual behavior in 1989: Number of partners, frequency of intercourse and risk of AIDS. *Family Planning Perspectives* 23:102 – 7.

Smuts, B. B. 1985. *Sex and Friendship in Baboons*. New York: Aldine.

———. 1987. Gender, aggression, and influence. In *Primate Societies*, ed. B. Smuts et al., pp. 400 – 12. Chicago: University of Chicago Press.

———. 1992. Male aggression against women: An evolutionary perspective. *Human Nature* 3:1 – 44.

———. 2001. Encounters with animal minds. *Journal of Consciousness Studies* 8:293 – 309.

Smuts, B. B., and R. W. Smuts. 1993. Male aggression and sexual coercion of females in nonhuman primates and other mammals: Evidence and theoretical implications. *Advances in the Study of Behavior* 22:1 – 63.

Snowdon, C. T., and T. E. Ziegler. 2007. Growing up cooperatively: Family processes and infant care in marmosets and tamarins. *Journal of Developmental Processes* 2:40 – 66.

Sommers, C. H. 2012. You can give a boy a doll, but you can't make him play with it. *Atlantic*, December 6, 2012.

Spear, B. A. 2002. Adolescent growth and development. *Journal of the American Dietetic Association* 102:S23–29.

Spelman, E. V. 1982. Woman as body: Ancient and contemporary views. *Feminist Studies* 8:109–31.

Spinka, M., R. C. Newberry, and M. Bekoff. 2001. Mammalian play: Training for the unexpected. *Quarterly Review of Biology* 76:141–68.

Staes, N., et al. 2017. FOXP2 variation in great ape populations offers insight into the evolution of communication skills. *Scientific Reports* 7:16866.

Stanford, C. B. 1998. The social behavior of chimpanzees and bonobos. *Current Anthropology* 39:399–407.

Stavro, E. 1999. The use and abuse of Simone de Beauvoir: Re-evaluating the French poststructuralist critique. *European Journal of Women's Studies* 6:263–80.

Stern, B. R., and D. G. Smith. 1984. Sexual behaviour and paternity in three captive groups of rhesus monkeys. *Animal Behaviour* 32:23–32.

Stöckl, H., et al. 2013. The global prevalence of intimate partner homicide: A systematic review. *Lancet* 382:859–65.

Strum, S. C. 2012. Darwin's monkey: Why baboons can't become human. *Yearbook of Physical Anthropology* 55:3–23.

Stulp, G., A. P. Buunk, and T. V. Pollet. 2013. Women want taller men more than men want shorter women. *Personality and Individual Differences* 54:877–83.

Stumpf, R. M., and C. Boesch. 2010. Male aggression and sexual coercion in wild West African chimpanzees, *Pan troglodytes verus*. *Animal Behaviour* 79:333–42.

Stutchbury, B. J. M., et al. 1997. Correlates of extra-pair fertilization success in hooded warblers. *Behavioral Ecology and Sociobiology* 40:119–26.

Sugiyama, Y. 1967. Social organization of Hanuman langurs. In *Social Communication among Primates*, ed. S. A. Altmann, pp. 221–53. Chicago: University of Chicago Press.

Surbeck, M., and G. Hohmann. 2013. Intersexual dominance relationships and the influence of leverage on the outcome of conflicts in wild bonobos. *Behavioral Ecology and Sociobiology* 67:1767–80.

Surbeck, M., et al. 2017. Sex-specific association patterns in bonobos and chimpanzees reflect species differences in cooperation. *Royal Society Open Science* 4:161081.

———. 2019. Males with a mother living in their group have higher paternity success in bonobos but not chimpanzees. *Current Biology* 29:R341–57.

Swaab, D. F. 2010. *Wij Zijn Ons Brein*. Amsterdam: Contact (Dutch).

Swaab, D. F., and M. A. Hofman. 1990. An enlarged suprachiasmatic nucleus in homosexual men. *Brain Research* 537:141–48.

Taylor, S. 2002. *The Tending Instinct: How Nurturing Is Essential for Who We Are and How We Live*. New York: Henry Holt.

Thornhill, R., and C. T. Palmer. 2000. *A Natural History of Rape: Biological Bases of Sexual Coercion*. Cambridge, MA: MIT Press.

Tiger, L. 1969. *Men in Groups*. New York: Random House.

Titze, I. R., and D. W. Martin. 1998. Principles of voice production. *Journal of the Acoustical Society of America* 104:1148.

Tjaden, P., and N. Thoennes. 2000. *Full report of the prevalence, incidence, and consequences of violence against women*. U.S. Department of Justice, Office of Justice Programs.

Todd, B. K., and R. A. Banerjee. 2018. Lateralisation of infant holding by mothers: A longitudinal evaluation of variations over the first 12 weeks. *Laterality: Asymmetries of Brain, Body and Cognition* 21:12–33.

Todd, B. K., et al. 2018. Sex differences in children's toy preferences: A systematic review, meta-regression, and meta-analysis. *Infant and Child Development* 27:e2064.

Tokuyama, N., and T. Furuichi. 2017. Do friends help each other? Patterns of female coalition formation in wild bonobos at Wamba. *Animal Behaviour* 119:27–35.

Tokuyama, N., T. Sakamaki, and T. Furuichi. 2019. Inter-group aggressive interaction patterns indicate male mate defense and female cooperation across bonobo groups at Wamba, Democratic Republic of the Congo. *American Journal of Physical Anthropology* 170:535–50.

Townsend, S. W., T. Deschner, and K. Zuberbühler. 2008. Female chimpanzees use copulation calls flexibly to prevent social competition. *PLoS ONE* 3:e2431.

Tratz, E. P., and H. Heck. 1954. Der afrikanische Anthropoide "Bonobo," eine neue Menschenaffengattung. *Säugetierkundliche Mitteilungen* 2:97–101 (German).

Travis, C. B. 2003. *Evolution, Gender, and Rape*. Cambridge, MA: MIT Press.

Trivers, R. L. 1972. Parental investment and sexual selection. In *Sexual Selection and the*

Descent of Man, ed. B. Campbell, pp. 136–79. Chicago: Aldine.

Troje, N. F. 2002. Decomposing biological motion: A framework for analysis and synthesis of human gait patterns. *Journal of Vision* 2:371–87.

Trost, S. G., et al. 2002. Age and gender differences in objectively measured physical activity in youth. *Medicine and Science in Sports and Exercise* 34:350–55.

Turner, P. J., and J. Gervai. 1995. A multidimensional study of gender typing in preschool children and their parents: Personality, attitudes, preferences, behavior, and cultural differences. *Developmental Psychology* 31:759–72.

Tutin, C. E. G. 1979. Mating patterns and reproductive strategies in a community of wild chimpanzees. *Behavioral Ecology and Sociobiology* 6:29–38.

Utami Atmoko, S. S. 2000. *Bimaturism in orang-utan males: Reproductive and ecological strategies*. Ph.D. thesis, University of Utrecht.

Vacharkulksemsuk, T., et al. 2016. Dominant, open nonverbal displays are attractive at zero-acquaintance. *Proceedings of the National Academy of Sciences USA* 113:4009–14.

Vaden-Kierman, N., et al. 1995. Household family structure and children's aggressive behavior: A longitudinal study of urban elementary school children. *Journal of Abnormal Child Psychology* 23:553–68.

van Hooff, J.A.R.A.M. 2019. *Gebiologeerd: Wat een Leven Lang Apen Kijken Mij Leerde over de Mensheid*. Amsterdam: Spectrum (Dutch).

van Leeuwen, E., K. A. Cronin, and D. Haun. 2014. A group-specific arbitrary tradition in chimpanzees (*Pan troglodytes*). *Animal Cognition* 17:1421–25.

van Schaik, C. 2004. *Among Orangutans: Red Apes and the Rise of Human Culture*. Cambridge, MA: Belknap Press.

van Woerkom, W., and M. E. Kret. 2015. Getting to the bottom of processing behinds. *Amsterdam Brain and Cognition Journal* 2:37–52.

Vasey, P. L. 1995. Homosexual behavior in primates: A review of evidence and theory. *International Journal of Primatology* 16:173–204.

Vauclair, J., and K. Bard. 1983. Development of manipulations with objects in ape and human infants. *Journal of Human Evolution* 12:631–45.

Verloigne, M., et al. 2012. Levels of physical activity and sedentary time among 10- to 12-year-old boys and girls across 5 European countries using accelerometers: An observational study within the ENERGY-project. *International Journal of Behav-*

ioral Nutrition and Physical Activity 9:34.

Vines, G. 1999. Queer creatures. *New Scientist*, August 7, 1999.

Volk, A. A. 2009. Human breastfeeding is not automatic: Why that's so and what it means for human evolution. *Journal of Social, Evolutionary, and Cultural Psychology* 3:305 – 14.

von Rohr, C. R., et al. 2012. Impartial third-party interventions in captive chimpanzees: A reflection of community concern. *PLoS ONE* 7:e32494.

Voskuhl, R., and S. Klein. 2019. Sex is a biological variable—in the brain too. *Nature* 568:171.

Watts, D. P., F. Colmenares, and K. Arnold. 2000. Redirection, consolation, and male policing. In *Natural Conflict Resolution*, ed. F. Aureli, and F. B. M. de Waal, pp. 281 – 301. Berkeley: University of California Press.

Watts, D. P., et al. 2006. Lethal intergroup aggression by chimpanzees in Kibale National Park, Uganda. *American Journal of Primatology* 68:161 – 80.

Wayne, S. 2021. *Alpha Male Bible: Charisma, Psychology of Attraction, Charm*. Hemel Hempstead, UK: Perdens.

Weatherford, J. 2004. *Genghis Khan and the Making of the Modern World*. New York: Broadway Books.

Weidman, N. 2019. Cultural relativism and biological determinism: A problem in historical explanation. *Isis* 110:328 – 31.

Weisbard, C., and R. W. Goy. 1976. Effect of parturition and group composition on competitive drinking order in stumptail macaques. *Folia primatologica* 25:95 – 121.

Westneat, D. F., and R. K. Stewart. 2003. Extra-pair paternity in birds: Causes, correlates, and conflict. *Annual Review of Ecology, Evolution, and Systematics* 34:365 – 96.

Westover, T. 2018. *Educated: A Memoir*. New York: Random House.

White, E. 2002. *Fast Girls: Teenage Tribes and the Myth of the Slut*. New York: Scribner.

Wickler, W. 1969. Socio-sexual signals and their intra-specific imitation among primates. In *Primate Ethology*, ed. D. Morris, pp. 89 – 189. Garden City, NY: Anchor Books.

Wiederman, M. W. 1997. The truth must be in here somewhere: Examining the gender discrepancy in self-reported lifetime number of sex partners. *Journal of Sex Research* 34:375 – 86.

Williams, C. L., and K. E. Pleil. 2008. Toy story: Why do monkey and human males prefer trucks? *Hormones and Behavior* 54:355–58.

Wilson, E. A. 1998. *Neural Geographies: Feminism and the Microstructure of Cognition*. New York: Routledge.

———. 2000. Neurological preference: LeVay's study of sexual orientation. *SubStance* 29:23–38.

Wilson, E. O. 1978. *On Human Nature*. Cambridge, MA: Harvard University Press.

Wilson, M. L., et al. 2014. Lethal aggression in Pan is better explained by adaptive strategies than human impacts. *Nature* 513:414–17.

Wiseman, R. 2016. *Queen Bees and Wannabes: Helping Your Daughter Survive Cliques, Gossip, Boys, and the New Realities of Girl World*. New York: Harmony.

Wittig, R. M., and C. Boesch. 2005. How to repair relationships: Reconciliation in wild chimpanzees. *Ethology* 111:736–63.

Wolfe, L. 1979. Behavioral patterns of estrous females of the Arashiyama West troop of Japanese macaques. *Primates* 20:525–34.

Wrangham, R. W. 2019. *The Goodness Paradox: The Strange Relationship Between Virtue and Violence in Human Evolution*. New York: Pantheon.

Wrangham, R. W., and D. Peterson. 1996. *Demonic Males: Apes and the Evolution of Human Aggression*. Boston: Houghton Mifflin.

Yamamichi, M., J. Gojobori, and H. Innan. 2012. An autosomal analysis gives no genetic evidence for complex speciation of humans and chimpanzees. *Molecular Biology and Evolution* 29:145–56.

Yamamoto, S., T. Humle, and M. Tanaka. 2009. Chimpanzees help each other upon request. *PLoS One* 4:e7416.

Yancey, G., and M. O. Emerson. 2016. Does height matter? An examination of height preferences in romantic coupling. *Journal of Family Issues* 37:53–73.

Yerkes, R. M. 1925. *Almost Human*. New York: Century.

———. 1941. Conjugal contrasts among chimpanzees. *Journal of Abnormal and Social Psychology* 36:175–99.

Yong, E. 2019. Bonobo mothers are very concerned about their sons' sex lives. *Atlantic*, May 20, 2019.

Young, L., and B. Alexander. 2012. *The Chemistry Between Us: Love, Sex, and the Science of Attraction*. New York: Current.

Zahn-Waxler, C., et al. 1992. Development of concern for others. *Developmental Psychology* 28:126–36.

Zhou, J.-N., M. Hofman, L. Gooren, and D. F. Swaab. 1995. A sex difference in the human brain and its relation to transsexuality. *Nature* 378:68–70.

Zhou, W., et al. 2014. Chemosensory communication of gender through two human steroids in a sexually dimorphic manner. *Current Biology* 24:1091–95.

Zihlman, A. L., et al. 1978. Pygmy chimpanzee as a possible prototype for the common ancestor of humans, chimpanzees, and gorillas. *Nature* 275:744–46.

Zimmer, C. 2018. *She Has Her Mother's Laugh: The Powers, Perversions, and Potential of Heredity.* New York: Dutton.

Zuckerman, S. 1932. *The Social Life of Monkeys and Apes.* London: Routledge and Kegan Paul.

———. 1991. Apes are not us. *New York Review of Books*, May 30, 1991, pp. 43–49.

찾아보기

* 이탤릭체로 표기된 페이지 번호는 사진이나 일러스트레이션 또는 표가 실린 페이지를 나타낸다.

차이에 관한 생각

초판 1쇄 발행 2022년 11월 7일
　　　10쇄 발행 2024년 3월 15일

지은이 프란스 드 발 ｜ **옮긴이** 이충호
펴낸이 오세인 ｜ **펴낸곳** 세종서적(주)

주간 정소연 ｜ **편집** 김재열
표지 디자인 thiscover.kr ｜ **본문 디자인** 김미령
마케팅 김연주 ｜ **경영지원** 홍성우
인쇄 탑 프린팅 ｜ **종이** 화인페이퍼

출판등록　　1992년 3월 4일 제4-172호
주소　　　　서울시 광진구 천호대로132길 15, 세종 SMS 빌딩 3층
전화　　　　(02) 775-7011
팩스　　　　(02)319-9014

홈페이지　　www.sejongbooks.co.kr
네이버 포스트　post.naver.com/sejongbooks
페이스북　　www.facebook.com/sejongbooks
원고모집　　sejong.edit@gmail.com

ISBN 978-89-8407-994-6　03490